普通高等教育系列教材

嵌入式系统原理与应用

第2版

魏权利　李丽萍　林粤伟　编著

机械工业出版社

本书分为13章，内容包括：嵌入式系统概述；ARM微处理器体系结构；ARM微处理器指令系统；微处理器ARM程序设计；微处理器S3C2410A体系结构；嵌入式系统应用产品开发平台；嵌入式存储器系统及扩展接口电路；通用I/O端口和中断系统；微处理器S3C2410A的定时器/计数器；A-D转换、LCD触摸屏与液晶显示器；嵌入式系统I/O总线接口；嵌入式应用程序设计举例；ARM9实验项目及内容。

本书翔实地介绍了ARM系统在启动过程中涉及的硬件原理以及通过软件进行配置的程序。全书内容简练、概念清晰、逻辑性强、深入浅出，具有很强的专业性、技术性与实用性。

本书可以作为高等院校电子信息工程、自动化、电气工程等专业的教材，也可以作为广大嵌入式开发工程技术人员的参考用书。

本书配套授课电子课件，需要的教师可登录www.cmpedu.com免费注册，审核通过后下载，或联系编辑索取（微信：15910938545，电话：010-88379739）。

图书在版编目(CIP)数据

嵌入式系统原理与应用/魏权利，李丽萍，林粤伟编著.—2版.—北京：机械工业出版社，2018.5(2024.1重印)
普通高等教育系列教材
ISBN 978-7-111-60518-8

Ⅰ.①嵌… Ⅱ.①魏… ②李… ③林… Ⅲ.①微型计算机—系统设计—高等学校—教材 Ⅳ.①TP360.21

中国版本图书馆CIP数据核字(2018)第161821号

机械工业出版社(北京市百万庄大街22号 邮政编码 100037)
责任编辑：郝建伟　　责任校对：张艳霞
责任印制：邓　博

北京盛通数码印刷有限公司印刷

2024年1月第2版·第6次印刷
184mm×260mm·20.25印张·496千字
标准书号：ISBN 978-7-111-60518-8
定价：59.00元

电话服务
客服电话：010-88361066
010-88379833
010-68326294

网络服务
机　工　官　网：www.cmpbook.com
机　工　官　博：weibo.com/cmp1952
金　　书　　网：www.golden-book.com
机工教育服务网：www.cmpedu.com

前　言

目前，随着计算机网络应用范围的不断扩展，中国“互联网+”时代的到来，中国制造2025战略的倡导，无线网络技术的广泛应用，几乎所有的机械制造设备、通信设备、控制设备等都将使用32位的ARM处理器嵌入其中作为它们的控制中心。32位ARM处理器的性能和CPU的处理速度的发展日新月异，而低性能、低速度的嵌入式单片机已无法承担这些外围接口繁多、响应速度极快的处理任务。而且随着开发平台和开发软件的不断完善，开发的难度将会下降，在中国制造2025战略思想的指导下，将会有越来越多的科技人员投入到嵌入式系统产品的研发中，使我国科技人员嵌入式应用系统研发的水平和国际地位不断提高，从而研制出具有世界水准或超越世界水平的信息产品。

无论是进行嵌入式应用系统的裸机开发还是基于操作系统的开发，目前都很难找到一本能全面、系统地介绍嵌入式系统启动时或启动引导Bootloader所涉及的所有硬件电路工作原理以及程序设计。本书的撰写就是为了弥补这一缺憾，并且可在本书搭建的实验平台上实验，这将大大提高广大学生的实际操作能力和学习兴趣。全书共分13章，各章的内容介绍如下。

第1章介绍了嵌入式系统的概念和组成，嵌入式微处理器的结构与类型，精简指令集计算机RISC的特点和流水线技术，最后叙述了嵌入式应用系统的开发流程。

第2章介绍了ARM处理器的结构、特点和应用选型，ARM的总线系统与接口，重点讲述了ARM9体系结构的存储器组织、ARM9微处理器的工作状态与运行模式、ARM9体系结构的寄存器组织、ARM9微处理器的异常。

第3章介绍ARM9微处理器的指令格式与特点、寻址方式，分类讲述ARM9指令的功能，并给出了大量的应用示例。

第4章主要讲述ARM伪指令、ARM汇编语言程序设计、ARM汇编语言与C语言的混合编程以及子程序或函数之间的相互调用。

第5章主要讲述微处理器S3C2410A的体系结构、内部组成、存储器控制寄存器的特性与空间分布、复位电路、电源电路、时钟电路与电源管理等。

第6章主要讲述了ARM9的软、硬件开发平台以及在实际应用中的配置。

第7章介绍了嵌入式存储器系统结构组成、MMU的功能与工作原理，重点讲述了存储器控制寄存器的功能及其实际应用中的设置编程、使用8位/16位/32位数据线存储器芯片扩展设计8位/16位/32位ARM总线系统的电路。

第8章简述了S3C2410A的I/O端口的功能，特殊功能寄存器的作用与配置。详细讲述了ARM9的中断系统以及实际应用的编程过程。

第9章讲述了S3C2410A的定时器/计数器的工作原理，重点介绍了看门狗定时器、RTC实时时钟，Timer 0～Timer 4定时/计数器的工作原理、功能寄存器以及它们的设置与应用编程。

第10章详细地介绍了A-D转换器、触摸屏、LCD的工作原理，功能寄存器及其编程。特别阐述了TFT-LCD的应用程序设计。

第11章讲述了S3C2410A的UART、I^2C、SPI总线的工作原理和功能寄存器，并结合实际使用的总线接口芯片进行了程序设计。

第 12 章为嵌入式应用程序设计举例，详细地介绍了 S3C2410A 启动程序的设计、数字温度传感器 DS18B20 的编程原理等，在此基础上完成了实时温度监测系统的设计。

第 13 章列出了实验项目与实验内容，通过实验可加深对课程内容的理解。

本书计划需要 48~64 学时，教学过程中可以根据实际情况进行适当的调整。

本书主要由魏权利教授编写，并对全书的内容进行了审定。第 9 章由林粤伟博士编写。高级实验师李丽萍参与了本书的编写工作。第 12 章的实际应用程序在嵌入式实验开发平台上进行了调试，完成了整个程序的设计功能，该部分工作由乔方昭完成。

本书是作者从事 30 多年嵌入式系统应用研发和教学的工作总结和经验积累，本书的修订也是对作者的鼓舞。机械工业出版社为本书的修订做了大量细致而周到的工作，在此表示由衷的感谢。

由于作者的学识、经验和水平有限，书中难免有错误和疏漏之处，欢迎广大读者批评指正。

编　者

目　录

第1章　嵌入式系统概述

嵌入式系统是后PC时代被广泛应用的计算机系统。在人们的日常生活、学习和工作中所接触的仪器或设备中，都能嵌入具有强大控制能力和计算能力的嵌入式计算机系统。嵌入式系统不仅广泛应用于成熟领域，如工业控制、家用电器、通信设备、网络设备、医疗器械和军事装置等，而且随着嵌入式系统的不断发展还衍生出了许多新的应用，如PDA、智能手机、MP4、运动控制器和无线路由器等。可以预见，嵌入式系统随着技术的不断完善、使用范围的逐步扩展、开发环境更加方便易用，必将会有大量的技术人员投入其中，使我国硬件开发人员的队伍不断壮大，促进国民经济的快速发展。

1.1　嵌入式系统的概念与组成

本节首先介绍嵌入式系统的定义与“三要素”，其次介绍嵌入式系统的应用过程和发展趋势，最后介绍嵌入式系统的组成。

1.1.1　嵌入式系统的定义

嵌入式系统的定义有许多，但它们的真正含义基本相同，以下是具体的定义内容。

根据国际电气和电子工程师协会（Institute of Electrical and Electronics Engineers，IEEE）的定义，嵌入式系统是“控制、监视或者辅助设备、机器和车间运行的装置”。

目前国内一个普遍被认同的定义是：以应用为中心，以计算机技术为基础，软件硬件可裁剪，适应应用系统对功能、可靠性、成本、体积、功耗严格要求的专用计算机系统。

也可以这样定义：嵌入式系统是一种专用的单片计算机系统，作为装置或设备的主控或监测器件，焊接在它们的印制电路板（PCB）中，完成它应具有的功能。

嵌入式系统一般由嵌入式微处理器芯片、外围硬件设备、嵌入式操作系统以及用户应用程序4个部分组成。

嵌入式系统的三个基本要素是指“嵌入性”“专用性”“计算机系统”。嵌入性是指它是以芯片的形式嵌入（潜伏）在PCB电路板中；专用性是指它是为特定的设备量身定做的软硬件系统；计算机系统是说，它虽然以芯片的形式显现，但是它具有一台计算机的软硬件功能。

目前嵌入式系统的应用无处不在，8位单片机嵌入式系统，例如MCS-51系列，在低端产品中是主流，它占整个嵌入式系统的市场份额约为70%。在中、高端产品中ARM使用占70%的份额，在移动电话、数码照相机、数字电视的机顶盒、微波炉、汽车内部的防抱死制动系统等装置或设备中都使用了ARM嵌入式系统。

1.1.2　嵌入式系统的应用过程和发展趋势

1. 嵌入式系统应用过程的4个阶段

第1阶段：无操作系统阶段

MCS-51系列单片机是最早应用的嵌入式系统之一，单片机作为各类工业控制和飞机、导弹等武器装备中的微控制器，用来执行一些单线程的程序，完成监测、伺服和设备指示等多种功能，一般没有操作系统的支持，程序设计采用汇编语言或 C51 语言。

采用汇编语言编写的程序具有效率高、占用内存少、实时性强且控制时间精准等优点。缺点是对技术人员的要求高，开发周期相对长一些。

现在使用意法半导体（ST）公司基于 ARM9 的 ARM Cortex-M3 内核产品——STM32 微处理器芯片开发的实时控制设备，大部分都是在无操作系统的情况下使用 C 语言开发的，它比在有操作系统下开发有更高的运行效率。目前开发要求具有强实时性的装备也是在“裸机”（无操作系统）情况下开发的。

第 2 阶段：简单操作系统阶段

20 世纪 80 年代，出现了大量具有高可靠性、低功耗的嵌入式 CPU。芯片上集成有 CPU、I/O 接口、串行接口及 RAM、ROM 等部件，是面向 I/O 设计的微控制器在嵌入式系统设计中的应用。一些简单的嵌入式操作系统开始出现并得到迅速发展，程序设计人员也开始基于一些简单的“操作系统”开发嵌入式应用软件，如较为常用的 μC/OS 嵌入式操作系统。此时的嵌入式操作系统虽然还比较简单，但已经初步具有了一定的兼容性和扩展性，内核精巧且效率高，大大缩短了开发周期，提高了开发效率。

第 3 阶段：实时操作系统阶段

20 世纪 90 年代，面对分布式控制、柔性制造、数字化通信和信息家电等巨大的市场需求，嵌入式系统飞速发展。随着硬件实时性要求的提高，嵌入式系统的软件规模也不断扩大，如实时操作系统（Real-Time Operating System，RTOS），从而使应用软件的开发变得更加简单。

第 4 阶段：面向 Internet 阶段

进入 21 世纪，Internet 技术与信息家电、工业控制技术等的结合日益紧密，嵌入式技术与 Internet 技术的结合正在推动着嵌入式系统的飞速发展。由于 Linux 是 UNIX 的 PC 版本，具有强大的网络功能，且为开源软件，因此嵌入式 Linux 操作系统得到了广泛的应用。微软公司也看到了嵌入式市场的广阔前景，推出 Windows CE 嵌入式操作系统，对于熟悉 Windows 环境的开发人员来讲，也可进行基于 Windows 平台的嵌入式系统开发。

2. 嵌入式系统的发展趋势

面对嵌入式技术与 Internet 技术的结合，嵌入式系统的研究和应用呈现出以下发展趋势。

1）新的微处理器层出不穷，大都朝着精简系统内核，优化关键算法，降低功耗和软硬件成本，提供更加友好的多媒体人机交互界面的方向发展。

2）Linux、Windows CE、Palm OS 等嵌入式操作系统迅速发展。嵌入式操作系统自身结构的设计体现出更加便于移植的特性，具有源代码开放、系统内核小、执行效率高、网络结构完整等特点，能够在短时间内支持更多的微处理器。

3）嵌入式系统的开发成了一项系统工程，开发厂商不仅要提供嵌入式软硬件系统本身，同时还要提供强大的硬件开发工具和软件支持包。

1.1.3 嵌入式系统的组成

嵌入式系统的组成包括嵌入式系统硬件组成和软件组成两部分。

嵌入式系统的硬件组成主要包含有嵌入式处理器、外围设备接口和执行装置（被控对象）等。

嵌入式系统的软件组成，对于裸机开发来讲主要有以下内容：嵌入式处理器芯片内部三总线频率的设置、配置存储器芯片的设置；7种异常模式堆栈指针的设置；中断指针的传递程序；为C语言的运行创建环境；I/O端口的配置与控制程序、应用程序等。以上5个部分也是引导启动程序（Bootloader）的主要内容。

对于基于操作系统的嵌入式软件开发，主要包括Bootloader的移植，操作系统内核的移植，文件系统的移植，I/O设备驱动程序的编写以及加载，图形用户接口程序设计，应用程序的设计等。

嵌入式计算机系统是整个嵌入式系统的核心，可以分为硬件层、中间层、系统软件层和应用软件层。执行装置接收嵌入式计算机系统发出的控制命令，执行所规定的操作或任务。

嵌入式系统从整体上来讲也可以分为硬件层、中间层、系统软件层和应用软件层。

1.2 嵌入式微处理器的结构与类型

嵌入式处理器是隐藏在控制设备或装置中，完成接收现场数据，进行数据处理，并向执行装置发出控制命令的微处理器。1971年Intel公司推出了Intel4004，1974年推出了Intel8080，1976年zilog制造了与8080兼容的CPU Z-80，这类处理器（称为CPU）所构造的是单板微型计算机系统，简称单板机，应用在控制设备中，它们都是嵌入式应用的前身。之后出现了简称单片机的单片微型计算机。例如，Intel公司在1976年9月推出的MCS-51系列8位单片机，它内部不但集成了CPU，还集成了存储器和I/O接口等计算机的元素，但这时嵌入式系统的概念还不是热点的技术名词。一直到20世纪90年代后期32位ARM微处理器的广泛使用，嵌入式系统的概念才被广大技术人员所熟知。现在人们把具有计算机基本组成元素的单片微型集成电路芯片，从MCS-51系列单片机开始到目前的32位ARM微处理器统称为嵌入式系统，但从技术人员的角度出发，嵌入式系统主要指的是32位ARM微处理器单片机。

嵌入式微处理器按CPU的处理能力可分为8位、16位、32位和64位。一般把处理能力在16位及以下的称为嵌入式微控制器（Embedded Microcontroller），32位及以上的称为嵌入式微处理器。

嵌入式微处理器内部将CPU、ROM、RAM及I/O等部件集成到同一个芯片上，称为单芯片微控制器（Single Chip Microcontroller）。

根据用途，可以将嵌入式芯片系统分为嵌入式微控制器、嵌入式微处理器、嵌入式DSP处理器、嵌入式片上系统、双核或多核处理器等类型。

1.2.1 嵌入式微控制器

嵌入式微控制单元（Micro Controller Unit，MCU）又称为单片机，芯片内部集成了ROM、RAM、总线逻辑、定时器/计数器、看门狗、I/O、串行口、脉宽调制输出（PWM）、A-D、D-A、Flash、E^2PROM等各种必要功能和外设。嵌入式微控制器具有单片化、体积小、功耗和成本低、可靠性高等特点，约占嵌入式系统市场份额的70%。

嵌入式微控制器的代表芯片就是MCS-51系列单片机，主要使用其汇编语言或C语言进行裸机开发。

1.2.2 嵌入式 DSP 处理器

嵌入式 DSP 处理器（Embedded Digital Signal Processor，EDSP）是专门用于信号处理方面的处理器，芯片内部采用程序和数据分开存储和传输的哈佛结构，具有专门的硬件乘法器，采用流水线操作，提供特殊的 DSP 指令，可用来快速地实现各种数字信号处理算法，使其处理速度比其他性能优异的 CPU 还快 10 倍以上。

从 20 世纪 80 年代到现在，缩小 DSP 芯片尺寸始终是 DSP 技术的发展方向。DSP 处理器已发展到第 5 代产品，多数基于精简指令集计算机（Reduced Instruction Set Computer，RISC）结构，并将几个 DSP 芯核、MPU 芯核、专用处理单元、外围电路单元和存储单元集成在一个芯片上，成为 DSP 系统级集成电路，系统集成度极高。

DSP 运算速度的提高主要依靠新工艺改进芯片结构。目前一般的 DSP 运算速度为 100MIPS（即每秒钟可运算 1 亿条指令）。TI 的 TM320C6X 芯片由于采用超长指令字（Very Long Instruction Word，VLIW）结构设计，其处理速度已高达 2000MIPS。按照发展趋势，DSP 的运算速度完全可能再提高 100 倍（达到 1600GIPS）。

目前 DSP 芯片在机械电子的控制方面运用广泛，如作为变频器、PLC 的控制核心。它的开发基本也是在裸机中进行的，主要使用 C 语言进行裸机程序设计。

1.2.3 嵌入式微处理器

嵌入式微处理器（Micro Processor Unit，MPU）由通用计算机的 CPU 发展而来，嵌入式微处理器只保留和嵌入式应用紧密相关的功能硬件，去除其他冗余功能部分，以最低的功耗和资源实现嵌入式应用的特殊要求。通常嵌入式微处理器把 CPU、ROM、RAM 及 I/O 等做到同一个芯片上。32 位微处理器采用 32 位的地址总线和数据总线，其地址空间达到了 $2^{32}=4GB$。目前主流的 32 位嵌入式微处理器系列主要有 ARM 系列、MIPS 系列、PowerPC 系列，以下进行简要介绍。属于这些系列的嵌入式微处理器产品很多，有千种以上。

1. 嵌入式 ARM 系列

ARM（Advanced RISC Machine）公司的 ARM 微处理器体系结构目前被公认为是嵌入式应用领域领先的 32 位嵌入式 RISC 微处理器结构。ARM 体系结构目前发展并定义了 7 种不同的版本。从版本 v1 到版本 v7，ARM 体系的指令集功能不断扩大。ARM 处理器系列中的各种处理器，虽然在实现技术、应用场合和性能方面都不相同，但只要支持相同的 ARM 体系版本，基于它们的应用软件是兼容的。

目前，大量的移动电话、游戏机、平板电脑和机顶盒等都已采用了 ARM 处理器，许多一流的芯片厂商都是 ARM 的授权用户，如 Intel、Samsung、TI、Freescale、ST 等公司。

2. 嵌入式 MIPS 系列

美国斯坦福大学的 Hennessy 教授领导的研究小组研制的无互锁流水级微处理器（Microprocessor without Interlocked Piped Stages，MIPS）是世界上非常流行的一种 RISC 处理器，其机制是尽量利用软件办法避免流水线中的数据相关问题。

从 20 世纪 80 年代初期 MIPS 处理器发明至今的 30 多年里，MIPS 处理器以其高性能的处理能力被广泛应用于路由器、调制解调设备、电视、游戏、打印机、DVD 播放器等广泛领域。

3. 嵌入式 PowerPC 系列

PowerPC 是 Freescale（原 Motorola）公司的产品。PowerPC 的 RISC 处理器采用了超标量处

理器设计和调整内存缓冲器，修改了指令处理设计，完成一个操作所需的指令数比复杂指令集计算机（Complex Reduced Instruction Set Computer，CISC）结构的处理器要多，但完成操作的总时间却减少了。

PowerPC 内核采用独特分支处理单元可以让指令预取效率大大提高，即使指令流水线上出现跳转指令，也不会影响到其运算单元的运算效率。PowerPC RISC 处理器设计了多级内存高速缓冲区，以便让那些正在访问（或可能会被访问）的数据和指令总是存储在调整内存中。这种内存分层和内存管理设计，使指令系统的内存访问性能非常接近调整内存，但其成本却与低速内存相近。

1.2.4 嵌入式片上系统

嵌入式片上系统（System On Chip，SOC）最大的特点是成功实现了软硬件无缝结合，直接在处理器片内嵌入操作系统的代码模块，而且具有极高的综合性，在一个芯片内部运用超高速硬件描述语言，如 VHDL 等，即可实现一个复杂的系统。与传统的系统设计不同，用户不需要绘制庞大复杂的电路板来一点点地连接焊制，只需要使用精确的语言，综合时序设计直接在器件库中调用各种通用处理器的标准，然后在仿真之后就可以直接交付芯片厂商进行生产，设计生产效率高。

在 SOC 中，绝大部分系统构件都是在系统内部，系统简洁，系统的体积和功耗小，可靠性高。SOC 芯片已在声音、图像、影视、网络及系统逻辑等领域中广泛应用。

1.3 计算机组成、体系结构与嵌入式处理器

计算机组成主要是指计算机的硬件组成部件以及实现这些硬件功能所使用的材料、实现的理论与技术方法，以及各组成部分的逻辑关系，它决定着计算机的性能和功能。

目前正在使用的现有计算机是由电子来传递和处理信息的。电子在导线中传播的速度虽然比人们看到的任何运载工具运动的速度都快，但是，从发展高速率计算机来说，采用电子做传输信息载体还不能满足更快的要求，提高计算机运算速度也明显表现出它的能力是有限的。而光子计算机以光子作为传递信息的载体，光互连代替导线互连，以光硬件代替电子硬件，以光运算代替电子运算，利用激光来传送信号，并由光导纤维与各种光学元件等构成集成光路，从而进行数据运算、传输和存储。在光子计算机中，不同波长、频率、偏振态及相位的光代表不同的数据，这远胜于电子计算机中通过电子“0”“1”状态变化进行的二进制运算，可以对复杂度高、计算量大的任务实现快速的并行处理。光子计算机的主板中不存在电磁干扰，使信道的传输速率更快，将使运算速度远远高于现有的计算机速度。目前正在研究中的计算机还有量子计算机、超导计算机和多值计算机等。

计算机体系结构主要指计算机的系统化设计和构造，不同的计算机体系结构适用于不同的需求或应用。从传统意义的指令界面上来看，现代计算机的体系结构基本划分成两大类：复杂指令集计算机系统 CISC 体系（如 X86 芯片）和简化指令集计算机系统 RISC 体系（如 ARM 芯片）。

因此可以说嵌入式处理器是一种结合了 X86 个人计算机的 PC 体系结构，实时控制系统的要求和简化指令集之后产生的，满足实时控制系统应用的计算机体系结构。以下将分别介绍冯·诺依曼结构、哈佛结构、精简指令集计算机（RISC）和流水线计算机等内容。

1.3.1 冯·诺依曼结构与哈佛结构

1. 冯·诺依曼（Von Neumann）结构

冯·诺依曼结构的计算机由 CPU 和存储器构成，其程序和数据共用一个存储空间，程序指令存储地址和数据存储地址指向同一个存储器的不同物理位置；采用单一的地址及数据总线，程序指令和数据的宽度相同。程序计数器（PC）是 CPU 内部指示指令和数据的存储位置的寄存器。

目前使用冯·诺依曼结构的 CPU 和微控制器的品种有很多，例如 Intel 公司的 X86 系列及其他 CPU、ARM 公司的 ARM7、MIPS 公司的 MIPS 处理器等。

2. 哈佛（Harvard）结构

哈佛结构的主要特点是将程序和数据存储在不同的存储空间中，即程序存储器和数据存储器是两个相互独立的存储器，每个存储器独立编址、独立访问。系统中具有程序的数据总线与地址总线，数据的数据总线与地址总线。这种分离的程序总线和数据总线可允许在一个机器周期内同时获取指令字和操作数，从而提高执行速度，提高数据的吞吐率。又由于程序和数据存储器在两个分开的物理空间中，因此取指和执行能完全重叠，具有较高的执行效率。

目前使用哈佛结构的 CPU 和微控制器品种有很多，除 DSP 处理器外，还有摩托罗拉公司的 MC68 系列、ATMEL 公司的 AVR 系列和 ARM 公司的 ARM9、ARM10 和 ARM11 等。

1.3.2 精简指令集计算机（RISC）

1. 2/8 规律

早期的计算机采用复杂指令集计算机（CISC）体系。采用 CISC 体系结构的计算机各种指令的使用频率相差悬殊，统计表明，大概有 20%比较简单的指令被反复使用，使用量约占整个程序的 80%；而有 80%左右的指令则很少使用，其使用量约占整个程序的 20%，即指令的 2/8 规律。

2. RISC

精简指令集计算机（RISC）体系结构是 20 世纪 80 年代提出来的。目前 Intel 等公司都在研究和发展 RISC 技术，RISC 已经成为计算机发展不可逆转的趋势。

3. RISC 的特点

RISC 是在 CISC 的基础上产生并发展起来的，RISC 的着眼点不是简单地放在简化指令系统上，而是通过简化指令系统使计算机的结构更加简单合理，从而提高运算效率。

- 在 RISC 中，优先选取使用频率最高的、很有用但不复杂的指令，避免使用复杂指令。
- 固定指令长度，减少指令格式和寻址方式种类。
- 指令之间各字段的划分比较一致，各字段的功能也比较规整。
- 采用 Load/Store 指令访问存储器，其余指令的操作都在寄存器之间进行。
- 增加 CPU 中通用寄存器数量，算术逻辑运算指令的操作数都在通用寄存器中存取。
- 大部分指令控制在一个或小于一个机器周期内完成。

尽管 RISC 架构与 CISC 架构相比具有较多的优点，但 RISC 架构也不可以取代 CISC 架构。事实上，RISC 和 CISC 各有优势。现代的 CPU 往往采用 CISC 的外围，内部加入了 RISC 的特性，如超长指令集 CPU 就是融合了 RISC 和 CISC 两者的优势，成为未来的 CPU 发展方向之一。在 PC 和服务器领域，CISC 体系结构是市场的主流。

在嵌入式系统领域，由于注重的是实时性效果，要求在系统主频一定的情况下有较高的信息处理能力，精简指令集计算机（RISC）系统可以使所有的机器指令具有相同的长度，易于进行流水线处理，大大提高了计算机执行指令的速度。因此RISC结构的微处理器在该领域将占有重要的位置。

1.3.3 流水线计算机

1. 流水线的基本概念

精简指令集计算机（RISC）为微处理器的指令流水线执行提供了先决条件。流水线技术应用于计算机体系结构的各个方面，流水线技术的基本思想是将一个重复的时序分解成若干个子过程，而每一个子过程都可有效地在其专用功能段上与其他子过程同时执行。

流水线结构的类型众多。指令流水线就是将一条指令分解成一连串执行的子过程，例如，把指令的执行过程细分为取指令、指令译码、取操作数和执行4个子过程，每个过程的执行时间相同。

在CPU中把一条指令的串行执行子过程变为若干条指令的子过程在CPU中重叠执行。如果能做到每条指令均分解为 m 个子过程，且每个子过程的执行时间都一样，则利用此条流水线可将一条指令的执行时间由原来的 T 缩短为 T/m。指令流水线处理的时空图如图1-1所示，其中的1、2、3、4、5表示要处理的5条指令。从图1-1中可见采用流水方式可同时执行多条指令。

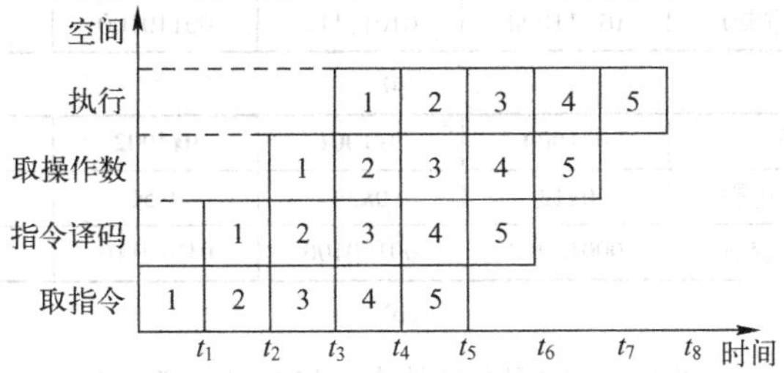

图1-1　五级流水线指令执行示意图

2. 流水线处理机的主要指标

（1）吞吐率

在单位时间内，流水线处理机流出的结果数称为吞吐率。对指令而言就是单位时间内执行的指令数。如果流水线的子过程所用时间不一样长，则吞吐率P应为最长子过程的倒数，即

$$P=1/\max\{\Delta t_0,\Delta t_1,\cdots,\Delta t_m\}$$

（2）建立时间

流水线开始工作，须经过一定时间才能达到最大吞吐率，这就是建立时间。若 m 个子过程所用时间一样，均为 t_0，则建立时间 $T_0=m\Delta t_0$。

1.3.4 嵌入式微处理器的信息存储方式

1. 大端和小端存储方式

大多数计算机使用8位数据块作为最小的可寻址存储器单位，称为1字节。存储器的每一个字节都用一个唯一的地址（address）来标识。所有可能地址的集合称为存储器空间。

对于软件而言，它将存储器看作一个大的字节数组，称为虚拟存储器。在实际应用中，虚拟存储器可以划分成不同单元，用来存放程序、指令和数据等信息。例如，在 C 语言中定义的整型数据变量：int x，表示变量 x 在内存中占有 4 字节。

在微处理器中，使用一个字长（word）表明整数和指令数据的大小。字长决定了微处理器的寻址能力，即虚拟地址空间的大小。对于一个字长为 n 位的微处理器，它的虚拟地址范围为 $0\sim2^{n}-1$。例如一个 32 位的微处理器，可访问的虚拟地址空间为 2^{32}，即 4 GB。

对于一个多字节类型的数据，在存储器中有两种存放方式：小端方式与大端方式。

小端方式：是指低字节数据存放在内存低地址位置处，高字节数据存放在内存高地址位置处，称为小端字节顺序存储法或简称小端方式。

大端方式：是指高字节数据存放在低地址位置处，低字节数据存放在高地址位置处，称为大端字节顺序存储法或简称大端方式。

例如，假设在一个 32 位字长的微处理器上定义一个 int 类型的常量 a，其内存地址位于 0x1000 处，其值用十六进制表示为 0x12345678。如果按小端方式存储，则其最低字节数据 0x78 存放在内存低地址 0x1000 处，最高字节数据 0x12 存放在内存高地址 0x1003 处，如图 1-2a所示。如果按大端方式存储，则其最高字节数据 0x12 存放在内存的低地址 0x1000 处，而最低字节数据 0x78 存放在内存的高地址 0x1003 处，如图 1-2b 所示。

地址	0x1000	0x1001	0x1002	0x1003
数据（十六进制）	0x78	0x56	0x34	0x12
数据（二进制）	01111000	01010110	00110100	00010010

a)

地址	0x1000	0x1001	0x1002	0x1003
数据（十六进制）	0x12	0x34	0x56	0x78
数据（二进制）	00010010	00110100	01010110	01111000

b)

图 1-2　数据存储的小端与大端存储方式

a）小端方式存储数据格式　b）大端方式存储数据格式

采用大端存储方式还是小端存储方式，各处理器厂商的立场和习惯不同，并不存在技术原因。Intel 公司 X86 系列微处理器都采用小端存储法，而 IBM、Motorola 和 Sun Microsystems 公司的大多数微处理器采用大端存储法。此外，还有一些微处理器，如 ARM、MIPS 和 Motorola 的 PowerPC 等，可以通过芯片上电启动时确定的字节存储顺序规则，来选择存储模式。

另外，是大端存储方式还是小端存储方式，不但可以由计算机系统的硬件决定，也可以由工具语言的编译器来决定。

对于大多数程序员而言，机器的字节存储顺序是完全不可见的，无论哪一种存储方式的微处理器编译出的程序都会得到相同的结果。不过，当不同存储方式的微处理器之间通过网络传送二进制数据时，在有些情况下，字节顺序会成为问题，会出现所谓的“UNIX”问题。字符“UNIX”在 16 位字长的微处理器上被表示为两个字节，当被传送到不同存储模式的机器上时，则会变为“NUXI”。

为了避免这类问题，网络应用程序代码编写必须遵循已建立好的网络信道传输数据的字节顺序的协议，以保证发送方微处理器先在其内部将发送的数据转换成网络标准，而接收方微处理器再将网络标准转换为它的内部表示。也就是说，不管网络主机本身采用何种存储方式，还是网络工具软件采用何种存储方式，在网络信道上必须遵循统一的规则或称协议。

2. 可移植性问题

当在不同存储顺序的微处理器间进行程序移植时，要特别注意存储模式的影响。把从软件得到的二进制数据写成一般的数据格式往往会涉及存储顺序的问题。

在多台不同存储顺序的主机之间共享信息可以有两种方式：一种是以单一存储方式共享数据，另一种是允许主机以不同的存储方式共享数据。使用单一存储顺序只要解释一种格式，解码简单。使用多种存储方式不需要对数据的原顺序进行转化，使得编码容易。当编码器和解码器采用同一种存储方式时，因为不需要变换字节顺序，能提高通信效率。

3. 网络信道中的字节顺序问题

在网络通信中，Internet 协议（IP）定义了标准的网络字节顺序。该字节顺序被用于所有设计使用在 IP 上的数据包、高级协议和文件格式上。

很多网络设备也存在存储顺序问题，即字节中的位采用大端法（最重要的位优先）或小端法（最不重要的位优先）发送。这取决于 OSI 模型最底层的数据链路层。

在以太网络的网卡中，字节数据的传输顺序同书写顺序，相当于大端方式，位数据高位在前、低位在后。

1.4 嵌入式应用系统的开发流程

嵌入式系统开发分为硬件开发和软件开发。应用系统的开发一般都采用“宿主机/目标板”的开发模式，即利用宿主机（PC）上丰富的软硬件资源、良好的集成开发环境和调试工具来调试硬件和目标板上的程序，然后通过交叉编译环境生成目标代码和可执行文件，通过联合测试行动小组（Joint Test Action Group，JTAG）接口/串行接口/USB 接口/网络接口等下载到目标板上，利用交叉调试器监控程序运行，根据调试器来观察运行的状态，实时分析、处理软硬件出现的问题。调试完成后，将目标程序下载到目标板上，完成整个开发过程。

当前嵌入式系统开发已经逐步规范化，开发过程主要包括用户系统需求、体系结构设计、系统软硬件设计、外围控制装置电路设计、抗干扰设计、系统集成、硬件调试、软件调试、系统联合调试、系统最终测试，最后形成产品。具体描述如下。

1）用户系统需求分析。根据用户的需求，确定设计任务与设计目标，提炼出系统设计说明书文本，作为设计依据和验收标准。系统的需求一般分为功能性需求和非功能性需求，功能性需求是系统的基本功能，如输入的开关量个数、输出的开关量个数、模拟量的输入/输出路数、操作方式、与外部设备的连接与通信方式等；非功能性需求包括系统的稳定性、成本、功耗、体积和重量等。

2）系统结构设计。描述系统如何实现所述的功能性需求和非功能性需求，包括对硬件、软件和执行装置的功能划分，以及系统软件、硬件的选取等。有些功能既可以用硬件实现，也可以用软件实现。用硬件实现的特点是元器件费用的投入大，但系统的运行速度快；用软件实现，系统开发的人工投入大，器件开销小，系统运行的速度较慢。一个好的结构设计是设计成功与否的关键所在。

3）系统软硬件的详细设计。为了加快产品的开发速度，软硬件的设计往往是同步进行的。对于嵌入式系统的开发，硬件的开发难度大，涉及的知识面较宽，但是它占用总开发时间也就 10%~20%；软件的开发难度小一些，但却占用了开发的大部分时间。如果要求系统具有较高的程序运行效率且复杂度不高，可以采用裸机开发，但是它的开发周期相对长一些；如果要求系统开发周期短且系统的复杂度高，可以在移植操作系统后进行软件开发，但是系统程序的运行效率相对低一些。

4）系统软硬件联合调试。一般先进行硬件、控制装置的调试，必要时也需要控制程序的配合；然后进行软件的调试，可以先在宿主机上进行软件的仿真调试，这里主要调试一些算法或数据处理程序的结果，最后把硬件、软件和控制装置集成在一起调试。实际上集成调试时并没有严格的层次，发现哪有问题就及时解决，不断地完善系统设计存在的不足之处。

5）系统实验室测试和现场测试。对设计调试好的系统按照系统确定的任务和目标进行逐一测试，看是否满足系统的功能要求。最后客户进行现场测试，检查能否在实际的工况环境下可靠运行，否则还要进行硬件和软件的修改。

习题

1-1　简述嵌入式系统的定义。

1-2　举例说明嵌入式系统的“嵌入性”“专用性”“计算机系统”的基本特征。

1-3　简述嵌入式系统发展各阶段的特点。

1-4　简述嵌入式系统的组成。

1-5　简述嵌入式系统的类型与特点。

1-6　简述计算机组成的基本概念。

1-7　简述计算机体系结构的基本概念。

1-8　冯·诺依曼结构与哈佛结构各有什么特点？

1-9　何为 2/8 规律？

1-10　RISC 架构与 CISC 架构相比有哪些优点？

1-11　简述流水线技术的基本概念。

1-12　试说明指令流水线的执行过程。

1-13　大端存储方式与小端存储方式有什么不同？

1-14　简述嵌入式应用系统的开发流程。

第2章 ARM 微处理器体系结构

本章介绍 ARM 微处理器的体系结构与特点、ARM 微处理器系列芯片以及应用选型、ARM 的总线系统与接口；讲述 ARM9 体系结构的存储器组织和寄存器组织、ARM9 微处理器的工作状态与运行模式；最后介绍 ARM9 微处理器的异常。

2.1 ARM 微处理器的体系结构与特点

ARM（Advanced RISC Machines）公司 1991 年成立于英国剑桥，该公司专门从事基于 RISC 技术芯片的设计开发，主要出售芯片设计技术的授权。作为知识产权供应商，ARM 公司本身不直接从事芯片生产，靠转让设计许可由合作公司生产各具特色的芯片。半导体生产商从 ARM 公司购买其设计的 ARM 微处理器核，根据各自不同的应用领域，加入适当的外围电路，从而形成自己的 ARM 微处理器芯片（如 Samsung S3C2410X、S3C2440 等微处理器芯片都采用 ARM9 内核）进入市场，这就是 ARM 公司的“Chipless”模式。

由于全球几十家大的半导体公司（包括 Intel、Samsung、Motorola 等）普遍使用 ARM 公司的授权，因此使得 ARM 技术开发获得更多的第三方开发工具、制造和软件的支持，使得整个系统的开发成本降低，产品更容易开发，更容易被市场和消费者接受，更具有竞争力。

2.1.1 ARM 微处理器体系的结构

ARM 微处理器体系结构设计的总体思想是在不牺牲性能的情况下，尽量简化处理器，同时从体系结构的层面上灵活支持处理器扩展。这种简化和开放的思想使得 ARM 微处理器采用了很简单的结构来实现。目前，ARM 32 位体系结构被公认为是业界领先的 32 位嵌入式 RISC 微处理器内核，所有 ARM 微处理器均共享这一体系结构内核。

ARM 体系结构采用 RISC 结构，在简化处理器结构、减少复杂功能指令的同时，提高了处理器的速度。

ARM 体系结构均使用固定长度 32 位指令，使用流水线技术执行指令，大大提高了指令的执行速度；所有的指令执行都是有条件的，大大提高了指令的执行效率。

ARM 体系结构使用大量的寄存器，均为 32 位。共有 37 个物理寄存器，在逻辑上被分为若干组，这就大大加快了处理器执行指令和运行程序的速度。

ARM 体系结构采用先进的微控制器总线架构（Advanced Microcontroller Bus Architecture，AMBA）来扩展不同体系结构、具有不同读写速度的 I/O 部件。AMBA 已成为事实上的片上总线（On Chip Bus，OCB）标准。

2.1.2 ARM 微处理器体系的特点

ARM 微处理器与其他微处理器相比主要有以下特点。

- 支持 Thumb（16 位）/ARM（32 位）双指令集，能很好地兼容 8 位/16 位器件。
- 内含 32×32 位的桶形移位寄存器，左移/右移 n 位、环移 n 位和算术右移 n 位等都可以一次完成，可以有效减少移位的延迟时间。

- 指令执行采用 3 级流水线/5 级流水线技术。
- 带有指令 Cache 和数据 Cache，大量使用寄存器，指令执行速度更快。大多数数据操作都在寄存器中完成。寻址方式灵活简单，执行效率高，指令长度固定。
- 支持大端和小端两种方式存储字数据。
- 支持 Byte（字节，8 位）、Halfword（半字，16 位）和 Word（字，32 位）三种数据类型。
- 支持用户、快速中断、普通中断、管理、中止、系统和未定义等 7 种处理器模式，除了用户模式外，其余均为特权模式。
- 处理器芯片上都嵌入了在线仿真（In Circuit Emulator-Real Time，ICE-RT）逻辑，便于通过 JTAG 来仿真调试 ARM 体系结构芯片，可以避免使用昂贵的在线仿真器。
- 具有片上总线 AMBA。AMBA 定义了 3 组总线，可以连接具有不同处理速度的集成芯片。3 组总线分别是先进高性能总线（AHB）、先进系统总线（ASB）和先进外围总线（APB）。
- 采用存储器映像 I/O 的方式，即把 I/O 端口地址作为特殊的存储器地址。
- 具有协处理器接口。ARM 允许接 16 个协处理器，如 CP15 用于系统控制，CP14 用于调试控制器。
- 采取了一些措施以降低功耗，例如降低电源电压，可工作在 3.0V 以下；减少门的翻转次数；减少门的数目，即降低芯片的集成度；降低时钟频率等。
- 体积小、成本低、性能高。

2.2 ARM 微处理器系列介绍及应用选型

ARM 微处理器系列主要有 ARM7 微处理器系列、ARM9 微处理器系列、ARM10E 微处理器系列、ARM11 微处理器系列、SecurCore 微处理器系列、Intel 的 XScale 微处理器系列、ARM 的 Cortex 微处理器系列等。其中 ARM7、ARM9、ARM10E、ARM11 为 4 个通用的处理器系列，每一个系列提供一套相对独特的性能来满足不同应用领域的需求；SecurCore 系列专门为安全要求较高的应用而设计；ARM 的 Cortex 系列为各种不同性能要求的应用提供了一套完整的优化解决方案。

2.2.1 ARM7 微处理器系列

ARM7 微处理器系列包括 ARM7TDMI、ARM7TDMI-S、ARM720T、ARM7EJ 几种类型。其中，ARM7TMDI 是目前使用最广泛的 32 位嵌入式 RISC 微处理器，主要具有以下特点。

- 工作主频最高可达 130 MHz，高速的运算处理能力可胜任绝大多数的复杂应用。
- 采用能够提供 0.9MIPS/MHz 的三级流水线结构。
- 内嵌硬件乘法器（Multiplier），支持 16 位压缩指令集 Thumb。
- 嵌入式 ICE-RT，支持片上 Debug，支持片上断点和调试点，调试开发方便。
- 指令系统与 ARM9 系列、ARM9E 系列和 ARM10E 系列兼容，便于用户产品的升级换代。
- 支持 Windows CE、Linux、Palm OS 等操作系统。

其中命名系列中的组成字母所表示的意义如下。

T 表示支持 16 位的压缩指令集 Thumb；D 表示支持片上调试（Debug）；M 表示具有增强型乘法器（Multiplier），支持乘加运算，产生全 64 位的结果；I 表示嵌入式 ICE 芯片，可提供片上断点和调试点的支持。

ARM7 微处理器系列主要应用在工业控制、网络设备和移动电话等嵌入式系统中。

2.2.2 ARM9 微处理器系列

ARM9 微处理器系列包含 ARM920T、ARM922T 和 ARM940T 几种类型，可以在高性能和低功耗特性方面提供最佳的性能。主要具有以下特点。

- 工作主频最高可达 533 MHz，运算处理速度极高。
- 采用 5 级整数流水线，指令执行效率更高。
- 提供 1.1MIPS/MHz 的哈佛结构。
- 支持数据 Cache 和指令 Cache，具有更高的指令和数据处理能力。
- 支持 32 位 ARM 指令集和 16 位 Thumb 指令集。
- 支持 32 位的高速 AMBA 总线接口。
- 全性能的 MMU，支持 Windows CE、Linux、Palm OS 等多种主流嵌入式操作系统。

ARM920T 处理器核在 ARM9TDMI 处理器内核基础上，增加了分离式的指令 Cache 和数据 Cache，并带有相应的存储器管理单元 I-MMU 和 D-MMU、写缓冲器及 AMBA 接口等。

ARM9 系列微处理器主要应用于无线通信设备、仪器仪表、安全系统、机顶盒、高端打印机、数字照相机和数字摄像机等。

2.2.3 ARM 更为高级的微处理器系列

1. ARM9E 系列

ARM9E 系列微处理器包括 ARM926EJ-S、ARM946E-S 和 ARM966E-S 三种类型，以适用于不同的应用场合。

2. ARM10E 系列

ARM10E 系列主要包括 ARM1020E、ARM1022E 和 ARM1026EJ-S 三种类型，以适用于不同的应用场合。

3. ARM11 系列

ARM11 系列微处理器的新内核有 ARM1156T2-S 内核、ARM1156T2F-S 内核、ARM1176JZ-S 内核和 ARM1176JZF-S 内核。

1）ARM1156T2-S 内核和 ARM1156T2F-S 内核都基于 ARMv6 指令集体系结构，将是首批含有 ARM Thumb-2 内核技术的产品，可令合作伙伴进一步减少与存储系统相关的生产成本，主要用于多种深嵌入式存储器、汽车网络等。该体系结构中增加了汽车安全系统内安全应用产品开发非常重要的存储器容错能力。

2）ARM1176JZ-S 内核和 ARM1176JZF-S 内核也是基于 ARMv6 指令集体系结构，是首批以 ARM Trust-Zone 技术实现手持装置和消费电子装置中公开操作系统的超强安全性产品。主要为服务供应商和运营商提供新一代消费电子装置和为安全的网络下载提供支持。

2.2.4 ARM 微处理器的应用选型

鉴于 ARM 微处理器的类型和种类较多且各有千秋，随着我国嵌入式系统应用领域的逐步扩展，ARM 微处理器将会得到极大的应用。但是，ARM 微处理器目前已有多达十几种的内核结构，几十个芯片生产厂家，以及千变万化的内部功能组合，给开发人员在开发选择方案时带来了一定的困难，所以对 ARM 芯片做一些对比研究还是十分必要的。一般应用时选取的原则是，先做技术层面的考虑，再考虑经济层面，然后考虑其他一些因素，如功耗、体积、可靠性等。下面叙述选择 ARM 微处理器时主要考虑的问题。

1. ARM 微处理器内核的选择

ARM 微处理器包含一系列的内核结构，以适应不同的应用领域。如果是进行裸机开发，选取的范围可以大一些，只要满足系统的要求，哪一种内核结构均可行；如果用户要使用标准的 Linux 操作系统或 Windows CE 操作系统等以减少软件的开发周期，就需要选择具有存储器管理单元（Memory Management Unit，MMU）的微处理器内核结构，如 ARM720T、ARM920T、ARM922T、Strong ARM 微处理器等。而 ARM7DMTI 内核没有 MMU，不支持标准的嵌入式 Linux 操作系统或 Windows CE 操作系统的运行。但 uCLinux 等嵌入式操作系统不需要 MMU 的支持也可很好地运行在 ARM7DMTI 硬件平台上，而且运行的稳定性很好。

2. 微处理器的工作频率

微处理器的工作频率在很大程度上决定着 ARM 微处理器的处理能力，即执行指令的速度。控制系统选取工作频率时，主要根据它的控制周期来决定，尤其对于多任务的操作系统而言，必须有足够的速度富裕度。

ARM7 系列微处理器的典型处理速度是 0. 9MIPS/MHz，常见的 ARM7 系列芯片的系统主时钟频率为 20~133 MHz；ARM9 系列微处理器的典型处理速度是 1. 1MIPS/MHz，常见的 ARM9 系列芯片的系统主时钟频率为 100~233 MHz。ARM10 系列芯片最高可达 700 MHz。不同芯片的微处理器外接的晶振个数不同，有的芯片只需要一个外接晶振来产生主时钟频率，可以通过锁相环（PLL）芯片分别为 ARM 内核和 USB、UART、DSP 等功能部件提供不同的时钟频率。

3. 微处理器片内外存储器和外围接口的选择

ARM 微处理器芯片有的内部含有存储器，有的内部没有。选择含有内部 RAM、ROM 的微处理器芯片可以简化电路的设计，提高系统工作的稳定性。大部分的微处理器芯片内部存储器的容量都不太大，需要用户在使用时外扩，但也有部分微处理器芯片内具有较大的存储器空间，如 ATMEL 公司的 AT91F40162 就具有高达 2MB 的片内存储器，用户在设计电路时可以进行优化选取。

几乎所有的 ARM 芯片都根据不同的应用领域而设计，扩展了相关外围电路的功能，并集成在芯片内，称之为片内外围电路。如 USB 接口、LCD 控制器、键盘接口、实时时钟电路（RTC）、模-数转换器（ADC）、数-模转换器（DAC）、集成电路内部总线控制器（I^2C）、通用异步串行接口（UART）等等。设计者应分析系统的需求，尽量采用芯片内部具有的外围接口芯片，以简化系统的硬件设计，提高系统工作的稳定性和可靠性。目前内部含有较多的存储器和外围电路的微处理器芯片是意法半导体（ST）公司生产的 STM32 芯片。

2. 3 ARM 的总线系统与接口

ARM 采用先进的微控制器总线架构（AMBA），为系统应用提供了 3 个总线接口并为它们配置不同的工作频率，以适应于不同速度的芯片接入使用。为了方便调试与代码的下载，节省开发设备投入，提供了 JTAG 接口。为了扩充 ARM 系统的功能，提供了 16 个协处理器扩展接口。

2.3.1 ARM 的总线系统

ARM 微处理器内核可以通过先进的微控制器总线架构（AMBA）来扩展不同体系架构的宏单元及 I/O 部件。AMBA 已成为事实上的片上总线（OCB）标准。AMBA 的典型系统结构如图 2-1 所示。

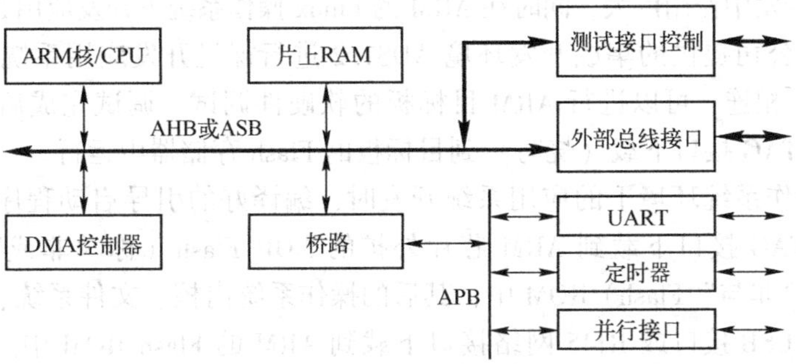

图 2-1 AMBA 的典型系统结构

AMBA 有先进系统总线（Advanced System Bus，ASB）、先进高性能总线（Advanced High-performance Bus，AHB）和先进外围总线（Advanced Peripheral Bus，APB）等 3 类总线。

- ASB 是目前 ARM 常用的系统总线，用来连接高性能系统模块，支持突发（Burst）方式数据传送。
- AHB 不但支持突发方式的数据传送，还支持分离式总线事务处理，以进一步提高总线的利用效率。特别在高性能的 ARM 架构系统中，AHB 有逐步取代 ASB 的趋势，例如在 ARM1020E 处理器核中。
- APB 为外围宏单元提供了简单的接口，也可以把 APB 看作 ASB 的余部。

AMBA 通过测试接口控制器（Test Interface Controller，TIC）提供了模块测试的途径，允许外部测试者作为 ASB 总线的主设备来分别测试 AMBA 上的各个模块。

AMBA 中的宏单元也可以通过 JTAG 方式进行测试。虽然 AMBA 的测试方式通用性稍差，但其通过并行口的测试比 JTAG 的测试代价也要低些。

2.3.2 ARM 的 JTAG 调试接口

1. JTAG 接口介绍

联合测试行动小组（JTAG）是一种国际标准测试协议，主要用于芯片内部测试及对系统进行仿真、调试。JTAG 技术是一种嵌入式调试技术，它在芯片内部封装了专门测试电路，即集成了测试访问口（Test Access Port，TAP），通过专用 JTAG 测试工具对内部节点进行测试。目前大多数比较复杂的器件都支持 JTAG 协议，如 ARM、FPGA 器件等。

JTAG 测试允许多个器件通过 JTAG 接口串联在一起，形成一个 JTAG 链，能实现对各个器件分别测试。JTAG 接口还常用于实现在系统编程（In-System Programmable，ISP）功能，如对 Flash 器件进行编程等。

通过 JTAG 接口，可对芯片内部的所有部件进行访问，因而是开发调试嵌入式系统的一种简洁高效的手段。

目前 ARM 公司提供的 JTAG 接口有 14 针接口和 20 针接口两种标准，具体硬件电路和引脚功能请参考其他资料。

2. ARM 的 JTAG 接口的实际使用

ARM 的 JTAG 接口就像单片机的仿真器和编程器（或称烧录器），单片机仿真器和编程器的价格平均都在千元以上，ARM 的 JTAG 接口价格与之相比非常低廉。仿真器主要用于单片机软硬件的调试，编程器用于将编译好的十六进制或二进制程序烧写在单片机的 ROM 中。JTAG 接口在 ARM 的裸机程序开发中作用巨大，同时在 ARM 的 Linux 操作系统下开发应用必不可少。

在使用 ARM 公司提供的集成开发环境 ADS1.2 进行裸机开发应用系统时，PC 并行口与 ARM 的 JTAG 接口相连，可以进行 ARM 目标板的软硬件调试。调试完成后，编译好的 ARM 机器码也要通过 JTAG 接口下载（烧写）到目标板的 Flash 存储器中运行。

进行 Linux 操作系统环境下的应用系统开发时，编译好的引导启动程序（Bootloader）必须通过 ARM 的 JTAG 接口下载到 ARM 芯片外扩的 NOR Flash（称“非或”Flash）ROM 或 NAND Flash（称“非与”Flash）ROM 中，其后的操作系统内核、文件系统、应用程序可以通过 RS-232 接口、USB 接口或 RJ45 网络接口下载到 ARM 的 Flash ROM 中。也就是说，Bootloader 中已经编写了有关接口的驱动、应用程序才能完成其后的操作。

2.3.3 ARM 的协处理器接口

为了便于片上系统（System on a Chip，SoC）的设计，ARM 可以通过协处理器（CP）来支持一个通用功能指令集的扩充，通过增加协处理器来增加 ARM 系统的功能。

在逻辑上，ARM 可以扩展 16 个协处理器（CP0～CP15），其中 CP15 作为系统控制，CP14 作为调试控制器，CP4～CP7 作为用户控制器，CP8～CP13 和 CP0～CP3 保留。每个协处理器可有 16 个寄存器。例如，MMU 和保护单元的系统控制都采用 CP15 协处理器，JTAG 调试中的协处理器为 CP14，即调试通信通道（Debug Communication Channel，DCC）。

ARM 微处理器内核与协处理器接口有以下 4 类。

1）时钟和时钟控制信号：MCLK、nWAIT、nRESET。

2）流水线跟随信号：nMREQ、SEQ、nTRANS、nOPC、TBIT。

3）应答信号：nCPI、CPA、CPB。

4）数据信号：双向数据信号 D[31:0]、输入数据信号 DIN[31:0]、输出数据信号 DOUT[31:0]。

在协处理器的应答信号中，部分信号说明如下。

- nCPI 为 ARM 微处理器至 CPn 协处理器的信号，该信号低电平有效代表“协处理器指令”，表示 ARM 微处理器内核标识了 1 条协处理器指令，希望协处理器去执行它。
- CPA 为协处理器至 ARM 处理器的内核信号，表示协处理器不存在，目前协处理器无能力执行指令。
- CPB 为协处理器至 ARM 处理器的内核信号，表示协处理器忙，还不能开始执行指令。

协处理器也采用流水线结构，为了保证与 ARM 微处理器内核中的流水线同步，在每一个协处理器内需有 1 个流水线跟随器（Pipeline Follower），用来跟踪 ARM 微处理器内核流水线中的指令。由于 ARM 的 Thumb 指令集无协处理器指令，协处理器还必须监视 TBIT 信号的状态，以确保不把 Thumb 指令误解为 ARM 指令。

协处理器也采用 Load/Store 结构，用指令来执行寄存器的内部操作，从存储器取数据至寄存器或把寄存器中的数据保存至存储器中，以及实现与 ARM 处理器内核中寄存器之间的数据传送。而这些指令都由协处理器指令来实现。

2.4 ARM9 体系结构的存储器组织

ARM9 的存储器层次结构从微处理器的 CPU 到外依次是寄存器组、Cache 存储器、主存储器和辅助存储器。寄存器组的访问一般需要几个纳秒，Cache 存储器的访问需要十几个纳秒，主存储器一般为几兆字节到 1 GB 的动态存储器，访问时间约 50 ns。

寄存器组主要辅助 CPU 进行运算，以加快 CPU 的处理速度；Cache 主要预存将要执行的指令以及相关的数据；主存储器是运行程序和访问数据的所在地。

ARM9 处理器有的内置指令 Cache 和数据 Cache，但不带有片内 RAM 和片内 ROM。系统所需的 RAM 和 ROM（包括 Flash）都通过总线外接。由于系统的地址范围较大（$2^{32}=4$ GB），有的片内还带有存储器管理单元（Memory Management Unit，MMU）。ARM 架构处理器还允许外接 PC 内存卡国际联合会（Personal Computer Memory Card International Association，PCMCIA）卡。

2.4.1 ARM 体系结构的存储器空间

ARM9 体系结构的存储器和 I/O 端口采用统一编址。通常对于 I/O 端口的编址有 2 种方式：独立编址、与存储器采用统一编址。前者不占用处理器的存储器空间，但需要设计专用的指令，访问速度快，但它不太适用于 RISC 系统；后者占用了存储器空间的一部分，与存储器采用同一指令进行访问，访问速度相对慢一些，它符合 RISC 系统的要求。

ARM9 体系结构存储器与 I/O 端口采用的统一编址所构成的地址空间称为平面地址空间，亦可叫作线性地址空间，如由 32 根地址线组成的 2^{32} 字节地址单元，范围从 0x00000000 ~ 0xffffffff，将字节地址作为无符号数对待。

2.4.2 ARM9 中的大端存储与小端存储

前面已经讲到，ARM9 的每个地址单元是对应一个存储字节单元而不是一个存储字（占 4 字节的存储单元），但 ARM9 可以按存储字访问，也可以按半字（2 字节）访问或单字节访问。在按字进行访问时，要求其地址是字对齐的，即字地址可以被 4 整除，也就是说字地址的最低 2 位 A1A0=00，程序计数器 PC 指针的高 30 位使用地址线 $A_{32}A_{31}\cdots A_3A_2$。，最低 2 位地址线的值取 00，是默认的，也是必须的，因为按字地址访问时低 2 位必须有值。这样按字访问的第 1 字节的数据默认存储在 A1A0=00 的字节地址单元、第 2 字节的数据存储在 A1A0=01 的字节地址单元、第 3 字节的数据存储在 A1A0=10 的字节地址单元、第 4 字节的数据存储在 A1A0=11 的字节地址单元。因此 PC 地址指针最低 2 位为 00，暗示用字地址访问时其对应字节数据的内存连续访问单元次序是 00，01，10，11 顺序组合，其他均为非字对齐。注意连续字地址存储最低 2 位的变化是 00，01，10，11，00，01，10，11，00，…，每一个 00，01，10，11 的组合都对应着一个固定的高 30 位字地址值。如果取地址最低 2 位的组合是 01，10，11，00 字节单元的值，则前 3 个组态对应一个高 30 位的字地址值，最后一个 00 对应的值是前高 30 位字地址值+4，字数据不在同一个高 30 位地址所指的范围内，属于非字对齐。

一个字是由 4 个字节组成，如果某个字的地址是 A（A 必须能被 4 整除），那么该字的 4 个字节对应的地址依次是 A、A+1、A+2、A+3。

同理，对于由 2 个字节组成的半字，访问地址使用地址线高 31 位，最低位默认取 0，即该地址值能被 2 整除。半字对齐时要求高 31 位地址不变，第 1 字节数据的默认最低位地址值必须为 0，第 2 字节数据的默认最低位地址值必须为 1。

ARM 存储系统可以使用小端存储或者大端存储两种方式。大端存储就是将字数据的最高 8 位字节数据存放在字节地址最小的存储单元中，将字数据的最低 8 位字节数据存放在字节地址最大的存储单元中，如图 2-2 所示。

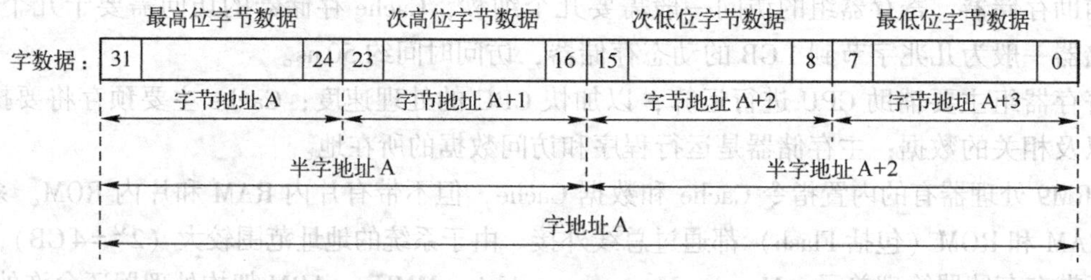

图 2-2　大端存储方式

而小端存储与大端存储正好相反，它的定义是，将字数据的最高 8 位字节数据存放在字节地址最大的存储单元中，将字数据的最低 8 位字节数据存放在字节地址最小的存储单元中，如图 2-3 所示。

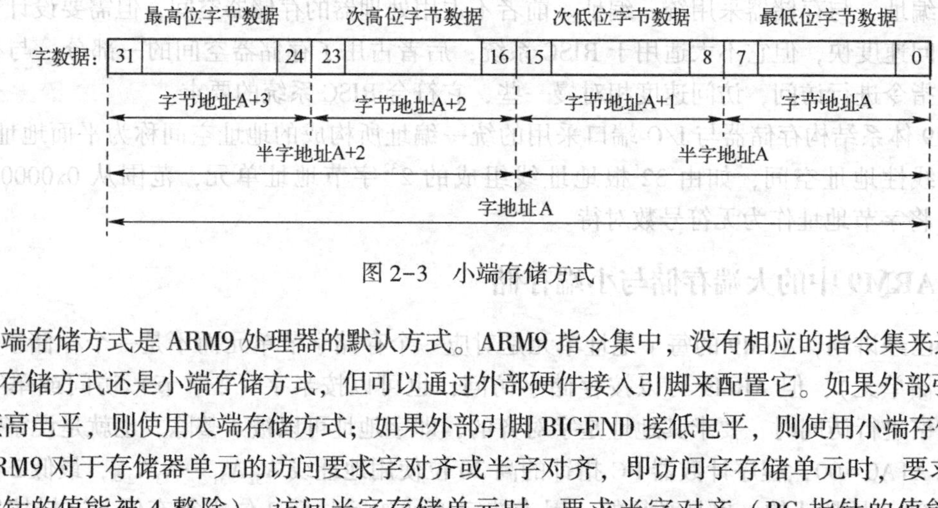

图 2-3　小端存储方式

小端存储方式是 ARM9 处理器的默认方式。ARM9 指令集中，没有相应的指令集来选择是采用大端存储方式还是小端存储方式，但可以通过外部硬件接入引脚来配置它。如果外部引脚 BIGEND 接高电平，则使用大端存储方式；如果外部引脚 BIGEND 接低电平，则使用小端存储方式。

ARM9 对于存储器单元的访问要求字对齐或半字对齐，即访问字存储单元时，要求字对齐（PC 指针的值能被 4 整除）；访问半字存储单元时，要求半字对齐（PC 指针的值能被 2 整除）。如果没有按照这种对齐方式对存储单元访问，称为非对齐存储器访问。非对齐的存储器访问可能会引起不可预知的状态。

2.4.3　I/O 端口的访问方式

对于 I/O 端口的访问，ARM9 体系结构是应用存储器映射的方式来实现的。由于 I/O 端口与存储器采用统一编址，I/O 端口必然要占用存储器空间。存储器映射法就是为每个 I/O 端口分配特定的存储器地址，当从这些地址读出或向该地址写入数据时，实际完成的是 I/O 端口的操作功能。

注意：存储器映射 I/O 端口地址的行为通常不同于对一个正常存储器地址操作所期望的行为。例如，从一个正常存储器地址两次连续的读入，2 次返回的值相同。而对于存储器映射 I/O

地址，第 2 次读入的返回值可以不同于第 1 次读入的返回值，因为第 2 次读入时对应端口的电平可能发生了变化。

2.5 ARM9 微处理器的工作状态与运行模式

ARM9 微处理器有两种工作状态，以支持 32 位 ARM 或 16 位紧凑型长度 Thumb 指令的运行，可以在程序的执行过程中任意切换。ARM9 具有 7 种异常运行模式，各种异常模式下都有自己的寄存器组，以便于异常程序的执行和返回。

2.5.1 ARM9 微处理器的工作状态

ARM9 微处理器有 32 位 ARM 和 16 位 Thumb 两种工作状态。在 32 位 ARM 状态下执行字对齐的 ARM 指令，在 16 位 Thumb 状态下执行半字对齐的 Thumb 指令。在 ARM 指令集和 Thumb 指令集中均有切换处理器状态的指令，并可在两种状态之间进行互相切换。在系统上电或复位时，微处理器处于 ARM 状态。

进入 Thumb 状态： 当操作数寄存器的状态位，即位［0］为 1 时，执行 BX 指令使微处理器从 ARM 状态切换到 Thumb 状态。

当微处理器处于 Thumb 状态时发生了异常（如 IRQ、FIQ、SWI 等），则当异常处理返回时，自动切换到 Thumb 状态。

在 Thumb 状态下，程序计数器 PC 使用位［1］选择另一个半字。

切换到 ARM 状态： 当操作数寄存器的状态位，即位［0］为 0 时，执行 BX 指令使微处理器从 Thumb 状态切换到 ARM 状态。

当处理器进行异常处理时，把当前的 PC 指针存入相应的异常模式连接寄存器（该模式下的 R14 寄存器）中，并从异常向量入口地址开始执行程序，执行完毕后将其连接寄存器的值送入 PC（还要做一些偏移量的处理），程序返回到主程序。

ARM 处理器在两种工作状态之间可以切换，切换不影响处理器的模式或寄存器的内容。

2.5.2 ARM9 微处理器的运行模式

1. ARM9 微处理器支持 7 种运行模式

- 用户模式 usr：ARM 微处理器正常程序执行模式，用户程序都在这种模式下执行。
- 快速中断模式 fiq：当一个高优先级的快速中断源产生中断时进入这种模式，主要用于高速数据传输或通道处理。
- 普通中断模式 irq：当一个普通优先级的中断源产生中断时进入这种模式，用于一般的中断事务处理。
- 管理模式 svc：当复位或软中断指令执行时将进入这种模式，是供操作系统使用的一种保护模式。
- 数据访问终止模式 abt：当数据或指令预取终止时进入该模式，用于虚拟存储及存储保护。
- 系统模式 sys：供需要访问资源的操作系统任务使用，运行具有特权的操作系统任务。
- 未定义指令终止模式 und：当执行未定义的指令时进入该模式。

ARM 处理器的运行模式可以在特权模式下通过软件改变，也可以通过外部中断和异常处理改变；大多数的应用程序运行在用户模式下，当运行在用户模式下时，被保护的系统资源是不能访问的。

2. 特权模式与异常模式

（1）特权模式

除用户模式外，其余6种模式被称为特权模式。

用户模式的特点是，用户程序不能访问受操作系统保护的系统资源，也不能进行处理器模式的切换。

特权模式的特点是，应用程序可以访问所有的系统资源，可以任意地进行处理器模式的切换。

（2）异常模式

除用户和系统模式外，其余模式被称为异常模式。

系统模式的特点是，不能通过异常进入该模式，可以访问系统的所有资源，可以任意地进行处理器模式的切换。

异常模式的特点是，以各自的异常方式或中断方式进入，并且处理各自异常或中断。对于管理模式svc异常进入方式和处理的内容如下。

1）系统上电复位或按下RESET按钮后进入管理模式。处理任务有ARM系统初始化、关闭中断、设置系统3个总线的频率、配置动态存储器SDRAM、各种运行模式下堆栈区的设置、各个模块的初始化、为C/C++应用程序提供运行环境等。

2）当执行软中断指令（SWI）异常时，也可进入管理模式。

3. 处理器运行模式间的切换

处理器运行模式间有2种切换方式：一种是通过软件控制进行切换，另一种是由外部中断或内部的异常触发进行切换。前者是通过编写软件来实现的，后者是自动触发的。系统启动时运行模式的转换流程如下。

1）上电复位或按复位按钮，进入到管理模式，此时主要工作是关闭中断，设置系统3个总线的频率、配置动态存储器（SDRAM）等。

2）设置1）模式下的堆栈指针后，通过使用软件改变CPSR的最低5位的模式控制位M[4:0]，即模式字，系统进入某种特权模式，设置它的堆栈指针；再一次改变模式字，进入相应的运行模式，进行该模式的堆栈指针设置，直到设置完所有模式下的堆栈指针等。需要注意的是，此期间系统一直处于特权模式下。

3）最后通过软件模式字的更改，使系统进入到用户模式工作，运行应用系统的软件。此时若各种异常模式产生了异常，进入相应的异常模式处理，处理完后返回到异常发生时的模式程序处，继续执行原异常模式程序。

注意：异常模式是有优先级的，如果同时产生异常，优先级高的模式优先处理执行；另外，模式优先级高的可以在模式优先级低的模式中产生异常，处理完后返回原处。

ARM微处理器在每一种处理器模式下均有一组相应的寄存器与之对应。即在任意一种处理器模式下，可访问的寄存器包括15个通用寄存器（R0～R14）、1～2个状态寄存器和程序计数器。在所有的寄存器中，有些是在7种处理器模式下共用的同一个物理寄存器，而有些寄存器则是在不同的处理器模式下有不同的物理寄存器。

2.6 ARM9体系结构的寄存器组织

ARM微处理器的37个物理寄存器被安排成部分重叠的组，它们不是在任何模式下都可以使用的，寄存器的使用与处理器状态和工作模式有关。如图 2-4 所示，每种处理器模式使用不同的寄存器组。其中 15 个通用寄存器（R0~R14）、1 或 2 个状态寄存器和程序计数器是通用的。图 2-4中有背景阴影的寄存器均为独立的物理寄存器，R0~R14、PC、CPSR 这 17 个寄存器也是独立的物理寄存器，共有 37 个物理寄存器。

ARM运行模式						
	特权模式					
		异常模式				
用户	系统	管理	终止	未定义	中断	快中断
R0	R0	R0	R0	R0	R0	R0
R1	R1	R1	R1	R1	R1	R1
R2	R2	R2	R2	R2	R2	R2
R3	R3	R3	R3	R3	R3	R3
R4	R4	R4	R4	R4	R4	R4
R5	R5	R5	R5	R5	R5	R5
R6	R6	R6	R6	R6	R6	R6
R7	R7	R7	R7	R7	R7	R7
R8	R8	R8	R8	R8	R8	R8_fiq
R9	R9	R9	R9	R9	R9	R9_fiq
R10	R10	R10	R10	R10	R10	R10_fiq
R11	R11	R11	R11	R11	R11	R11_fiq
R12	R12	R12	R12	R12	R12	R12_fiq
R13	R13	R13_svc	R13_abt	R13_und	R13_irq	R13_fiq
R14	R14	R14_svc	R14_abt	R14_und	R14_irq	R14_fiq
PC	PC	PC	PC	PC	PC	PC
CPSR	CPSR	CPSR	CPSR	CPSR	CPSR	CPSR
		SPSR_svc	SPSR_abt	SPSR_und	SPSR_irq	SPSR_fiq

图 2-4　寄存器组织结构图

2.6.1　通用寄存器

通用寄存器（R0~R15）可分成未分组寄存器 R0~R7、分组寄存器 R8~R14 和程序计数器 R15 三类。

1. 未分组寄存器（R0~R7，8 个）

在所有的运行模式下，未分组寄存器都指向同一物理寄存器，它们没有被系统作特殊的用途。因此，在中断或异常处理进行运行模式转换时，由于不同的微处理器运行模式均使用相同的物理寄存器，可能会造成寄存器中数据的破坏，这点在程序设计时要引起注意。未分组寄存器 R0~R7 是真正的通用寄存器，可以工作在所有的处理器模式下，没有隐含的特殊用途。

2. 分组寄存器（R8~R14）

对于分组寄存器，它们每一次所访问的物理寄存器与微处理器当前的运行模式相关。分组寄存器 R8~R14 的使用取决于当前的处理器模式，每种模式有专用的分组寄存器以加快异常处理的速度。

寄存器 R8~R12 可分为两组物理寄存器。一组用于 FIQ 模式，另一组用于除 FIQ 以外的其他模式。第一组是 R8_fiq~R12_fiq，在进行快速中断处理时使用。第二组是在除 FIQ 模式以外的其他处理器运行模式中直接使用 R8~R12，需要注意在运行模式切换时寄存器中内容的使用。寄存器 R8~R12 没有任何指定的特殊用途。

寄存器 R13~R14 可分为 6 个分组的物理寄存器。一组用于用户模式和系统模式，而其他 5 组分别用于 svc、abt、und、irq 和 fiq 五种异常模式。访问时需要指定它们的模式，如：R13_<mode>，R14_<mode>；其中<mode>可以是 svc、abt、und、irq 和 fiq 模式中的一个。

寄存器 R13 通常用作堆栈指针，称作 SP。每种异常模式都有自己独立的物理寄存器 R13，在 Bootloader 中或在 ARM 应用系统的初始化过程中，一般都要初始化每种模式下的 R13，即堆栈指针，使其指向该运行模式下的内存堆栈空间。在异常处理程序的入口处，将用到的其他寄存器的值保存到该指针所指向的内存堆栈中；返回时，重新将这些值加载到寄存器。这种异常处理方法保证了异常出现后不会导致执行程序的状态不可靠。

寄存器 R14 用作子程序链接寄存器，也称为链接寄存器（Link Register，LR），在上述的 6 个分组中都具有独立的物理寄存器，用于保存程序在发生异常时当前程序的 PC 指针值，使微处理器在执行完异常处理程序时能够返回到原程序。当执行带链接分支（BL）指令时，得到 R15 的备份。

当中断或异常出现时，或者当中断或异常程序执行 BL 指令时，相应的分组寄存器 R14_svc、R14_irq、R14_fiq、R14_abt 和 R14_und 用来保存 R15 的返回值。在其他情况下，R14 也可以作为通用寄存器使用。

FIQ 模式有 7 个分组的寄存器 R8~R14，映射为 R8_fiq~R14_fiq，它们是独立的物理寄存器。在 ARM 状态下，FIQ 异常处理程序没有必要保存其他运行模式下的 R8~R14 寄存器，达到了快速中断的要求。其他运行模式中都包含两个分组的寄存器 R13 和 R14 的映射，它们也是独立的物理寄存器，允许每种模式都有自己的堆栈和链接寄存器。

3. 程序计数器（R15）

寄存器 R15 用作程序计数器（PC）。在 ARM 状态，位[1:0]为 0，位[31:2]保存 PC 值。在 Thumb 状态，位[0]为 0，位[31:1]保存 PC 值。R15 虽然也可用作通用寄存器，但一般不这样用，因为对 R15 的使用有一些特殊限制，当违反了这些限制时，程序执行结果是不可预知的。

由于 ARM 体系结构采用了多级流水线技术，对于 ARM 指令而言，PC 总是指向当前执行指令的下 2 条指令的地址，即 PC 的值是当前指令的值+8（字节）。

- 读程序计数器。指令读出的 R15 值是指令地址加上 8 字节。由于 ARM 指令始终是字对齐的，所以读出结果值的位[1:0]总是 0。读 PC 主要用于快速地对临近的指令和数据进行位置无关寻址，包括程序中的位置无关转移。
- 写程序计数器。写 R15 的通常结果是将写到 R15 中的值作为指令地址，并以此地址发生转移。由于 ARM 指令要求字对齐，通常希望写到 R15 中值的位[1:0]=0b00。

2.6.2 程序状态寄存器

程序状态寄存器有两类，一类是当前程序状态寄存器（Current Program Status Register，CPSR），通常也可以叫作 R16 寄存器，它是所有运行模式下的公用寄存器，用于保存当前运行模式下的状态字，在所有处理器运行模式下都可以使用；还有一类叫作程序状态保存寄存器（Saved Program Status Register，SPSR），从图 2-4 中可以看出 SPSR 几乎在每种运行模式下都以独立的物理寄存器而存在，它在异常发生转换时保存 CPSR 的值，以保证在异常返回时程序的状态字不变，它与 CPSR 有相同的内容格式，它们的字结构组织格式如图 2-5 所示。模式位控制字及其使用的寄存器见表 2-1。

b31	b30	b29	b28	b27 … b8	b7	b6	b5	b4	b3	b2	b1	b0
N	Z	C	V	系统保留部分位	I	F	T	M4	M3	M2	M1	M0

图 2-5　程序状态寄存器格式图

CPSR 包含有条件标志位（N、Z、C、V）、中断禁止位（I、F）、当前处理器模式位（T）以及其他状态和控制信息位（M4~M0）。具体代表的物理意义如下。

1. 条件标志位

N、Z、C、V（Negative、Zero、Carry、oVerflow）均为条件码标志位（Condition Code Flags），它们的内容可被算术或逻辑运算的结果所改变，并且可以决定某条指令是否被执行。

表 2-1　模式位控制字与运行模式及使用的寄存器

M[4:0]	处理器运行模式	可访问的寄存器
10000	用户模式	R0~R14，PC，CPSR
10001	FIQ 模式	R0~R7，R8_fiq~R14_fiq，PC，CPSR，SPSR_fiq
10010	IRQ 模式	R0~R12，R13_irq，R14_irq，PC，CPSR，SPSR_irq
10011	管理模式	R0~R12，R13_svc，R14_svc，PC，CPSR，SPSR_svc
10111	中止模式	R0~R12，R13_abt，R14_abt，PC，CPSR，SPSR_abt
11011	未定义模式	R0~R12，R13_und，R14_und，PC，CPSR，SPSR_und
11111	系统模式	R0~R14，PC，CPSR（ARM v4 及以上版本）

CPSR 中的条件标志位是由 ARM 指令进行清 0 置 1 的，大部分的汇编指令只有带上对条件标志位有影响的字符“S”时才能起作用，少数的比较指令（CMN、CMP、TEQ、TST）不带影响字符“S”也可对条件标志位起作用。

在 ARM 状态下，绝大多数指令的执行，CPSR 条件标志位是决定因素之一，另一个因素就是在汇编指令中必须带上执行的条件标识字符。ARM 为了提高汇编指令的执行效率，指令的执行是有条件的。

条件标志位的通常含义如下。

1）负号标志位 N：如果结果是带符号的二进制补码，那么，若结果为负数，则 N=1；若结果为正数或 0，则 N=0。

2）零标志位 Z：若指令的执行结果为 0，则置 1（通常表示比较的结果为“相等”），否则清 0。

3）进位标志位 C：可用如下 4 种方法之一进行设置。

- 执行加法指令（包括比较指令 CMN）时，若加法产生进位（即无符号溢出），则 C 置 1；否则置 0。
- 执行减法指令（包括比较指令 CMP）时，若减法产生借位（即无符号溢出），则 C 置 0；否则置 1。
- 对于结合移位操作的非加法/减法指令，C 值为移出值的最后 1 位。
- 对于其他非加法/减法指令，C 通常不改变。

4）溢出标志位 V：可用如下两种方法设置。

- 对于加法或减法指令，如果操作数和结果都是补码形式的带符号整数，当发生带符号溢出时，V 置 1。
- 对于非加法/减法指令，V 通常不改变。

2. 控制位

程序状态寄存器 CPSR 的最低 8 位 I、F、T 和 M[4:0]用作控制位。当异常出现时改变控制位。处理器在特权模式下时也可由软件改变。

（1）中断禁止位 I、F

1）普通中断控制位 I：置 1 禁止 IRQ 普通中断；清 0 允许 IRQ 普通中断。

2）快速中断控制位 F：置 1 禁止 FIQ 快速中断；清 0 允许 FIQ 快速中断。

（2）ARM/Thumb 状态控制位 T

T=0：指示工作在 ARM 状态；T=1：指示工作在 Thumb 状态。

（3）模式控制位

M4、M3、M2、M1 和 M0（M[4:0]）是模式控制位，也是状态信息位。它的取值组合决定处理器的运行模式，表 2-1 列出了模式位控制字以及该模式下可以使用的寄存器。并非所有的模式位组合都能定义一种有效的处理器模式。其他组合的结果不可预知。

3. 其他位

程序状态寄存器的其他位目前保留，用做以后功能的扩展。

有关 Thumb 寄存器的组织结构请参考相关书籍，这里不再赘述。

2.7 ARM9 微处理器的异常

2.7.1 ARM9 微处理器异常的概念

1. ARM 异常

在一个正常的程序执行过程中，由内部或外部源产生的一个事件使正常的程序执行产生暂时停止的状态时，称之为异常。异常是由内部或外部源产生并引起处理器处理的一个事件，例如一个外部的中断请求。在处理异常之前，当前处理器的状态必须保留，当异常处理完成之后，恢复保留的当前处理器状态，继续执行当前程序。多个异常同时发生时，处理器将会按固定的优先级进行处理。

2. ARM 体系结构中的异常与中断

此处所指异常与 8 位单片机的中断有相似之处，但异常与中断的概念并不完全等同，例如，外部中断或试图执行未定义指令都会引起异常。中断包含在异常中。

2.7.2 ARM 体系结构的异常类型

ARM 体系结构支持 7 种类型的异常，异常类型、所处的运行模式、异常向量入口地址、优先级的对应关系见表 2-2。

异常出现后，强制从异常类型对应的固定存储器地址开始执行程序，在特定异常向量地址 ROM 空间存放一条跳转指令，跳转到异常处理程序的入口处。这些固定的地址称为异常向量（Exception Vectors）。

优先级是指当有多个异常发生时，优先级高的先执行。

表 2-2 异常类型和异常处理模式表

异 常 类 型	所处的运行模式	异常向量地址	优 先 级
复位	管理模式（svc）	0x00000000	1（最高）
未定义指令	未定义模式（und）	0x00000004	6（最低）
软件中断	管理模式（svc）	0x00000008	6（最低）
指令预取终止	终止模式（abt）	0x0000000C	5
数据访问终止	终止模式（abt）	0x00000010	2
IRQ（外部中断）	IRQ 模式（irq）	0x00000018	4
FIQ（快速中断）	FIQ 模式（fiq）	0x0000001C	3

2.7.3 各种异常类型的含义

1. 复位异常

当处理器的复位电平有效时，产生复位异常，ARM 处理器立刻停止执行当前指令。复位后，ARM 处理器在禁止中断的管理模式下，程序跳转到复位异常处理程序处执行（从地址 0x00000000 或 0xFFFF0000 开始执行指令）。

2. 未定义指令异常

当 ARM 处理器或协处理器遇到不能处理的指令时，产生未定义指令异常。当 ARM 处理器执行协处理器指令时，必须等待任一外部协处理器应答后，才能真正执行这条指令。

若协处理器没有响应，就会出现未定义指令异常。

若试图执行未定义的指令，也会出现未定义指令异常。

未定义指令异常可用于在没有物理协处理器（硬件）的系统上，对协处理器进行软件仿真，或在软件仿真时进行指令扩展。

3. 软件中断（SWI）异常

软件中断异常由执行 SWI（SoftWare Interrupt）指令产生，可使用该异常机制实现系统功能调用，用于用户模式下的程序调用特权操作指令，以请求特定的管理（操作系统）函数。

4. 指令预取中止异常

若处理器预取指令的地址不存在，或该地址不允许当前指令访问，存储器会向处理器发出存储器中止（Abort）信号，但当预取的指令被执行时，才会产生指令预取中止异常。

5. 数据访问中止异常

若处理器数据访问指令的地址不存在，或该地址不允许当前指令访问时，产生数据访问中止异常。存储器系统发出存储器中止信号。响应数据访问（加载或存储）激活中止，标记数据为无效。

6. 外部中断请求（IRQ）异常

当处理器的外部中断请求引脚 nIRQ 有效，且 CPSR 中的 I 位为有效电平 0 时，IRQ 才会产生异常。系统的外设可通过该异常请求中断服务。IRQ 异常的优先级比 FIQ 异常的低。当进入 FIQ 处理时，会屏蔽掉 IRQ 异常。

注意：CPSR 中的 I 位，只有在特权模式下才能使用软件设置。

7. 快速中断请求（FIQ）异常

当处理器的快速中断请求引脚 nFIQ 有效，且 CPSR 中的 F 位为有效电平 0 时，FIQ 才会出现异常。FIQ 支持数据传送和通道处理，并有足够的私有寄存器，处理速度将会大大提高。注意事项同上。

2.7.4 异常的响应过程

当一个异常发生后，ARM 微处理器执行时有以下几步操作。

1）系统根据异常类型调整当前的 PC 指针值后，存入链接寄存器（R14），以便程序在处理异常返回时能从正确的位置重新开始执行。

2）系统硬件自动将当前程序状态寄存器（CPSR）的条件状态位、控制位、运行模式字复制到相应的 SPSR 中保存，以便异常返回时使用。

3）根据异常类型，系统硬件强制设置当前程序状态寄存器（CPSR）的 I、F、T 位及运行模式 M[4:0]位，禁止普通中断和快速中断。

前已讲述，ARM 的 PC 指针是指向当前指令的下 2 条指令地址，即 PC+8。由于指令的执行是按流水线进行的，每种异常模式下指令最终执行完了哪一条是与异常类型有关的，所以送入到 RL 中的内容是不同的。还有返回时也可对 RL 中的内容进行调整，实现指令的无缝响应与返回。表 2-3 是进入异常模式前和返回时 RL 值的调整以及使用的 ARM 指令。若异常是从 Thumb 状态进入，则在 RL 寄存器中保存的是当前 PC 值的偏移量。

表 2-3　RL 值变化与使用的 ARM 指令

异常类型	进入前的 RL 值		返回时使用的 ARM 指令
	ARM R14_x	Thumb R14_x	
软件中断（SWI）异常	PC+4	PC+2①	MOVS PC，R14_svc
未定义指令异常	PC+4	PC+2①	MOVS PC，R14_und
程序终止异常	PC+4	PC+4①	SUBS PC，R14_abt，#4
数据访问终止异常	PC+8	PC+8③	SUBS PC，R14_abt，#8
普通中断异常	PC+4	PC+4②	SUBS PC，R14_irq，#4
快速中断异常	PC+4	PC+4②	SUBS PC，R14_fiq，#4
子程序调用指令 BL	PC+4	PC+2①	MOV PC，R14
复位异常	与 RL 的值无关		上电或系统复位④

① 在此 PC 应是预取终止的 BL 指令/SWI/未定义指令所取的地址。

② 在此 PC 是从 IRQ/FIQ 取得不能执行的指令的地址。

③ 在此 PC 是产生访问数据终止时加载或存储指令的地址。

④ 强制 PC 指针指向相关的异常向量地址处，取出下一条指令执行，跳转到相应的异常处理程序。

如果异常发生时，处理器处于 Thumb 状态，则当异常向量地址加载到 PC 时，处理器自动切换到 ARM 状态。

异常处理完毕之后，ARM 微处理器会执行以下几步操作从异常返回。

1）系统是在执行上述异常发生后第二步中的指令（如：SUBS PC，R14_fiq，#4）时，硬件自动将 SPSR 内容送回 CPSR 中，恢复原来的运行模式值。或者说恢复 CPSR 的内容和 RL 值送 PC 使用一条指令就可完成。

2）使用指令将连接寄存器（LR）的值减去相应的偏移量后送到 PC 中，每种异常减去的具体偏移量值见表 2-3。

3）若在进入异常处理时设置了普通中断禁止位、快速中断禁止位，要在此清除。但有新的异常发生时，处理器可以进行新的异常处理。

可以认为应用程序总是从复位异常处理程序开始执行，因此复位异常处理程序不需要返回。

2.7.5 应用程序中的异常处理

在应用程序的设计中，异常处理采用的方式是在异常向量入口表中的特定位置放置一条跳转指令，跳转到异常处理程序。

当 ARM 处理器发生异常时，程序计数器 PC 会被强制设置为对应的异常向量，从而跳转到异常入口处理程序，当异常处理完成以后，返回到主程序继续执行。

习题

2-1 简述 ARM 微处理器的特点。

2-2 试分析 ARM920T 内核结构特点。

2-3 简述 ARM7 微处理器的主要特点。

2-4 简述 ARM9 微处理器的主要特点。

2-5 简述 ARM 微处理器的应用选型。

2-6 ARM 使用的先进微控制器总线结构 AMBA 的主要内容是什么？

2-7 JTAG 接口的主要作用是什么？

2-8 ARM 可以扩展的协处理器有多少？协处理器的主要作用是什么？

2-9 简述 ARM 中的字对齐，半字对齐。

2-10 简述 ARM 访问 I/O 端口的方式。

2-11 ARM 微处理器支持哪几种运行模式？各运行模式有什么特点？

2-12 ARM 处理器有几种工作状态？各工作状态有什么特点？

2-13 ARM 运行模式中的特权模式和异常模式的定义。

2-14 简述 ARM 寄存器组织结构图，并说明寄存器分组与功能。

2-15 简述程序状态寄存器的位功能。

2-16 简述 ARM 中的程序计数器 PC、各模式下的堆栈指针寄存器和连接寄存器是什么？

2-17 ARM 体系结构支持几种类型的异常？并说明其异常处理模式和优先级状态。

2-18 简述异常类型的含义。

2-19 简述 ARM 的异常响应过程。

2-20 简述 ARM 在应用程序中是如何进行异常处理的。

第 3 章　ARM 微处理器指令系统

ARM 指令系统有标准 32 位的 ARM 指令集和 16 位的 Thumb 指令集，通常默认为前者。ARM 指令系统是本章所介绍的主要内容，以后简称 ARM 指令集。

不管是进行裸机的 ARM 应用系统开发，还是在移植了操作系统的基础上进行开发，学习 ARM 汇编指令都是必不可少的。因为 ARM 微处理器要正常工作，就必须配置好它的硬件环境，这相当于 PC 主板上的 BIOS 固化程序；在 ARM 中是系统启动引导程序（Bootloader），就需要使用 ARM 汇编指令来编写。因此学好 ARM 指令是做好 ARM 应用系统开发的关键。

本章介绍 ARM9 微处理器的指令格式与特点、ARM9 的寻址方式，分类讲述 ARM9 指令的功能，并给出了应用示例进行具体介绍。

3.1　ARM9 的指令格式

ARM 指令集中的指令均为单字指令，它为指令的流水线执行创造了条件。大部分指令都以寄存器作为其操作数，指令执行速度快，寻址方式灵活多样。但是对于 32 位的 ARM 处理器来讲，指令中的立即数却有特殊的限制，必须满足一定的条件。当要向某一寄存器送入任意 32 位的立即数时，必须使用 ARM 中定义的“假伪指令”，LDR 来实现。之所以称为“假伪指令”，是因为它与其他伪指令不同，编译器通过文字池将它等效为 ARM 指令，因此它有机器码。

3.1.1　ARM9 微处理器的指令格式与特点

1. ARM 指令的特点

- ARM 指令都是单字指令，占 32 位。基本指令只有 36 条。
- 指令可以有条件执行，也可以无条件执行。ARM 指令的一个重要特点是几乎所有的指令都带有一个可选的条件码，可根据当前程序状态寄存器（CPSR）中的条件标志位来决定是否执行该指令。当指令带有条件码并且条件满足时执行该指令，条件不满足时该指令被当作一条空操作（NOP）指令。
- 灵活的寻址方式。计算机的寻址方式是计算机的主要性能特征之一，ARM 指令有 7 种基本寻址方式，5 种复合寻址方式。由于 ARM 指令都占 32 位，在大多数情况下可以有 3 个操作数，其中第一个操作数（目的操作数）一般为基本操作数寻址方式，第 2 个和第 3 个操作数采用复合寻址方式。ARM 指令的重要特点是具有灵活的第 2 个操作数，既可以是立即数，也可以是逻辑运算数，使得 ARM 指令可以在读取数值的同时进行算术或移位操作。
- 对协处理器的支持。在很多以 ARM 为内核的微处理器中，都集成了增强浮点运算功能的协处理器。ARM 内核提供了协处理器接口，通过扩展协处理器可以增加许多新的功能。因此，ARM 指令中还包含许多条协处理器指令。
- Thumb 指令集。ARM 中有两种工作状态决定着它有两种指令集：32 位的 ARM 指令集和

16 位的 Thumb 指令集。Thumb 指令集是重新编码的 ARM 指令集的子集，通常运行于 16 位或低于 16 位的内存数据总线上。使用 16 位的存储器可以降低成本，同时 Thumb 指令集的执行速度比 ARM 32 位指令集要快，而且提高了代码密度。

2. ARM 指令的一般编码格式与语法格式

1）ARM 指令使用固定的 32 位字长，典型的 ARM 指令编码格式如图 3-1 所示。

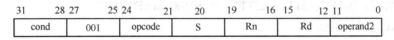

31　　28	27　　25	24　　21	20	19　　16	15　　12	11　　0
cond	001	opcode	S	Rn	Rd	operand2

图 3-1　典型的 ARM 指令编码格式

2）ARM 指令的语法格式如下：

```
{label}    <opcode>{<cond>}{S}<Rd>,<Rn> {, <operand2>}{;comment}
```

其中，{}中的内容为可选项，<>中的内容为必选项。以下对具体项目内容进行说明。

{label}：标号代表一个地址，可选项。段内标号的地址值在汇编时确定，段外标号的地址在连接时确定。需注意的是，必须使用标号时不可省略。

<opcode>：指令助记符中的操作码，说明指令完成的功能，必选项。

{<cond>}：说明指令执行的条件。可选项，具体可选字符组合见表 3-1，均由两个字符标识。如果有，指令必须在满足条件时才执行，不满足条件时指令执行空操作（NOP）指令；如果无，则指令是无条件执行的。

{S}：可选项，决定指令的操作是否对 CPSR 的条件标志码产生影响。选中助记符 S，表示指令的执行对条件码产生影响；否则无影响。

注意：有几个特殊的指令不需要助记符 S，也对条件标志码有影响，主要是比较类指令。

<Rd>：必选项，常作为存储指令执行结果的目的寄存器。

<Rn>：必选项，常作为存储指令第 1 操作数的寄存器。

{,<operand2>}：可有可无，取决于 ARM 指令。

{;comment}：可选项，指令注释行。以分号开头，说明指令完成的功能等。

3）应用举例：以下是一小段汇编程序。

```
LDR   R0, [R1]           ;以 R1 的内容为内存地址,读出该单元的数据并送 R0,无条件执行
BEQ   SUBPROG            ;B 是跳转指令,当条件 EQ 满足即标志位 Z=1 时程序跳转到 SUBPROG
ADDS R1, R1, #10         ;ADD 加法指令,实现 R1+10→R1,带有 S,影响条件标志位
SUBNES R1, R1, #0xC      ;SUB 减法指令,当 NE 条件满足即标志位 Z=0 时执行该指令,并影响标志位
```

对第 2 操作数使用的一些说明：它共占 12 位，可以用来存储立即数，具体的形式参见下文所述；它还可以进行寄存器移位的偏移量操作，这时移位的寄存器 Rm 编码占 4 位，移位类型操作码占 3 位，移位常数占 5 位。

在 ARM 指令中为了提高代码的执行效率，可以灵活地使用第 2 操作数，上面的后 2 条指令就使用了第 2 操作数，它们是以立即数的形式出现的。第 2 操作数也可以实现复合寻址方式。以下较为详细地介绍其操作数形式。

（1）立即数形式

用#immed_8r 表示，即数据前使用符号“#”。immed_8r 对应一个 8 位位图的常数，即一个 8 位的二进制常数向右循环移动偶数位得到的结果。具体的移位由 4 位二进制数乘以 2 确定，取值范围是$(0\sim2^4-1)\times2=0\sim30$。由图 3-1 典型的 ARM 编码格式可以看出，第 2 操作立

即数共占用12位(b11~b0)，这里的8位指的是b7~b0，4位指的是b11~b8。

注意：在写汇编程序时，只要指令中的立即数通过上述运算可以获得就是正确的，程序员不需要考虑立即数在指令代码中的具体存储，由ARM汇编编译器确定。还有一点也要特别留心，就是最后形成的是一个32位的数据常量。

合法的常数有：0x2FC、0xFF000000、0xF0000001、0x00~0xFF。

非法的常数有：0x1FE、511、0xFFFF、0x10100和xF000010。

常数表达式应用举例如下。

```
MOV   R0, #20                ;立即数20→R0
AND   R1,  R2, #0xAF         ;R2逻辑"与"立即数0xAF→R1
LDR   R0,  [R1],  #4         ;以R1内容为地址的存储单元数据→R0,之后R1←R1+4
```

(2) Rm寄存器形式

在这种方式下，第2操作数就是Rm寄存器的内容，具体应用实例如下。

```
SUB R1, R1,  R2              ; R1←R1-R2
MOV PC, R1                   ; PC←R1，程序跳转到指定地址去执行
LDR  R0,  [R1], -R2          ;以R1内容为地址的存储单元数据→R0,之后R1←R1-R2
```

(3) Rm寄存器移位形式

Rm寄存器移位形式需要算术移位或逻辑移位的操作符与常数结合完成，操作完成后，Rm中的内容不变。移位的方法如下。

```
ASR #n  ;算术右移(Arithmetic Shift Right)n位,移位过程中保持符号位不变,即如果源操作数为正
         数,则字的高端空出的位补0,否则补1。要求1≤n≤31
LSL #n  ;逻辑左移(Logical Shift Left)n位,寄存器中字的低端空出的位补0。要求1≤n≤31
LSR #n  ;逻辑右移(Logical Shift Right)n位,寄存器中字的高端空出的位补0。要求1≤n≤31
ROR #n  ;循环右移(Rotate Right)n位,由字的低端移出的位填入字的高端空出的位。要求1≤n
         ≤31
RRX #n  ;带扩展的循环右移(Rotate Right eXtended by 1 place),操作数每右移一位,高端空出的位
         用进位位C标志值填充
```

注意：当n不在规定的取值范围时，它们运算的结果为0。

寄存器移位形式应用举例如下。

```
ADD   R1, R1, R1, LSL   #3   ; R1←R1左移3位(即×8)+R1
SUB   R0, R0, R1, LSL   #2   ; R0←R0-R1左移2位(即×4)
```

3.1.2 指令执行的条件码

大多数ARM指令都是有条件执行的，也就是说根据当前程序状态寄存器（CPSR）中的条件标志位来决定是否执行该指令。另外还必须在指令格式中包含条件助记符。

从指令的编码格式中可以得知，条件码cond占32位指令的最高4位，也就是说它可以组合成16种条件码。每种条件码的含义和助记符见表3-1。

表3-1 ARM指令的条件码含义和助记符表

操作码[31:28]	条件码助记符	CPSR中的标志	含义
0000	EQ	Z=1	相等
0001	NE	Z=0	不相等

（续）

操作码[31:28]	条件码助记符	CPSR 中的标志	含 义
0010	CS/HS	C=1	无符号数大于或等于
0011	CC/LO	C=0	无符号数小于
0100	MI	N=1	负数
0101	PL	N=0	正数或零
0110	VS	V=1	溢出
0111	VC	V=0	没有溢出
1000	HI	C=1，Z=0	无符号数大于
1001	LS	C=0，Z=1	无符号数小于或等于
1010	GE	N=V	带符号数大于或等于
1011	LT	N!=V	带符号数小于
1100	GT	Z=0，N=V	带符号数大于
1101	LE	Z=1，N!=V	带符号数小于或等于
1110	AL	无条件执行	任何版本
1111	AL	无条件执行	任何（v5 以上版本）

注意：在 ARMv5 之前的版本中，ARM 指令都是有条件执行的，但从 ARMv5 版本以后引入了一些无条件执行的指令。

条件执行指令应用示例如下。

```
CMP R0, R10            ;比较指令,不加 S 但影响标志位。进行 R0-R10 操作,但 R0、R10 内容不变
ADDNE R0, R0, R1       ;如果 NE 为真,则 R0←R0+R1。指令执行不影响标志位
SUBEQS R0, R0, #02     ;如果 EQ 为真,则 R0←R0-2 。指令执行影响标志位
```

3.2 ARM9 微处理器指令的寻址方式与应用

寻址方式是计算机的主要性能特征表现之一。所谓寻址方式就是微处理器在指令码中寻找操作数地址的方式。标准的 ARM 都是 32 位的指令，它们可以有 3 个操作数，其中第 1 个操作数一般为基本操作数寻址方式，第 2、第 3 个操作数可采用复合寻址方式。以下介绍 ARM 微处理器的 9 种寻址方式。

3.2.1 立即数寻址方式与应用示例

立即数寻址即操作数就在指令的代码中。立即寻址指令的操作码字段后面的地址码部分就是操作数本身，取出指令也就取出了可以立即使用的操作数（也称为立即数）。立即数要以“#”为前缀，表示十六进制数值时以“0x”表示。

应用示例：

```
ADD    R0, R0, #1          ;R0←R0+1, 不影响标志位
MOV    R0, #0xff00         ;R0←0xff00,不影响标志位
```

注意：指令中的立即数是用 12 位表示的。前已介绍它是由一个 8 位的常数（图中的 immed_8）乘以一个 4 位二进制数（图中的 rotate_imm）的 2 倍后获得的。即 8 位常数×（0~

15）×2。并不是所有的 32 位都可以作为合法的立即数。具体描述如图 3-2 所示。

31　28	27　25	24　21	20	19　16	15　12	11　8	7　0
cond	001	opcode	S	Rn	Rd	rotate_imm	immed_8

图 3-2　立即数寻址时的 ARM 指令编码格式

书写立即数时，必须以“#”开头。对于不同进制的立即数有不同的书写方式。

对于十六进制数，“#”后加“0x”或“&”，如#0xaf 或 &af。

对于二进制数，“#”后加“0b”或“%”，如#0b10101011 或#%10101011。

对于十进制数，“#”后加“0d”或省略，如#0d123 或 567。

3.2.2　寄存器寻址方式与应用示例

寄存器寻址的操作数就是寄存器的内容。指令中的地址码字段给出的是寄存器编号，寄存器的内容就是操作数，指令执行时直接取出寄存器值操作。

应用示例：

```
MOV     R1, R2              ;R1←R2
SUB     R0, R1, R2          ;R0←R1-R2
```

3.2.3　寄存器偏移寻址方式与应用示例

寄存器偏移寻址是 ARM 指令集特有的寻址方式。当第 2 个操作数是寄存器偏移方式时，它在与第 1 个操作数结合之前，可以按指令中的操作码进行移位操作。以下用其中的一条指令进行说明。

```
MOV    Rd,Rn,Rm,{<shift>}
```

其中，Rm 被称为第 2 操作数寄存器。

<shift>被用来指定移位类型和移位位数，有 2 种形式：一是 5 位二进制构成的立即数，其值的范围在 0~31 之间；二是使用寄存器的内容，其值的范围也在 0~31 之间。

应用示例：

```
MOV      R0, R2, LSL #3       ;R2 的值左移 3 位,结果放入 R0,即 R0←R2 * 8
ANDS     R1, R1, R2, LSL R3   ;R2 左移 R3 位,然后和 R1 相与操作,结果放入 R1
```

1. 第 2 操作数的移位方式

第 2 操作数的移位方式共有 6 种：逻辑左移 LSL、逻辑右移 LSR、算术左移 ASL、算术右移 ASR、循环右移 ROR、带扩展的循环右移 RRX。它们的操作示意图如下。

逻辑左移 LSL：向左移位时低端空出位补 0，在不溢出情况下等价于乘 2。如图 3-3 所示。

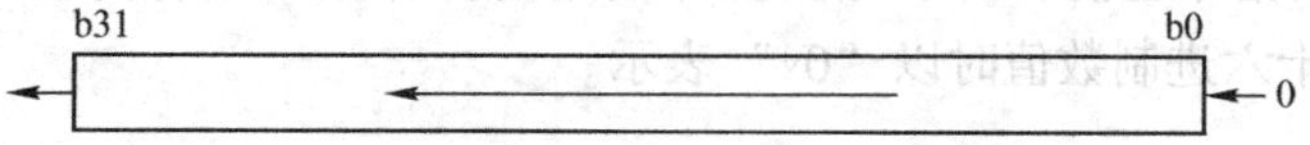

图 3-3　逻辑左移 LSL 移位示意图

逻辑右移 LSR：向右移位时高端空出的位补 0，等价于整除 2，舍去余数。如图 3-4 所示。

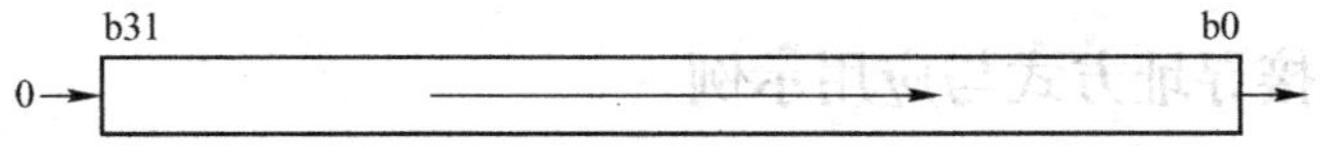

图 3-4　逻辑右移 LSR 移位示意图

应用示例：

```
SUB R3, R2, R1,  LSL #3          ; R3←R2-(R1 逻辑左移 3 位)
SUB R3, R2, R1,  LSR R0          ; R3←R2-(R1 逻辑右移 R0 位)
```

算术左移 ASL：向左移位时低端空出的位补 0，最高符号位保持不变。如图 3-5 所示。

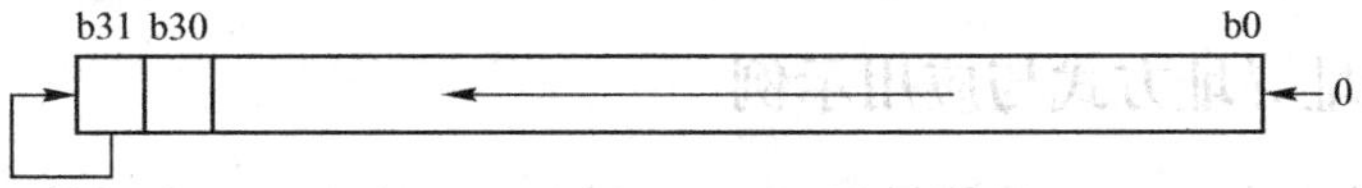

图 3-5　算术左移 ASL 移位示意图

算术右移 ASR：向右移位时若为正数，最高位为 0，移出高端空出位补 0；若为负数，最高位为 1，移出高端空出位补 1；算术右移 ASR 等价于整除 2，舍去余数。如图 3-6 所示。

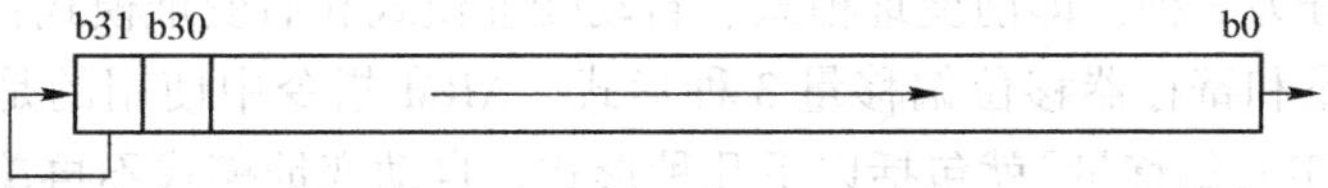

图 3-6　算术右移 ASR 移位示意图

应用示例：

```
ADD  R3, R2, R1, ASL #2          ; R3←R2+(R1 算术左移 2 位)
SUB  R3, R2, R1, ASR R0          ; R3←R2-(R1 算术右移 R0 位)
```

循环右移 ROR：由字的 b0 输出，进入字的 b31，依次进行。如图 3-7 所示。

图 3-7　循环右移 ROR 示意图

带扩展的循环右移 RRX：就是带进位循环右移操作一位，高端空出位使用进位位 C 填充。如图 3-8 所示。

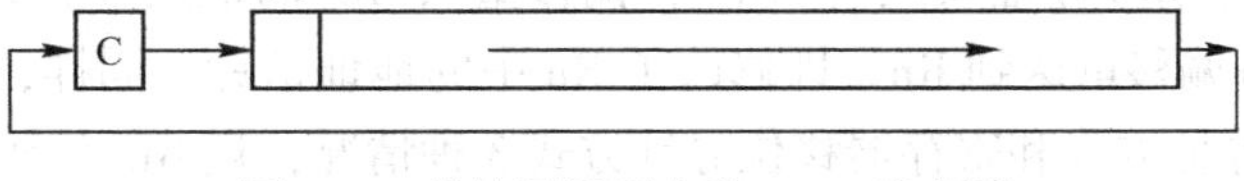

图 3-8　带扩展循环右移 RRX 示意图

应用示例：

```
SUB  R3, R2, R1, ROR #2          ; R3←R2-(R1 循环右移 2 位)
SUB  R3, R2, R1, RRX #0x04       ; R3←R2-(R1 带进位循环右移 4 位)
```

2. 第 2 操作数的移位位数

移位位数可以用立即数表示或由寄存器方式给出，其值的范围在 0~31 之间。上述的许多应用示例使用的是立即数或由寄存器给出，但是一定要注意，给定的数值必须在指定的范围之内。

3.2.4 寄存器间接寻址方式与应用示例

寄存器间接寻址就是将寄存器的内容作为操作数的地址。指令中的地址码给出的是一个通用寄存器编号，所需要的操作数保存在寄存器指定地址的存储单元中，即寄存器为操作数的地址指针，操作数存放在存储器中。

应用示例：

```
LDR   R0, [R1]     ;R0←[R1],此处的方括号是寄存器间接寻址的意思
STR   R0, [R1]     ;[R1] ←R0,将 R0 的内容送入 R1 的内容作为地址的内存单元中
```

3.2.5 基址+变址寻址方式与应用示例

基址+变址寻址方式（[Rn,偏移量]）{!}也叫变址寻址方式，它是将基址寄存器 Rn 的内容与指令中给出的地址偏移量相加，形成操作数的有效地址。若使用后缀“!”，则有效地址最后写回 Rn 中，称为自动修改指针，且 Rn 不允许使用 R15。变址寻址方式用于访问基址附近的存储单元，常用于查表、数组操作、功能部件寄存器访问等。

变址寻址方式分为 3 种，即前变址模式、自动变址模式和后变址模式；偏移量有立即数偏移量、寄存器偏移量和寄存器移位偏移量 3 种形式。ARM 指令中使用的是它们的组合体，这样前变址寻址模式[Rn,偏移量]就包括以下几种形式。自动变址模式不再单独介绍，同其他两种模式一并介绍。以下通过应用示例进行介绍。

1. 立即数偏移量应用示例

```
LDR    R2,  [R3, #4]               ;R2←[R3 + 4] ,R3 的内容不变
LDR    R2,  [R3, #4] !             ;R2←[R3 + 4] ,R3←R3+4
```

2. 寄存器偏移量应用示例

```
STR    R1, [R0, R2]                ;[R0+R2] ← R1。R0 作为基址,内容不变
```

如果在这对双括号后加上“!”，则完成后 R0←R0+R2。

3. 寄存器移位偏移量应用示例

```
LDR    R0, [R1, R2, LSL  #3]       ; R0←[(R1)+(R2) * 8]
```

该条指令的功能是将基址寄存器 R1 的内容加上 R2 的内容乘 8 作为有效地址的存储单元内容传送到 R0 寄存器中，R1 的内容保持不变。方括号后若有“!”，则 R1 地址指针自动修改。

注意：对于后变址偏移寻址模式（[Rn]，偏移量），Rn 的值用作传送数据的存储器地址。在操作完数据后，Rn+偏移量送到 Rn，即修改了 Rn 中的地址指针。同样，后变址模式也有立即数寻址方式、寄存器寻址方式和寄存器移位寻址方式 3 种情况，且 Rn 不允许使用 R15 寄存器。

注意：后变址模式不需要加“!”就可修改地址指针。以下列举几个应用示例。

```
LDR    R0, [R1], #4               ; R0←[R1];R1← R1+4
```

此指令是将以基址寄存器 R1 内容作为有效地址单元的存储器内容加载到 R0 中，之后修改 R1 的内容，即 R1 内容+4 送 R1。

```
STR   R0, [R3], -R8               ;[R3] ←R0; R3←R3-R8
```

此指令是将 R0 的内容写到以 R3 内容作为有效地址的内存单元中，之后 R3 内容减去 R8

内容送 R3 中。其他组合这里不再赘述，后面会有更多的应用示例。

3.2.6 多寄存器寻址方式与应用示例

多寄存器寻址是 ARM 微处理器独有的寻址方式。多寄存器寻址方式就是一条指令可以完成多个寄存器值的传送，这种寻址方式用一条指令最多可以完成 16 个寄存器值的传送。

应用示例：

```
LDMIA  R0, {R1, R2, R3, R5}      ;R1←[R0]; R2←[R0 + 4] ;R3←[R0 + 8];R5←[R0 + 12]
```

该条指令以 R0 的内容作为存储器有效基地址，取出内容送入 R1，R0+4 为地址单元的内容送 R2；R0+8 为地址单元的内容送 R3；R0+12 为地址单元的内容送 R5。操作完成后 R0 的内容不变。

若要实时改变 R0 的内容，则执行的指令是：LDMIA　R0!，{R1，R2，R3，R5}，这条指令的执行，R1、R2、R3、R5 的内容同前，但最后 R0 的内容等于 R0+12。

注意：花括号中是 16 个寄存器 R0~R15 的子集，寄存器的编号从小到大排列，使用“，”隔开，编号连续时可以使用“-”连接，例如：

```
LDMIA  R1!, {R2-R9, R12}
STMIA  R0!, {R3-R8, R10}
```

第 1 条指令将 R1 的内容作为有效字存储单元首地址，字内容分别送入 R2~R9、R12，最后 R1 的内容是 R1+4×8。

第 2 条指令 R3~R8、R10 这 7 个寄存器的内容保存到以 R0 的初值为首地址的字存储单元中，最后 R0 的内容是 R0+4×6。

注意：指令中的后缀 IA（Increment After）为操作模式，意思是传送数据之后，再增加地址指针，即传送完成后地址加 4。另外还有如下后缀。

IB（Increment Before）：指传送前地址先加 4。

DA（Decrement After）：指传送后地址减 4。

DB（Decrement Before）：指传送前地址先减 4。

3.2.7 堆栈寻址方式与应用示例

堆栈是一种数据结构，堆栈是按特定顺序进行存取的存储区，操作顺序分为“后进先出”和“先进后出”，堆栈寻址是隐含的，它使用一个专门的寄存器（堆栈指针寄存器 R13）指向一块存储区域（堆栈），指针所指向的存储单元就是堆栈的栈顶。

1. 存储器堆栈的相关概念

- 递增堆栈：堆栈区由低地址向高地址方向生长，称为递增堆栈（Ascending Stack）。
- 递减堆栈：堆栈区由高地址向低地址方向生长，称为递减堆栈（Descending Stack）。
- 满堆栈：堆栈指针指向最后压入堆栈的有效数据项，称为满堆栈（Full Stack）。对于满堆栈的操作，在进行压栈时要先修改堆栈指针，再压入数据；在弹栈时要先弹出数据，再修改指针。否则，就会发生错误。
- 空堆栈：堆栈指针指向下一个要放入的空位置，称为空堆栈（Empty Stack）。对于空堆栈的操作，在进行压栈时要先压入数据，再修改堆栈指针；在弹栈时要先修改指针，再弹出数据。否则，就会发生错误。

2. 堆栈的四种工作方式

- 满递增堆栈（Full & Ascending stack，FA）：堆栈指针指向最后压入的数据，且栈区由低地址向高地址生成。如指令 LDMFA、STMFA 等。
- 满递减堆栈（Full & Descending stack，FD）：堆栈指针指向最后压入的数据，且栈区由高地址向低地址生成。如指令 LDMFD、STMFD 等。
- 空递增堆栈（Empty & Ascending stack，EA）：堆栈指针指向下一个将要放入数据的空位置，且栈区由低地址向高地址生成。如指令 LDMEA、STMEA 等。
- 空递减堆栈（Empty & Descending stack，ED）：堆栈指针指向下一个将要放入数据的空位置，且栈区由高地址向低地址生成。如指令 LDMED、STMED 等。

注意：上述每种堆栈工作方式的压栈指令和弹栈指令要成对使用，千万不能配错；压栈和弹栈的多寄存器列表必须一一对应，而且排列次序也是寄存器下标从小到大。需要说明的是，按照堆栈操作的原则，正确的方法是“先进后出，后进先出”，那么弹栈的寄存器列表顺序应该从大到小，实际书写编辑时仍然是从小到大的顺序，程序员不必担心，指令在操作时会自动地按照堆栈区的操作原则进行。

应用举例：

```
STMFD   SP!,{R4-R7,LR}        ;将 R4~R7、链接寄存器 LR 内容压栈(内存),属于满栈递减
LDMFD   SP!,{R4-R7,PC}        ;从栈区弹栈内容送 R4~R7、程序计数器 PC,属于满栈递减
```

3.2.8 块复制寻址方式与应用示例

块复制寻址方式就是把一块从存储器的某一位置开始的数据复制到多个寄存器中，或者把多个寄存器的内容复制到存储器的某一块中。它是多地址多寄存器寻址方式的一种应用，实际上要完成的是从存储器的某一块开始的数据复制到存储器的另外一块中去，这里中间的过渡缓冲区就是这多个寄存器列表。

它与堆栈的操作基本相同，也有 4 组配对的操作模式指令。

LDMIA/STMIA：在传送数据之后增加地址指针，块中的首地址值最小。

LDMIB/STMIB：在传送数据之前增加地址指针，块中的首地址值最小。

LDMDA/STMDA：在传送数据之后减小地址指针，块中的首地址值最大。

LDMDB/STMDB：在传送数据之前减小地址指针，块中的首地址值最大。

应用示例：

```
LDMIA     R0!,  {R2-R12}
STMIA     R1!,  {R2-R12}
```

第 1 条指令是将以 R0 为首地址的字单元存储器的内容加载到 R2~R12 中。存储器指针 R0 在每加载一个值之后增加，增加步长为 4，增长方向为向上增长。R0 的内容自动修改。

第 2 条指令是将 R2~R12 的数据保存到以 R1 初值为首地址的字存储单元中，存储器指针 R1 每保存一个值之后增加，增加步长为 4，增长方向也为向上增长。R1 的内容自动修改。

这 2 条指令结合在一起实现的功能就是将以 R0 为首地址的字单元存储器的内容复制到以 R1 为首地址的字存储单元块中，共 11×4＝44 字节数据。

注意：寄存器间接寻址方式、多寄存器寻址方式、堆栈寻址方式和块复制寻址方式 4 种指令格式的差异和完成操作的特点说明如下：

1）寻址方式都是寄存器间接寻址，但是寄存器间接寻址方式中的寄存器需要方括号[ ]，而后 3 种不需要。而且其后的偏移量范围很大，可正可负，只要与基址累加不超出 ARM 存储器的地址范围就行。

2）多寄存器寻址方式中的基址寄存器不需要方括号[ ]，且根据“！”的有无决定指针是否自动修改。有则改；无则不改。修改值由指令的后缀模式来决定，模式 IA、IB 时地址指针+4；模式 DA、DB 时地址指针-4，上下偏移量只有±4。

3）堆栈寻址方式和块复制寻址方式实际上是多寄存器寻址方式的特殊应用，它们的基址寄存器也不需要使用方括号[ ]，修改的偏移量只有±4，并且正负号也由指令码后缀模式（FA、EA、FD、ED）确定。FA、EA 为+4；FD、ED 为-4。堆栈寻址方式指向存储器（栈区）的寄存器必须是 SP（R13）!。“!”必须有是因为压栈与弹栈必须有机配合才能保证堆栈操作的正确使用。

块复制寻址方式与堆栈寻址方式基本相同，差异就在将指令格式中的 SP! 修改为 Rn!，n=1，2，…，11，12。**需要注意的是，**如果基址寄存器使用了哪个寄存器，就不要出现在指令的花括号{}中。

3.2.9 相对寻址方式与应用示例

相对寻址是变址寻址的一种变通，由程序计数器 PC 提供基准地址，指令中的地址码字段作为偏移量，两者相加后得到的地址即为操作数的有效地址。

应用示例：

```
          BL    ROUTINE1            ;调用子程序 ROUTINE1
          BEQ   LOOP                ;条件跳转到 LOOP 标号处执行,不返回
          …
LOOP      MOV R2,#2
          …
ROUTINE1
          …
    ;语句 BL    ROUTINE1 是调用 ROUTINE1 子程序,ROUTINE1 实际上是子程序标号,是一个相对
于 PC 指针的值。执行完子程序后返回
```

3.3 ARM9 指令系统与应用

ARM 指令集可以分为 ARM 数据处理指令、寄存器装载及存储指令、ARM 跳转指令、ARM 杂项指令、ARM 协处理器指令和 ARM 伪指令。

3.3.1 ARM 数据处理指令与应用示例

数据处理指令大致可分为 3 类：数据传送指令、算术逻辑运算指令、比较指令和测试指令。所有 ARM 数据处理指令均可选择使用 S 后缀，以影响状态标志。

数据传送指令：只用于在寄存器与寄存器之间进行数据的双向传输。

比较指令和测试指令：不需要后缀 S，它们会直接影响 CPSR 的条件标志位，并且比较指令不保存运算结果，只起到更新 CPSR 中相应条件标志位的作用。

算术逻辑运算指令：完成常用的算术与逻辑运算，该类指令不但将运算结果保存在目的寄存器中，同时也可更新 CPSR 中的相应条件标志位。

乘法指令：其操作数全部是寄存器。

凡是具有第 2 操作数（operand2）的指令（乘法指令除外），均有 3 种使用形式：立即数形式、寄存器形式和寄存器移位形式。

ARM 微处理器的主要数据处理指令见表 3-2，以下将分类详细地介绍它们。

1. 算术运算指令与应用示例

（1）ADD 加法运算指令

加法运算指令 ADD。将 Rn 的数值与 operand2 的数值相加，结果保存到 Rd 寄存器中。指令格式如下：

```
ADD{cond}{S}<Rd>,<Rn>,<operand2>
```

应用示例：

```
ADDS   R1,R1,#0x03        ;R1←R1+0x03,影响条件标志位
ADD    R0,R2,R4           ;R0←R2+R4,不影响条件标志位
ADDS   R1,R2,R3,LSL #3    ;R1←R2+R3×8,影响条件标志位
```

表 3-2　ARM 微处理器的主要数据处理指令

操作码［24:21］	助记符	功　能	完成的操作
0000	AND	逻辑位“与”	Rd←Rn AND Op2
0001	EOR	逻辑位“异或”	Rd←Rn EOR Op2
0010	SUB	算术减法	Rd←Rn-Op2
0011	RSB	算术反向减法	Rd←Op2-Rn
0100	ADD	算术加法	Rd←Rn+Op2
0101	ADC	带进位算术加法	Rd←Rn+Op2+C
0110	SBC	带进位算术减法	Rd←Rn-Op2-(not)C
0111	RSC	带进位反向算术减法	Rd←Op2-Rn-(not)C
1000	TST	按位测试	根据 Rn AND Op2 设置条件标志位
1001	TEQ	按位相等测试	根据 Rn EOR Op2 设置条件标志位
1010	CMP	比较	根据 Rn-Op2 设置条件标志位
1011	CMN	负数比较	根据 Rn+Op2 设置条件标志位
1100	ORR	逻辑位“或”	Rd←Rn OR Op2
1101	MOV	传送	Rd←Op2
1110	BIC	按位清 0	Rd←Rn　AND(not)Op2
1111	MVN	按位求反	Rd←(not)Op2

（2）ADC 带进位加法运算指令

ADC 指令是将 Rn 的数值与 operand2 的数值相加，再加上 CPSR 中的进位标志 C，结果保存到 Rd 寄存器中。指令格式如下：

```
ADC{cond}{S}<Rd>,<Rn>,<operand2>
```

应用示例：使用 ADC 实现 64 位的 2 个二进制数相加，即(R1,R0)=(R5,R4)+(R3,R2)。

```
ADDS   R0,R2,R4     ;R0←R2+R4,低 32 位相加,影响条件标志 C 位
ADC    R1,R3,R5     ;R1←R3+R5+C,高 32 位数相加,不影响条件标志位
```

（3）SUB 减法指令

减法运算指令 SUB，是用 Rn 的数值减去 operand2 的数值，结果保存到 Rd 寄存器中。指令格式如下：

```
SUB{cond}{S}<Rd>,<Rn>,<operand2>
```

应用示例：

```
SUBS    R10,R10,#2            ;R10←R10-2,影响条件标志位
SUBS    R0,R2,R0              ;R0←R2-R0,影响条件标志位
SUB     R1,R2,R3,LSL #0x04    ;R1←R2-R3×16,不影响条件标志位
```

（4）带借位减法运算 SBC 指令

SBC 指令是用 Rn 的数值减去 operand2 的数值，再减去 CPSR 中的进位标志 C，结果保存到 Rd 寄存器中。

注意：虽然在 ARM 中有借位时 C=0，无借位时 C=1，但是使用该条指令时，程序员不必考虑这些，由 ARM 系统自动完成。指令格式如下：

```
SBC{cond}{S}<Rd>,<Rn>,<operand2>
```

应用示例：使用 SBC 实现 64 位的 2 个二进制数相减，即(R7,R6)=(R5,R4)-(R3,R2)。

```
SUBS    R6,R4,R2          ;R6←R4-R2,低 32 位相减,影响条件标志位
SBC     R7,R5,R3          ;R7←R5-R3,高 32 位数相减,不需影响条件标志位
```

（5）RSB 反向减法运算指令

反向减法运算指令 RSB，是用 operand2 的数值减去 Rn 的数值，结果保存到 Rd 寄存器中。指令格式如下：

```
RSB{cond}{S}<Rd>,<Rn>,<operand2>
```

应用示例：

```
RSB     R3,R1,#0xFF00         ;R3←0xFF00-R1,不影响条件标志位
RSBS    R3,R2,R1              ;R3←R1-R2,影响条件标志位
RSBS    R1,R2,R3,LSL #0x02    ;R1←R3×4-R2,影响条件标志位
```

（6）RSC 反向带进位减法运算指令

RSC 指令是用 operand2 的数值减去 Rn 的数值，再减去 CPSR 中的进位标志 C，结果保存到 Rd 寄存器中。指令格式如下：

```
RSC{cond}{S}<Rd>,<Rn>,<operand2>
```

应用示例：使用 RSC 实现 64 位的 2 个二进制数的负数，源数（R5，R4），结果存（R3，R2）。

```
RSCS    R2,R4,#0          ;R2←0-R4,低 32 位相减,影响条件标志位
RSC     R3,R5,#0          ;R3←0-R5,高 32 位数相减,不影响条件标志位
```

在 ARM 中还有 6 条乘法和乘加指令，运算结果分为 32 位和 64 位两类，指令中的所有操作数只能使用通用寄存器，同时寄存器和操作数 1 必须使用不同的寄存器。

（7）32 位乘法指令 MUL

32 位乘法指令 MUL 是将 Rm 的值与 Rs 中的值相乘，结果的低 32 位保存在 Rd 中。指令的格式如下：

```
MUL{cond}{S}<Rd>,<Rm>,<Rs>
```

应用示例：

```
MUL R1,R2,R3              ;R1←R2×R3
MULS R1,R3,R5             ;R1←R3×R5,影响条件标志位
```

（8）32 位乘加指令 MLA

32 位乘加指令 MLA 是将 Rm 的值与 Rs 中的值相乘，再加上 Rn 的值，结果的低 32 位保存在 Rd 中。指令的格式如下：

```
MLA{cond}{S}<Rd>,<Rm>,<Rs>,<Rn>
```

应用示例：

```
MLA    R1,R2,R3,R4        ;R1←R2×R3+R4
MLAS   R1,R3,R5,R7        ;R1←R3×R5+R7,影响条件标志位
```

（9）64 位有符号乘法指令 SMULL

64 位有符号乘法指令 SMULL 是将 Rm 的值与 Rs 中的值相乘，结果的低 32 位保存在 RdLo 寄存器中，高 32 位保存在 RdHi 寄存器。指令的格式如下：

```
SMULL{cond}{S} <RdLo>,<RdHi>,<Rm>,<Rs>
```

应用示例：

```
SMULL R1,R2,R3,R4         ;R1←(R3×R4)低 32 位;R2←(R3×R4)高 32 位
```

（10）64 位有符号数乘加指令 SMLAL

SMLAL 指令是将 Rm 的值与 Rs 的值相乘，其乘积低 32 位与寄存器 RdLo 的值相加同时影响进位标志，再回送给寄存器 RdLo；而高 32 位与寄存器 RdHi 的值相加，并加上低 32 位的进位 C，再回送给寄存器 RdHi。指令的格式如下：

```
SMLAL{cond}{S} <RdLo>,<RdHi>,<Rm>,<Rs>
```

应用示例：

```
SMLAL R2,R3,R7,R6      ;R2←(R7×R6)低 32 位+R2 ; R3←(R7×R6) 高 32 位+R3
```

（11）**64 位无符号数乘法指令 UMULL**

64 位无符号乘法指令 UMULL 是将 Rm 的值与 Rs 中的值相乘，结果的低 32 位保存在 RdLo 寄存器中，高 32 位保存在 RdHi 寄存器中。指令的格式如下：

```
UMULL    <RdLo>,<RdHi>,<Rm>,<Rs>
```

应用示例：

```
UMULL    R0,R1,R2,R3      ;R0←(R2×R3)低 32 位;R1←(R2×R3)高 32 位
```

（12）64 位无符号数乘加指令 UMLAL

UMLAL 指令是将 Rm 的值与 Rs 的值相乘，其乘积低 32 位与寄存器 RdLo 的值相加，同时影响进位标志，再回送给寄存器 RdLo；而高 32 位 RdHi 寄存器中的值是 RdHi 的寄存器值加上低 32 位相加的进位位 C。指令的格式如下：

```
UMLAL{cond}{S} <RdLo>,<RdHi>,<Rm>,<Rs>
```

应用示例：

```
UMLAL R2,R3,R4,R5            ;R2←(R4×R5)低 32 位+R2,R3←(R4×R5)高 32 位+R3
```

2. 逻辑运算指令与应用示例

（1） AND 指令

AND 逻辑“位与”操作指令，将 Rn 的值与 operand2 的值按位进行逻辑“与”操作，并将结果保存到 Rd 中。指令的格式如下：

```
AND{cond}{S}<Rd>,<Rn>,<operand2>
```

应用示例：

```
AND     R0,R0,0x01    ;R0←R0 & 0x01。“&”是 C 语言中的“位与”操作符。功能是保留最低位
ANDS    R0,R1,R2      ;R0←R1 & R2,影响条件标志位。如果逻辑运算的结果为 0,则 Z=1
```

（2） ORR 指令

ORR 逻辑“位或”操作指令，将 Rn 的值与 operand2 的值按位进行逻辑“或”操作，并将结果保存到 Rd 中。指令的格式如下：

```
ORR{cond}{S}<Rd>,<Rn>,<operand2>
```

应用示例：

```
ORR    R0,R0,0x0F      ;R0←R0|0x0F,将 R0 的低 4 位置“1”
ORR    R0,R1,R2        ;R0←R1|R2,“|”是 C 语言中的“位或”操作符
```

（3） EOR 指令

EOR 逻辑“位异或”操作指令，将 Rn 的值与 operand2 的值按位进行逻辑“异或”操作，并将结果保存到 Rd 中。指令的格式如下：

```
EOR{cond}{S}<Rd>,<Rn>,<operand2>
```

应用示例：

```
EOR    R0,R0,0xF0       ;将 R0 的 b7~b3 位取反
EORS   R0,R1,R2         ;R0←R1⊕R2,影响条件标志位。如果 R1=R2,则 Z=1
```

（4） BIC 指令

位清除指令 BIC 是将 Rn 的值与 operand2 的值按位取反后，进行逻辑“与”操作，并将结果保存到 Rd 中。指令的格式如下：

```
BIC{cond}{S}<Rd>,<Rn>,<operand2>
```

应用示例：

```
BIC   R0,R0,0x0F          ;R0←R0 AND (~0x0F),将 R0 的低 4 位清“0”
BICS  R2,R5,0xFFFF        ;R0←R5 AND (~(0xFFFF)),最后 R2 的结果是低 16 bit 均为 0
```

3. 数据传送指令与应用示例

（1） MOV 指令

数据传送指令 MOV 是将 operand2 操作数传送到目的寄存器 Rd 中。operand2 操作数可以

是立即数、寄存器和寄存器移位。在使用立即数时，并非所有的 32 位立即数都可以使用，具体论述请参照 3.1 节所述。

注意：在 ARM 中为了实现将任意的 32 位立即数传送到寄存器，设计了 ARM 伪指令。ARM 伪指令不同于汇编器中的伪指令，它是有机器码的，具体见 3.3.6 节。而汇编器中的伪指令只是在汇编器中使用，不产生机器码。

MOV 指令的格式如下：

```
MOV{cond}{S} <Rd>,<operand2>
```

应用示例：

```
MOV    R1,#0x100          ;R1←0x100,完成立即数送 R1
MOVS   R2,R1              ;R2←R1,完成寄存器之间传送。影响条件标志位,R1=0x0 时,Z=1
MOV    R3,R4,LSR #0x2     ;R3←R4÷4,完成寄存器右移位的传送
MOV    PC,LR              ;PC←LR 实现子程序返回
```

注意：在 ARM 中没有设计专门的子程序返回指令和异常（特别是 IRQ 和 FIQ 中断服务程序）返回指令，而是使用 MOV 指令或其他方式完成从子程序返回和中断服务程序返回。只要向程序计数器 PC 赋值后，就会跳转到相应的地址处执行程序。

（2）MVN 指令

数据取反传送指令 MVN 是将 operand2 操作数按位取反后，传送到目的寄存器 Rd 中。指令格式如下：

```
MVN{cond}{S} <Rd>,<operand2>
```

应用示例：

```
MVN  R1,#0xFF      ;R1=0xFFFFFF00
MVN  R2,R3         ;R3 按位取反送 R2
```

4. 比较指令与应用示例

（1）CMP 指令

比较指令 CMP 是用 Rn 的值减去 operand2 操作数，操作的结果影响 CPSR 中的相应条件标志位，以便其后的指令根据其条件判断是否执行。这里要说明的是，该指令并不改变其两个操作数的内容。指令格式如下：

```
CMP{cond} <Rn>,<operand2>    ;注意这里没有{S}选项,但是也影响条件标志位
```

应用示例：

```
CMP      R0,#20          ;R0-20,影响条件标志位
ADDEQ    R3,R2,R1        ;如果 R0=20,则 Z=1,EQ 为真,执行该指令,R3←R2+R1
```

（2）CMN 指令

负数比较指令 CMN 是将 Rn 的值加上 operand2 操作数的值，根据操作的结果影响 CPSR 中的相应条件标志位，以便其后的指令根据其条件判断是否执行。该指令并不改变其两个操作数的内容。指令格式如下：

```
CMN{cond} <Rn>,<operand2>    ;注意这里没有{S}选项,但是也影响条件标志位
```

使用方法：Rn 中存放的是欲比较的负数，并且以补码的形式表示，operand2 是另一个要

比较的数。

应用示例：

```
CMN      R0,#1          ;影响条件标志位
MOVEQ    R3,R2          ;如果 R0 是-1 的补码,则 Z=1,EQ 为真,执行该指令,R3←R2
```

注意： -1 的补码就是 0xFFFFFFFF，与 1 相加自然就等于 0，所以 Z=1，满足 MOV 指令的执行条件。

推论： 假如立即数 1 的位置用正数 N 替换，那么，如果 R0 是-N 的补码，则标志位 Z=1。

5. 测试指令与应用示例

（1）TST 指令

TST 是位测试指令，是将 Rn 的值与 operand2 操作数的值按位做逻辑“与”操作，根据操作的结果影响 CPSR 中的相应条件标志位，以便其后的指令根据其条件判断是否执行。这里要说明的是，该指令并不改变其两个操作数的内容。指令格式如下：

```
TST{cond} <Rn>,<operand2>   ;注意这里没有{S}选项,但是也影响条件标志位
```

使用方法：该指令主要用于判断 Rn 中的某一比特位或多个比特位的位值是否为 0，只要将操作数 operand2 的值对应的位取“1”，然后组成一个 32 位立即数。如果指令作用的结果使得条件标志位 Z=1，说明对应取值为“1”的比特位全为“0”，达到了检测的目的。

应用示例：

```
TST      R0,#0x01          ;影响条件标志位。如果 R0[0]=0,则结果标志位 Z=1
SUBEQ    R3,R2,R1          ;Z=1,说明 EQ 为真,执行该指令,R3←R2-R1
```

（2）TEQ 指令

TEQ 是测试相等指令，是将 Rn 的值与 operand2 操作数的值按位进行逻辑“异或”操作，根据操作的结果影响 CPSR 中的相应条件标志位，以便其后的指令根据其条件判断是否执行。该指令并不改变其两个操作数的内容。指令格式如下：

```
TEQ{cond} <Rn>,<operand2>   ;注意无{S}选项,但是也影响条件标志位
```

使用方法：该指令主要用于测试 Rn 中的值是否与 operand2 操作数的值相等，通过按位进行逻辑“异或”运算，如果两者的所有对应比特位都相同，“异或”结果为全“0”，则条件标志位 Z=1，说明两者相等；否则，说明两者不相等。

应用示例：

```
TEQ   R0,R1     ;影响条件标志位,测试 R0 是否等于 R1。如果相等,则结果标志位 Z=1
```

3.3.2 寄存器装载及存储指令与应用示例

ARM 微处理器系统对于存储器的操作只能使用寄存器装载和存储指令。基本的装载/存储指令仅有 5 条，其他的指令都是由它们派生出来的，可将其分为 3 种，分别是 LDR 和 STR 指令，称为单寄存器装载/存储指令；LDM 和 STM 指令，称为批量装载/存储指令；SWP 指令，称为寄存器与寄存器数据交换指令。

LDR 和 STR 指令派生的指令最多，可以进行字节操作、半字操作和字操作。LDR 指令的功能是将存储器中的内容装载到单个寄存器中去；STR 指令的功能是从单个寄存器向内存写数据。

LDM 和 STM 指令只能进行字的操作，它们派生的指令一类是对存储器块的操作，另一类是对堆栈区数据块的操作。LDM 指令的功能是将存储器或堆栈区中的块数据装载到 N 个寄存器中；STM 的作用是将 N 个寄存器的内容写入块存储器或块堆栈区中。

SWP 指令有 2 种形式：SWP 和 SWPB。

表 3-3 列出了寄存器装载和存储指令，以下对其进行较为详细的介绍。

表 3-3　寄存器装载和存储指令表

指令助记符	功　能	完成的操作	条件码位置
LDR　Rd,<addr>	装载字数据	Rd←[addr]	LDR{cond}
LDRB　Rd,<addr>	装载字节数据	Rd←[addr]	LDR{cond}B
LDRT　Rd,<addr>	以用户模式装载字数据	Rd←[addr]	LDR{cond}T
LDRBT Rd,<addr>	以用户模式装载字节数据	Rd←[addr]	LDR{cond}BT
LDRH　Rd,<addr>	装载半字数据	Rd←[addr]	LDR{cond}H
LDRSB　Rd,<addr>	装载有符号字节数据	Rd←[addr]	LDR{cond}SB
LDRSH　Rd,<addr>	装载有符号半字数据	Rd←[addr]	LDR{cond}SH
STR Rd,<addr>	存储字数据	[addr]←Rd	STR{cond}
STRB　Rd,<addr>	存储字节数据	[addr]←Rd	STR{cond}B
STRT　Rd,<addr>	以用户模式存储字数据	[addr]←Rd	STR{cond}T
STRBT　Rd,<addr>	以用户模式存储字节数据	[addr]←Rd	STR{cond}BT
STRH　Rd,<addr>	存储半字数据	[addr]←Rd	STR{cond}H
LDM{mode} Rn{!},reglist	块数据装载到列表寄存器中	reglist←[Rn…]	LDM{cond}{mode}
STM{mode} Rn{!},reglist	存储列表数据到存储器块	[Rn…]←reglist	STM{cond}{mode}
SWP　Rd,Rm,[Rn]	寄存器与存储器字交换	Rd←[Rn], [Rn]←Rm	SWP{cond}
SWPB　Rd,Rm,[Rn]	寄存器与存储器字节交换	Rd←[Rn], [Rn]←Rm	SWP{cond}B

以下对表 3-3 中的部分内容进行说明。

<addr>：代表的是存储器中的地址单元，它可以由寄存器或寄存器+偏移量，或寄存器+寄存器移位偏移量组成，在 3.2 节 ARM 寻址方式中已经介绍。

{mode}：如果对存储器进行块操作，则模式 mode 应是 IA、IB、DA、DB 其中之一；如果对堆栈区进行块操作，则模式 mode 应是 FA、FD、EA、ED 其中之一。

“以用户模式”：指在特权模式下可以以用户的身份操作用户寄存器组中的寄存器。在用户模式下，后缀带 T 的指令无效。

1. LDR 和 STR 指令

寄存器装载和存储指令 LDR/STR 可分为按字操作指令、按半字操作指令、按字节操作指令，以下简要介绍它们的格式与功能以及寻址方式等。

（1）LDR/STR 的指令格式与功能

以字方式操作的指令格式与功能：

```
LDR{cond}{T}   Rd,<addr>   ;将存储器地址为 addr 的内容装载到寄存器 Rd 中
STR{cond}{T}   Rd,<addr>   ;将寄存器 Rd 的内容写入存储器地址 addr 单元中
```

以半字方式操作的指令格式与功能：

```
LDR{cond}H   Rd,<addr>   ;将存储器地址 addr 的无符号数半字装载到 Rd 中,高 16 位补 0
LDR{cond}SH  Rd,<addr>   ;将存储器地址 addr 的有符号数半字装载到 Rd 中,高 16 位用其符号位
                          填充
STR{cond}H   Rd,<addr>   ;将寄存器 Rd 的半字数据写入存储器地址 addr 半字单元中
```

注意：半字操作时，地址值必须为偶数，即按半字对齐。非半字对齐的操作地址不可靠。

以字节操作的指令格式与功能：

```
LDR{cond}B{T}Rd,<addr>   ;将内存地址 addr 中的无符号字节数据装载到 Rd,高 24 位用 0 补充
LDR{cond}SB   Rd,<addr>  ;将内存地址 addr 中的有符号字节数装载到 Rd,高 24 位用其符号位
                          填充
STR{cond}B{T}Rd,<addr>   ;将寄存器 Rd 内容低 8 位字节数据写入内存地址 addr 的字节单元中
```

（2）LDR/STR 的指令寻址

LDR/STR 的指令寻址方式非常灵活，由两部分组成，一部分是基址寄存器，可以使用任意一个通用寄存器；另一部分是基址偏移量。它有 3 种形式，以下进行简要介绍。

1）**立即数形式。**立即数用一个无符号数表示，它既可以与基址寄存器 Rn 相加，也可以与基址寄存器相减，从而形成一个有效的地址存储器操作地址。例如：

```
LDR   Rd,[Rn,#0x08]     ;将 Rn+0x08 地址单元中的内容读出,装载到 Rd 寄存器,Rn 的内容不变
LDR   Rd,[Rn,#-0x08]    ;将 Rn-0x08 地址单元中的内容读出,装载到 Rd 寄存器,Rn 的内容不变
LDR   Rd,[Rn]           ;将 Rn 地址单元中的内容读出,装载到 Rd 寄存器,0 偏移
```

2）**寄存器形式。**即用寄存器的内容作为偏移量，与基址寄存器 Rn 的内容相加或相减，从而形成一个有效地址作为存储器操作地址。例如：

```
LDR   Rd,[Rn,Rm]        ;将 Rn+Rm 地址单元中的内容读出,装载到 Rd 寄存器,Rn 的内容不变
LDR   Rd,[Rn,-Rm]       ;将 Rn-Rm 地址单元中的内容读出,装载到 Rd 寄存器,Rn 的内容不变
```

3）**寄存器移位偏移量形式。**即将寄存器 Rm 的内容经过移位操作后，与 Rn 的内容相加，从而形成一个有效地址作为存储器操作地址。移位的方法在 3.1.1 节已经介绍，主要有逻辑左移 LSL、逻辑右移 LSR、算术右移 ASR、循环右移 ROR 和带扩展的循环右移 RRX。例如：

```
LDR   Rd,[Rn,Rm,LSL #3]     ;将 Rn+Rm * 8 的内容作为存储器地址,取其内容装载到 Rd
```

小结：在 3.1.1 节已经介绍过指向存储器地址指针的修改，即 Rn 值的变化可分为前变址模式、自动变址模式和后变址模式。结合寄存器装载/存储指令可对存储器中字节数据、半字数据和字数据进行操作。还有就是对它们可以进行基址寄存器 Rn 加上立即数偏移量、寄存器偏移量和寄存器移位偏移量的操作，这样可以组合成许许多多的具体指令操作。以下列举一些指令，帮助读者进一步掌握各种指令。

```
LDR   R0,[R1]          ;将存储器地址为 R1 内容的字数据→R0,零偏移,寄存器间址寻址
LDR   R0,[R1,R2]       ;将存储器地址为 R1+R2 内容的字数据→R0,属于前变址模式
LDR   R0,[R1,#8]       ;将存储器地址为 R1+8 的字数据→R0,属于前变址模式
LDR   R0,[R1,R2]!      ;将存储器地址为 R1+R2 内容的字数据→R0,并将 R1+R2→R1,自动变址
                        模式
LDR   R0,[R1,#8]!      ;将存储器地址为 R1+8 的字数据→R0,并将 R+8→R1,自动变址模式
LDR   R0,[R1],R2       ;将存储器地址为 R1 内容的字数据→R0,并将 R1+R2→R1,属于后变址
                        模式
```

```
LDR    R0,[R1,R2,LSL#2]!  ;将存储器地址为 R1+R2×4 的字数据→R0,并将 R1+R2×4→R1。偏
                          移量使用寄存器移位偏移量,属于自动变址模式
LDRB   R0,[R1,#8]         ;将存储器地址为 R1+8 的无符号字节数据→R0,并将 R0 的高 24 位
                          (无效位)清零。属于前变址模式
LDRSB  R0,[R1,#1]!        ;将存储器地址为 R1+1 的有符号字节数据→R0,并将 R0 的高 24 位用
                          符号位填充。若为正数使用全"0";若为负,使用全"1"。属于自动变
                          址模式
LDRH   R0,[R1,R2]         ;将存储器地址为 R1+R2 内容的无符号半字数据→R0,并将 R0 的高
                          16 位(无效位)清零。属于前变址模式
LDRSH  R0,[R1,#2]!        ;将存储器地址为 R1+2 的有符号半字数据→R0,并将 R0 的高 16 位用
                          其符号位填充。若为正数使用全"0";若为负,使用全"1"。同时 R0
                          ←R1+2,属于自动变址模式
STR    R0,[R1],#8         ;将 R0 中的字数据→R1 为地址的存储器中,并将 R1+8→R1。属于后
                          变址模式
STRB   R0,[R1,#8]         ;将寄存器 R0 中的字节数据→以 R1+8 为地址的存储器中。属于前变
                          址模式
```

2. LDM 和 STM 指令与应用示例

批量寄存器装载指令 LDM 完成的操作是，将存储器块中的 n 个字数据装载到 n 个寄存器中。n 个寄存器在指令中组成一个寄存器列表。批量数据存储指令 STM，就是将 n 个寄存器中的值写入到地址连续的存储器块中。

LDM 和 STM 相配合主要完成 2 项工作：一是可以完成将存储器中某一个首地址连续的数据块传送到存储器中的另一个数据区域中，实现数据的复制；二是用于堆栈区数据的压栈与弹栈。指令的格式如下：

```
LDM{cond}<mode>  Rn{!},reglist {^}
STM{cond}<mode>  Rn{!},reglist {^}
```

1）<mode>根据完成的工作，可分为 2 个类型。

类型 1 是在进行存储器块的复制工作时，使用以下 4 种模式之一。

IA：每次传送数据后地址寄存器 Rn 加 4，即先传送数据后修改地址指针（+4）。

IB：每次传送数据前地址寄存器 Rn 加 4，即先修改地址指针（+4）后传送数据。

DA：每次传送数据后地址寄存器 Rn 减 4，即先传送数据后修改地址指针（-4）。

DB：每次传送数据前地址寄存器 Rn 减 4，即先修改地址指针（-4）后传送数据。

类型 2 是当进行堆栈操作时，使用以下 4 种模式之一。

FA：满栈增堆栈；FD：满栈减堆栈；EA：空栈增堆栈；ED：空栈减堆栈。它们代表的物理操作前已讲述。

注意：压栈与弹栈指令选取的 mode 必须相同。

2）Rn：基址寄存器，装有传送数据的开始地址。当 Rn 使用 SP（R13）时，主要用于对堆栈区的操作；当 Rn 使用其他通用寄存器时，用于存储器区内数据块之间的复制。

3）{!}:若选取，则自动修改 Rn 内的有效地址值；否则指令执行后 Rn 中的内容不变。对于大于列表中寄存器个数的数据块复制一般都要选取使用，以减小汇编程序的额外开销；对于堆栈区域的操作必须使用，以保证堆栈指针的正确性。

4）reglist：一般是在 R0～R12 中，且除 Rn 之外的通用寄存器中选取，PC 寄存器、LR 寄存器也是列表中可包含的元素。列表的书写方法在 3.2.6 节多寄存器寻址方式中已经介绍。

5）{^}:"^"后缀不允许在用户模式和系统模式下使用，在其他模式下使用时，如果 LDM 指令中的寄存器列表包含有 PC 时，这时除了完成列表中的寄存器数据装载外，还将 SPSR 复

制到 CPSR 中，主要用于异常处理返回。

使用“^”后缀进行数据传送，且寄存器列表不包含 PC 时，装载/存储的是用户模式下的寄存器，而不是当前模式下的寄存器。

注意：LDM 和 STM 指令操作时，要求字对齐，否则会出现意想不到的问题；使用这两条指令时，使用的指令应该配对，即选取的 mode 相同。

堆栈操作时有 4 对指令：LDMFA/STMFA、LDMFD/STMFD、LDMEA/STMEA、LDMED/STMED，它们必须配对使用。

存储器操作时也有 4 对指令：LDMIA/STMIA、LDMIB/STMIB、LDMDA/STMDA、LDMDB/STMDB，它们最好配对使用。

应用示例：

```
LDMIA   R0!,{R2-R9}       ;将以 R0 为首地址的 8 个字单元内容分别装载到 R2~R9 中,R0 内容
                          更新
STMIA   R1!,{R2-R9}       ;将 R2~R9 中的内容存到以 R1 为首地址的连续 8 个字单元中,R1 内
                          容更新
STMFA   SP!,{R0-R9,LR}    ;保护现场。压栈时 SP 先修改地址(+4)后压栈数据
LDMFA   SP!,{R0-R9,PC}    ;恢复现场,异常处理返回。弹栈时 SP 先弹出数据,再修改指针
```

以下再列举一例，功能是将以 R0 为首地址的 256 字节数据复制到以 R1 为首地址的存储器单元中。

```
        …
        MOV   R8,#256             ;计数器赋初值
        LDR   R0,=ScrData         ;LDR 是 ARM 伪指令,将 32 位的源数据地址值送 R0
        LDR   R1,=DstData         ;LDR 是 ARM 伪指令,将 32 位的目的数据地址值送 R1
LOOP    LDMIA   R0!,{R2-R7,R9,R10}   ;装载内容送 R2-R9。自动修改 R0
        STMIA   R1!,{R2-R7,R9,R10}   ;存储 R2-R9 数据到以 R1 为首地址的单元中。自动修改 R1
        SUBS    R8,R8,#32         ;每次传送 32 字节数据。修改计数器值,影响标志 Z
        BNE   LOOP ;如果 R8≠0,Z=0,条件码 NE 为真,返回到 LOOP 继续复制。B 为跳转指令
        …
```

3.3.3 ARM 跳转指令与应用示例

在 ARM 指令中要实现汇编程序的跳转有两种方法：一种是直接向 PC 寄存器赋值，可实现程序在 4G 范围内的任意跳转；另一种是使用跳转指令，可实现相对于当前程序计数器 PC 指针的跳转，这是本节介绍的主要内容。

ARM 的跳转指令主要有以下 4 条。

B：跳转分支指令。

BL：带链接的跳转分支指令。

BX：带状态切换的跳转分支指令。

BLX：带链接和状态切换的跳转分支指令。

在通常状态下，处理器都是按顺序执行指令，当它执行到跳转分支指令时，将直接跳转到分支程序开始的地方去执行，程序也不会回到原来跳出的程序处继续执行。当指令执行到带链接的跳转分支指令时，程序将跳到分支程序开始的地方去执行，在这种情况下该分支程序是一个子程序，执行完后将返回到原来跳出的程序处继续执行。

1. B 指令和 BL 指令与应用示例

B 指令是一条最为简单的指令。指令在执行过程中一旦遇到 B 指令，ARM 微处理器将立

即跳转到指令给定的目标地址，从那里开始执行指令。该指令也可以选择根据其附带的条件码来执行，为程序的分支执行控制提供可能。

BL 指令是一条带有链接的跳转分支指令，除具有 B 指令的分支跳转功能外，还具有异常返回或返回主程序的功能。在执行跳转（即调用子程序）前，处理器自动地将当前程序计数器 PC（R15）的值存储在链接寄存器 LR（R14）中，作为将来子程序返回的指针。当子程序执行完毕后，将 LR 的内容复制到 PC 中，就可以实现子程序的返回。其指令格式如下：

```
B{L}{cond}    <Label>
```

其中，<Label>为程序跳转的相对于当前 PC 值的偏移量，两者结合构成一个相对转移地址，而不是绝对地址。它是将一个 24 位有符号数左移 2 位形成一个 26 位有符号的地址值，这样它的偏移量就是±32 MB，也就是说前偏移 32 MB、后偏移 32 MB 范围内的程序转移。由于 PC 寄存器是 32 位的，所以对于它的最高 6 位使用符号位进行填充，其数值的大小维持不变，使其构成一个 32 位的有效地址值。正数时填充值为全“0”，负数时为全“1”。它的值是由汇编器计算出来的，程序员只需要写上标号地址即可，但是它的取值范围程序员必须心中有数。

B 指令应用示例：

```
CMP   R0,#5
BEQ   Branch1   ;如果 R0=5,即比较后标志位 Z=1,则转移到分支 Branch1 处
BNE   Branch2   ;如果 R0≠5,即比较后标志位 Z=0,则转移到分支 Branch2 处
```

BL 指令应用示例：

```
               BL    Sub_Route1
               …
Sub_Route1     MOV   R1,R2
               …
               MOV   PC,LR
```

注意：当在 Sub_Route1 子程序中调用了 Sub_Route2，此时的 LR 又被调用 Sub_Route2 时的程序 PC 值所代替，使得子程序 Sub_Route1 的最后一条指令 MOV PC，LR 执行有误。解决的方法如下：

```
               BL    Sub_Route1
                 …
Sub_Route1     STMFA   SP!,{R1-R12,LR}    ;压栈保存 R1~R12,还有 Sub_Route1 的 LR
               MOV   R1,R2
                 …
               BL   Sub_Route2   …        ;调用 Sub_Route2 子程序
                 …                        ;Sub_Route2 的返回处
               LDMFA   SP!,{R1-R12,PC}    ;弹栈恢复 R1~R12,Sub_Route1 子程序返回
Sub_Route2       …
               MOV   PC,LR                ;Sub_Route2 子程序返回
```

如果在 Sub_Route2 子程序中还要调用子程序，处理方法相同。

2. BX 和 BLX 指令与应用示例

仿照上面的指令 B 和 BL，一个是实现程序的跳转不返回主程序指令，另一个是实现子程序调用而返回主程序指令，这里的 X 表示在跳转或子程序调用时 ARM 微处理器的工作状态也会发生变化，即由 ARM 指令工作状态转换到 Thumb 指令工作状态。

这两条指令在使用的过程中有两种形式。

形式 1：B{L}X{cond}　<Label>

形式 2：B{L}X{cond}　<Rm>

它们使用时的具体格式有 BX Label 指令、BLX Label 指令、BX Rm 指令、BLX Rm 指令。

BX Label 指令是由 ARM 指令程序跳转到 Thumb 指令程序的 Label 标号处执行，且不能返回到跳转时的 ARM 程序指令处，跳转的范围是±32 MB。

BLX Label 指令是由 ARM 指令程序跳转到 Thumb 指令程序处执行，在跳转时当前程序计数器 PC 的值已经存入 LR，当执行完 Thumb 子程序后，恢复 PC 的原值将会返回到跳转时的 ARM 程序指令处继续执行。跳转的范围是±32 MB。

BX Rm 指令既可以跳转到 ARM 指令程序处执行，也可以跳转到 Thumb 指令处执行，跳转后不会返回到主程序。当寄存器 Rm 的 b0=1 时，指令自动将 CPSR 的 T 位置“1”，程序转到 Thumb 指令处执行；当 Rm 的 b0=0 时，程序转到 ARM 指令处执行。注意跳转的地址由 Rm 确定。

BLX Rm 指令既可以跳转到 ARM 指令程序处执行，也可以跳转到 Thumb 指令处执行，在跳转时当前程序计数器 PC 的值已经存入 LR，执行完子程序后将链接寄存器 LR 的值复制给 PC，将返回到主程序。当寄存器 Rm 的 b0=1 时，指令自动将 CPSR 的 T 位置“1”，程序转到 Thumb 指令子程序入口处执行；当 Rm 的 b0=0 时，程序转到 ARM 指令子程序入口处执行。注意跳转的地址由 Rm 确定。

应用示例：

```
            CODE32                    ;ARM 代码程序
            ……
            BLX   Thumb_Sub1          ;调用 Thumb 子程序
            ……
            CODE16                    ;Thumb 代码程序
Thumb_Sub1                            ;Thumb 子程序入口
            ……
            BX   R14                  ;返回 ARM 代码程序。R14 即 LR
            ……
```

3.3.4 ARM 杂项指令与应用示例

ARM 杂项指令主要包括程序状态寄存器操作和异常中断操作两种类型的指令，共有 4 条。

程序状态寄存器操作指令有 2 条，分别是程序状态寄存器传送到通用寄存器指令 MRS、通用寄存器或立即数传送到程序状态寄存器指令 MSR。

异常中断指令有软件中断指令 SWI 和断点中断指令 BKPT。

1. 程序状态寄存器操作指令

在 ARM 指令系统中，程序状态寄存器操作指令主要用于程序状态寄存器与通用寄存器间的数据传送，它们之间相互配合，通过 MRS 读程序状态寄存器→通用寄存器→修改→通过 MSR 再写回到程序状态寄存器，完成对程序状态寄存器的内容修改，从而进行异常模式的切换或修改普通中断控制位 I 和快速中断控制位 F。

(1) MRS 指令与应用示例

MRS 指令的功能是把状态寄存器 psr（包括 CPSR 和 SPSR）传送到通用目标寄存器。指令的格式如下：

```
MRS{cond}    <Rd>,<psr>
```

注意：在 ARM 中只有通过该条指令才能读出状态寄存器（CPSR 或 SPSR）的内容到通用寄存器中；Rd 不允许使用 R15（PC）。

该指令一般在以下几种情况下使用。

- 当需要改变程序状态寄存器的内容时，可用 MRS 将程序状态寄存器的内容读入通用寄存器，修改后再写回程序状态寄存器。
- 当在异常处理或进程切换时，需要保存程序状态寄存器的值，可先用该指令读出程序状态寄存器的值，然后压栈保存。

应用示例：

```
MRS    R1,CPSR      ;R1←CPSR
MRS    R2,SPSR      ;R2←SPSR
```

（2）MSR 指令与应用示例

MSR 指令的功能是把通用寄存器内容传送到状态寄存器 psr（包括 CPSR 和 SPSR）中。指令的格式如下：

```
MSR{cond}    <psr_fields>,<#immed|Rm>
```

其中<psr_fields>：psr 指的是 CPSR 或 SPSR 寄存器，fields 域是将这 2 个 32 位的寄存器按每 8 位进行划分，共划分为 4 个域，分别如下。

- 位[31:24]为条件标志位域，用 f 表示。
- 位[23:16]为状态位域，用 s 表示（预留备用位）。
- 位[15:8]为扩展位域，用 x 表示（预留备用位）。
- 位[7:0]为控制位域，用 c 表示。

<#immed|Rm>：此地方操作数可以是一个 8 位的立即数，正好对应着上述的某一个域，为程序员的编程提供了便利。也可以使用寄存器，操作时仅将它对应的域值传送到 psr 的域中。

应用示例：

```
MSR    CPSR_f,#0xF0        ;CPSR[31:28]=0b1111,即 N、Z、C、V 均被置 1
```

2. 异常中断指令与应用示例

（1）SWI 指令

软件中断指令 SWI（Software Interrupt）用于产生软件中断，从而实现在用户模式下对操作系统中特权模式的程序调用等，以便用户程序能调用操作系统的系统例程。指令的格式如下：

```
SWI{cond}    24 位立即数
```

该指令的工作机制是这样的，当条件满足时执行该指令，处理器将进入管理模式中，需要完成以下任务。

- 将指令 SWI 后面的指令地址保存到 R14_svc 中。
- 将当前的 CPSR 保存到特权模式中相应的异常模式 SPSR_svc 中。
- 进入 SVC 管理模式，将 CPSR[4:0]设置为 0b10011 并将 CPSR［7］置 1，禁止 IRQ 中断。

- 将程序计数器（PC）的指针指向 0x00000008 的异常向量处，开始执行其中的程序，这里一般是一条跳转指令，跳转到某一标号后执行从 SWI 指令格式中析出 24 位立即数的程序中，根据析出的 24 位立即数，查找执行对应的处理程序。处理完毕后子程序返回。

由于在用户模式下不能执行所有特权模式下的一些操作，如模式之间的切换、各种异常模式堆栈的指针设置，T、IRQ、FIQ 位的清 0 或置 1 等。SWI 指令允许用户从用户模式进入特权模式，进行相应的操作，如关闭 IRQ 等。

操作系统也可以在 SWI 的异常处理程序中提供相应的系统服务，指令中 24 位的立即数指定用户程序调用系统的例程，相关参数通过通用寄存器传递。

应用示例：

```
            b HandlerSWI              ;该指令地址是 0x00000008,跳转到软件中断异常程序入口
            …
            T_bit   EQU 0x20          ;定义 Thumb 检测位
HandlerSWI
            STMFD  SP!,{R0-R12,LR}    ;保护现场
            MRS    R0,SPSR            ;当前 CPSR 内容送 R0
            TST    R0,#T_bit          ;检测 Thumb
            LDRNEH  R0,[LR,-2]        ;Thumb 指令,读取 16 位指令码
            BICNE  R0,R0,#0xFF00      ;析出其 SWI 指令中的低 8 位立即数,Thumb 指令只使用这低
                                       8 位
            BLXNE  R0
            LDREQ  R0,[LR,-4]         ;ARM 指令,读取 32 位指令码
            BICEQ  R0,R0,#0xFF000000  ;析出其 SWI 指令中的低 24 位立即数
            CMP   R0,#0x00
            BLEQ subroutine0          ;如果 R0=0,则调用 SWI  #0 指令对应的子程序 subroutine0
            CMP   R0,#0x01
            BLEQ subroutine1          ;如果 R0=1,则调用 SWI  #1 指令对应的子程序 subroutine1
            CMP   R0,#0x02
            BLEQ subroutine2          ;如果 R0=2,则调用 SWI  #2 指令对应的子程序 subroutine2
            …
            LDMFD  SP!,{R0-R12,PC}    ;SWI 异常软中断返回

SWI_sub     DCD   subroutine0         ;立即数是 0   SWI  #0
            DCD   subroutine1         ;立即数是 1   SWI  #1
            DCD   subroutine2         ;立即数是 2   SWI  #2
subroutine0
            …
            MOV   PC,LR
subroutine1
            …
            MOV PC,LR
subroutine2
            …
            MOV PC,LR
```

需要说明的是，软中断是由用户调用的，具有可知性；IRQ 或 FIQ 是由外部条件触发的，具有随机性。

当指令中 24 位的立即数被忽略时，用户程序调用的系统例程也可由通用寄存器 R0 的内容决定，同时，参数通过其他通用寄存器传递。

```
MOV   R0,#12        ;通过 R0 传递 12 号软中断的参数
MOV   R1,#34        ;设置子功能号
SWI   0             ;等价于 24 位的立即数被忽略,0 在这里代表特定的含义,其他地方不能再使用
```

(2) BKPT 指令

断点中断指令 BKPT 主要用于产生软件中断，供调试程序使用。指令格式如下：

```
BKPT        16位立即数
```

该 16 位立即数被调试软件用来保存额外的断点信息。

3.3.5 杂项指令在 Bootloader 中配置各种异常栈顶指针综合应用示例

下列程序段是利用它们之间的配合，通过“读取→修改→写回”操作完成各种异常堆栈指针的设置。这也是 Bootloader 中主要完成的任务之一。

1. 异常模式字定义（EQU 是汇编伪指令）

```
USERMODE   EQU   0x10        ;用户模式
FIQMODE    EQU   0x11        ;快速中断模式
IRQMODE    EQU   0x12        ;普通中断模式
SVCMODE    EQU   0x13        ;管理模式
ABORTMODE  EQU   0x17        ;终止模式
UNDEFMODE  EQU   0x1b        ;未定义模式
MASKMODE   EQU   0x1f        ;系统模式
NOINT      EQU   0xc0        ;普通中断、快速中断屏蔽字
```

2. 系统上电进入到管理模式

```
HandlerReset
    MRS   R0,   CPSR
    BIC   R0,   R0,   #NOINT|MASKMODE   ;R0[7:0]=0b00x00000,IRQ、FIQ 开中断
    ORR   R2,R0,   #USERMODE            ;R2 低 5 位是用户模式字
;初始化快速中断模式栈顶指针
    ORR   R1,R0,   #NOINT|FIQMODE       ;R1 的低 8 位是普通中断、快速中断屏蔽位和模式字
    MSR   CPSR_cf,   R1                 ;cf(control flag)是 ADS1.2 中使用的域定义符
    MSR   SPSR_cf,R2                    ;将用户模式字保存在 SPSR 中
    LDR   SP,=FIQStack                  ;FIQStack 是一个 32 位的二进制数,快中断栈顶指针
;初始化普通中断模式栈顶指针
    ORR   R1,R0,   #IRQMODE|NOINT
    MSR   CPSR_cf,R1
    MSR   SPSR_cf,R2
    LDR   SP,=IRQStack                  ;IRQStack 是一个 32 位的二进制数,普通中断栈顶指针
;初始化管理模式栈顶指针
    ORR   R1,   R0,   #SVCMODE|NOINT
    MSR   CPSR_cf,R1
    MSR   SPSR_cf,R2
    LDR   SP,=SVCStack                  ;SVCStack 是一个 32 位的二进制数,是管理模式栈顶
                                        指针
;初始化其他模式的栈顶指针:省略…
;最后初始化用户模式栈顶指针后,系统进入用户模式
    MRS   R0,   CPSR
    BIC   R0,   R0,   #MASKMODE|NOINT
    ORR   R1,R0,   #USERMODE
    MSR   CPSR_cf,R1
    LDR SP,=UserStack                   ;UserStack 是一个 32 位的二进制数,是用户模式栈顶
                                        指针
      …
```

注意：只有在特权模式下才能修改状态寄存器控制域[7:0]的值，以实现处理器模式的转换或禁止/允许中断异常。

控制域中的 T（Thumb）位在 MSR 指令中不能赋值修改，而将 ARM 工作状态切换到 Thumb 工作状态。只有使用 BX 指令才能实现前述工作状态的切换。

在用户模式下，只能修改“条件标志位域”，不能修改其他域，即 CPSR 的[24:0]位。

在 MRS 和 MSR 指令中不能使用后缀“S”。

3.3.6 ARM 协处理器指令与应用示例

ARM 微处理器支持协处理器操作，协处理器的控制要通过协处理器命令实现。在程序执行的过程中，每个协处理器只执行针对自身的协处理指令，忽略 ARM 微处理器和其他协处理器的指令。如果协处理器不能成功地执行其操作，将产生未定义指令异常。

ARM 协处理器指令的主要作用包括：①ARM 处理器初始化；②ARM 协处理器的数据处理操作；③ARM 微处理器寄存器到协处理器寄存器之间的数据传送；④ARM 协处理器寄存器到 ARM 存储器之间的数据传送。

协处理器共有 5 条指令，见表 3-4，下面分别介绍。

表 3-4 ARM 协处理器指令表

助 记 符	功 能	完成的操作	条件码位置
CDP coproc,opcode1,CRd,CRn,CRm {,opcode2}	协处理器操作	协处理器决定	CDP{cond}
LDC{L} coproc,CRd,<addr>	协处理器数据装载	协处理器决定	LDC{cond}{L}
STC{L} coproc,CRd,<addr>	协处理器数据存储	协处理器决定	STC{cond}{L}
MCR coproc,opcode1,CRd,CRn,CRm {,opcode2}	ARM 寄存器到协处理器寄存器的数据传送	协处理器决定	MCR{cond}
MRC coproc,opcode1,CRd,CRn,CRm {,opcode2}	协处理器寄存器到 ARM 寄存器的数据传送	协处理器决定	MRC{cond}

1. CDP 指令与应用示例

CDP 指令为协处理器操作指令。ARM 微处理器通过 CDP 指令通知 ARM 协处理器执行特定的操作。该操作由协处理器完成，即对命令参数的解释与协处理器有关，指令的使用也取决于协处理器。指令格式如下：

```
CDP{cond}    coproc,opcode1,CRd,CRn,CRm    {,opcode2}
```

其中，coproc 是协处理器名，书写格式为 Pn，n=0~15；opcode1 为协处理器操作码；CRd 为协处理器目标寄存器；CRn、CRm 为协处理器的第 1、2 操作数寄存器；opcode2 是 opcode1 的可选子操作码。

注意：协处理器寄存器使用时使用 Cn，n=0,1,2,3……

应用示例：

```
CDP   P1,10,C1,C2,C3      ;协处理器 P1 完成操作 10,C2 和 C3 为源操作数,结果送 C1
CDP   P3,5,C1,C2,C3,2     ;协处理器 P3 完成操作 5(子操作 2),C2 和 C3 同上,结果送 C1
```

2. LDC/STC 指令与应用示例

协处理器数据装载指令 LDC 是从连续的存储单元将数据读取到协处理器寄存器中。协处理器数据传送的字数由协处理器控制。协处理器数据存储指令 STC 与 LDC 的功能相反。指令的格式如下：

```
LDC/STC{cond}{L}    coproc,CRd,<addr>
```

其中，<addr>是 ARM 微处理器的基址寄存器 Rn 的间接寻址或移位寻址，其他同上。选取后缀“L”时，表示为长整数传送，用于双精度的数据传输。

应用示例：

```
LDC   P3,C2,[R2]          ;将地址为 R2 的存储单元数据传送到 P3 协处理器的 C2 寄存器
STC   P7,C5,[R1,#4]       ;将 P7 协处理器的 C5 寄存器内容存储到[R1+4]的单元中
```

3. MCR/MRC 指令与应用示例

传送指令 MCR 是将 ARM 寄存器的内容传送到协处理器寄存器中去。传送指令 MRC 是将协处理器寄存器的内容传送到 ARM 寄存器中去。指令格式如下：

```
MCR/MRC{cond}   coproc,   opcode1,   Rd,   CRn,   CRm  {,opcode2}
```

应用示例：

```
MCR   P6,2,R7,C1,C2        ;将寄存器 R7 的内容送协处理器 P6 寄存器 C1、C2,操作码是 2
MCR   P7,0,R1,C3,C2,1      ;将寄存器 R1 的内容送协处理器 P7 寄存器 C3、C2,操作码是 0(1)
MRC   P5,2,R2,C1,C2        ;将协处理器 P5 寄存器 C1、C2 的内容送寄存器 R2,操作码是 2
MRC   P4,0,R0,C3,C2,2      ;将协处理器 P4 寄存器 C3、C2 的内容送寄存器 R0,操作码是 0(2)
```

3.3.7 ARM 伪指令与应用示例

ARM 伪指令不是 ARM 指令集中的指令，只是为了编程方便定义的指令，使用时可以像其他 ARM 指令一样使用，但在编译时这些指令将被等效的 ARM 指令代替。ARM 伪指令有 ADR，ADRL，LDR，NOP 共 4 条。

1. ADR 指令

小范围的地址读取伪指令 ADR 将基于 PC 相对偏移的地址值加载到寄存器中。指令格式如下：

```
ADR{cond}   register,expre
```

其中，register 为加载的目标寄存器，expre 为地址表达式。当地址值是非字对齐地址时，取值范围为-255~255 字节；当地址是字对齐地址时，取值范围为-1020~1020 字节。

ADR 伪指令在 ARM 汇编时始终被汇编成一条指令。在编程时程序员并不需要关心相对于 PC 的偏移量，也不需要计算偏移量，由汇编器自动完成。汇编器会试图产生一条 ADD 指令或 SUB 指令来加载地址，若地址加载不能汇编成一条指令，则产生错误，汇编失败。若标号是程序相对偏移量，则它的值必须与 ADR 伪指令在同一代码存储区域。

应用示例：

```
Label    MOV   R0,  #20
         ADR   R1,  Label
         ADR   R2,  Data_Tab        ;将字数据表的标号送给 R2,作为查表的基址
         LDR   R3,  [R2,R4]         ;R4 为字索引号,依次是 0,4,8,12,…,R3 是查表的结果
Data_Tab DCD 0x01,0x02,0x03         ;定义字数据
```

上述第二条伪指令将被汇编成 SUB R1，PC，0x0C 指令。注意此时的 PC 值是当前指令地址+8，因此当前的 PC 值减 12（0x0C），就是 Label 的值。执行上述第 3 条伪指令 ADR 时，当前的 PC 指针也是指令地址+8，即 Data_Tab 标号处，所以此指令将汇编成 ADD R2，PC，#0x00。

2. ADRL 指令

中等范围的地址读取伪指令 ADRL 将程序相对偏移或寄存器相对偏移地址加载到寄存器中。在汇编编译源程序时，ADRL 伪指令被编译器替换成两条合适的指令。若不能用两条指令实现 ADRL 伪指令功能，则产生错误，编译失败。指令格式如下：

```
ADRL{cond} register,expre
```

其中，register 为加载的目标寄存器，expre 为地址表达式。当地址值是非字对齐地址时，取值范围为-64K~64K 字节；当地址值是字对齐地址时，取值范围为-256K~256K 字节。

ADRL 伪指令始终被汇编成两条指令。即使地址加载可以用一条指令完成，汇编器也会生成两条冗余指令。在编程时程序员并不需要关心相对于 PC 的偏移量是多少，也不需要计算偏移量，由汇编器自动完成。若标号是程序相对偏移，则它的值必须与 ADRL 伪指令在同一代码存储区域。

应用示例：

```
Label   MOV    R0,   #100
ADRL    R1,Label+6000
```

汇编器将第 2 条伪指令生成 ADD R1，PC，#0xE800 和 ADD R1，R1，#0x254 两条指令。注意当前的指令 PC 值是 PC+8，即等价到第 1 条指令地址是 Label 标号地址+12。现在程序要以 PC 为基址，所以相对于 Label+6000 的地址值，就是相对于当前的 PC 值+6000-12=PC 值+5988(0xE800+0x254)。

3. LDR 指令

大范围的地址读取伪指令 LDR 用于加载 32 位的立即数或一个地址值到指定寄存器。在汇编器编译源程序时，LDR 伪指令被汇编器替换成一条合适的指令。若加载的常数未超出 MOV 或 MVN 的范围，则使用 MOV 或 MVN 指令代替该 LDR 伪指令，否则汇编器将产生文字常量放入文字池，并使用一条程序相对偏移的 LDR 指令从文字池读出常量。LDR 伪指令格式如下：

```
LDR{cond} register,[=expre | label_expre]
```

其中，register 为加载的目标寄存器，expre 为 32 位立即数，labe1_expre 为程序相对偏移或外部表达式。

以下说明 LDR 伪指令的解释过程。举例如下：

```
LDR    R2,=0xff ;此立即数可以用 12 位来表示,所以汇编器将它汇编成 MOV    R2,#0ff
LDR    R5,=0xfff;此立即数不能用 12 位来表示,所以汇编器将它汇编成 LDR    R5,[PC,offset_pool]
LDR    R7,=data ;若此立即数不能用 12 位来表示,汇编器将它汇编成 LDR    R7,[PC,offset_pool]
```

上述的 offset_pool 是文字池中由系统自动定义的字单元数据相对于 pool 的位置偏移量，程序员只需在其后适当的地方（具体参见 4.1.3 节）写一条文字池声明伪指令 LTORG 即可。自动定义的内容是：pool　DCD　0xfff，data。

这条 ARM 伪指令与寄存器装载指令有着相同的操作码，但是它的操作数前需要使用“=”符号。LDR 指令是使用频率最高的指令，也最为方便，程序员不必关心赋值范围是否越限。

应用示例：

(1) 作为 32 位的立即数程序

```
LDR    R0,=0x87654321          ;给 R0 赋立即数,可以是任意的 32 位立即数
LDR    R1,=0x12345677          ;给 R1 赋立即数
ADD    R2,R0,R1                ;R2←R0+R1
…
LTORG                          ;伪指令,声明文字池。当程序中的立即数不能用 MOV 指令后的
                                12 位立即数表示时,ARM 可以自动生成这些立即数并存储在
                                此,这时 ARM 可以使用其他指令进行操作,从而完成 LDR 伪指
                                令的功能
```

（2）作为 32 位的地址值程序

```
GPBCON   EQU   0x56000010      ;使用伪指令 EQU 定义 B 端口控制寄存器地址
…
LDR    R0,=0xff000111          ;定义控制字送 R0
LDR    R1,=GPBCON              ;B 端口控制寄存器地址值送 R1
STR    R0, [R1]                ;将控制字写入端口寄存器
…
LTORG
```

注意：ARM 伪指令是假的伪指令，是 ARM 编译器定义的伪指令，会生成相应的机器码。而一般意义下的伪指令只供汇编器使用，不产生机器码。

另外，由于 ARM 都是单字指令，无法将任意一个 32 位的二进制数赋值给它的寄存器，只能将 8 位的二进制数乘以整数 2＊(0~15)中的偶数通过 MOV 指令传递给寄存器（原理前已讲述），这样造成了不能将任意的 32 位立即数送入系统作为操作数或有效的地址单元。为了弥补这一点，便引入了 ARM 伪指令。

4. NOP 指令

空操作指令 NOP 在汇编时将会被代替成 ARM 中的空操作，如 MOV，R0，R0 指令等。NOP 可用于延时操作。NOP 伪指令格式如下：

```
NOP
```

应用示例：

```
          MOV   R1,0xFF00
DELAY1    NOP
          SUBS  R1,R1,#1
          BNE   DELAY1
```

Thumb 指令集如果读者需要，可以参考其他书籍学习，这里不再赘述。

习题

3-1　简述 ARM 指令的特点。

3-2　简述 ARM 指令格式及各项的含义。ARM 指令中的第 2 操作数 operand2 有哪些具体形式？

3-3　ARM 指令条件码有哪些？取决于哪个寄存器？

3-4　ARM 处理器有哪几种基本寻址方式？

3-5　在 ARM 的基址+变址寻址方式中，变址寻址方式有哪几种？举例说明。

3-6　在多寄存器寻址方式中，修改地址的方式有哪些？

3-7　存储器生长堆栈可分为哪几种？各有什么特点？

3-8　ARM 微处理器支持哪几种类型的堆栈工作方式？各有什么特点？

3-9　举例说明块复制寻址的操作过程。

3-10　举例说明变址寻址的操作过程。

3-11　ARM 指令集包含哪些类型的指令？

3-12　ARM 指令集分为哪几大类？

3-13　举例说明 LSL、LSR、ASR、ROR、RRX 的移位操作过程。

3-14　ARM 数据处理指令分为几类？

3-15　ARM 的比较指令与一般的数据处理指令有什么不同？

3-16　ARM 的寄存器装载与存储的基本指令是什么？由它派生出了几种同类的指令？分别是什么？

3-17　简述 ARM 跳转指令的条数及其功能。

3-18　简述 ARM 杂项指令及其功能。

3-19　ARM 协处理器指令作用是什么？简述 5 条指令各完成的功能。

3-20　简述 ARM 伪指令的功能，举例说明操作过程。

3-21　存储器从 0x30040000 开始的 100 个单元中存放着 ASCII 码，编写汇编程序，将其所有的小写字母转换为大写字母，其他保持不变。

3-22　编写程序，比较存储器中 0x30040000 和 0x30040004 两无符号字数据的大小，并且将比较结果存于 0x30040008 的字单元中，若两者相等结果记为 0，若前者大于后者结果记为 1，若前者小于后者结果记为-1（以补码的形式存储）。

3-23　将存储器中 0x30080000 开始的 200 字节数据复制到 0x30086000 开始的区域。

3-24　编写一简单 ARM 汇编程序，实现 1+2+…+100 的运算。

3-25　要实现多个寄存器的内容的压栈和弹栈，举例说明使用什么汇编指令。

第 4 章　微处理器 ARM 程序设计

程序设计不但要掌握处理器的指令功能与使用方法，还必须借助 ARM 的集成开发环境进行程序的代码编辑、编译和调试运行。为了提高编程效率，缩短开发周期，还必须学会使用 C/C++语言进行程序设计。这就要求掌握 ARM9 汇编语言伪指令、汇编语言程序的语法结构、ARM 处理器的 C 语言编程、汇编语言与 C 语言混合编程的 ATPCS 规则等。

本章主要讲述 ARM 伪指令、ARM 汇编语言程序设计、ARM 汇编语言与 C 语言的混合编程以及子程序或函数之间的相互调用。最后通过实例讲述 ARM 汇编语言与 C 语言之间的参数传递方法、程序之间的相互调用等。

4.1　ARM 汇编伪指令

ARM 汇编语言源程序是由伪指令、ARM 指令和宏指令组成。伪指令完成的操作称为伪操作。

伪指令的定义：在 ARM 汇编语言程序里，有一些特殊指令助记符，这些特殊的助记符与指令系统的助记符不同，没有相对应的操作码，也就是不会生成机器码，仅仅是在编译软件中起着格式化的作用，通常称这些特殊指令助记符为伪指令。

伪指令的作用：伪指令是为完成汇编程序作各种准备工作，这些伪指令仅在汇编过程中起作用，一旦汇编结束，伪指令的使命就结束了。

宏指令：实际上是一段独立的程序代码，在汇编程序中通过宏名来调用，而在程序被汇编时，调用的宏将被展开，用宏的定义体代替宏名。因此宏可以使程序代码更加简洁直观，是用指令占用的空间换取执行的时间。

ARM 汇编语言程序可以在 Windows 操作系统下的 ADS1.2 集成开发环境中运行，也可以在 Linux 操作系统下的 GUN 开发环境中运行。以下介绍 ADS1.2 开发环境中 ARM 汇编器中使用的伪指令。

4.1.1　数据常量定义伪指令

数据常量定义伪指令 EQU 用于为程序中的常量、标号等定义一个等效的字符名称，类似于 C 语言中的#define。EQU 语法格式如下：

```
常量名称   EQU   表达式{,类型}
```

其中，名称为 EQU 伪指令定义的字符名称，当表达式为 32 位的常量时，可以指定表达式的数据类型，有以下 3 种类型：CODE16、CODE32 和 DATA 。EQU 可用符号“ * ”代替。

应用示例：

```
Data_in   EQU   200              ;定义标号 Data_in 的值为 200
Addr      EQU   0xff,CODE32      ;定义标号 Addr 的值为 0xff,且该处为 32 位的 ARM 指令地址
```

注意：EQU 可以定义字节、半字、字长度的数据值，可以认为是常数，主要在于应用的

场合；也可以定义 32 位的地址值等。

4.1.2 数据变量定义伪指令

数据变量定义伪指令用于定义 ARM 汇编程序中的变量、对变量赋值以及定义寄存器的别名等操作。常见的数据变量定义伪指令有如下几种。

1. 全局变量伪指令 GBLA、GBLL 和 GBLS

全局变量一般是指在这个汇编程序中定义，需要在另外一个汇编程序中应用的变量。GBLA、GBLL 和 GBLS 伪指令用于定义全局变量并将其初始化。语法格式如下：

```
GBLA( GBLL 或 GBLS ) 全局变量名
```

- GBLA 用于定义一个全局的数字变量，并初始化为 0。
- GBLL 用于定义一个全局的逻辑变量，并初始化为 F。
- GBLS 用于定义一个全局的字符串变量，并初始化为空。

应用示例：(说明全局变量名必须唯一)

```
GBLA    Variable1        ;定义一个全局的数字变量,变量名为 Variable1
GBLL    Variable2        ;定义一个全局的逻辑变量,变量名为 Variable2
GBLS    Variable3        ;定义一个全局的字符串变量,变量名为 Variable3
```

2. 局部变量伪指令 LCLA、LCLL 和 LCLS

局部变量是指在某个汇编程序中定义并使用的变量，在其他汇编程序中不能使用。LCLA、LCLL 和 LCLS 伪指令用于定义一个 ARM 程序中的局部变量，并将其初始化。语法格式如下：

```
LCLA ( LCLL 或 LCLS ) 局部变量名
```

- LCLA 伪指令用于定义一个局部的数字变量，并初始化为 0。
- LCLL 伪指令用于定义一个局部的逻辑变量，并初始化为 F（假）。
- LCLS 伪指令用于定义一个局部的字符串变量，并初始化为空。

应用示例：(局部必须唯一)

```
LCLA Variable4           ;定义一个局部的数字变量,变量名为 Variable4
```

3. 变量赋值伪指令 SETA、SETL 和 SETS

变量赋值伪指令既可以给全局变量赋值，也可以给局部变量赋值。伪指令 SETA 、SETL 、SETS 用于给一个已经定义的全局变量或局部变量赋值。伪指令的格式如下：

```
变量名  SETA ( SETL 或 SETS ) 表达式
```

- SETA 伪指令用于给一个数字变量赋值。
- SETL 伪指令用于给一个逻辑变量赋值。
- SETS 伪指令用于给一个字符串变量赋值。

应用示例：

```
Variable1    SETA    0xbb         ;将该变量赋值为数字值 0xbb
Variable2    SETL    {TRUE}       ;将该变量赋值为逻辑"真"
Variable3    SETS    "Testing"    ;将该变量赋值为字符串 Testing
```

4. 寄存器列表定义伪指令 RLIST

RLIST 伪指令可用于对一个通用寄存器列表定义名称，使用该伪指令定义的名称可在 ARM 指令 LDM/STM 中使用。在 LDM/STM 指令中，列表中的寄存器访问次序根据寄存器的编号由低到高，列表中的寄存器排列次序必须从小到大。伪指令格式如下：

```
寄存器列表名称   RLIST   {寄存器列表}
```

应用示例：

```
Reglist1   RLIST   {R0-R6,R8,R10}   ;将寄存器列表名称定义为 Reglist1,以后可直接在指令中使用
```

4.1.3 内存分配伪指令

内存分配伪指令一般用于为特定的数据分配存储单元，同时可完成已分配存储单元的初始化。以下介绍常见的内存分配数据定义伪指令。

1. 字节分配伪指令 DCB

该伪指令用于分配一片连续的字节（8 位）存储单元，并用伪指令中指定的表达式初始化。其中表达式的值可以为 0~255 或字符串。DCB 伪指令也可以用符号“=”代替。指令格式如下：

```
标号   DCB   表达式
```

应用示例：

```
Str1   DCB   "This is a string"              ;分配一片连续的字节存储单元并初始化
Str2   DCB   0x0,0x02,0x03,0x04,0x05         ;分配一片连续的字节存储单元并初始化的另一种方式
```

2. 半字分配伪指令 DCW（或 DCWU）

该伪指令用于分配一片连续的半字（16 位）存储单元，并用伪指令中指定的表达式初始化。其中表达式可以为程序标号或表达式。DCW 要求半字对齐，而 DCWU 不要求半字对齐。指令格式如下：

```
标号   DCW(或 DCWU)   表达式
```

应用示例：

```
DataTest   DCW   1,2,3   ;分配连续的半字存储单元并初始化
```

3. 字分配伪指令 DCD（或 DCDU）

该伪指令用于分配一片连续的字存储（32 位）单元，并用伪指令中指定的表达式初始化。可以使用符号“&”代替。指令格式如下：

```
标号 DCD（或 DCDU）表达式
```

应用示例：

```
WordData   DCD   1,2,3   ;分配连续的字存储单元并初始化,每个数字占 4 字节内存单元即字单元
```

4. DCFS（或 DCFSU）伪指令

该指令用于为单精度的浮点数分配一片连续的存储单元，每个单精度数占 1 个字单元，并用伪指令中指定的表达式初始化。伪指令格式如下：

```
标号   DCFS(或 DCFSU)   表达式
```

应用示例：

```
SFloatData  DCFS -5E7,2E-8         ;分配连续的字存储单元并初始化为指定的单精度数
```

5. DCFD（或 DCFDU）伪指令

该伪指令用于为双精度的浮点数分配一片连续的存储单元，每个双精度数占 2 个字单元，并用伪指令中指定的表达式初始化。伪指令格式如下：

```
标号  DCFD(或 DCFDU)  表达式
```

应用示例：

```
FloatData  DCFD  -5E7,2E-8    ;分配连续的字存储单元并初始化为指定的双精度数
```

6. DCQ（或 DCQU）伪指令

该指令用于分配一片以 8 字节为单位连续的存储区域，并用伪指令中指定的表达式初始化。伪指令格式如下：

```
标号  DCQ(或 DCQU)  表达式
```

应用示例：

```
B8Data  DCQ  100,200          ;分配 2 个连续的 8 字节存储单元并初始化
```

7. SPACE 伪指令

该指令用于分配一片连续的字节存储单元并初始化为 0。其中表达式是要分配的字节数。SPACE 也可以用符号“%”来代替。伪指令格式如下：

```
标号  SPACE  表达式
```

应用示例：

```
SpaceData  SPACE  100     ;分配连续 100 个字节单元并用 0 初始化
```

8. MAP 伪指令

该指令用于定义一个结构化的内存表首地址。MAP 也可以用符号“^”来代替。表达式可以是程序中的标号或数学表达式。基址寄存器可选，当它不存在时，表达式的值为内存表的首地址；当该项存在时，内存表的首地址即为表达式的值与寄存器的值之和。

MAP 伪指令常与 FIELD 伪指令配合使用来定义一个内存表。伪指令格式如下：

```
MAP  表达式 {,基址寄存器}
```

应用示例：

```
MAP  0x0100,R0              ;定义结构化首地址值为 0x0100+R0
```

9. FIELD 伪指令

该指令用于定义一个结构化内存表的数据域，也可用符号“#”代替，表达式的值为当前数据域在内存中所占的字节数。

FIELD 伪指令常与 MAP 伪指令配合使用来定义结构化的内存表。MAP 伪指令定义内存表的首地址，FIELD 伪指令定义内存表中的各个数据域字节个数，并可以为每个数据域指定一个标号供其他的指令引用。它们与 C 语言中的 struct 结构体类似。FIELD 伪指令的格式如下：

```
标号    FIELD    表达式
```

应用示例：

1）在内存中定义异常模式程序入口地址的结构化存储空间，即每个字单元中的内容是相对应的异常模式程序入口地址。由它们组成的表称为**异常向量表**。

2）在内存中定义ARM的32个中断程序或中断函数入口地址的结构化存储空间，即每个字单元中的内容是相应的中断程序或中断函数入口地址。由它们组成的表称为中断向量表。

```
;异常向量表定义如下：
    ^   _ISR_STARTADDRESS          ;指定结构体地址的开始位置
HandleReset       #    4           ;占用第1个字单元(4字节)
HandleUndef       #    4           ;占用第2个字单元(4字节)
HandleSWI         #    4           ;占用第3个字单元(4字节)
HandlePabort      #    4           ;占用第4个字单元(4字节)
HandleDabort      #    4           ;占用第5个字单元(4字节)
Handle Reserved   #    4           ;(预留)占用第6个字单元(4字节)
HandleIRQ         #    4           ;占用第7个字单元(4字节)
HandleFIQ         #    4           ;占用第8个字单元(4字节)
;以上的字单元内容通过程序将它们各自的异常程序入口地址写入到相应的内存空间中，
;起到由固定的异常向量地址转向到存储器的虚拟异常向量地址。以下是内存中断向量表定义：
HandleEINT0       #    4           ;占用第9个字单元(4字节)
HandleEINT1       #    4           ;占用第10个字单元(4字节)
…
HandleADC         #    4           ;占用第40个字单元(4字节)
;以上4行实际使用时应该有32行,分别为32个ARM中断源定义存储它们入口程序的地址值
;通过将汇编中断服务程序入口标号或C语言中断函数名赋值到定义的存储单元中,就可以执行相
;应的中断程序或调用中断函数了。关于它们的具体操作在ARM中断程序设计8.2节中讲述
```

10. LTORG伪指令

文字池伪指令LTORG用于声明一个数据缓冲池（文字池）的开始。通常ARM汇编器把文字池放在代码段的最后面，但必须在END伪指令之前。LTORG伪指令经常放在无条件跳转指令之后，或子程序返回指令之后，这样处理器不会错误地将文字池中的数据当作指令来执行。

使用时只需要用伪指令LTORG声明就行，文字池中的内容是由汇编器自动生成的。

应用示例：

```
start    BL   func1               ;调用子程序
…
func1    LDR   R1, =0x33333333    ;子程序入口,LDR是伪指令,立即数不能用前述的12位来表示
         …                        ;0x33333333将会自动写入到文字池预留的3000个字节单元中
         MOV   PC,LR              ;子程序返回
         LTORG                    ;声明文字池
Data     SPACE   3000             ;预留3000字节存储空间
         END                      ;汇编结束伪指令
```

4.1.4 汇编控制伪指令

汇编控制伪指令用于控制汇编程序的执行流程，主要有条件汇编伪指令、宏定义伪指令和重复汇编控制伪指令等，该类伪指令如下。

1）条件汇编控制：IF,ELSE,ENDIF。

2）宏定义：MACRO和MEND。

3）重复汇编：WHILE 和 WEND。

1. IF、ELSE、ENDIF 伪指令

IF、ELSE、ENDIF 伪指令能够根据条件把一段程序代码包括在汇编程序内或将其排除在汇编程序之外。“[”可代替 IF，“|”可代替 ELSE，“]”可代替 ENDIF。伪指令的格式如下：

```
IF 逻辑表达式
    指令序列 1
ELSE
    指令序列 2
ENDIF
```

在格式中，如果逻辑表达式为真，则指令序列 1 被汇编；否则，指令序列 2 被汇编。ELSE 可有可无。

应用示例：

```
GBLL      THUMBCODE                    ;定义全局逻辑变量
[ {CONFIG} =16                         ;如果变量 CONFIG= =16,即目前处于 16 位 Thumb 模式,
                                       ;则条件为真。这里花括号{}是指取变量的值
   THUMBCODE SETL    {TRUE}            ;Thumb 状态模式变量赋值为真
   CODE32                              ;转入 ARM 模式,以下是 32 位 ARM 指令代码
|                                      ;ELSE
   THUMBCODE   SETL    {FALSE}         ;Thumb 状态模式变量赋值为假
]
```

2. MACRO 和 MEND 伪指令

MACRO 用于标识宏定义的开始，MEND 用于标识宏定义的结束。用 MACRO 和 MEND 定义的代码称为宏定义，这样在程序中就可以通过宏指令多次调用该代码段。宏指令的格式如下：

```
MACRO
    $标号   宏名    $参数 1,$参数 2,……
      指令序列
MEND
```

其中，$表示其后的标号或参数是宏变量，使用时可以进行宏替换。例如，$标号在宏指令被展开时，标号会被替换为用户定义的符号，宏指令的参数可以使用一个或多个，$参数 n 在宏指令被展开时，这些参数被相应的数值所替换。

应用示例：

```
MACRO       ;定义异常向量转移宏汇编,主要用于中断模式
    $HandlerLabel   HANDLER    $HandleLabel
    $HandlerLabel
    SUB       SP,    SP,    #4              ;①修改堆栈指针,用于保存跳转地址
    STMFD     SP!,    {R0}                  ;②压栈保护 R0 寄存器内容
    LDR       R0,    =$HandleLabel          ;③将转移的地址存入 R0
    LDR       R0,    [R0]                   ;④将$HandleLabel 的内容送 R0
    STR       R0,    [SP,#4]                ;⑤将 R0 的内容压栈到①的单元中
    LDMFD     SP!,    {R0,PC}               ;⑥弹栈恢复 R0,PC 指向$HandleLabel
MEND
```

该宏主要实现由异常向量地址处的程序计数器 PC 值（HandlerXxx）向内存储器中的定义的异常模式程序入口地址（HandleXxx 的内容）处跳转。即从固定的异常向量指针处跳转到内存储器中程序可控的入口地址处。

对于普通中断调用执行时的语法是：HandlerIRQ　HANDLER　HandleIRQ，实现 PC 指针从 HandlerIRQ 跳转到 HandleIRQ 的功能。

3. MEXIT 伪指令

MEXIT 伪指令用于从宏定义中跳转出去。伪指令格式如下：

```
MEXIT
```

若需要从 MACRO 和 MEND 定义的宏体中跳出来时可以使用该伪指令。

4. WHILE 和 WEND 伪指令

WHILE 用于标识条件循环伪指令的开始，WEND 用于标识循环体的结束。伪指令格式如下：

```
WHILE   逻辑表达式
        指令序列
WEND
```

如果条件为真，几乎重复汇编相同的或几乎相同的一段程序代码。该伪指令可以嵌套使用。

4.1.5　汇编程序中常用伪指令

伪指令在汇编程序设计中使用较为广泛，如段定义伪指令、入口点设置伪指令、包含文件伪指令、标号外部使用和引入内部使用伪指令等。最常用的汇编程序伪指令见表 4-1。

表 4-1　常用汇编程序伪指令表

伪指令名称	功能描述
AREA	定义代码段或数据段
CODE16、CODE32	告诉汇编器其后是 Thumb 程序、ARM 程序
ENTRY	指定程序的入口点
ALIGN	指定程序或数据的对齐方式，如半字对齐、字对齐等
END	汇编程序结束
EXPORT/GLOBAL	在本汇编程序中声明的标号可以在其他源文件使用
IMPORT/EXTURN	在其他文件中用 EXPORT/GLOBAL 声明，在本文件中声明使用
GET/INCLUDE	将一个其他源文件包含到本文件中使用
INCBIN	将一个二进制的文件包含在本文件中使用
RN	给特定的寄存器重新命名
ROUT	标记局部标号使用范围的界限
KEEP	保留符号表中的局部符号

1. AREA 伪指令

用于定义一个代码段或数据段，它是每个汇编程序不可缺少的部分。语法如下：

```
AREA 段名,属性 1,属性 2,……
```

其中，段名若以数字开头，则该段名需用“|”括起来，如|1_test|。属性字段表示该代码段（或数据段）的相关属性，多个属性用逗号分隔。属性段见表 4-2。

表 4-2 属性段的伪指令含义描述

属性伪指令	功能描述
CODE	声明定义的是一个代码段
DATA	声明定义的是一个数据段
READONLY	指定本段为只读，是代码段的默认属性
READWRITE	指定本段为可读可写，是数据段的默认属性
ALIGN = {exp}	指定段的对齐方式为 2^{exp}，exp 取值为 0~31。默认为字对齐
COMMON	指定一个通用段，该段不包含任何用户代码和数据
NOINIT	指定此数据段仅保留内存单元，而没有将初值写入内存单元

应用示例：

```
AREA  Start,  CODE,  READONLY
```

这里定义一个代码段，段名：Start，属性为只读。**注意：**一个大的汇编程序可以包含多个代码段和数据段，一个汇编程序至少包含一个代码段。

2. CODE16 和 CODE32 伪指令

CODE16 伪指令的功能是告诉汇编器后面的指令序列为 16 位的 Thumb 指令。

CODE32 伪指令的功能是告诉汇编器后面的指令序列为 32 位的 ARM 指令。

注意：CODE16 和 CODE32 只告诉其后指令的类型，该伪操作本身不进行 ARM 工作状态的切换。

3. ENTRY 伪指令

该指令指定程序的入口点。伪指令格式如下：

```
ENTRY
```

应用示例：

```
        AREA   StartUp,  CODE,  READONLY   ;指定一个代码段 StartUp,属性为只读
        ENTRY                              ;指定代码段程序入口点
        CODE32                             ;指定其后为 32 位 ARM 指令
        LDR   R0,   =start+1               ;使用 ARM 伪指令 LDR 给 R0 赋值,并使 R0[0]=1
        BX   R0                            ;R0[0]=1 将跳转到 Thumb 指令程序处执行
        …
        CODE16                             ;指定其后为 16 位 Thumb 指令程序
start   MOV   R1,#20
        …
        END                                ;汇编结束
```

注意：一个程序（可以包含多个源文件）中至少要有一个 ENTRY，但一个源文件中最多只有一个 ENTRY（可以没有 ENTRY）。

4. END 伪指令

END 伪指令告诉汇编器源文件已经结束，也就是说其后的指令将不起作用，一个源文件只能使用一次 END 伪指令。伪指令格式如下：

```
END
```

5. EXPORT/GLOBAL 伪指令

这两条伪指令用于在程序中声明一个全局标号，可以在其他文件中使用。该伪指令语法格

式如下：

```
EXPORT  标号  {[WEAK]}
GLOBAL  标号  {[WEAK]}
```

其中，[WEAK]选项声明其他的同名标号优先于该标号被引用。EXPORT/GLOBAL 功能相同。

应用示例：

```
        AREA   Example,  CODE,  READONLY
        EXPORT DoAdd
DoAdd   ADD   R0,   R1,  R2
```

6. IMPORT 伪指令

IMPORT 伪指令用于通知编译器要声明的标号在其他汇编语言文件中已经声明，但要在本文件中使用。而且无论当前源文件是否引用该标号，该标号均会被加入到当前源文件的符号表中。伪指令语法格式如下：

```
IMPORT   标号  {[WEAK]}
```

其中，[WEAK]选项声明在其他文件中没有定义时，编译器也不给出错误信息。在多数情况下将该标号置为 0，若该标号被 B 或 BL 指令引用，则将 B 或 BL 指令置为 NOP 操作。

7. EXTERN 伪指令

EXTERN 伪指令用于通知编译器要使用的标号在其他的源文件中定义，但要在当前源文件中引用。如果当前源文件实际并未引用该标号，该标号就不会被加入到当前源文件的符号表中。伪指令语法格式如下：

```
EXTERN  标号  {[WEAK]}
```

标号在程序中区分大小写，[WEAK]选项表示当所有的源文件都没有定义这样一个标号时，编译器也不给出错误信息。在多数情况下将该标号置为 0，若该标号为 B 或 BL 指令引用，则将 B 或 BL 指令置为 NOP 操作。

8. GET/INCLUDE 伪指令

这两条伪指令是将一个源文件包含到当前的源文件中，并将包含的文件在当前文件中进行汇编处理。指令格式如下：

```
GET 文件名
INCLUDE 文件名
```

应用举例：

```
GET    d:\arm\filename.s         ;文件名使用全文件名,即包含文件的路径
```

9. INCBIN 伪指令

INCBIN 伪指令是将一个已经编译好的二进制文件包含到当前源程序中，汇编器不再进行汇编处理。指令格式如下：

```
INCBIN     文件名
```

应用示例：

```
INCBIN   d:\arm\binfile.bin
```

注意：需了解 INCBIN 伪指令与 GET/INCLUDE 伪指令的区别。INCBIN 伪指令是将一个已经编译好的二进制文件或数据文件包含到当前源文件中使用；而 GET/INCLUDE 伪指令是将一个汇编源文件（未编译的）包含到当前文件中使用。

10. RN 伪指令

RN 伪指令是给一个通用寄存器重新命名一个别名，在特定环境下使用。指令的格式如下：

```
别名  RN  通用寄存器
```

应用示例：

```
COUNT  RN  R6        ;定义 R6 为计数器 COUNT,定义后直接使用 COUNT
```

11. KEEP 伪指令

KEEP 伪指令指示编译器保留符号表中的局部符号。伪指令的格式如下：

```
KEEP  {symbol}
```

其中，symbol 是要保留的局部符号；如果没有此项，则除了基于寄存器的所有符号都将包含在目标文件的符号表中。

12. ROUT

ROUT 伪指令用于定义局部标号的有效范围。伪指令的格式如下：

```
{name}  ROUT
```

其中，name 是定义作用范围的名称。当没有使用 ROUT 伪指令时，局部标号的作用范围为其所在段。ROUT 的作用范围是在本 ROUT 伪指令和下一条 ROUT 伪指令之间（指同一段中的伪指令）。

4.1.6 汇编语言中的运算符与表达式

在汇编语言设计中，也经常使用各种表达式。表达式一般由变量、常量、运算符和括号组成。常用的表达式有算术表达式、逻辑表达式、关系表达式和字符串表达式，其运算遵循以下优先级。

- 括号运算符的优先级最高。一般在搞不清优先级的情况下，可以增加括号来提高表达式的优先级别。
- 单目运算符的优先级高于其他运算符。
- 优先级相同的双目运算符运算顺序从左到右。
- 优先级相同的单目运算符运算顺序从右到左。

1. 数字运算符与表达式

数字表达式一般由算术常量、算术变量、算术运算符和括号组成。与数字运算符和表达式有关的内容如下。

（1）算术运算符与表达式

算术运算符主要有："+" "-" "×" "/" "MOD" 运算符。以下是由 X 和 Y 以及运算符所构成的算术表达式和含义。

```
X+Y          表示 X 与 Y 之和;             X-Y        表示 X 与 Y 之差;
X×Y          表示 X 与 Y 之乘积;           X/Y        表示 X 除以 Y 之商;
X:MOD:Y      表示 X 除以 Y 的余数。
```

（2）移位运算符与表达式

移位运算符主要有："ROL""ROR""SHL""SHR" 运算符。以下是由 X 和 Y 以及其运算符所构成的移位表达式和含义：

X:ROL:Y	表示 X 循环左移 Y 位；	X:ROR:Y	表示 X 循环右移 Y 位；
X:SHL:Y	表示 X 左移 Y 位；	X:SHR:Y	表示 X 右移 Y 位。

2. 逻辑运算符与表达式

逻辑表达式一般由逻辑常量、逻辑变量、逻辑运算符和括号组成。与逻辑运算符和表达式有关的内容如下。

（1）位逻辑运算符与表达式

位逻辑运算符主要有："AND" "OR" "NOT" "EOR" 运算符。以下是由 X 和 Y 以及其运算符所构成的位逻辑运算表达式和含义。

X:AND:Y	表示将 X 与 Y 按位进行逻辑"与"运算；
X:OR:Y	表示将 X 与 Y 按位进行逻辑"或"运算；
:NOT:Y	表示将 Y 按位进行逻辑"非"运算；
X:EOR:Y	表示将 X 与 Y 按位进行逻辑"异或"运算。

（2）逻辑运算符与表达式

逻辑运算符主要有："LAND""LOR""LNOT""LEOR" 运算符。以下是由 X 和 Y 及其运算符所构成的逻辑运算表达式和含义。

X:LAND:Y	表示将 X 与 Y 进行逻辑"与"运算；
X:LOR:Y	表示将 X 与 Y 进行逻辑"或"运算；
:LNOT:Y	表示将 Y 进行逻辑"非"运算；
X:LEOR:Y	表示将 X 与 Y 进行逻辑"异或"运算。

3. 关系运算符与表达式

关系表达式一般由常量、变量、关系运算符和括号组成。如果比较的两个变量关系满足条件，则输出为"真"，否则，输出为"假"。关系运算符主要有："="">""<"">=""<=""/=""<>"，以下是由变量 X、Y 所构成的关系表达式及含义。

X=Y	表示 X 等于 Y；	X>Y	表示 X 大于 Y；
X<Y	表示 X 小于 Y；	X>=Y	表示 X 大于等于 Y；
X<=Y	表示 X 小于等于 Y；	X/= Y	表示 X 不等于 Y；
X<>Y	表示 X 不等于 Y。		

4. 字符串运算符与表达式

字符串表达式一般由字符串常量、字符串变量、字符串运算符和括号组成。编译器所支持的最大字符串长度是 512 字节。**需要注意的是**，下面的表达式也可以是变量或常量。与字符串运算符和表达式有关的主要内容如下。

（1）LEN 运算符

LEN 运算符返回的是字符串变量中的字符串长度，**语法格式是：**:LEN: 字符表达式。

（2）CHR 运算符

CHR 运算符是将 0~255 中的整数转换为一个字符，**语法格式是：**:CHR:整数表达式。

（3）STR 运算符

STR 运算符是将一个数字表达式或一个逻辑表达式转换成一个字符串。对于数字表达式将其转换为一个由 16 进制数组成的字符串；对于一个逻辑表达式将其转换成字符 T 或 F。**语法**

格式是：:STR:表达式。

(4) LEFT 运算符

LEFT 运算符返回的是左端字符串 X，从左边取出 Y 个字符组成的子串。**语法格式是：**X:LEFT:Y。

其中，X 是源字符串；Y 是一个整数，表示从左侧取出字符的个数。

(5) RIGHT 运算符

RIGHT 运算符返回的是左端字符串 X，从右边取出 Y 个字符组成的子串。**语法格式是：**X：RIGHT：Y。

其中，X 是源字符串；Y 是一个整数，表示从右侧取出字符的个数。

(6) CC 运算符

CC 运算符是将其左端和右端的 2 个字符连接为一个长的字符串，X 在前，Y 在后。**其语法格式是：**X:CC:Y。

其中，X、Y 均为字符串表达式。

5. 其他运算符和表达式

(1)?运算符

?运算符返回代码行所生成的可执行代码的字节长度。语法格式如下:?行标号。

(2) DEF 运算符

DEF 运算符判断是否定义了其后的符号。语法格式如下::DEF:X。

如果符号 X 已经定义，其值为真，否则为假。

注意：目前在集成开发环境 ADS1.2 中，也支持对 C 语言环境下的部分操作符和表达式的应用，或者说与 GNU 开发环境下使用基本相同的操作符与表达式。

4.1.7 Linux 操作系统中 GNU 开发环境下的伪指令

上面介绍的伪指令都是在 Windows 操作系统中，ADS 集成开发环境里使用的伪指令，它们也被称为标准的 ARM 伪指令。在 Linux 操作系统中，GNU 开发环境下的伪指令与 ADS 中的具有相同的作用，但是它们的书写格式是有区别的。目前在 ARM 的产品开发中，引入 Linux 操作系统的产品较多，因此本节以比较的方法介绍 GNU 环境下的伪指令，加深读者对其伪指令的理解和掌握。

1. 内存分配伪指令

GNU 开发环境下有更多的内存分配伪指令，表 4-3 列出了最常用到的大部分伪指令，要知道更多的内容请参见 GNU 环境下伪指令的相关资料。

表 4-3 GNU 常用内存分配伪指令表

ADS 伪指令	GNU 伪指令	GNU 伪指令语法格式	功能简述
EQU/SETX	.equ/.set	.equ symbol,expr	定义 symbol 的值是 expr
DCB	.byte/.ascii	.byte expr {,expr}…	定义字节数据单元
DCW	.hword/.short	.short expr {,expr}…	定义半字数据单元
DCD	.word/.long/.int	.long expr {,expr}…	定义字数据单元
DCQ	.quad	.quad expr {,expr}…	定义 8 字节数据单元
DCFS	.float/.single	.float expr {,expr}…	定义单精度数单元

(续)

ADS 伪指令	GNU 伪指令	GNU 伪指令语法格式	功 能 简 述
DCFD	.double	.double expr {,expr} …	定义双精度数单元
SPACE	.zero	.zero size	分配 size 字节单元，初始化为 0
LTORG	.ltorg/.pool	.ltorg	声明缓冲池
SPACE	.space/.skip	.space size {,value}	与 zero 基本相同，填充值是 value

注意：表里的 SETX 代表 ADS 下的 SETA、SETL、SETS 伪指令。

2. 汇编控制伪指令

汇编控制伪指令主要有条件编译控制伪指令和宏定义伪指令。与 ADS 环境下的伪指令区别请仔细观察注释字段。

(1) 条件编译控制伪指令 .if

GNU 环境下的 .if 伪指令也是根据表达式值的真与假，决定是否要编译它下面的代码，用 .endif 伪指令作为条件控制伪指令的结束，中间可以使用 .else 伪指令进行分支选择。它的指令格式丰富，形式多种多样。以下进行简要介绍：

```
.ifdef symbol          /* 与 ADS 伪指令 IF:DEF:symbol 功能相同 */
    指令序列 1          @ 如果 symbol 已定义,则汇编指令序列 1
.else                  /* 与 ADS 伪指令 ELSE 功能相同 */
    指令序列 2
.endif                 /* 与 ADS 伪指令 ENDIF 功能相同 */
```

注意：在 GNU 环境下的汇编语句注释使用符号“@”开头到本行结束，或与 C 语言使用相同的注释符/*语句说明*/。

以下是其他格式，只写出其伪指令的首行，其后各行相同。

```
.ifndef  symbol           /* 如果 symbol 没有定义,则汇编其下指令序列 1 */
.ifeq expression          /* 如果 expression 等于 0,则汇编其下指令序列 1 */
.ifge expression          /* 如果 expression 大于等于 0,则汇编其下指令序列 1 */
.ifgt expression          /* 如果 expression 大于 0,则汇编其下指令序列 1 */
.ifle expression          /* 如果 expression 小于等于 0,则汇编其下指令序列 1 */
.iflt expression          /* 如果 expression 小于 0,则汇编其下指令序列 1 */
.ifc string1,string2      /* 如果 string1 与 string2 相等,则汇编其下指令序列 1 */
.ifnc string1,string2     /* 如果 string1 与 string2 不相等,则汇编其下指令序列 1 */
.ifne   expression        /* 如果 expression 不等于 0,则汇编其下指令序列 1 */
.ifnes string1,string2    /* 如果 string1 与 string2 不相等,则汇编其下指令序列 1 */
```

说明：要在 ADS 环境下，实现上述 .if 后缀所具有的功能，就要使用 4.1.6 节介绍的运算符与表达式章节的相关内容。

(2) .macro、.exitm 与 .endm 伪指令

宏定义体的作用在前面已经讲述，以下是在 GNU 环境下的宏体定义语法格式。

```
.macro                    /* 与 ADS 伪指令 MACRO 功能相同 */
\标号:宏体名 \参数 1,\参数 2…
    指令序列 1
.exitm                    @需要跳出宏体时使用这条伪指令。对应 ADS 下的伪指令 MEXIT
    指令序列 2
.endm                     /* 与 ADS 伪指令 MEND 功能相同 */
```

关于宏的调用与前述相同。在 ADS 集成开发环境中使用符号“$”表示宏变量，在 GNU

环境下使用符号“\”表示宏变量。

3. 汇编程序控制伪指令

GNU 环境下的汇编程序控制伪指令同样也很丰富，以下也是通过比较的方法将它们列于表 4-4 中。

表 4-4 GNU 常用程序控制伪指令表

ADS 伪指令	GNU 伪指令	语法格式	功能简述
包含在段定义中	. section	. section section_name	定义域中包含的段
无	. type	. type symbol, description	指定符号类型（对象或函数）
定义码段的字串	. text	. text {subsection}	声明一个代码段
定义数据段的字串	. data	. data {subsection}	声明一个初始化数据段
无	. bss	. bss {subsection}	声明一个未初始化数据段
CODE16	. code 16/. thumb	. code 16/. thumb	声明以下代码是 Thumb 指令
CODE32	. code 32/. arm	. code 32/. arm	声明以下代码是 ARM 指令
ALIGN	. align/. balign	. align {expt}	声明对齐方式
INCLUDE	. include	. include filename	在当前文件中引用 filename
EXPORT	. global/. globl	. global symbol	声明标号，在其他文件中使用
IMPORT	. extern	. extern symbol	声明外部标号在当前文件使用
END	. end	. end	汇编结束
RN	. reg	. regalias, Rn	定义通用寄存器别名有特用

4.2 ARM 汇编语言程序设计

程序是由指令组成的，要编写好程序其一就是要掌握指令的功能与使用方法，其二就是要熟悉汇编语言的程序结构等。在此基础上，熟悉程序实现中使用的算法、控制过程与步骤，复杂时画好程序的流程图，然后进行程序的编写。评价一个程序的好坏，就是在实现预先规定的运算或控制过程功能的前提下，一是程序占用的存储空间最小，即使用的指令条数最少；二是代码的运行速度最快。但这两者又很难同时满足，往往取一个折中的实现方案。

本节主要介绍与之相关的主要内容。

4.2.1 ARM 汇编中的源文件类型

在 ARM 的程序设计中，使用汇编语言编写程序是必不可少的，大部分程序使用 C/C++语言开发，常用的源文件见表 4-5。

表 4-5 ARM 常用源文件表

源程序文件	文件类型后缀	说　明
汇编程序文件	*.s 或 *.S	用汇编语言编写的 ARM 程序或 Thumb 程序
汇编头文件	*.a 或 *.A	使用伪指令定义的端口地址、内存分配等内容
C 程序文件	*.c 或 *.C	使用 C 语言编写的程序代码
C 程序头文件	*.h 或 *.H	使用预处理命令定义的常量、宏体，函数的声明等

4.2.2 ARM 汇编语言的语句格式

1. 基本语句格式

ARM（Thumb）汇编语言的语句格式为

```
{标号} {指令或伪指令}     {;注释}
```

ARM 汇编语言的规则如下。

1）如果一条语句太长，可将其分为若干行来书写，在行的尾部用续行符“\”来标识下一行与本行为同一条语句。

2）每一条指令助记符可以全部大写或全部小写，但不能在一条指令中大、小写混用。

注意：在 ADS1.2 开发环境下编辑 ARM 程序时，书写标号一定要顶格，在指令前如果没有标号时指令一定要退格书写。由于 ADS 环境下标号后没有“:”（冒号），ADS 是通过顶格来区分标号和 ARM 指令的。

2. 汇编语言程序中常用的符号

在汇编语言程序设计中，可以使用各种符号代替地址、变量和常量等，以增加程序的可读性。以下为符号命名的约定。

1）符号名不应与指令或伪指令同名。

2）符号在其作用范围内必须唯一。

3）符号区分大小写，同名的大、小写符号被视为两个不同的符号。

4）自定义的符号名不能与系统保留字相同。

3. 程序中的常量

程序中的常量是指其值在程序的运行过程中不能被改变的量。ARM（Thumb）汇编程序所支持的常量有逻辑常量、数字常量和字符串常量。

1）数字常量一般为 32 位的整数，无符号常量取值范围为 $0\sim2^{32}-1$，有符号常量取值范围为 $-2^{31}\sim2^{31}-1$。

2）逻辑常量只有两种取值：真（True）或假（False）。

3）字符串常量为一个固定的字符串，一般用来提示程序运行时的信息。

4. 程序中的变量代换

程序中的变量可通过代换操作取得一个常量。代换操作符为“$”。如果“$”在数字变量前面，编译器会将该数字变量的值转换为十六进制的字符串，并将该十六进制的字符串代换“$”后的数字变量。

ARM 中的常量使用 EQU 定义，ARM 中使用 GBLA、GBLL、GBLS 定义全局变量，使用 LCLA、LCLL、LCLS 定义局部变量，使用 SETA、SETL、SETS 为它们赋值。例如：

```
GBLS   STR1
GBLS   STR2
STR1   SETS      "pen."
STR2   SETS      "This is a $STR1"
编译后的结果是 STR2 的值为 This is a pen.
```

4.2.3 ARM 汇编语言的程序结构

ARM 汇编语言程序是以段（Section）为单位组织源文件的。段是相对独立的、具有特定名字的、不可分割的指令序列或数字序列。段可以分为代码段和数据段，代码段的内容为执行代码，数据段存放代码段运行时需要用到的数据。

一个汇编程序至少应该有一个代码段，也可以分割为多个代码段和数据段，多个段在程序编译链接时最终形成一个可执行的映像文件（＊.elf）。可执行映象文件通常由以下几部分构成。

1）一个或多个代码段，代码段的属性为只读。

2）零个或多个包含初始化数据的数据段，数据段的属性为可读写。

3）零个或多个不包含初始化数据的数据段，数据段的属性为可读写。

汇编连接器根据系统默认或用户设定的规则，将各个段安排在存储器中的相对位置，因此源程序中段之间的相对位置与可执行的映像文件中段的相对位置一般不会相同。

ARM 汇编程序结构分为基于 Windows 环境下 ADS 汇编语言程序设计结构和 Linux 环境下 GNU 汇编语言程序设计结构，以下分别介绍。

1. 基于 Windows 环境下 ADS 的汇编语言程序结构

ADS 环境下的 ARM 汇编语言程序结构与 GNU 环境下的汇编语言程序结构大体相同，整个程序也是以段为单元来组织代码。其语法规则总结如下：

1）所有标号必须在一行的顶格书写，其后不要添加“:”（冒号）。

2）所有的指令均不能顶格写。

3）大小写敏感（可以全部大写或全部小写，但不能大小写混合使用）。

4）注释使用分号“;”。

应用示例：

```
        AREA    Init,CODE,READONLY
        ENTRY
start   LDR   R0,=0x3FF5000          ;使用伪指令 LDR 将立即数 0x3FF5000→R0
        LDR   R1,  [R0]              ;读 R0 地址单元内容→R1
        LDR   R0,=0x3FF5004          ;使用伪指令 LDR 将立即数 0x3FF5004→R0
        LDR   R2,  [R0]
        ADD   R3,   R2,   R1         ;R3←R2+R1
        LDR   R0,=0x3FF5008          ;使用伪指令 LDR 将立即数 0x3FF5008→R0
        STR   R3,  [R0]              ;R3 的内容写入 R0 内容作为字地址的存储单元中
        END                          ;标识汇编源程序结束,其后如果还有内容将会被忽略
```

在 ADS 环境中，使用伪指令 AREA 定义一个段，并说明定义段的属性。本例定义了一个段名为 Init 的代码段 CODE，属性为只读 READONLY。

ENTRY 伪指令标识程序的入口点；start 为程序标号，必须顶格书写。

2. 基于 Linux 环境下 GNU 的汇编语言程序结构

GNU 环境下的 ARM 汇编语言结构与其他环境下的汇编语言结构相似，整个程序都是以程序段为单位来组织代码，但是在语言规则上与 ADS 环境下的 ARM 汇编语言规则有明显的区别。现将 Linux 环境下 GNU 的汇编语言规则总结如下。

1）所有标号必须在一行的顶格书写，并且其后必须添加“:”（冒号）。

2）所有的指令均不能顶格写。

3）大小写敏感（可以全部大写或全部小写，但不能大小写混合使用）。

4）单行注释使用符号“@”，多行注释使用 C 语言的/＊注释内容＊/注释符。

应用示例：

```
        .text                   @表示为只读代码段
_start: .global start           @_start 作为连接器使用。在 GNU 环境下,必须在这使用此标号
        .global main            @声明全局标号 main,可在其他程序中调用,在 C 语言中就是调用
                                 的 main 函数
        b main                  @跳转到 main 函数
main:   mov   r0,   #0          /* 使用 mov 指令将立即数 0 送 r0 */
        ldr   r1,   =0x01       /* 使用 ldr 伪指令将立即数 0x01 送 r1 */
addop:  add   r2,r1,r0          @r2=r1+r0
        mov   pc,lr             @返回 pc 处
        .end                    /*.end 汇编结束伪指令 */
```

3. ADS 与 GNU 环境下程序代码的比较与移植

在 ADS 环境下的汇编代码与 GNU 环境下的汇编代码有较多的不同点，主要是符号与伪指令的不同，ARM 指令的格式是基本相同的。掌握了它们之间的不同点，可更好地进行它们之间的代码移植。表 4-6 列出了在两个环境下常用的伪指令的对应关系。

表 4-6　ADS 与 GNU 环境下常用的伪指令的对应关系

ADS 伪指令	GNU 伪指令	ADS 伪指令	GNU 伪指令
INCLUDE	.include	ALIGN	.align
TCLK2 EQU 30	.equ TCLK2,30	MACRO	.macro
EXPORT	.global	MEND	.endm
IMPORT	.extern	END	.end
DCD	.long/.int	**AREA x,CODE,READONLY**	.text
IF:DEF:	.ifdef	**AREAy,DATA,READWRITE**	.data
ELSE	.else	CODE32	.arm
ENDIF	.endif	CODE16	.thumb
:AND:	&	LTORG	.ltorg
:SHL:	<<	SPACE	.zero
RN	.reg	ENTRY	.entry
GLBA	.global	ldr pc,[pc,#&10]	ldr pc,[pc,#0x10]
BUSWIDTH SETA 16	.equ BUSWIDTH,16	ldr pc,[pc,#&-10]	ldr pc,[pc,#-0x10]

注意：ADS 环境下的操作符与表达式在 4.1.6 节已经介绍；GNU 环境下的操作符中“~”表示取数的补码，“-”表示取负，只有“<>”表示不等于，其他的符号如+、-、*、/、%、<、<<、>、>>、|、&、^、!、==、>=、<=、&&、||，与 C 语言中的用法相似。

实际上目前 GNU 环境下的许多操作符和表达式在 ADS 环境下也可使用。

4.3　ARM 汇编语言与 C 语言混合编程

在 ARM 的应用系统中，汇编语言编程主要用于系统的启动与初始化，之后通过调用 C 语言 main()函数后进入 C 语言的编程模式，二者混合编程关键涉及的是它们在各自环境中定义的标号（在 C 语言中可以是一个函数)、变量、函数之间的相互使用问题。汇编语言和 C/C++的混合编程通常有以下几种方式。

1）在汇编语言程序中调用 C 语言程序。

2）在C语言程序中调用汇编程序。

3）在C语言程序中内嵌汇编语句。

4）在汇编语言程序中访问C语言程序变量。

4.3.1 基本的ATPCS

基本的ATPCS（ARM Thumb Procedure Call Standard）规定了在混合编程时子程序调用的一些基本规则，主要包括寄存器的使用、堆栈的使用、参数传递和子程序结果的返回等方面的规则。

1. 寄存器的使用规则

1）程序通过寄存器R0～R3来传递参数，此时这些寄存器可以记作A0～A3，被调用的子程序在返回前无须恢复寄存器R0～R3的内容。

2）在子程序中，使用R4～R11来保存局部变量，此时这些寄存器可以记作V1～V8。

3）寄存器R12用作子程序间Scratch寄存器，记作IP，在子程序的连接代码段中经常会有这种使用规则。Scratch寄存器用于保存SP寄存器，在函数返回时使用该寄存器出栈。

4）寄存器R13用作数据栈指针，记做SP，在子程序中寄存器R13不能做其他用途。

5）寄存器R14用作连接寄存器，记作LR，它用于保存子程序的返回地址。

6）寄存器R15是程序计数器，记作PC，它不能用作其他用途。

ATPCS中的各寄存器在ARM编译器和汇编器中都是预定义的。

2. 堆栈的使用规则

堆栈指针通常可以指向不同的位置，如果当前堆栈指针指定的单元中存在有效数据时，称为Full栈（满栈）。如果当前堆栈指针指定的单元中不存在有效数据时，称为Empty栈（空栈）。堆栈的增长方向也可以不同，当堆栈向内存减小的地址方向增长时，称为Descending栈（递减栈）；反之称为Ascending栈（递增栈）。

注意：ATPCS规定堆栈使用FD（满栈递减型）类型，并要求堆栈的操作是8字节对齐的。也就是说在应用系统的程序设计中，均使用的是该种类型的堆栈。

3. 参数的传递规则

根据参数个数是否固定，可以将子程序分为参数个数固定的子程序和参数个数可变的子程序，这两种子程序的参数传递规则是不同的。

1）参数个数可变的子程序参数传递规则。对于参数个数可变的子程序，当参数不超过4个时，可以使用寄存器R0～R3来传递参数；当参数个数超过4个时，可以使用堆栈来传递参数。在传递参数时，将所有参数看作是存放在连续内存单元的字数据，然后将每个字数据依次传送到R0～R3；如果参数多于4个，将剩余的字数据传送到堆栈中，入栈的顺序与参数顺序相反，即最后一个字数据先入栈。

2）参数个数固定的子程序参数传递规则。对于参数个数固定的子程序，参数传递与参数个数可变的子程序参数传递规则不同。如果系统包含浮点运算的硬件部件，浮点参数将按照下面的规则传递：各个浮点参数按顺序处理；为每个浮点参数分配FP寄存器，分配的方法是，满足该浮点参数需要的且编号最小的一组连续的FP寄存器。第1个整数参数通过寄存器R0～R3来传递，其他参数通过堆栈来传递。

4. 子程序结果返回规则

1）结果为一个32位整数时，可通过寄存器R0返回。

2）结果为一个64位整数时，可以通过R0和R1返回，依此类推。

3）结果为一个浮点数时，可以通过浮点运算部件的寄存器 f0，d0 或者 s0 来返回。

4）结果为一个复合的浮点数时，可以通过寄存器 f0~fN 或者 d0~dN 来返回。

5）对于位数更多的结果，则需要通过调用内存来传递。

4.3.2 汇编语言程序调用 C 语言程序

在汇编语言中调用 C 语言，需要使用 IMPORT 对 C 语言函数进行说明；然后将 C 语言代码放在一个独立的 C 文件中进行编译，剩下的工作由连接器完成。

应用示例：该项目由 1 个汇编语言文件和 1 个 C 语言文件组成，以下是它们的代码内容。

1. 汇编语言文件

```
AREA    asmfile,CODE,READONLY
IMPORT cFun          ;声明在 C 语言中定义的函数
ENTRY                ;汇编程序入口
MOV   R0,   #0       ;传递函数 cFun 第 1 参数
MOV   R1,   #1       ;传递函数 cFun 第 2 参数
MOV   R2,   #2       ;传递函数 cFun 第 3 参数
bl cFun              ;调用 C 语言函数
MOV   R3,R0          ;将调用 C 语言函数的结果保存在 R3 中
END                  ;汇编结束伪指令
```

2. C 语言文件

```
/* C file,called by asmfile */
int cFun(int a,int b,int c)    /* C 语言函数定义,形参分别对应 R0、R1、R2 寄存器 */
{
    return a+b+c;
}
```

注意：在汇编语言程序中声明 C 语言函数时只使用函数名，C 语言中的函数名是一个常量地址；由于 C 语言中函数使用的形参是整型变量，所以在汇编语言传递参数时使用的是寄存器，即对应于寄存器寻址；这里的参数传递是利用寄存器 R0~R2。需要指出的是当函数的参数个数大于 4 时就要借助于堆栈。

4.3.3 C 语言程序中调用汇编语言程序

在汇编程序中使用 EXPORT 伪指令声明程序（是一个标号），使得本程序可以被其他的程序调用；在 C 语言中使用 EXTERN 关键词声明该汇编程序，这样就可以在 C 语言程序中使用该函数了。从 C 的角度，并不知道该函数的实现是用 C 语言还是汇编语言。

应用示例：该项目由 1 个 C 语言文件和 1 个汇编语言文件组成，以下是它们的代码内容。

1. C 语言文件

```
#include <stdio.h>
extern void asm_strcpy(const char *src,char *dest); /* 将汇编语言中的子程序声明为 C 语言函数 */
int main()
{
const char *s="hello,world!";
char d[32];
asm_strcpy(s,d);                                  /* 调用声明的函数 */
printf("source,%s",s);printf("destination:%d",d);
return 0;
}
```

2. 汇编语言文件

```
        AREA asmfile,CODE,READONLY    ;定义一个名为 asmfile 的代码段
        EXPORT asm_strcpy             ;声明汇编程序标号,在 C 语言中可以调用并且将作为一个函数名
asm_strcpy                            ;汇编程序入口标号,C 语言中的程序名
loop    ldrb  r4,[r0],#1              ;r0 在 C 函数中作为第 1 个参数。r4←[r0],r0←r0+1
        cmp   r4,#0
        beq   over                    ;如果是字符串结尾,eq=1,程序跳转到标号 over 处
        strb  r4,[r1],#1              ;r1 在 C 函数中作为第 2 个参数。[r0]←r4,r1←r1+1
        b   loop
over    mov   pc,  lr                 ;pc←lr,子程序返回
        END
```

注意：在用 C 语言声明汇编程序中的子程序，即 C 语言中的函数时，参数的传递必须遵守 ATPCS 规则，如第 1 参数必须对应汇编的 R0 寄存器，第 2 参数必须对应汇编的 R1 寄存器，依此类推，它的形参变量类型要与汇编内容相符合。

如果汇编程序使用寄存器寻址，则 C 语言函数形参类型为整型变量；如果汇编使用寄存器间接寻址，则 C 语言函数形参类型为整型地址指针变量。

在 C 语言中 main( ) 函数的返回类型可以是 void 或 int，使用哪一个取决于编译器。

汇编程序中指令 cmp r4,#0，这里的立即数 0 是指字符串的结束符\0。它的 ASCII 编码是 0x00。

汇编中的标号 asm_strcpy 与 loop 重名，指向同一物理地址单元。标号 loop 供内部使用。

示例中汇编程序的功能是按字节复制数据。

4.3.4 C 语言程序中内嵌汇编语言程序

在 C 语言程序中内嵌的汇编指令支持大部分的 ARM 和 Thumb 指令，不过其使用与汇编文件中的指令有些不同，存在一些限制，主要有以下几个方面。

1）不能直接向 PC 寄存器赋值，程序跳转要使用 B 或者 BL 指令。

2）在使用物理寄存器时，不要使用过于复杂的 C 表达式，避免物理寄存器冲突。

3）R12 和 R13 可能被编译器用来存放中间编译结果。

4）一般不要直接指定物理寄存器，而让编译器进行分配。

1. 内嵌汇编语言标记

内嵌汇编语言标记是__asm 或者 asm 关键字，用法如下。

```
__asm
{
    指令 1          [;注释]
    …
    指令 n
}
```

或在关键字 asm 后使用圆括号“( )”将关键字为__asm 中的花括号“{ }”代换也可。

2. 应用示例

```
#include <stdio.h>
void my_strcpy(const char *src,char *dest)  /*定义字符串复制函数*/
{
  char ch;                   /*定义字符串变量,在汇编中由系统指定寄存器替换*/
```

```
    __asm                                          /*使用内嵌汇编关键字*/
    {
      loop  ldrb  ch,[src],#1    ;src 寄存器间接寻址,编译时系统指定 R0。ch←[src],src←src+1
            strb  ch,[dest],#1   ;dest 寄存器间接寻址,编译时系统指定 R1。[src]←ch,dest←dest+1
            cmp   ch,#0          ;如果是字符串尾部 0x00,影响标志位 Z=1;否则 Z=0
            bne loop             ;如果 Z=0,则 ne 为真返回到 loop 处继续复制
    }
}
int main()
{
    char *a="hello world";     /*定义字符指针,并赋字符串初值。a 是一个地址值*/
    char b[64];                /*定义字符数组,数组名是一个地址常量*/
    my_strcpy(a,b);
    printf("original:%s",a);
    printf("copyed:%s",b);
    return 0;
}
```

注意：定义函数 void my_strcpy(const char *src,char *dest)的形参使用的都是字符指针，a 是定义的地址指针，b 是数组名即也是地址指针，所以调用时直接使用 a、b 两个地址值。

4.3.5 在汇编程序中访问 C 语言程序变量

在 C 语言程序中声明的全局变量可以被汇编程序通过地址间接访问，具体访问方法如下。

1）使用 IMPORT 伪指令声明该全局变量。C 语言中的变量实际上代表着一个内存地址。

2）使用 LDR 伪指令读取该全局变量的内存地址，通常该全局变量的内存地址值存放在程序的数据缓冲区中。

3）根据该数据的类型，使用相应的 LDR 伪指令读取该全局变量的值，使用相应的 STR 指令修改该全局变量的值。

各数据类型及其对应的 LDR/STR 指令如下。

- 对于无符号的 char 类型的变量通过指令 LDRB/STRB 来读写。
- 对于无符号的 short 类型的变量通过指令 LDRH/STRH 来读写。
- 对于 int 类型的变量通过指令 LDR/STR 来读写。
- 对于有符号的 char 类型的变量通过指令 LDRSB 来读取。
- 对于有符号的 char 类型的变量通过指令 STRB 来写入。
- 对于有符号的 short 类型的变量通过指令 LDRSH 来读取。
- 对于有符号的 short 类型的变量通过指令 STRH 来写入。
- 对于小于 8 个字的结构型变量，可以通过一条 LDM/STM 指令来读/写整个变量。
- 对于结构型变量的数据成员，可以使用相应的 LDR/STR 指令来访问，这时必须知道该数据成员相对于结构型变量开始地址的偏移量。

应用示例：

```
        AREA  global_exp,CODE,READONLY
        EXPORT asmsub                  ;在汇编中声明一个全局标号
        IMPORT globv                   ;声明在 C 中定义的全局变量 globv
asmsub  LDR    R1,=globv               ;将内存地址读入到 R1 中
        LDR    R0,[R1]                 ;将 globv 数据读入到 R0 中
        ADD    R0,R0,#2                ;R0=R0+2
        STR    R0,[R1]                 ;加 2 后再将值赋予变量 globv
```

```
        MOV    PC,LR                ;程序返回
        END                         ;汇编结束
```

在该程序中，变量 globv 是在 C 程序中声明的全局变量，在汇编程序中首先使用 IMPORT 伪指令声明该变量，再将其内存地址通过伪指令 LDR 读入寄存器 R1 中，将其值装载到寄存器 R0 中，修改后将寄存器 R0 的值赋予变量 globv。

4.3.6 嵌入式 C 语言中的几个特殊关键字

嵌入式 C 语言在语法、语句、函数、变量的定义和程序结构等方面与标准的 ANSI（American National Standards Institute）C 语言是相似的，但也有它的特殊之处，下面仅就几个特殊的关键字予以介绍。

1. 用于声明函数的关键字

用于声明函数的关键字是告诉 C 编译器对被声明的函数给以特别的处理，这是对 ANSI C 语言的扩充。

（1）关键字__irq（注意是双下画线）

双下画线前缀关键字__irq 用于对中断处理函数的声明，包括 IRQ 中断函数和 FIQ 中断函数。它可以保存除浮点寄存器外被该函数使用的寄存器，包括 ATPCS 标准要求的寄存器。该函数在调用前需要保存 CPSR 到 SPSR_irq，设置 CPSR[7:0]位，保存当前的 PC 指针到 LR（R14_irq），然后将 IRQ 异常中断向量地址 0x00000018 赋给 PC 开始执行中断程序；执行完中断函数返回时，通过将 SPSR_irq 的值赋给 CPSR、将 LR-4 的值赋给 PC 等实现函数的返回。其语法格式如下：

```
static void __irq 中断函数名 (void) {…}
```

注意：中断函数一般是没有输入参数和返回值的。如果需要输入、输出可通过设置全局变量来传递参数去实现。

（2）关键字__swi

双下画线前缀关键字__swi 用于对软中断函数 SWI 的声明，函数调用后异常向量地址是 0x00000008，它是在用户模式下通过软件进入到特权模式的唯一方法。在特权模式运行的程序可通过改变 CPSR 寄存器的值轻松地实现 CPU 的工作模式切换。同样，它在执行软中断函数之前同__irq 关键字一样，也要进行现场保护等操作。但它是将异常向量地址 0x00000008 赋给 PC 开始执行软中断程序的；执行软中断函数调用后，也需要恢复现场，具体内容可参见 3.3.4 节的 SWI 指令介绍。使用语法格式如下：

```
__swi(软中断号)void 软中断函数名(形参表);
```

说明：软中断号与 SWI 指令后的 24 位立即数相对应；软中断函数可以有返回值和形参，此时遵循 ATPCS 规则传递参数和返回值。

2. 用于声明变量的关键字

这些关键字也是告诉 C 编译器对这些变量给予特别的处理，是对 ANSI C 语言的扩充。

（1）关键字 volatile

使用关键字 volatile 声明的变量，是说这个变量可能被随时改变，告知 C 编译器没有必要对它进行优化操作，使用时每次都必须重新从物理存储器中读取这个变量的值，而不是使用保存在

寄存器中的备份，常用来声明访问 I/O 接口寄存器，下面分别是汇编语言和 C 语言的应用示例。

汇编语言程序代码选段：

```
GPBCON    EQU   0x56000010          ;定义 I/O 端口 B 控制寄存器地址
GPBDAT    EQU   0x56000014          ;定义 I/O 端口 B 数据寄存器地址
…
LDR   R0,=GPBCON                   ;使用伪指令 LDR 将端口 B 控制寄存器地址送 R0
LDR   R1,=0x00000001               ;控制字送 R1,设置端口 B 的 b0 为输出端口
STR   R1,[R0]                      ;控制字写入控制寄存器
LDR   R0,=GPBDAT                   ;使用伪指令 LDR 将端口 B 数据寄存器地址送 R0
LDR   R1,=0x00000001               ;置端口 B 的 b0 为 1
STR   R1,[R0]                      ;写入 B 端口数据寄存器
```

C 语言程序代码选段：

```
#define rGPBCON   (*(volatile unsigned *)0x56000010)   /*定义 I/O 端口 B 控制寄存器地址*/
int x ;
rGPBCON=0x00000001;                             /*将控制字 0x00000001 写入控制寄存器*/
x=rGPBCON;                                      /*读控制寄存器的内容到 x*/
```

注意：宏定义 define 语句的右边花星号 * 表示将其后的 16 进制数强制转换为 32 位地址值（即 unsigned 数据类型代表 unsigned int），左边花星号 * 表示取地址指针变量单元中的内容。例如，声明 int *ip；等价于语句 *ip=100；中的花星号。

（2）关键字 register

使用关键字 register 声明的变量，编译器在处理时尽量保存到寄存器中。但这种声明仅起到建议的作用，编译器会根据具体情况处理各变量。对于不同的 ATPCS 标准，可以为 register 类型变量提供 5~7 个整型寄存器和 4 个浮点寄存器。使用声明时不提倡多于 4 个整型 register 变量和 2 个浮点 register 变量。

所有的整数类型、整数的结构型数据类型、指针型变量和浮点变量都可以声明成 register 变量。

4.4 ARM 混合编程综合应用举例

以下编写一个汇编程序文件和一个 C 程序文件示例。汇编程序的功能是初始化堆栈指针和初始化 C 语言程序的运行环境，然后跳转到 C 语言程序运行，这就是一个简单的启动程序。C 语言程序使用加法运算来计算 1+2+3+…+(N-1)+N 的值（N 为正整数）。这也是裸机程序开发的一个简单且典型的程序模型，汇编语言只进行系统硬件环境的简单配置，为运行的 C 语言配置好运行环境。

C 语言经编译器编译后的程序代码空间分布是，编译好代码段 RO、有初始化赋值的 RW 数据段代码、没有初始化的全局变量代码 ZI 数据段。它们编译后是连续分布的，经 main 函数前面的一段汇编语言程序，程序代码段的物理存储位置保持不变，首地址为 |Image $$RO$$Base|，RW 数据段将搬移到编译器配置的实际物理地址 |Image $$RW$$Base| 的首地址处，之后连续搬移存放 ZI 数据段。

在 ARM 的 C 语言程序运行时，要将它们的代码搬移到系统设置的代码段区域、数据段区域运行，两者可以不连续，所以就要进行各区域的搬移。

请读者仔细阅读以下程序代码，上机实验时需要使用。

1. 汇编语言程序代码，文件名是 Startup.s

```
         IMPORT |Image $$RO $$Limit|      ;声明 ADS1.2 环境中的变量,以下 3 句也是
         IMPORT |Image $$RW $$Base|
         IMPORT |Image $$ZI $$Base|
         IMPORT |Image $$ZI $$Limit|
         IMPORT Main
         AREA   Start,CODE,READONLY
         ENTRY
         CODE32                           ;以下是 ARM 指令
Reset    LDR    SP,=0x40003F00            ;设置用户堆栈指针
         LDR    R0,=|Image $$RO $$Limit|  ;LDR 伪指令,|Image $$RO $$Limit|是在
                                          ADS1.2 中配置的
         LDR    R1,=|Image $$RW $$Base|   ;LDR 伪指令,|Image $$RW $$Limit|是在
                                          ADS1.2 中计算的
         LDR    R3,=|Image $$ZI $$Base|   ;LDR 伪指令,|Image $$ZI $$Limit|是在
                                          ADS1.2 中计算的
         CMP    R0,R1
         BEQ    LOOP1
LOOP0    CMP    R1,R3                     ;如果 R1<R3,进位标志 C=0,CC 为真,执行以下 3
                                          条指令
         LDRCC  R2,[R0],#4                ;R2←[R0],R0=R0+4
         STRCC  R2,[R1],#4                ;[R0]←R2,R1=R1+4
         BCC    LOOP0                     ;如果 R1 小于 R3,返回到 LOOP0,继续搬移
LOOP1    LDR    R1,=|Image $$ZI $$Limit|  ;ZI 的末地址减 1
         MOV    R2,#0
LOOP2    CMP    R3,R1                     ;如果 R3<R1,进位标志 C=0,CC 为真,执行以下 2
                                          条指令
         STRCC  R2,[R3],#4                ;初始化 ZI 区域。[R3]←R2(0x00),R3=R3+4
         BCC    LOOP2                     ;如果 R3 还小于 R1,则返回 LOOP2,继续给 R3 的
                                          地址单元清 0
         B Main                           ;无条件地跳转到 C 语言主函数,不再进入汇编程序
         END
```

2. C 语言程序代码，文件名是 C1.c

```
#define uint8 unsigned char
#define uint32 unsigned int
#define N 100
uint32 sum;
void main(void)                          /* 主函数定义体 */
{
      uint32 i;sum=0;
      for(i=0;i<=N;i++) sum+=i;
      while(1);                          /* 在这进入死循环,可以在 ADS1.2 中观察运行结果等 */
}
```

说明：在图 4-1 中，|Image $$RO $$Base|是由 ADS1.2 中配置的 RO 值（假设 0x30000000），也是搬移前、后的代码区首地址。

|Image $$RW $$Limit|是 ADS1.2 根据配置的 RO 的首地址和 C 语言程序编译后计算出来的 RW 末地址+1。

|Image $$RI $$Limit|也是 ADS1.2 根据配置的 RO 的首地址和 C 语言程序编译后计算出来的 RI 末地址+1。

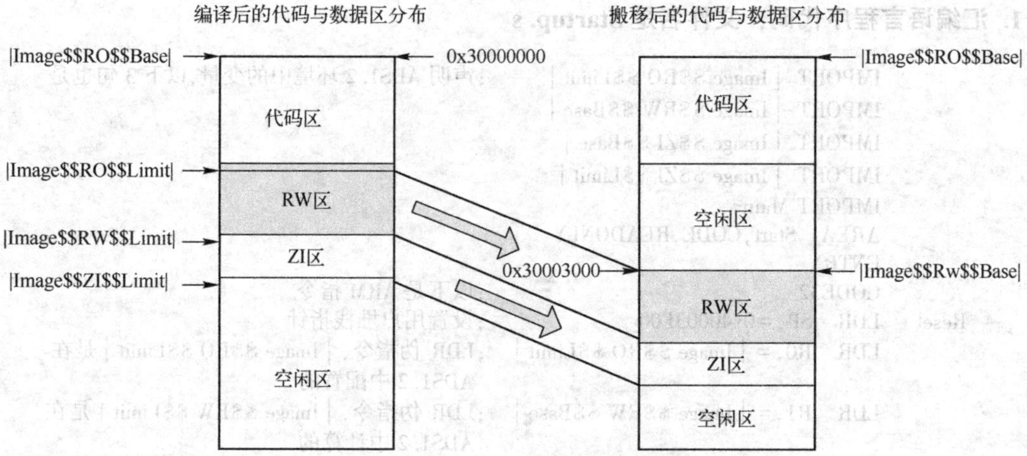

图 4-1　代码区和数据区搬移映射图

左侧是编译后的代码区与数据区分布，是连续的；右侧是搬移后的代码区与数据区分布，是不连续的。

习题

4-1　什么是汇编语言伪指令？它的作用是什么？

4-2　ARM 汇编语言伪指令与 ARM 伪指令的差别是什么？

4-3　简述数据常量定义伪指令的语法格式与功能。

4-4　简述数据变量定义伪指令的语法格式与功能。

4-5　简述内存分配伪指令的类型、语法格式与功能。

4-6　MAP 伪指令与 FIELD 伪指令定义的内存数据结构与 C 语言的 struct 结构体有什么不同？

4-7　LTORG 伪指令的作用是什么？

4-8　IF、ELSE、ENDIF 伪指令的作用以及它们分别的替换符号是什么？

4-9　简述 MACRO 和 MEND 伪指令所定义的宏、语法格式。宏在汇编中是怎么使用的？

4-10　简述 ARM 代码段和数据段的语法结构、作用以及其中主要的关键字。

4-11　ARM 汇编语言中的运算符与表达式有哪些？

4-12　Linux 环境下的伪指令与 Windows 下 ADS1.2 中的伪指令主要区别有哪些？

4-13　简述 ARM 汇编语言的语句格式。

4-14　简述 ARM 汇编语言的程序结构。

4-15　什么是 ATPCS？它的主要内容是什么？

4-16　如何在汇编语言程序中调用 C 语言程序？

4-17　如何在 C 语言程序中调用汇编程序？

4-18　如何在 C 语言程序中内嵌汇编语句？

4-19　如何在汇编语言程序中访问 C 语言程序变量？

4-20　汇编程序中使用寄存器寻址、寄存器间接寻址时，在 C 语言中是怎样定义它们的数据类型的？

4-21　嵌入式 C 语言中的 3 个特殊关键字__irq、__swi 和 volatile 有何特殊之处？

第 5 章 微处理器 S3C2410A 体系结构

本章主要讲述微处理器 S3C2410A 的体系结构、内部组成、存储器控制器的特性与空间分布、复位电路、电源电路、时钟电路与电源管理等。由于微处理器 S3C2410A 属于 ARM9 系列，所以它的寄存器分布与第 2 章讲述的完全相同，这里不再赘述。微处理器 S3C2410A、S3C2410X、S3C2440 使用的都是 ARM920T 内核，S3C2410A 是 S3C2410X 的增强型，绝大部分功能相同；S3C2440 在 S3C2410A 的基础上增加了摄像头接口，存储器结构、寄存器分布、内存地址，除摄像头接口新占一组接口地址外，其他的 I/O 端口地址等完全相同。

5.1 微处理器 S3C2410A 介绍

本节主要介绍微处理器 S3C2410A 的体系结构、内部结构和技术特点等。

5.1.1 微处理器 S3C2410A 的体系结构

微处理器 S3C2410A 是由 ARM920T 内核和其外设两部分组成。ARM920T 内核由 ARM9 内核 ARM9TDMI、32KB 的 Cache 和存储器管理单元（MMU）这 3 部分组成，外设分为高速外设和低速外设，分别与 AHB 总线和 APB 总线连接。

5.1.2 微处理器 S3C2410A 的内部结构

微处理器 S3C2410A 芯片内部提供一组完整的系统外围设备接口，从而大大减少了整个系统的成本，省去了为系统配置额外器件的开销。S3C2410A 集成的片上功能如下。

- 内核电压 1.8 V/2.0 V，存储器电压 3.3V，外部 I/O 电压 3.3V。
- 具有 16KB 的 I-Cache 和 16KB 的 D-Cache 以及存储器管理单元（MMU）。
- 具有外部存储器控制器（SDRAM 控制和片选逻辑）。
- LCD 控制器（最大支持 4 K 彩色 STN 和 256 K 彩色 TFT）提供 1 通道 LCD 专用 DMA。
- 具有 4 通道 DMA 并有外部请求引脚端。
- 具有 3 通道 UART（IrDA1.0，16 字节 Tx FIFO 和 16 字节 Rx FIFO）和 2 个通道 SPI。
- 具有 1 通道多主设 I^2C 总线和 1 通道 I^2S 总线控制器。
- 兼容 SD 卡主接口协议 1.0 版和 MMC 卡协议 2.11 兼容版。
- 具有 2 个 USB 主设备接口和 1 个 USB 从设备接口（版本 1.1）。
- 具有 4 通道具有 PWM 功能的定时/计数器和 1 通道内部定时/计数器。
- 具有看门狗定时器、实时钟日历功能的 RTC。
- 具有 117 位通用 I/O 端口和 24 通道外部中断源。
- 电源控制模式有正常、慢速、空闲和掉电 4 种模式。
- 具有 8 通道 10 位 ADC 和触摸屏接口。
- 具有 2 个锁相环（PLL）电路，为系统的各总线工作提供更高的工作频率。

5.1.3 微处理器 S3C2410A 的技术特点

微处理器 S3C2410A 除体系结构具有一定特点外，还具有以下几个特点。

1. 存储器系统管理器

- 支持小端/大端数据存储方式。
- 地址空间：每 Bank 128 MB（共 8 个 Bank，使用时存储器的扩展空间最大为 1 GB）。
- 每个 Bank 支持可编程的 8 位/16 位/32 位数据总线宽度。
- Bank0~Bank6 都采用固定的 Bank 起始地址；Bank7 具有可编程的 Bank 起始地址和大小。
- 8 个存储器 Bank：6 个用于 ROM、SRAM 及其他；2 个用于 ROM、SRAM 和同步 SDRAM。
- 所有的存储器 Bank 都具有可编程的访问周期，以便扩展不同速率存储器芯片。
- 支持使用外部等待信号来填充总线周期；支持掉电时的 SDRAM 自刷新模式。
- 支持各种类型的 ROM 启动（booting），包括 NOR/NAND Flash 和 E^2PROM 等。

2. NAND Flash Boot Loader（启动装载）

- 支持从 NAND Flash 存储器的启动。采用 4 KB 内部缓冲器用于启动引导。
- 支持启动之后 NAND 存储器仍然作为外部存储器使用。

3. Cache 存储器

- I-Cache（16 KB）和 D-Cache（16 KB）为 64 路组相联 Cache。
- 每行 8 字长度，其中每行带有一个有效位和两个页面重写标志位。
- 采用伪随机数或循环替换算法。
- 采用写通（Write-through）或写回（Write-back）Cache 操作来更新主存储器。
- 写缓冲器可以保存 16 个字的数据值和 4 个地址值。

4. 时钟和电源管理

1）片上锁相环 MPLL 和 UPLL：MPLL 产生操作 MCU 的时钟，时钟频率最高可达 266 MHz（2.0 V 内核电压）；UPLL 产生用于 USB 主机/设备操作的时钟。

2）通过软件可以有选择地为每个功能模块提供时钟，以实现硬件的可裁剪性。

3）电源模式包括正常模式、慢速模式、空闲模式和掉电模式。

- 正常模式为正常运行模式，CPU 和所有的外设均正常供电。
- 慢速模式为不加锁相环 PLL 的低时钟频率模式，此时时钟频率等于外部提供的频率（外部振荡器输出频率或晶振谐振频率）或进一步分频的时钟频率。
- 空闲模式只停止 CPU 的时钟，其他正常使用。
- 掉电模式切断所有外设和内核的电源。

可以通过外部中断引脚 EINT[15:0]或 RTC 报警中断从掉电模式中唤醒处理器。

5. 中断控制器

- 56 个中断源（1 个看门狗定时器、5 个定时器、9 个 UART、24 个外部中断、4 个 DMA、2 个 RTC、2 个 ADC、1 个 I^2C、2 个 SPI、1 个 SDI、2 个 USB、1 个 LCD 、1 个电池故障）和一个备用中断源。
- 支持电平/边沿触发模式的外部中断源；可编程的电平/边沿触发极性。
- 为紧急中断请求提供快速中断服务（FIQ）支持。

6. 具有脉冲宽度调制（PWM）的定时/计数器

- 具有 PWM（Pulse Width Modulation）功能的 4 通道 16 位定时器，可基于 DMA 或中断操

作的 1 通道 16 位内部定时器；可编程的占空比、周期或频率、极性。
- 能产生死区电压。由于 PWM 可以同时输出高、低 2 个电平信号，如果同时都控制着大电流设备，2 个设备同时动作，对电网或工作环境将会产生较大的影响。利用死区电压，实际上是 2 个输出信号有一定的延迟，将会避免影响的产生。
- 既可以使用内部时钟源，也可以使用外部时钟源。

7. 实时时钟（Real Time Clock，RTC）
- 提供完整的时钟特性：秒、分、时、日期、星期、月、年和闰年。
- 工作频率 32.768 kHz。
- 具有报警中断功能和时钟时间片中断功能。

8. 通用 I/O 口
- 提供 117 个可编程使用的多功能 I/O 口，其中有 24 个可编程外部中断口。

9. 通用异步串行接口 UART
- 3 通道 UART（Universal Asynchronous Receiver/Transmitter），可以基于 DMA 模式或中断模式操作。
- 支持 5 位、6 位、7 位或者 8 位串行数据发送/接收（Tx/Rx）。
- 支持外部时钟作为 UART 的运行时钟（UEXTCLK）。
- 波特率、停止位和校验位可编程。
- 支持红外 IrDA 1.0 标准。
- 支持回环（Loopback）测试模式，即通过编程可以使 Tx 与 Rx 在内部短接，方便调试。
- 每个通道内部都具有 16 字节的发送 FIFO 和 16 字节的接收 FIFO。

10. DMA 控制器
- 4 通道的 DMA 控制器。
- 支持存储器到存储器、I/O 到存储器、存储器到 I/O 和 I/O 到 I/O 的传送。
- 采用突发传送模式提高传送速率。

11. 模-数转换器 ADC 和触摸屏接口
- 具有 8 通道多路复用 10 位 ADC。
- 转换速率最大为 500 KSPS（Kilo Samples Per Second，每秒采样千点）。

12. LCD 控制器、STN LCD 显示特性［超扭曲向列型（Super Twisted Nematic）］
- 支持 3 种类型的 STN LCD 显示屏：4 位双扫描、4 位单扫描和 8 位单扫描显示类型。
- 对于 STN LCD 支持单色模式、4 级灰度、16 级灰度、256 彩色和 4096 彩色。
- 支持多种屏幕尺寸，典型的屏幕尺寸有：640×480 dpi，320×240 dpi，160×160 dpi。
- 最大虚拟屏幕内存是 4 MB。
- 在 256 彩色模式下支持的最大虚拟屏幕尺寸是：4096×1024 dpi，2048×2048 dpi，1024×4096 dpi 或者其他尺寸。

13. 薄膜场效应晶体管（Thin Film Transistor，TFT）彩色显示特性
- 彩色 TFT 支持 1、2、4 或 8bpp（bit per pixel，每像素所占位数）调色显示。
- 支持 16bpp 无调色真彩显示；在 24bpp 模式下支持最大 16 M 彩色 TFT。
- 支持多种屏幕尺寸，典型屏幕尺寸有：640×480 dpi，320×320 dpi，160×160 dpi 或其他尺寸。
- 最大虚拟屏幕内存是 4 MB。
- 在 64 彩色模式下支持的最大虚拟屏幕尺寸是：2048×1024 dpi 或者其他尺寸。

14. 看门狗定时器

• 16 位看门狗定时器。

• 定时器溢出时产生中断请求或系统复位信号。

15. 集成电路内部总线接口 I^2C

• 1 通道多主机 I^2C 总线。

• 串行、8 位、双向数据传送，在标准模式下数据的传送速率可达 100 kbit/s，在快速模式下可达 400 kbit/s。

16. USB 主设备

• 2 个 USB 主设备接口。

• 遵从 OHCI Revl. 0 标准；兼容 USB Verl. 1 标准。

USB1. 1 标准的传输速率是 1. 5 Mbit/s 和 12 Mbit/s；USB2. 0 标准是 480 Mbit/s；USB3. 0 标准是 4. 8 Gbit/s。

17. USB 从设备

• 1 个 USB 从设备接口；具备 5 个 USB 设备端点。

• 兼容 USB Verl. 1 标准。

18. SPI 接口

• 兼容 2 通道 SPI 协议 2. 11 版。

• 发送和接收采用 2 字节的移位寄存器。

• 基于 DMA 或中断模式操作。

19. 工作电压

• 内核电压：1. 8 V，最高工作频率 200 MHz（S3C2410A-20）；2. 0 V，最高工作频率 266 MHz（S3C2410A-26）。

• 存储器和 I/O 电压：3. 3 V。

20. 封装

• 采用 272-FBGA 封装。

5. 2 微处理器 S3C2410A 存储器控制器特性与空间分布

微处理器 S3C2410A 的存储器控制器特性决定着它能够外接的存储器最大容量，存储器的类型和存储器的总线宽度等。存储器的空间分布说明了 S3C2410A 能够外接单片存储器的最大容量以及如何连接控制线、地址线和数据线等。

5. 2. 1 微处理器 S3C2410A 存储器控制器特性

S3C2410A 的存储器控制器提供访问外部存储器所需要的存储器控制信号，具有以下特性。

• 支持小端/大端方式（通过软件选择）。

• 地址空间：每个 Bank 有 128 MB（共有 8 个 Bank，共 1 GB）。

• 除 Bank0 只能是 16 位/32 位宽之外，其他 Bank 都具有可编程的访问位宽（8 位/16 位/32 位）。

• 总共有 8 个存储器 Bank（Bank0～Bank7）：其中 6 个用于 ROM、SRAM 等；剩下 2 个用于 ROM、SRAM、SDRAM 等。

- 7 个固定的存储器 Bank（Bank0～Bank6）起始地址。
- 最后一个 Bank（Bank7）的起始地址是可变的，它等于 Bank6 的末地址+1。
- 最后两个 Bank（Bank6 和 Bank7）的大小是可编程的。
- 所有存储器 Bank 的访问周期都是可编程的；总线访问周期可通过插入外部等待来扩展。
- 支持 SDRAM 的自刷新和掉电模式。

5.2.2 微处理器 S3C2410A 存储器空间分布

微处理器 S3C2410A 存储器的映射情况如图 5-1 所示，其中图 5-1a 是在使用 NOR Flash 作为启动 ROM 时的存储器分布图，此时要使用片选信号 nGCS0 作为 NOR Flash 的片选信号；图 5-1b 是在使用 NAND Flash 作为启动 ROM 时的存储器分布图，此时不使用片选信号 nGCS0 作为 NAND Flash 的片选信号，S3C2410A 为 NAND Flash 配置了专用的控制器。

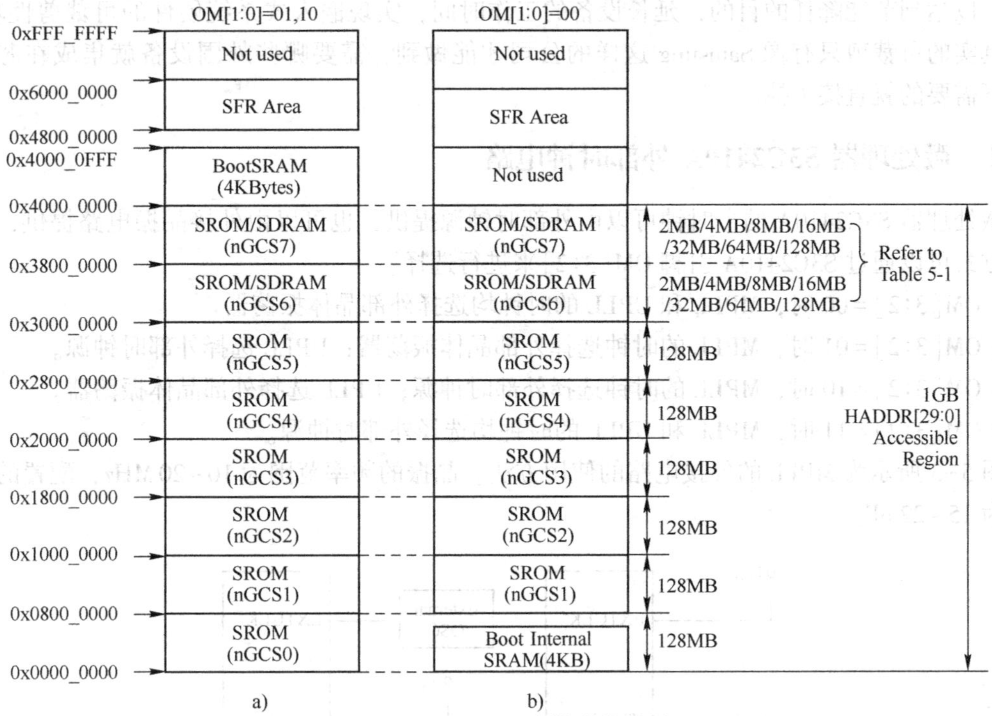

图 5-1 S3C2410A 存储器分布图

a）NOR Flash 作为启动 ROM　b）NAND Flash 作为启动 ROM

Bank6 和 Bank7 对应不同大小存储器时的地址范围映射图如图 5-2 所示，从图中可以清晰地看到 Bank6 与 Bank7 的地址是连续的。

Address	2MB	4MB	8MB	16MB	32MB	64MB	128MB
Bank 6							
Start address	0x3000_0000	0x3000_0000	0x3000_0000	0x3000_0000	0x3000_0000	0x3000_0000	0x3000_0000
End address	0x301f_ffff	0x303f_ffff	0x307f_ffff	0x30ff_ffff	0x31ff_ffff	0x33ff_ffff	0x37ff_ffff
Bank 7							
Start address	0x3020_0000	0x3040_0000	0x3080_0000	0x3100_0000	0x3200_0000	0x3400_0000	0x3800_0000
End address	0x303f_ffff	0x307f_ffff	0x30ff_ffff	0x31ff_ffff	0x33ff_ffff	0x37ff_ffff	0x3fff_ffff

图 5-2 Bank6、Bank7 的地址范围映射图

5.3 微处理器 S3C2410A 时钟电路与时钟频率管理

微处理器 S3C2410A 的外部时钟源可以直接使用外部振荡频率信号，也可以使用外接晶振电路与内部的放大器配合产生振荡频率信号供 S3C2410A 使用。

S3C2410A 中含有 2 个锁相环（Phase Locked Loops，PLL）电路，用于对外部输入的振荡频率进行倍频，提供给需要高频率工作的电路使用，提高系统的运行速度。一个是 MPLL 锁相环，输出的高频时钟信号主要用于 CPU 及其他外围电路。它经过时钟分频控制电路分别产生用于 CPU 的时钟频率信号 FCLK，用于先进的高性能总线 AHB 的时钟频率信号 HCLK 和用于先进的外设总线 APB 的时钟频率信号 PCLK。

时钟频率管理就是通过软件的控制，可以实现对各种外围设备工作时钟的控制——打开或关闭，以达到节能降耗的目的，延长设备的工作时间，实现嵌入式系统硬件的可裁剪性功能。当然真实的可裁剪只有像 Samsung 这样的公司才能做到，需要哪些外围设备就集成在芯片内部，不需要的就直接去掉。

5.3.1 微处理器 S3C2410A 外部时钟电路

微处理器 S3C2410A 的主时钟可以由外部时钟源提供，也可以由外接晶振电路提供，采用哪种方式可以通过 S3C2410A 引脚 OM[3:2]来进行选择。

- OM[3:2]=00 时，MPLL 和 UPLL 的时钟均选择外部晶体振荡器。
- OM[3:2]=01 时，MPLL 的时钟选择外部晶体振荡器；UPLL 选择外部时钟源。
- OM[3:2]=10 时，MPLL 的时钟选择外部时钟源；UPLL 选择外部晶体振荡器。
- OM[3:2]=11 时，MPLL 和 UPLL 的时钟均选择外部时钟源。

图 5-3 所示为 MPLL 的外接电路的使用方法。晶振的频率范围为 10~20 MHz，配置的电容容量为 15~22 pF。

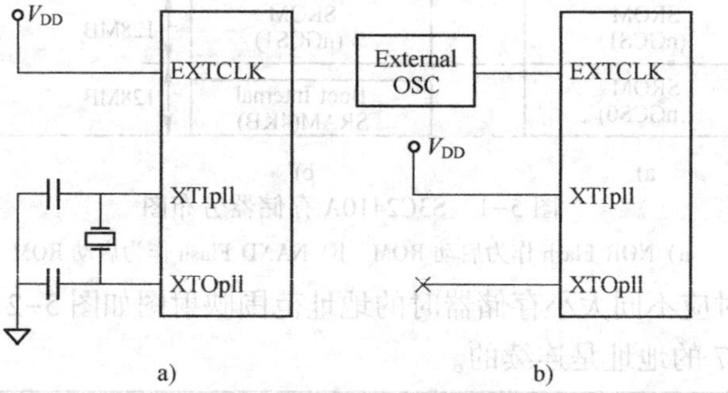

图 5-3 主振荡器外接电路

a）外部晶体振荡器（OM［3:2］=00） b）外部时钟源（OM［3:2］=11）

一般在系统中选择图 5-3a 所示的 OM[3:2]均接地的方式，即采用外部晶体振荡器提供系统时钟。系统时钟源直接采用外部 12 MHz 晶振和 2 个 15 pF 的微调电容组成。振荡晶体一端接到 S3C2410A 微处理器的 XTIpll 引脚，另一端接到 XTOpll 引脚。由于片内的 PLL 电路兼有倍频和信号提纯的功能，因此，系统可以以较低的外部时钟信号获得较高的工作频率，从而降低因高速开关时钟所造成的高频噪声。

5.3.2 微处理器 S3C2410A 锁相环（PLL）

1. 锁相环电路

锁相环（PLL）主要用于设备的频率信号与外部接收的频率信号进行同步（包括频率与相位）、对输入频率信号的倍频或分频，在 ARM 中的作用是用于倍频，其最基本的结构是由 4 个基本的部件组成，电路结构如图 5-4 所示。

鉴相器（Phase Frequency Detector，PFD）：根据 2 个输入频率信号的相位差异，产生输出控制信号。

充电泵（PUMP）：将 PFD 输出的控制信号成比例地转换为电荷电压信号通过环路滤波器驱动 VCO。

环路滤波器（Loop Filter）：对 PUMP 的输出进行滤波驱动 VCO，外接滤波电容为 5 pF。

压控振荡器（Voltage Controlled Oscillator，VCO）：将电压信号成比例地转换为频率信号。

在 ARM 微处理器 S3C2410A 中增加了 3 个除法器（Divider）以实现灵活的输出频率控制。

Divider P 使用 P[5:0]位对输入信号 Fin 进行分频，输出为 Fref。

Divider M 使用 M[7:0]位对压控振荡器 VCO 的输出信号进行分频，输出为 Fvco。

Divider S 使用 S[1:0]位对压控振荡器 VCO 的输出信号进行分频，输出后为 MPLL 或 UPLL。

锁相环 UPLL 与 MPLL 的电路结构与原理完全相同，这里不再赘述。

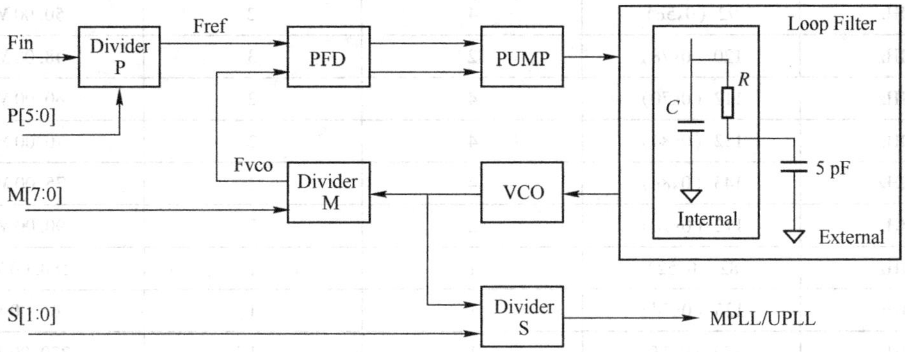

图 5-4　锁相环（PLL）结构框图

2. 输入频率与输出频率的关系

Mpll=(m * Fin)/(p * 2^s)

其中，m=(MDIV+8)；p=(PDIV+2)；s=SDIV。

3. 锁相环控制寄存器的配置与输出频率的关系表

锁相环控制寄存器有 2 个，分别是 MPLL 控制寄存器和 UPLL 控制寄存器，用于对输入的外部时钟频率或外接石英晶体构成的振荡器输出频率进行倍频输出，它们的属性见表 5-1。

表 5-1　寄存器属性表

寄存器名称	地　址	读写属性	功能描述	默认值
MPLLCON	0x4C000004	可读/可写	配置 MPLL	0x0005C080
UPLLCON	0x4C000008	可读/可写	配置 UPLL	0x00028080

两个控制寄存器具有相同的控制比特描述，见表 5-2，默认值一列斜杠左侧是 MPLL 的默认值，右侧是 UPLL 的默认值。

表 5-2 PLLCON 寄存器比特位分配表

PLLCON	位	功能描述	默认值
MDIV	[19:12]	分频器 M 控制位	0x5C/0x28
PDIV	[9:4]	分频器 P 控制位	0x08/0x08
SDIV	[1:0]	分频器 S 控制位	0x00/0x00

通过对 MPLL/UPLL 控制寄存器的 MDIV、PDIV、SDIV 比特位设置不同的数值，就可以控制 PLL 的输出频率。它们之间的关系见表 5-3。ARM 的控制寄存器是 32 位，可用 8 位 16 进制数表示，设置值仅使用了 20 位，而且还是不连续的。根据表中的实际情况，控制字的构成方式是 0x000mmpps，其中 m、p、s 代表 1 位十六进制的数。如表中第 4 行的控制字为 0x00078023。

表 5-3 PLLCON 配置与频率关系表

输入频率	MDIV [19:12]	PDIV [9:4]	SDIV [1:0]	输出频率
12 MHz	不可用（N/A）	不可用（N/A）	不可用（N/A）	11.289 MHz
12 MHz	不可用（N/A）	不可用（N/A）	不可用（N/A）	22.50 MHz
12 MHz	92（0x5c）	4	2	50.00 MHz
12 MHz	120（0x78）	2	3	48.00 MHz
12 MHz	112（0x70）	4	2	60.00 MHz
12 MHz	132（0x84）	4	2	70.00 MHz
12 MHz	143（0x8e）	4	2	75.00 MHz
12 MHz	112（0x70）	2	2	90.00 MHz
12 MHz	82（0x52）	1	1	180.00 MHz
12 MHz	125（0x7d）	1	1	266.00 MHz
12 MHz	127（0x7f）	1	1	270.00 MHz

说明： N/A 是不可用的意思，代表英文 Not Applicable；48MHz 一行是 UPLLCON 的设定参数值；用户根据输出频率的需要，还可以计算出其他的设定值；使用时输出频率即 FCLK 应大于等于晶振频率或外部输入频率的 3 倍。表中仅列出其中的一部分。

5.3.3 微处理器 S3C2410A 时钟分频控制

分频控制的主要目的是为 ARM 系统的工作提供 3 个不同的工作时钟信号，为 CPU 提供 FCLK 时钟，为 AHB 总线提供 HCLK 时钟，为 APB 总线提供 PCLK 时钟。工作时钟信号是通过给时钟分频控制寄存器赋值完成的。下面介绍时钟分频控制寄存器以及设置值与各频率的关系。

1. 时钟分频控制寄存器

时钟分频控制器 CLKDIVN 用于 HCLK 和 PCLK 的频率控制，CLKDIVN 寄存器的属性见表 5-4。

表 5-4　时钟分频控制寄存器属性

寄存器名称	地　址	读写属性	功能描述	默认值
CLKDIVN	0x4C000014	可读/可写	控制各时钟频率	0x00000000

其中，CLKDIVN[2]是 HDIVN1 比特位，CLKDIVN[1]是 HDIVN 比特位，CLKDIVN[0]是 PDIVN 比特位，它们的取值组合决定着 FCLK、HCLK、PCLK 的分频比，见表 5-5。

2. 时钟分频控制字的设置

此设定值将决定着 FCLK 与 HCLK、PCLK 的分频关系，分频关系与控制字见表 5-5。控制字的设置必须在锁相环（PLL）锁定后操作，从默认的分频比到其他分频关系需要的时间是 1 个 FCLK 周期的时间，其他需要 1.5 个 FCLK 周期的时间。

表 5-5　分频关系与控制字

HDIVN1	HDIVN	PDIVN	FCLK	HCLK	PCLK	分频比	控制字
0	0	0	FCLK	FCLK	FCLK	1∶1∶1（默认值）	0x00
0	0	1	FCLK	FCLK	FCLK/2	1∶1∶2	0x01
0	1	0	FCLK	FCLK/2	FCLK/2	1∶2∶2	0x02
0	1	1	FCLK	FCLK/2	FCLK/4	1∶2∶4（推荐值）	0x03
1	0	0	FCLK	FCLK/4	FCLK/4	1∶4∶4	0x04

5.3.4　微处理器 S3C2410A 时钟频率管理与应用示例

微处理器 S3C2410A 提供了 3 个不同的总线时钟频率供 ARM 系统的所有资源使用，时钟管理就是给需要使用的系统组件、接口电路提供时钟频率信号，不需要的就要关闭时钟频率信号，以达到节能降耗的目的，这点对于手持式设备更为重要。下面介绍微处理器 S3C2410A 的时钟分配框图与时钟控制寄存器。

1. 微处理器 S3C2410A 的时钟分配

微处理器 S3C2410A 将 3 个时钟频率 FCLK、HCLK、PCLK 分配给不同的组件和接口电路使用，具体分配如图 5-5 所示。

2. 时钟控制寄存器属性及比特位定义

时钟控制寄存器的属性定义见表 5-6。

表 5-6　时钟控制寄存器属性表

寄存器名称	占用地址	读写属性	功能描述	初始值
CLKCON	0x4C00000C	可读/可写	控制各路时钟信号	0x00000000

各比特位的功能定义见表 5-7。用户需要禁止哪一个被控对象，将其对应的比特位清 0；否则置 1。

表 5-7　时钟控制寄存器各比特位的功能定义表

比特位	被控对象	功能描述	初始值
[31~19]	预留	ARM 系统预留	全“0”
[18]	SPI	控制 PCLK 到 SPI 的时钟：0=禁止；1=允许	1

（续）

比 特 位	被控对象	功 能 描 述	初 始 值
[17]	IIS	控制 PCLK 到 IIS 的时钟：0=禁止；1=允许	1
[16]	IIC	控制 PCLK 到 IIC 的时钟：0=禁止；1=允许	1
[15]	ADC 和触摸屏	控制 PCLK 到 ADC 的时钟：0=禁止；1=允许	1
[14]	RTC	控制 PCLK 到 SPI 的时钟：0=禁止；1=允许（即使本位清 0，RTC 时钟仍能工作，特殊位）	1
[13]	GPIO	控制 PCLK 到 GPIO 的时钟：0=禁止；1=允许	1
[12]	UART2	控制 PCLK 到 UART2 的时钟：0=禁止；1=允许	1
[11]	UART1	控制 PCLK 到 UART1 的时钟：0=禁止；1=允许	1
[10]	UART0	控制 PCLK 到 UART0 的时钟：0=禁止；1=允许	1
[9]	SDI	控制 PCLK 到 SDI 的时钟：0=禁止；1=允许	1
[8]	PWM/TIMER	控制 PCLK 到 PWM 的时钟：0=禁止；1=允许	1
[7]	USB device	控制 PCLK 到 USB 器件时钟：0=禁止；1=允许	1
[6]	USB host	控制 UCLK 到 USB 主机时钟：0=禁止；1=允许	1
[5]	LCDC	控制 HCLK 到 LCDC 时钟：0=禁止；1=允许	1
[4]	Nand Flash Control	控制 HCLK 到 NAND Flash 控制器的时钟：0=禁止；1=允许	1
[3]	POWER_OFF	掉电模式控制：0=禁止；1=转换到掉电模式	0
[2]	IDLE BIT	空闲模式控制，该位不会自动清 0。0=禁止；1=转换到 IDLE 空闲模式	0
[1]	预留	预留	0
[0]	SM_BIT	特许模式，一般清 0	0

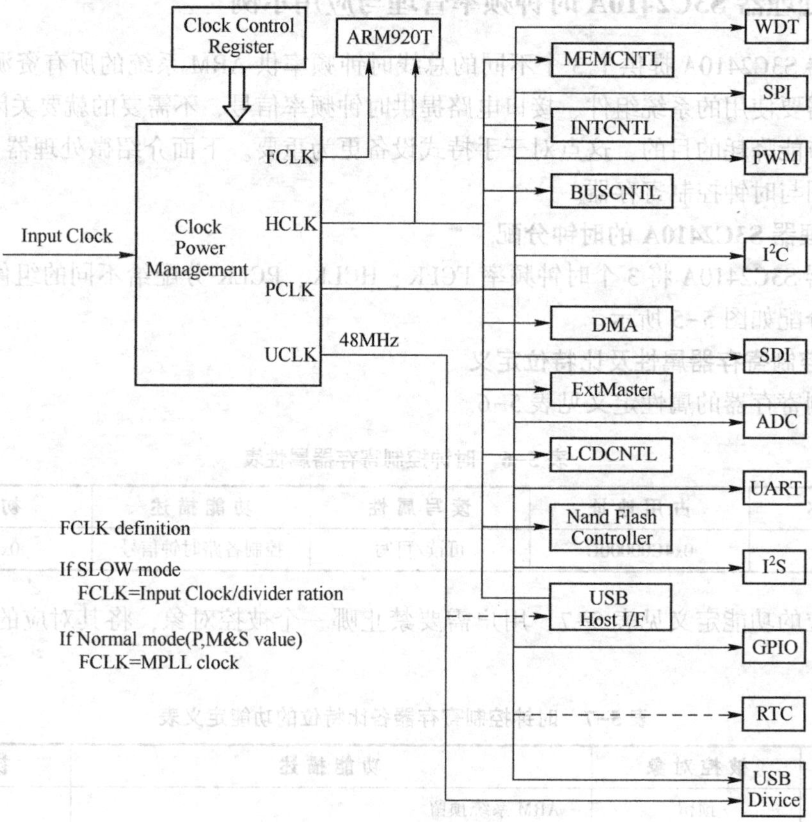

图 5-5 时钟分布框图

3. 应用示例

假设根据系统的实际应用情况，不需要使用 IIS、UART2、SDI、USB device，这时就需要关闭它们的时钟以减少能源的消耗。设计控制字，即将它们相对应的比特位清零，使用的比特位置 1，控制字为 0x0005ED70。C 语言程序片段如下：

```
#define rCLKCON   ( * ( volatile unsigned char * )0x4C00000C)      / * 时钟控制寄存器地址定义 * /
rCLKCON = 0x0005ED70;                                                / * 控制字送控制寄存器 * /
```

5.3.5 S3C2410A 工作频率的设置与分频编程示例

ARM 系统工作频率的设置包括 MPLL 输出频率的设置和 UPLL 输出频率的设置，分别通过各自的锁相环控制寄存器（MPLLCON、UPLLCON）进行；之后为了给 FCLK、HCLK、PCLK 提供不同的时钟频率信号，可以通过对时钟分频控制器 CLKDIVN 进行设置完成此项任务。由于锁相环电路和时钟分频电路从设置开始到输出频率稳定需要一定的时间，一般要求大于 150 μs，因此在配置上述控制寄存器时，首先要锁定电路的时间。为此 S3C2410A 内置了一个时间锁定计数器 LOCKTIME，下面首先介绍它，然后进行程序设计。

1. 时间锁定计数器属性和比特位定义

时间锁定计数器属性见表 5-8，由 LOCKTIME 计数器设定 MPLL、UPLL 的锁定时间值。它是对外部输入的时钟频率 Fin 或外接晶体后的振荡频率信号进行计数。假设系统使用的 Fin = 12 MHz，则每个周期的时间是（1/12） μs。按上述时间要求，计数值应大于 1800。

表 5-8　时间锁定计数器属性表

寄存器名	地址值	读写属性	描述	初值
LOCKTIME	0x4C000000	可读/可写	PLL 锁定时间计数器	0x00FFFFFF

时间锁定计数器各比特位定义如下：

[23:12]：U_LTIME，共 12 比特位，为产生 UCLK 时钟设定 UPLL 锁定时间计数值。

[11:0]：M_LTIME，共 12 比特位，为产生 FCLK、HCLK、PCLK 时钟设定 MPLL 锁定时间计数值。

2. 编程示例

为了使读者能够和实际应用进行密切的结合，现将 ARM 系统初始化的一段程序作为示例。以下这些地址在 2410addr. a 文件中有类似的定义。

```
        LOCKTIME     EQU    0x4C000000
        MPLLCON      EQU    0x4C000004
        UPLLCON      EQU    0x4C000008
        CLKDIVN      EQU    0x4C000014
        ;以下变量在 Memcfg. a 文件中有定义
        GBLA UCLK                              ;定义 UCLK 变量
    UCLK SETA 48000000                         ;给 UCLK 变量赋值 = 48MHz
        GBLA         XTAL_SEL
        GBLA         FCLK
        GBLA         CPU_SEL
    XTAL_SEL   SETA    12000000                ;外部时钟为 12MHz
    FCLK    SETA    50000000                   ;设置 FCLK 为 50MHz
    ;选择时钟分频比(FCLK : HCLK : PCLK)
    ;FCLK = 100000000
```

```
    ;CLKDIV_VAL   EQU 1                              ;1=1:1:2
    ;FCLK=200000000
    CLKDIV_VAL      EQU    3                         ;3=1:2:4 使用这行
    ;FCLK=400000000
    ;CLKDIV_VAL EQU    4                             ;4=1:4:4

    [ XTAL_SEL=12000000
      [ FCLK=50000000
    M_MDIV        EQU    92                          ;Fin=12.0MHz Fout=50.00MHz
    M_PDIV        EQU    4
    M_SDIV        EQU    2
      ]
      ;还有许多的配置
      [ FCLK=266000000
    M_MDIV        EQU 125                            ;Fin=12.0 MHz Fout=266 MHz
    M_PDIV        EQU 1
    M_SDIV        EQU 1
      ]
      [ UCLK=48000000
    U_MDIV        EQU 120                            ;Fin=12.0 MHz Fout=48 MHz
    U_PDIV        EQU 2
    U_SDIV        EQU 3
      ]
    ]
    ;下面是程序实现片段
    ;设置时间锁定计数器
        LDR    R0,=LOCKTIME
        LDR    R1,=0x00ffffff                        ;0xfff 大于 1800
        STR    R1,  [R0]
    ;设置 FCLK:HCLK:PCLK 的分频比
        LDR    R0,=CLKDIVN
        LDR    R1,=CLKDIV_VAL                        ;3=1:2:4
        STR    R1,  [R0]
    ;设置 UPLL 的输出频率
        LDR    R0,=UPLLCON
        LDR    R1,=((U_MDIV<<12)+(U_PDIV<<4)+U_SDIV)
        STR    R1,  [R0]
        ;注意:在 UPLL 设置后,必须等待 7 个以上的时钟周期
        NOP
        NOP
        NOP
        NOP
        NOP
        NOP
        NOP
        ;设置 MPLL 控制寄存器
        LDR    R0,=MPLLCON
        LDR    R1,=((M_MDIV<<12)+(M_PDIV<<4)+M_SDIV)
        STR    R1,  [R0]
        END
```

5.4 微处理器 S3C2410A 复位电路与电源电路

复位电路是在系统启动时为 ARM 微处理器提供有效的复位信号、合适的电压值和时延，此时的启动称为冷启动；当按下复位按钮 RESET 时，为 ARM 提供的复位信号进行复位，此时

称为热启动。

ARM9 的工作需要两种幅值的电源电压，一种是 1.8 V（或 2.0 V）的直流电源，供 ARM 微处理器的 CPU 等使用；另一种是 3.3 V 的直流电源供存储器等芯片使用。一般整个系统都是用 5 V 的直流电源供电，这就需要进行 DC-DC 电源转换。

5.4.1 微处理器 S3C2410A 复位电路

1. 基于集成电路芯片的复位电路

为了提供高效的电源监视性能，选取了专门的系统监视复位芯片 IMP811S。该芯片性能优良，可以通过手动控制系统的复位，同时还可以实时监控系统的电源。一旦系统电源低于系统复位的阈值（2.9 V），IMP811S 将会对系统进行复位。系统复位电路如图 5-6 所示。

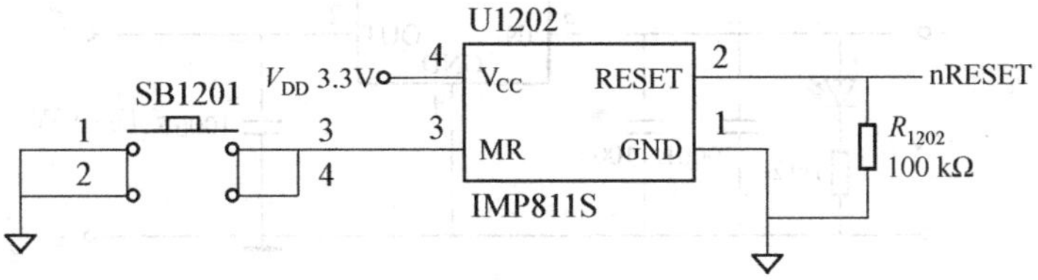

图 5-6 系统复位电路图

2. 基于 RC 的复位电路

也可以采用如图 5-7 所示的较简单的 RC 复位电路。

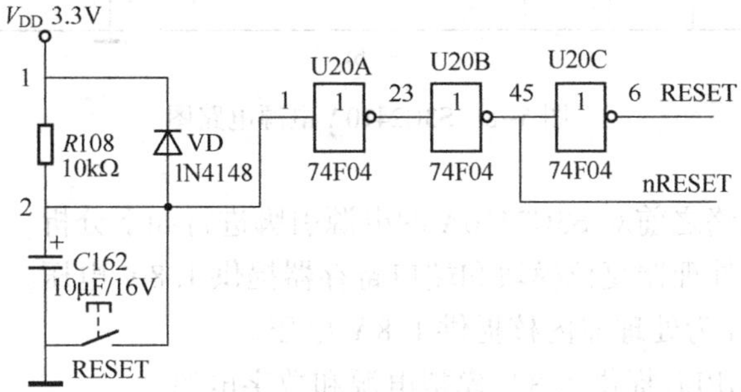

图 5-7 RC 复位电路图

复位电路的工作原理：在系统上电进行冷启动时，由于电容的电压不能跳变，这时通过电阻 $R108$ 向电容 $C162$ 充电，当 $C162$ 两端的电压未达到高电平的门限电压时，RESET 端输出为高电平，系统处于复位状态；当 $C162$ 两端的电压达到高电平的门限电压时，RESET 端输出为低电平，系统进入正常工作状态。

注意：RESET 有效高电平的持续时间与 RC 充电电路的时间常数 $\tau=RC$ 有关，也与由或非门构成的反相器的触发反转电平有关，使用时应进行计算。

当用户按下按钮 RESET 进行热启动时，$C162$ 两端的电荷被放掉，RESET 端输出为高电平，系统进入复位状态，再重复以上的充电过程，系统进入正常工作状态。

两级非门电路用于按钮去抖动和波形整形；nRESET 端的输出状态与 RESET 端相反，用于低电平复位的器件；通过调整 $R108$ 和 $C162$ 的参数，可调整复位状态的时间。

5.4.2 微处理器 S3C2410A 电源电路

为了简化系统电源电路的设计，要求整个系统的输入电压为高质量的 5 V 直流稳压电源，5 V 输入电压经过 DC-DC 转换器可完成 5 V 到 3.3 V，3.3 V 到 1.8 V 的电压转换。V_{DD} 3.3V 提供给 VDDMOP、VDDIO、VDDADC 和 VCC 引脚，V_{DD} 1.8V 提供给 VDDi_X。

系统中 RTC 所需电压由 1.8 V 电源和后备电源共同提供，在系统工作时 1.8 V 电压有效，系统掉电时后备电池开始工作，以供 RTC 电路所需的电源，同时使用发光二极管指示电源状态。系统中首先将 5 V 直流电压转换到 3.3 V 的电源电路如图 5-8a 所示。再将 3.3 V 直流电压转换为 1.8 V，如图 5-8b 所示。

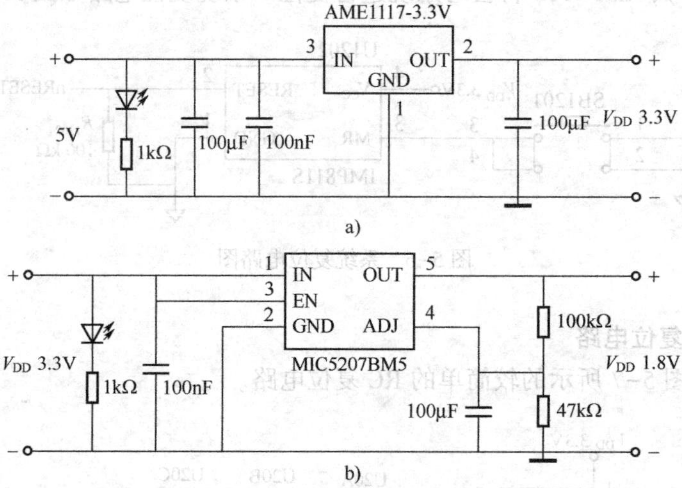

图 5-8　S3C2410A 电源电路图

在设计系统电源电路之前对 S3C2410A 的电源引脚进行如下分析。

- VDDalive 引脚给处理器复位模块和端口寄存器提供 1.8 V 电压。
- VDDi 和 VDDiarm 为处理器内核提供 1.8 V 电压。
- VDDi_MPLL 为 MPLL 提供 1.8 V 模拟电源和数字电源。
- VDDi_UPLL 为 UPLL 提供 1.8 V 模拟电源和数字电源。
- VDDOP 和 VDDMOP 分别为处理器端口和处理器存储器端口提供 3.3 V 电压。
- VDD_ADC 为处理器内的 ADC 系统提供 3.3 V 电压。
- VDDRTC 为时钟电路提供 1.8 V 电压，该电压在系统掉电后仍需要维持。
- 系统需要使用 3.3 V 和 1.8 V 的直流稳压电源。

5.5 微处理器 S3C2410A 电源功耗管理

对于电源功耗管理，S3C2410A 具有多种管理方案，对于每个给定的任务都具有最优的功耗。在 S3C2410A 中的电源管理模块具有正常模式、慢速模式、空闲模式和掉电模式 4 种有效模式状态。时钟控制寄存器 CLKCON[3] 是掉电模式 POWER_OFF 控制位，CLKCON[2] 是空闲模式 IDLE 控制位；时钟慢速控制寄存器 CLKSLOW 控制着进入慢速模式或减速运行模式，以及锁相环 MPLL 和 UPLL 的工作状态。它们控制着状态的转换及减速运行等参数。时钟控制寄存器 CLKCON 在 5.3.4 节已经讲述。

5.5.1 电源功耗管理模式及时钟功率配给

1. 电源功耗管理模式

（1）正常模式（NORMAL mode）

电源管理模块为 CPU 和 S3C2410A 中的所有外围设备提供时钟。在这个模式下，由于所有外围设备都处于开启状态，因此功耗达到最大。用户可以通过软件来控制外围设备的工作状态。例如，如果不需要定时器，那么用户可以断开定时器的时钟，以降低功耗。

（2）慢速模式又称无 PLL 模式（SLOW mode）

与正常模式不同，在慢速模式不使用锁相环（PLL），而使用外部时钟（XTIPLL 或 EXTCLK）直接作为 S3C2410A 中的 FCLK，或根据时钟慢速控制寄存器的设置减速运行。在这种模式下，功耗大小仅取决于外部时钟的频率，功耗与 PLL 无关。

（3）空闲模式（IDLE mode）

电源管理模块只断开 CPU 内核的时钟（FCLK），但仍为所有其他外围设备提供时钟。空闲模式降低了由 CPU 内核产生的功耗，使外围设备保存的数据和状态信息不会丢失。任何中断请求都可以从空闲模式唤醒 CPU。

（4）掉电模式（POWER_OFF mode）

电源管理模块断开内部电源。因此，除唤醒逻辑以外，CPU 和内部逻辑都不会产生功耗。激活掉电模式需要两个独立的电源，一个电源为唤醒逻辑供电；另一个为包括 CPU 在内的其他内部逻辑供电，并且这个电源开/关可以控制。在掉电模式下，为 CPU 和内部逻辑供电的第二个电源将关断。通过 EINT[23:0] 或 RTC 报警中断可以从掉电模式唤醒 S3C2410A。

2. 各种管理模式的具体时钟功率配给

各种管理模式的具体时钟功率配给见表 5-9。其中 AHB 代表 AHB 总线上的模块电路，但不包括 USB 主机、LCD 和 NAND Flash 电路；APB 代表 APB 总线上所接的模块电路，但不包括看门狗定时器 WDT 和 RTC 接口；可控是指根据需要可以有效，也可以关闭。

表 5-9 具体时钟功率配给

管理模式	ARM920T	AHB/看门狗 WDT	电源管理模块	GPIO	RTC 时钟 32.768 kHz	APB/USB /LCD/NAND
正常模式	有效	有效	有效	可控	有效	可控
空闲模式	关闭	有效	有效	可控	有效	可控
慢速模式	有效	有效	有效	可控	有效	可控
掉电模式	关闭电源	关闭电源	等待唤醒事件	上一个状态	有效	关闭电源

5.5.2 慢速控制寄存器（CLKSLOW）的属性及其位功能

慢速控制寄存器（CLKSLOW）的英文全称是 CLOCK SLOW CONTROL REGISTER，它的属性见表 5-10。

表 5-10 CLKSLOW 的属性表

寄存器名	使用地址	读写属性	简要描述	初始值
CLKSLOW	0x4C000010	R/W	控制低速时钟	0x04

其各比特位的功能见表 5-11。

表 5-11 CLKSLOW 的位功能表

比特位	位功能	描述	初值
[31~8]	保留	当前未使用	全 0
[7]	UCLK_ON	0：USB 和 UPLL 时钟打开，锁定时间自动插入； 1：USB 和 UPLL 时钟关闭	0
[6]	保留	当前未使用	0
[5]	MPLL_OFF	0：MPLL 打开。在其输出稳定后，SLOW_BIT 才能清 0； 1：MPLL 关闭。只有当 SLOW_BIT=1 时，MPLL 才能关闭	0
[4]	SLOW_BIT	0：FCLK=MPLL 输出；1：慢速模式。SLOW_VAL=0 时，FCLK=Fin；SLOW_VAL>0 时，FCLK=Fin/（2 * SLOW_VAL）	0
[3]	保留	当前未使用。上行的 Fin 是外部时钟输入频率或外接晶体频率	0
[2:0]	SLOW_VAL	当 SLOW_BIT=1 时，设置外部输入时钟的分频系数	4

需要说明的是，慢速模式时 FCLK 的值是由该寄存器控制的，而 HCLK、PCLK 的值随之变动，其值是按时钟分频控制寄存器 CLKDIVN 的设置值进行相应的变更，见表 5-12。

表 5-12 慢速模式状态下系统的各时钟频率关系表

SLOW_VAL	FCLK	HCLK		PCLK		UCLK
		HDIVN=0	HDIVN=1	PDIVN=0	PDIVN=1	
000	EXTCLK/1	EXTCLK/1	EXTCLK/2	HCLK	HCLK/2	48 MHz
001	EXTCLK/2	EXTCLK/2	EXTCLK/4	HCLK	HCLK/2	48 MHz
010	EXTCLK/4	EXTCLK/4	EXTCLK/8	HCLK	HCLK/2	48 MHz
011	EXTCLK/6	EXTCLK/6	EXTCLK/12	HCLK	HCLK/2	48 MHz
100	EXTCLK/8	EXTCLK/8	EXTCLK/16	HCLK	HCLK/2	48 MHz
101	EXTCLK/10	EXTCLK/10	EXTCLK/20	HCLK	HCLK/2	48 MHz
110	EXTCLK/12	EXTCLK/12	EXTCLK/24	HCLK	HCLK/2	48 MHz
111	EXTCLK/14	EXTCLK/14	EXTCLK/28	HCLK	HCLK/2	48 MHz

5.5.3 电源功耗管理状态转换图

电源功耗管理状态转换图如图 5-9 所示，它是根据系统的需要在各控制信号的作用下，实现从一个状态转换到另一个状态，达到节能降耗的目的，延长系统的工作时间。

从图 5-9 可以看出，只要时钟慢速控制寄存器 CLKSLOW 的 SLOW_BIT=1 就可控制从正常模式（NORMAL）状态进入到慢速模式（SLOW）状态。此时如果 SLOW_VAL=0，则 FCLK=外部时钟输入 Fin 或外接晶体的频率；如果 SLOW_VAL>0，则 FCLK=外部时钟输入 Fin 或外接晶体的频率/（2×SLOW_VAL）的值。当 SLOW_BIT=0 时，又返回到正常模式状态。

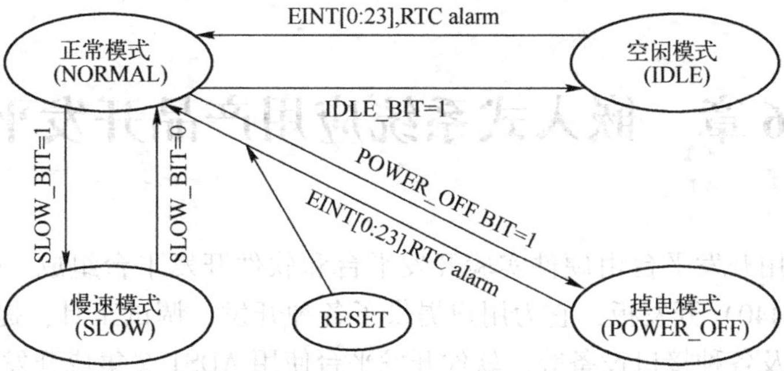

图 5-9　电源功耗管理状态转换图

当时钟控制寄存器 CLKCON 的比特位 POWER_OFF = 1 时，则从正常模式（NORMAL）状态进入到掉电模式（POWER_OFF）状态；这时只需外部中断或 RTC 信号有效就可返回到正常模式，或按 RESET 按钮返回到正常模式。

当时钟控制寄存器 CLKCON 的比特位 IDLE_BIT = 1 时，则从正常模式（NORMAL）状态进入到空闲模式（IDLE）状态；这时只需外部中断或 RTC 信号有效就可返回到正常模式。

习题

5-1　简述 S3C2410A 微处理器的体系结构。

5-2　简述 S3C2410A 微处理器的内部结构与技术特点。

5-3　简述 S3C2410A 存储器控制器的特性。

5-4　简述 S3C2410A 存储器的空间分布。Bank6、Bank7 有什么特点？

5-5　在 S3C2410A 系统中，如何选取 MPLL 和 UPLL 的时钟源？

5-6　简述在 S3C2410A 中，锁相环的作用是什么？

5-7　在 S3C2410A 中是如何为 CPU、AHB、APB 总线提供不同的时钟频率的？

5-8　时钟控制寄存器 CLKCON 的作用是什么？

5-9　简述 RC 复位电路的工作原理。

5-10　S3C2410A 的工作需要哪几种电源电压值？

5-11　S3C2410A 的电源管理模块具有哪几种工作模式？各有什么特点？

第6章 嵌入式系统应用产品开发平台

嵌入式系统应用开发平台由硬件实验开发平台和软件开发平台组成。硬件开发平台使用FL2440（或Micro2440）开发板，它为用户提供了各种开发、调试工具，提供了许多与PC相连的通信方式，以及各种接口设备等。软件开发平台使用ADS1.2集成开发环境，可以进行源代码的编辑、编译、链接和运行调试等，在运行中可单步调试观察各种异常模式下的寄存器内容、程序状态寄存器CPSR内容、存储器内容等，为用户调试应用程序软件提供了更多的方便。通过对H-JTAG带硬件调试环境的配置，就可直接进行目标板的在线调试工作。

6.1 硬件实验开发平台

硬件实验开发平台FL2440由核心板和底板组成。本节主要介绍它们的硬件配置以及与PC的硬件连接。另外也可以使用Micro2440开发板，与FL2440开发板有类似的功能和软硬件配置。使用时请仔细阅读它们的相关资料。

6.1.1 FL2440开发板硬件资源简介

1. 核心板资源简介

- CPU：Samsung S3C2440A，主频400 MHz，最高533 MHz。
- SDRAM：在板64 MB SDRAM，32位数据总线，SDRAM时钟频率高达100 MHz。
- Flash Memory：在板256 MB Nand Flash，掉电非易失，可根据客户要求更改为64 MB~1 GB；在板2 MB Nor Flash，掉电非易失，已经安装BIOS。
- 接口和资源：1个56 Pin 2.0 mm间距GPIO接口PA；1个50 Pin 2.0 mm间距LCD & CMOS CAMERA接口PB；1个56 Pin 2.0 mm间距系统总线接口PC；在板复位电路；在板10 Pin 2.0 mm间距JTAG接口；4个用户调试灯。
- 系统时钟源：使用外部晶振12 MHz。
- 实时时钟：内部实时时钟（需另接备份锂电池）。
- 系统供电：单一+5 V。

2. 底板资源简介

- 1个100 M网络RJ-45接口，采用DM9000网卡芯片。
- 3个串口接口，分别有RS-232接口和TTL接口引出。
- 4个USB Host（使用USB 1.1协议），通过USB HUB芯片扩展。
- 1个USB Slave（使用USB 1.1协议）。
- 标准音频输出接口，在板麦克风（MIC）；1个PWM控制蜂鸣器。
- 1个可调电阻接W1，用于A/D转换测试。
- 6个用户按键，并通过排针座引出，可作为其他用途；1个标准SD卡座。
- 2个LCD接口座，其中LCD1为41 Pin 0.5 mm间距贴片接口，可直接连接真彩屏显示模块或者 VGA 转接板，另一个 LCD 接口适合直接连接 7″LCD。

- 2 个触摸屏接口，分别有 2.0 mm 和 2.54 mm 间距两种，实际它们的定义都是相同的。
- 1 个 CMOS 摄像头接口（CON4），为 20 Pin 2.0 mm 间距插针，可直接连接 CAM130 摄像头模块；在板 RTC 备份电池。
- 1 个电源输入口，+5 V 供电电压。

6.1.2 PC 与开发板的硬件连接

PC 与开发板的硬件连接主要有两部分：一是开发板的 JTAG 接口与 PC 的并口连接，通过开发板配置的 JTAG 连接线进行连接，用于调试目标板的软、硬件；二是开发板的串口 0 与 PC 的串口通过开发板配置的串口线进行连接，用以显示程序调试执行时的输出信息。

6.2 软件开发平台

软件开发平台使用 Samsung 公司提供的 ADS1.2 集成开发环境，它主要由 CodeWarrior for ARM Developer Suite v1.2 和 AXD Debugger 两部分组成。前者完成代码的编辑、编译、链接等任务，最终形成可执行的机器码；后者完成代码的模拟运行与调试，或直接连接目标板进行在线调试等功能。

6.2.1 交叉开发环境简介

嵌入式系统是专用的计算机系统，它在系统的功能、可靠性、成本、体积和功耗等方面都有严格的要求。

由于嵌入式系统硬件上的特殊性，一般不能安装 Windows 操作系统，因为它的 CPU 运行速度、Flash 的空间等都达不到通用 PC 的要求。所以在嵌入式系统上无法构建其自己的开发环境，因此，人们采用了交叉开发模式。

交叉开发就是指在一台通用计算机上进行软件的编辑、编译，然后下载到嵌入式设备中进行运行调试的开发方式。用来开发的通用计算机是 PC，运行通用的 Windows 操作系统。开发计算机一般称为宿主机，嵌入式设备称为目标机。在宿主机上编译好程序，下载到目标板上运行，交叉开发环境提供调试工具对目标机上的运行程序进行调试。

交叉编译是指在宿主机上使用 ADS1.2 集成开发环境编辑、编译好可以在 ARM 体系结构上运行的目标代码，之后通过宿主机到目标板的调试通道将代码下载到目标机，然后由运行于宿主机的调试控制代码在目标机上进行调试。

6.2.2 ADS1.2 集成开发环境简介

1. ADS 工具包的组成

ADS 是 ARM 公司推出的集成开发工具包，是专门用于 ARM 相关应用开发和调试的综合性软件。目前常用的版本是 1.2，在功能和易用性上比早期的 SDT 都有提高，是一款功能强大又易于使用的开发工具。ARM ADS 包含有编译器、链接器、CodeWarrior IDE、调试器、指令集模拟器、ARM 开发包和应用库等部分，可以用 ADS 来开发、编译、调试采用包括 C、C++ 和 ARM 汇编语言编写的程序。

(1) 编译器

ADS 提供多种编译器以支持 ARM 和 Thumb 指令的编译。

- armasm 是 ARM 汇编语言与 Thumb 汇编语言的编译器。
- armcc 是 ARM C 编译器；armcpp 是 ARM C++编译器。
- tcc 是 Thumb ARM C 编译器；tcpp 是 Thumb ARM C++编译器。

(2) 链接器

armlink（ARM 链接器）可以将编译得到的一个或多个目标文件和相关的一个或多个库文件进行链接，生成一个可执行文件，也可以将多个目标文件部分链接成一个目标文件，以供进一步的链接。

(3) CodeWarrior IDE

CodeWarrior IDE（集成开发环境）包括工程管理器、代码生成接口、语法敏感编辑器、源文件和类浏览器、源代码版本控制系统接口以及文本搜索引擎等。ADS 仅在其 PC 版本中集成了该 IDE。

CodeWarrior IDE 为管理和开发项目提供了简单多样化的图形用户界面，用户可以使用 ADS 的 CodeWarrior IDE 为 ARM 和 Thumb 处理器开发用 C、C++或者 ARM 汇编语言编写的程序代码。

(4) 调试器

ADS 中包含 3 个调试器，分别是 ARM 扩展调试器（ARM eXtended Debugger，AXD）、ADU（ARM Debugger for UNIX）和 armsd（ARM Symbolic Debugger）。AXD 是目前常用的调试器。armsd 是命令行调试工具，用于辅助调试，或者用于其他操作系统平台上，能进行源代码级的程序调试。

在 ARM 的体系中，可以选择多种调试方式，这里主要介绍 ARMulator 方式和 H-JTAG 方式。前者主要用于在宿主机上的模拟环境下调试程序；后者用于连接目标板后的在线调试。其他的调试方式请参考 ADS1.2 的详细资料，这里不再赘述。

(5) ARM 开发包和函数库

ARM 开发包由一些底层的例程和库组成，可以帮助用户快速开发基于 ARM 的应用程序和操作系统。

ADS 的 ARM 应用库完善并增强了 SDT 中的函数库，同时还包括一些非常有用的源码例程。ADS 提供 ANSI C 函数库和 C++函数库，支持被编译的 C 和 C++代码。用户可以把 C 函数库中与目标相关的函数作为自己应用程序的一部分，重新进行代码的实现。在 C 函数库中有许多函数是独立于其他函数的，并且与目标硬件没有任何依赖关系。用户可以根据自己的应用要求，对与目标无关的库函数进行适当的裁剪和利用。

2. GUI 开发环境

ADS1.2 采用典型安装模式后，在程序栏里可以看到 ADS1.2 软件工具包的组成，如图 6-1 所示。其中主要就是 CodeWarrior 编译器和 AXD 调试器这 2 个图形界面开发工具，CodeWarrior 是用于编辑、编译和链接形成可执行代码的集成开发环境；而 AXD 则可以进行程序的单步调试、设置断点、查看变量值、观察寄存器和存储器内容等。

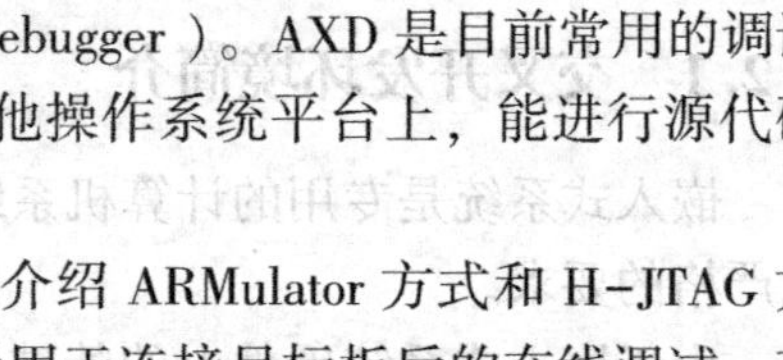

图 6-1　典型安装后的 ADS1.2 构成图

(1) CodeWarrior 简介

CodeWarrior for ARM Developer Suite 是一套完整的集成开发工具，充分发挥了 ARM RISC 指令系统的优势，使产品开发人员能够很好地应用尖端的片上系统技术。该工具是专为基于 ARM RISC 的处理器而设计的，它可加速并简化嵌入式开发过程中的每一个环节，使得开发人员只需要通过一个集成软件开发环境就能研制出 ARM 产品。在整个开发周期中，开发人员无须离开 CodeWarrior 开发环境，因此节省了在开发工具上花费的时间，使得开发人员有更多的精力投入到代码的编写工作中。CodeWarrior IDE 为管理和开发项目提供了简单、多样化的图形用户界面 GUI。用户可以使用 ADS1.2 的 CodeWarrior IDE 为 ARM 微处理器使用 C 语言、C++语言或 ARM 汇编语言编写程序代码。

(2) AXD 简介

AXD 调试器本身是一款软件，用户通过这款软件可以对包含有调试信息的、正在运行的可执行代码进行变量的查看、断点的设置、单步执行等调试操作。AXD 可以在 Windows 和 UNIX 下进行程序的调试，为用 C、C++和汇编语言的源代码提供了一个全面的 Windows 和 UNIX 应用开发环境。

3. 实用程序

ADS 提供以下的实用工具来配合前面介绍的命令行开发工具的使用。

fromELF 是 ARM 映像烧写文件类型转换工具。该工具可以将映像文件 ELF 格式转换为各种输出格式文件，包括 Plain Binary（BIN 格式映像文件）、Inter Hex 32 Format（Inter 32 位格式映像文件）、Motorola 32 Bit Hex 文件等，以适应于各种环境的要求。它也能够为输入映像文件产生代码和数据长度等文本信息。

armar 是 ARM 库函数生成器。它可将一系列 ELF 格式的目标文件以库函数的形式集合在一起，用户可以把库传递给一个连接器，以替代几个 ELF 文件。这个工具可以用作开发库文件，以提供给应用程序员进行二次开发。

Flash downloader 用于把二进制映像文件下载到 ARM 嵌入式设备上的 Flash 存储器中。

6.2.3 编写应用程序需要使用的头文件

Samsung 公司已经为用户提供了编写应用程序使用的头文件，可以到官网上下载，大大节省了开发人员的时间。本教材的附带文件中也列出了主要使用的头文件。常用的头文件主要有以下几种。

1. INC 目录下的头文件

2410addr.h 头文件：它是 S3C2410A 的寄存器地址宏定义头文件，与 ARM 汇编语言下使用 EQU 伪指令定义的 2410addr.inc 或 2410addr.a 相对应。

Option.h 头文件：它是 ARM 硬件系统重要设置的头文件，用于设置 ARM 系统的工作频率（时钟 FCLK、HCLK 和 PCLK 的频率），存储器配置（总线宽度、读写速度匹配等），一些重要的地址值宏定义（RAM 的起始地址、中断向量存储起始地址、堆栈区起始地址等）。它与 ARM 汇编语言下使用 EQU 伪指令定义的 Option.inc 或 Option.a 相对应。

Def.h 头文件：它是基本数据类型重新定义头文件，在定义数据类型时尽量使用 U32、U16、U8、S8 等类型，以增强程序的可移植性。

Memcfg.inc 头文件（或 memcfg.a 文件）：是用 ARM 汇编伪指令定义的存储器参数配置文件。

2410lib. h 头文件：是调试时的常用函数，还有一些其他的常用函数头文件。

2410slib. h 头文件：包含 MMU 相关函数的头文件。

2. SRC 目录下的文件

2410init. s 汇编语言文件：是 S3C2410A 初始化启动文件，功能将在以后章节中介绍。

2410lib. c 文件：是调试 S3C2410A 常用函数原型的 C 语言定义。

2410slib. s 文件：是用 ARM 汇编语言编写的有关 MMU 的程序代码。

Uart0. c 文件：串口的常用函数原型 C 语言定义文件。

3. S3C2410A 常用接口函数说明

```
void Delay(int time);                                    //使用看门狗定时器定义的延时函数
void Port_Init(void);                                    //端口初始化函数
void Uart_Select(int ch);                                //串行口选择函数
void Uart_Init(int mclk,int baud);                       //初始化串行口函数
void Uart_Getch(void);                                   //从串行口读取一个字符函数(阻塞)
void Uart_Getkey(void);                                  //从串行口读取一个字符函数(非阻塞)
void Uart_SendByte(int data);                            //从串行口发送一个字节函数
void Uart_Printf(char *fmt);                             //从串行口输出格式字符串
void Timer_Start(int divider);                           //启动看门狗函数
int Timer_Stop(void);                                    //停止看门狗函数
void ChangeMPllValue(int m,int p,int s);                 //改变 ARM 系统主时钟函数
void ChangeClockDivider(int hdivn,int pdivn);            //改变 FCLK:HCLK:PCLK 比值函数
void ChangeUPllValue(int m,int p,int s);                 //改变 USB 系统时钟函数
```

注意：实验开发平台微处理器是 S3C2440A，在其说明手册上可以看到，它的头文件需要将上述文件中的 2410 替换为 2440，它们的内容大体相同。

6.2.4 CodeWarrior IDE 集成开发环境的使用

本节通过一个简单的具体实例介绍如何使用 ADS1.2 的 Code Warrior IDE 集成开发环境。包括如何创建一个新的项目工程和配置编译选项，并编译生成可以直接烧写到 Flash 中的 bin 格式二进制可执行文件。

1. 建立一个新的工程

选择“开始”→“程序”→“ARM Developer Suite v1.2”→“CodeWarrior for ARM Developer Suite”命令打开 CodeWarrior 进入到集成开发环境窗体。在 ADS 集成开发环境中，选择“File”→“New”，打开如图 6-2 所示的对话框。

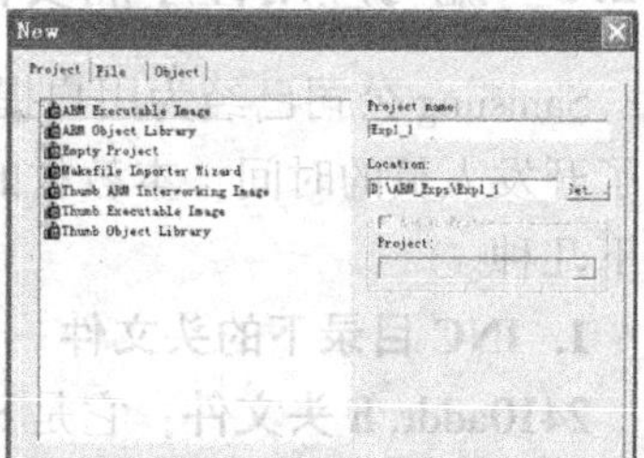

图 6-2 “新建工程”对话框

在“新建工程”对话框中可以看到有 7 种工程类型可以选择。

ARM Executable Image：用于由 ARM 指令代码生成一个 ELF 格式的可执行映象文件。

ARM Object Library：用于由 ARM 指令代码生成一个 armar 格式的目标文件库。

Empty Project：用于创建一个不包含任何库或者源文件的工程。

Makefile Importer Wizard：用于将 Visual C 的 nmake 或者 GNU make 文件转入到 CodeWarrior IDE 工程文件。

Thumb ARM Executable Image：用于由 ARM 指令和 Thumb 指令的混合代码生成一个可执行的 ELF 格式的映像文件。

Thumb Executable image：用于由 Thumb 指令创建一个可执行的 ELF 格式的映像文件。

Thumb Object Library：用于由 Thumb 指令的代码生成一个 armar 格式的目标文件库。

在这里选择 ARM Executable Image，在“Project name:”文本框中输入工程文件名，本例为“Exp1_1”，单击“Location:”文本框的“Set”按钮，浏览选择想要保存该工程的路径（本例为“D:\ARM_Exps”），将这些设置好之后，单击“确定”按钮，即可创建一个新的名为 Exp1_1 的项目工程。

这个时候会出现 Exp1_1. mcp 窗口，如图 6-3 所示，同时会在 D:\ ARM_Exps 目录下创建一个工程目录 Exp1_1，而 Exp1_1. mcp 会出现在“**D:\ARM_Exps \Exp1_1**”目录中。

在新建的项目中首先从图 6-3 的下拉对话控件中选择 Debug 版本。这里请注意，在新建一个工程时，ADS 默认的目标 Debug 版本是 DebugRel，另外还有两个可用版本分别为 Release 和 Debug，它们的含义分别如下。

- DebugRel：使用该目标 Debug 选项生成目标文件时，会为每个源文件生成调试信息。
- Debug：使用该目标 Debug 选项生成目标文件时，会为每个源代码生成最完整的调试信息。
- Release：使用该目标 Debug 选项生成目标文件时，不会生成任何调试信息。

一般情况下选择使用默认的 DebugRel 选项。

下一步就是为项目添加汇编源文件或 C 语言源文件。

添加已经编辑好的源文件，在图 6-3 空白处右击，在弹出的快捷菜单中选择“Add Files…”选项；单击弹出的“Select files to add…”窗口，浏览选择需要的源文件（*.s 或 *.c），单击“打开”按钮，在“Add Files”窗口中选择目标的 Debug 选项，一般选取 DebugRel；之后单击“OK”按钮，就可将源文件添加到项目中。如果项目由多个源文件组成，则重复上述过程。

还可以通过选择“Project”→“Add Files”为项目添加源文件，过程同上。

编写源文件并添加到工程项目中。选择“File”→“New…”，打开如图 6-2 所示的对话框，单击选项卡“File”将会出现如图 6-4 所示的“New”对话框，输入文件名；文件存放在项目的目录中；选中“Add to Project”复选框，如果没有选中，则需要用前述的添加文件方法添加到项目中；在“Targets:”列表中选择“DebugRel”；单击“确定”按钮进入到 Exp1_11. s 编辑对话框，编写源文件即可，保存可单击主窗口中的“保存”按钮。

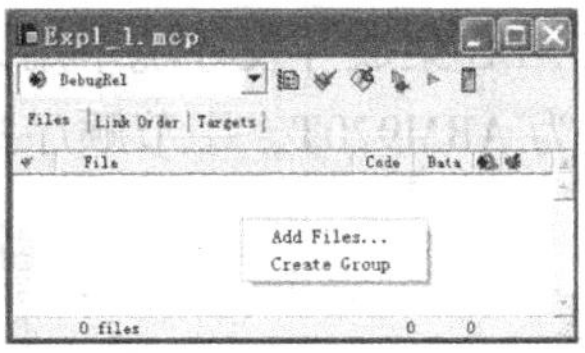

图 6-3　工程文件管理窗口

将所有的文件添加到项目后，即完成了新建的项目工程。

2. 编译器和链接器的配置

在进行编译和链接之前，首先需要对生成的目标进行配置，选择“Edit”→“DebugRel Setting…”命令（**注意：**这个选项会因为用户选择的不同而有所不同），出现如图 6-5 所示的对话框。这里的设置有很多，主要介绍最常用的一些选项。

（1）Target Settings

- “Target Name”文本框显示了当前的目标 Debug 设置。根据设置还可以选择是“Debug”或“Release”。
- “Linker”下拉列表为用户提供了要使用的链接器，在这里选择默认的 ARM Linker，使用该链接器，将使用 armlink 链接编译器和汇编器生成相应的工程目标文件。

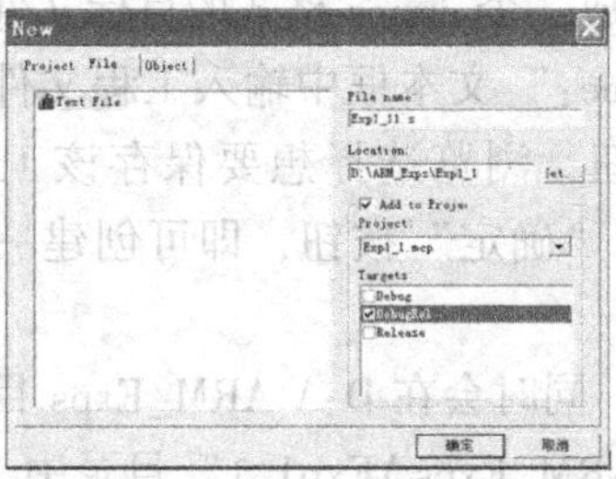

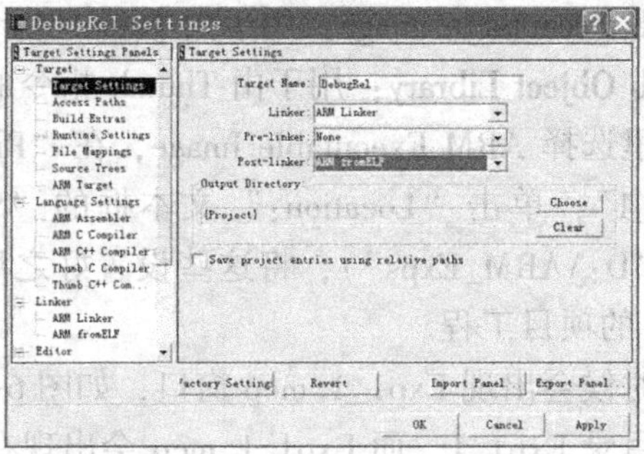

图 6-4 “新建文件” 对话框　　图 6-5 “DebugRel Settings” 对话框

在 “Linker” 下拉列表框中，还有两个可选项，None 代表不对生成的各个源代码目标文件进行链接，ARM Librarian 表示将编译或者汇编得到的目标文件转换为 ARM 库文件。在本例中，使用默认的链接器 ARM Linker。

- “Pre-Linker” 下拉列表，目前 ADS 并不支持该选项。
- “Post-Linker” 下拉列表，选择在链接完成后，还要对输出文件进行的操作。在本例中，希望生成一个可以烧写到 Flash 中去的二进制代码，所以在此选择 ARM fromELF，表示在链接生成映象文件后，再调用 fromELF 命令将含有调试信息的 ELF 格式的映像文件转换为其他格式的文件。

(2) Language Settings

单击如图 6-5 所示对话框中 “Language Settings” 下的 ARM 汇编器设置项 “ARM Assembler”，则可对其进行配置。如果项目中还包含 C 语言或 C++语言，还要对 ARM C Compiler 编译器或 ARM C++ Compiler 进行配置，它们的配置方法相同。ARM 汇编器的配置如图 6-6 所示。在 ADS 集成开发环境中用的汇编器是 armasm，默认的 ARM 体系结构是 ARM7TDMI，在此要改为 ARM920T，字节顺序默认是小端模式，其他设置采用默认值即可。

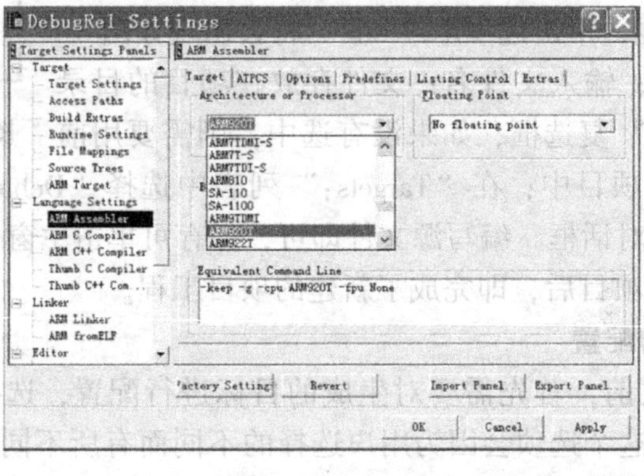

图 6-6 “DebugRel Settings” 对话框：ARM Assembler

(3) Linker 配置

在图 6-5 所示的对话框中选择 “ARM Linker” 后，出现如图 6-7 所示的 Linker 配置对话框。在对话框右侧出现相应的设置选项卡，在此详细介绍这些选项卡，因为这些选项对最终生成的文件有着直接的影响。

1) “Output” 选项卡：在 “Output” 选项卡中的 “Linktype” 选项组中提供了 3 种链接方式。

“Partial”方式表示链接器只进行部分链接，经过部分链接生成的目标文件，可以作为以后进一步链接时的输入文件；“Simple”方式是默认的链接方式，也是最为频繁使用的链接方式，它链接生成简单的 ELF 格式的目标文件，使用的是链接器中指定的地址映像方式。“Scattered”方式使得链接器要根据 scatter 格式文件指定的地址映像，生成复杂的 ELF 格式的映像文件，这个选项一般很少用到。

①“RO Base”文本框设置了 RO 代码段的加载域和运行域为同一个地址，默认起始地址是 0x8000。用户要根据自己的硬件 SDRAM 的实际地址空间来修改这个地址，保证这里填写的地址是程序运行时 SDRAM 地址空间所能到达的范围。针对本目标板，SDRAM 的空间范围是 0x3000000-0x33ffffff，因此这里设置为 0x30000000。

②“RW Base”文本框设置了 RW 和 ZI 数据段的运行域地址起始值。如果选中“Split Imag”复选框，链接器生成的映像文件将包含两个加载域和两个运行域，此时在“RW Base”文本框中所输入的地址是 RW 和 ZI 数据段的起始地址值，本例中设置为 0x30003000。其他配置使用默认值。

2)“Options”选项卡：在“Image entry point”文本框中输入项目程序代码的开始执行地址值，本例为 0x30000000。

3)“Layout”选项卡：在“Place at beginning of image”选项组的“Object/Symbol”文本框中填写首先执行代码段的目标文件，例如 Exp1_11. o；在“Section”文本框中填写该代码段的名称。

注意：当一个项目工程由多个源文件构成时，必须配置该项。

(4) ARM fromELF 的配置

选择图 6-7 中的“ARM fromELF”就可看到图 6-8 所示的对话框，可进行配置。fromELF 是一个实用工具，实现将编译器、汇编器和链接器的输出代码进行格式转换的功能。例如，将 ELF 格式的可执行映像文件转换成可以烧写到 ROM 的二进制格式文件。

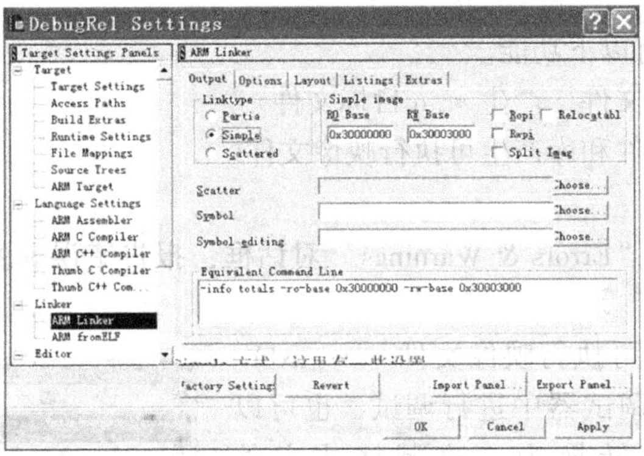

图 6-7 “DebugRel Settings”对话框：ARM Linker

对输出文件进行反汇编，从而提取出有关目标文件的大小，符号和字符串表以及寻址等信息。只有在 Target 设置中选择了“Post-linker”，才可以使用该配置。

在“Output format”下拉列表框中，为用户提供了多种可以转换的目标格式，本例选择“Plain binary”，这是一个二进制格式的可执行文件，可以被烧写到目标板的 Flash 中。

在“Output file name”文本框输入期望生成的输出文件存放的路径，或通过单击“Choose...”按钮从“文件”对话框中选择输出文件。如果在这个文本框中不输入路径名，则生成的二进制文件存放在工程所在的目录下。进行好这些相关的设置后，以后在对工程进行

"Make"编译的时候，CodeWarrior IDE 就会在链接完成后调用 fromELF 来处理生成的映像文件。

至此，就完成了"Make"之前的设置工作，即可进行项目的编译，编译成功后就可以使用 AXD 调试器进行调试了。

注意：关于 CodeWarrior 更多、更加详细的操作和功能项配置，以及各参数的物理意义请参考 ADS1.2 使用说明书，尤其是快捷键的使用。

3. 项目工程的编译和链接

下面通过第 13 章中的一个实例来了解对创建工程的编译、链接。打开工程中的 exp13_asm.s 文件，如图 6-9 所示。

此时编译、连接工程文件的方法有两种，一种是通过选择"Project"→"Make"子菜单；另一种是通过单击图 6-9 所示的"Debug"下拉列表框右侧的第 3 个快捷键按钮即可。第 1 个按钮是"Debug/DebugRel/Release Settings"；第 4 个按钮是进入 AXD 调试环境的"Debug"快捷键。只要把鼠标停留其上就可以显示相应的键功能字符串。

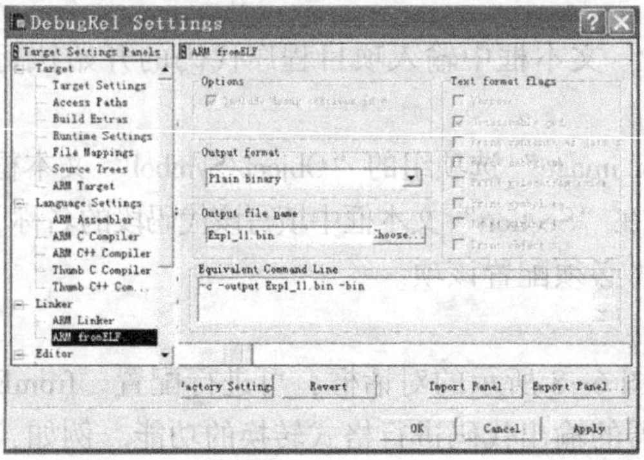

图 6-8 "DebugRel Settings"对话框：ARM fomELF

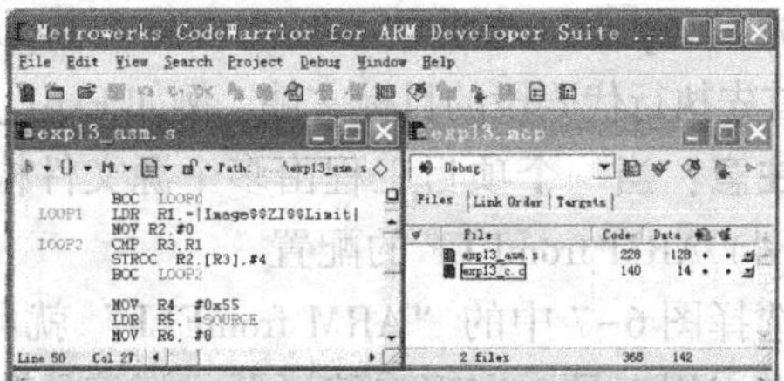

图 6-9 实验项目中的 exp13.mcp 工程文件窗口

编译"Make"命令有以下功能。

- 编译和汇编源程序文件，产生 *.o 目标文件。
- 连接所有的目标文件和库产生可执行映像文件。
- 形成二进制机器码。

"Make"之后将弹出"Errors & Warnings"对话框，报告错误和警告信息。编译、链接成功后显示如图 6-10 所示。

"Make"结束后产生可执行映像文件（*.axf）。这个文件可以载入 AXD 调试器中进行调试，也可以采用 fromELF 工具将其转换为二进制格式文件（*.bin）以烧录到嵌入式设备 Bank0 的 Flash 存储器中，也可以下载到嵌入式设备的 SDRAM 内存中调试运行。如果在编译器和链接器中配置了 fromELF，就自动生成了 *.bin 文件。

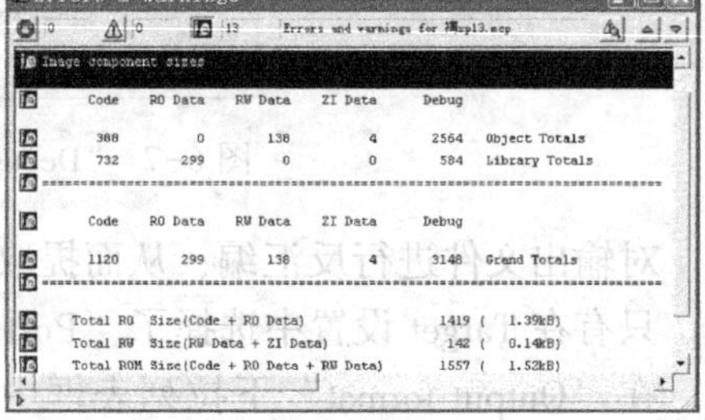

图 6-10 编译和链接后的显示结果

6.2.5 AXD 调试器的使用

ADS 中包含有 3 个调试器：AXD（ARM eXtended Debugger）是 ARM 扩展调试器；armsd（ARM Symbolic Debugger）是 ARM 符号调试器；ADW/ADU（Application Debugger Windows/

Unix）是与老版本兼容的 Windows 或 UNIX 下的 ARM 调试工具。

调试器能够完成以下任务：装载映像文件（＊.axf）到目标内存；启动或停止程序的执行；显示内存、寄存器或变量的值；允许用户改变存储的变量值。

以下介绍 AXD 调试器的启动、配置 AXD 调试环境、使用 AXD 调试应用程序等与之相关的内容。

1. 启动 AXD 调试器

AXD 调试器是 ADS1.2 套件中的 IDE 调试器。启动 AXD 有以下两种方式。

1）在 CodeWarrior 编译、链接成功后，选择“Project”→“Debug”命令或单击工程文件管理器上的“Debug”快捷键，就可以自动启动 AXD，同时.axf 映像文件将自动装载到 AXD 中进行调试。

2）选择“开始”→“程序”→“ARM Developer Suite v1.2”→“CodeWarrior for ARM Developer Suite”→“AXD Debugger”命令来启动。在 AXD 中选择“File”→“Load Image”命令，打开“Load Image”对话框，找到要装载的＊.axf 映像文件，选中后单击“打开”按钮，就可把映像文件装载到 AXD 的调试环境中，进行调试。

如果自动装载或“打开”映像文件成功，将会出现如图 6-11 所示的窗口，在映像文件＊.axf的源文件中会有一个蓝色的箭头指示程序开始执行的位置。

如果自动装载或“打开”不成功，即 AXD 窗口是空的，则说明 AXD 调试器的微处理器 CPU 选择不正确，CPU 默认是 ARM7TDMI，应将它改为 ARM920T。修改方法之后介绍。

2. 配置 AXD 调试器环境

（1）软件模拟器 ARMulator 的配置

当仅使用软件环境来模拟调试应用程序（即不需要连接 ARM 开发板）时，可以按下述方法进行配置。选择“Options”→“Configure Target”命令，打开“Choose Target”对话框，对目标环境“Target Environments”进行选择，如图 6-12 所示。

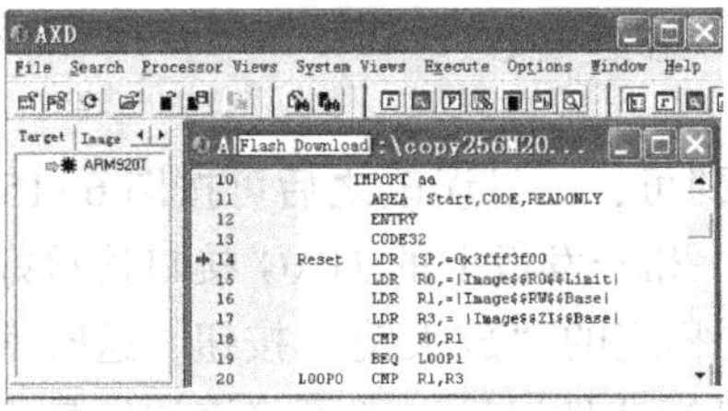

图 6-11　AXD 装入映像文件窗口

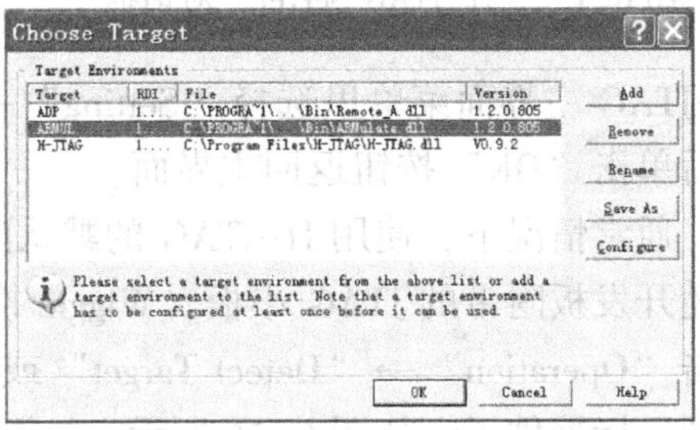

图 6-12　“Choose Target”对话框

这里选择“ARMUL”，单击“Configure”按钮，进入“ARMulator Configuration”对话框进行配置，在“Processor”列表中选择 ARM920T，其他使用默认值，最后单击“OK”按钮完成配置。

注意：这里的配置要与 CodeWarrior 中的配置相同。

ARMUL 选项使用的是 ARMUL.dll 驱动程序，在安装 ADS1.2 时已经安装好，这里只需要进行选择配置。

（2）H-JTAG 带硬件调试环境的配置

当需要进行软、硬件共同调试时，需要配置 H-JTAG 调试环境。实际上 ARM 公司在这里提供了两个软件工具，一个是 H-JTAG，另一个是 H-Flasher。前者用来调试硬件设备，后者

用来将编译好的 *.bin 文件烧录到 ARM 的 Flash 存储器中运行。

1）H-JTAG 与 H-Flasher 简介。

H-JTAG 是 Samsung 公司针对 ARM 处理器设计的免费 JTAG 调试代理软件，支持大多数主流的调试软件，例如 SDT2.51，ADS1.2，REALVIEW 以及 IAR 等。使用 H-JTAG，可以轻松地通过 Wiggler、SDT-JTAG 或用户自定义的 JTAG 小板调试所有的 ARM7/ARM9 处理器。

H-Flasher 是一个通用的 FLASH 烧写软件。通过 H-JTAG Server，H-Flasher 可以用来烧写不同的 NOR Flash 芯片和片内 Flash。一方面，H-Flasher 使用了 DCC 来实现快速 Flash 烧写，另一方面，H-Flasher 还采用了自动校验、自动擦除和自动恢复等技术，使 H-Flasher 变得简单易用。

2）H-JTAG 与 H-Flasher 的安装。

该软件位于教材的附带文件中，双击 H-JTAG 目录下的可执行文件图标，按提示即可安装成功。

3）H-JTAG 使用。

安装完毕会在桌面上生成 H-JTAG 和 H-Flasher 快捷方式，双击运行 H-JTAG，程序会自动检测是否连接了 JTAG 装置。如果未连接任何 JTAG 装置则会弹出如图 6-13 所示的提示窗口。单击“确定”按钮进入主界面，由于没有连接任何目标硬件，则主界面显示如图 6-14 所示。

图 6-13 “H-JTAG Server”对话框

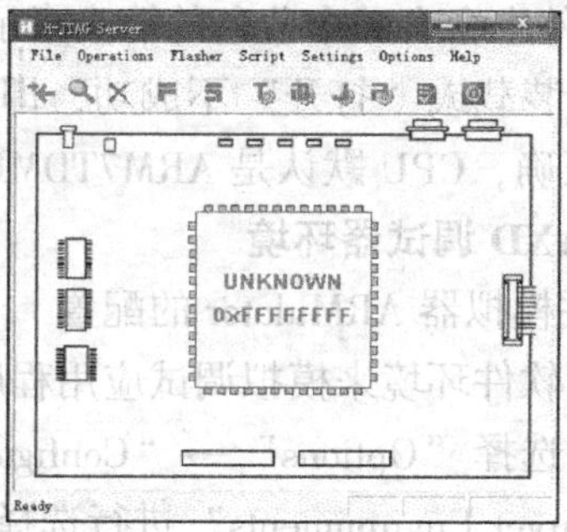

图 6-14 “H-JTAG Server”窗口

在 H-JTAG 主界面菜单里选择“Setting”→“Jtag Setting”，进行如图 6-15 所示的设置，设置完成后单击“OK”按钮返回主界面。

注意：通常情况下，使用 H-JTAG 的默认配置即可，一旦误改之后可按图 6-15 做正确修改。使用随开发板附带的 JTAG 小板（Wiggle 接口）和开发板上的 JTAG 接口连接好，并接上电源，单击“Operation”→“Detect Target”或单击相应的“放大镜”按钮，这时就可以看到已经检测到目标器件了，如图 6-16 所示。检测到目标器件以后，即可将该软件最小化，桌面的右下角会有个红色小图标。

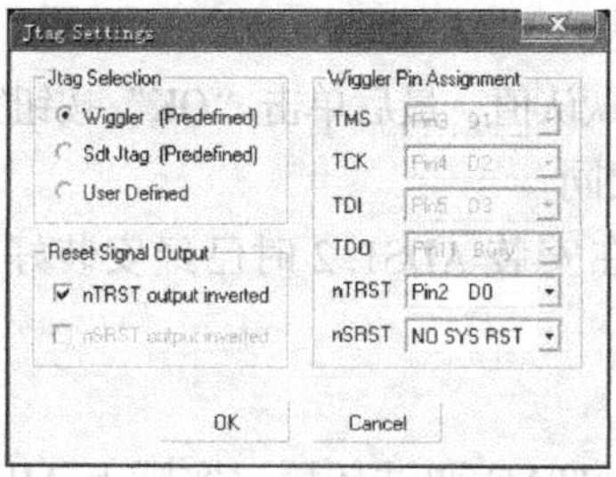

图 6-15 “Jtag Settings”对话框

图 6-16 开发板连接成功窗口

4）配置 H-JTAG 软、硬件开发环境。

在 AXD 中选择“Options”→“Configure target”，弹出“Choose Target”对话框，如图 6-12 所示，此时只有前 2 个列表项。单击“Add”按钮，在文件浏览器中找到 H-JTAG 安装目录下的 H-JTAG. dll 文件，单击打开；之后列表上会出现图 6-12 所示的 3 个选项，选中 H-JTAG，单击“OK”按钮，即可完成配置。

注意：实验开发时请详细阅读与开发板相关的具体内容。

（3）超级终端的配置

超级终端的作用：Windows 自带的超级终端是一个通用的串行交互软件。通过超级终端与嵌入式系统交互，使超级终端成为嵌入式操作系统的“显示器”。

超级终端主要完成的任务：超级终端的原理并不复杂，是将用户输入的字符发向串口，但并不显示输入，显示的是从串口接收到的字符。所以，嵌入式系统的应用程序使用串口操作函数完成以下两项任务。

1）将自己的启动信息、过程信息主动发到运行有超级终端的主机。

2）将接收到的字符返回到主机，同时发送需要显示的字符（如命令等）到主机。

PC 超级终端的设置：配置的过程请参阅相关手册，主要设置参数如图 6-17 所示。

3. 使用 AXD 调试应用程序

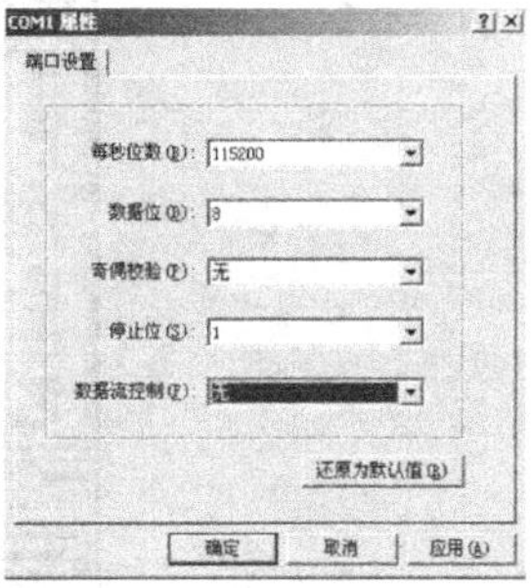

图 6-17　超级终端的主要设置参数

当通过前述的两种方法之一进入到 AXD 调试器环境，并且将调试程序的映像文件 *. axf 装入 AXD 调试器内存中，这时就可以调试应用程序了。为了能在调试过程中观察寄存器、内存储器中的内容，程序状态寄存器 CPSR 的内容，以及 C 语言中的变量值等，就必须打开相应的观察窗口，并进行断点的设置等。在“Execute”菜单中或在 AXD 的工具栏快捷按钮中可以选择合适的程序运行方式，以便于观察它们的内容。

（1）调试应用程序打开的主要观察窗口

1）寄存器观察窗口。主要用于在程序运行过程中观察汇编语言引起的，在各种异常模式下的各寄存器的数值变化，以便于检查程序的运行结果。

如图 6-18 所示，在 AXD 调试器环境中，选择“Processor Views”→“Registers”命令，即可打开寄存器组观察窗口，如图 6-19 的左侧部分所示。

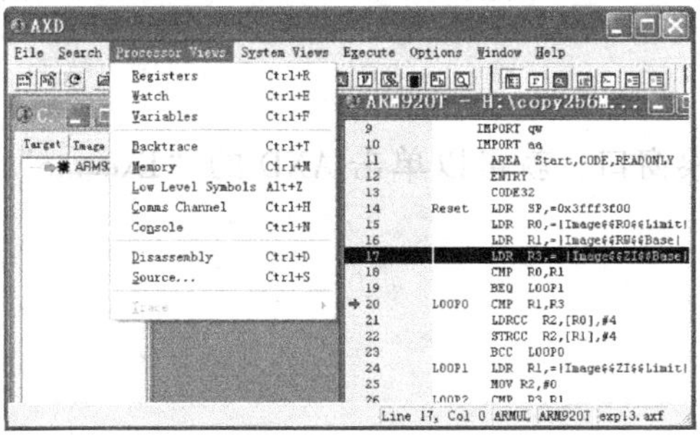

图 6-18　主要观察窗口

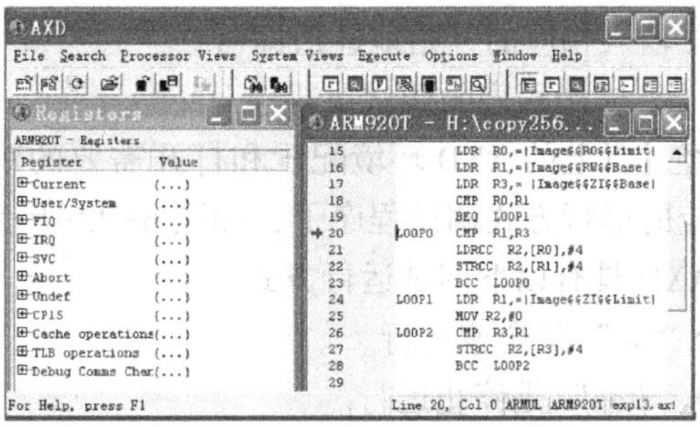

图 6-19　打开的寄存器观察窗口

从图 6-19 可以看出，寄存器观察窗口中包含有各种异常模式下的寄存器组，还有协处理器寄存器信息等。使用时单击当前寄存器组“Current”前的“+”号，如图 6-20 所示进行观察。

特别要注意的是程序状态寄存器 CPSR 的内容，大写字母表示 CPSR 中对应的比特位是“1”，小写字母是“0”，下画线后的字母组合代表 ARM 当前所处的异常模式。

2）C 语言变量观察窗口。主要用于观察应用程序运行过程中，C 程序变量的内容变化。

如图 6-18 所示，在 AXD 调试器环境中，选择“Processor Views”→“Variables”命令，即可打开 C 语言变量观察窗口，如图 6-20 所示的中间部分。

3）内存储器内容观察窗口。主要用于观察应用程序运行过程中，ARM 汇编语言程序使内存储器单元的内容发生变化的情况。

如图 6-18 所示，在 AXD 调试器环境中，选择“Processor Views”→“Memory”命令，即可打开内存储器内容的观察窗口，如图 6-20 所示的底部窗口。

注意：图 6-20 中显示的内存储器内容是以字节的方式显示的，这在进行字节操作或观察 ARM 存储数据采用的是“大端模式”或“小端模式”时很有用；当采用半字操作或字操作时，可以使用 16 位或 32 位显示。设置的方法是，在内存储器观察窗口右击，在弹出的快捷菜单中选择“Size”，如图 6-21 所示，选择相应的比特位即可。

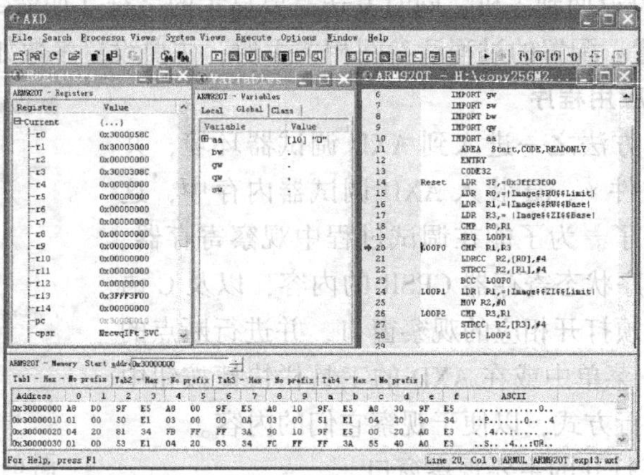

图 6-20 AXD 环境中各种观察窗口显示窗体

观察存储器开始地址（Memory Start address）的输入：在其后的组合框中输入相应的地址值后，必须再按〈Enter〉键来确定。

从图 6-20 中可以看出内存储器同时可以观察 4 个内存储器区域的内容，只要按照前面所述方法输入相应的开始地址值即可。

（2）应用程序的调试执行

经过以上的 AXD 环境配置和打开需要的观察窗口，就可以单击 AXD 的“Execute”菜单中相应的运行方式调试程序了，如图 6-22 所示。

AXD 具有以下调试运行方式。

- “Go”是全速运行。
- “Stop”是停止运行。
- “Step In”是单步并进入子程序的运行。
- “Step”是单步运行。
- “Step Out”是单步跳出子程序运行。
- “Run To Cursor”是全速运行到断点光标处。

调试运行方式的快捷按钮在如图 6-22 所示窗口中的工具栏中，从左到右与上述 6 种方式一一对应，鼠标移至按钮上方会显示相应功能提示。

图 6-21　内存储器悬浮子菜单

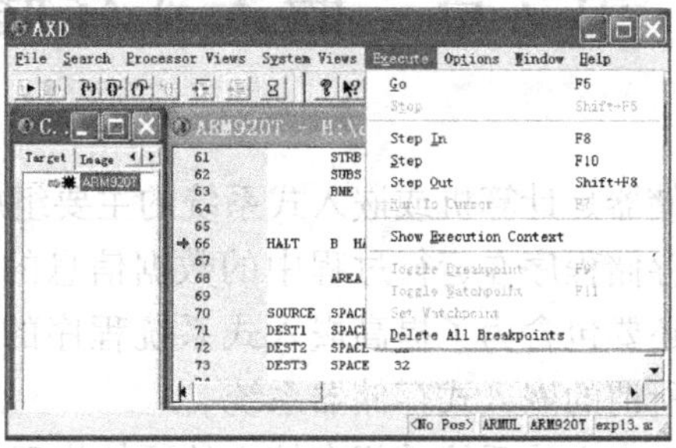

图 6-22　AXD 的运行方式选择

实验时可以使用单步运行来观察寄存器内容、内存储器内容和程序变量等。如果要调试程序中的某一段，则在该段的开始处设置断点，全速运行到这里后再进行单步运行。

如果使用 H-JTAG 连接了硬件，这时既可以在 AXD 中观察各窗口的内容变化，也可以根据硬件的行为查看程序设计的正确性。

习题

6-1　简述 PC 与开发板的连接的内容。

6-2　简述交叉开发环境。

6-3　简述 ADS1.2 工具包的主要组成及功能。

6-4　ADS1.2 开发环境的实用工具有哪些？

6-5　简述 CodeWarrior IDE 集成开发环境的使用。

6-6　ADS1.2 的目标 Debug 版本有哪些？分别叙述它们的含义。

6-7　启动 AXD 调试器的两种方式是什么？

6-8　如何配置 AXD 的调试环境？

6-9　AXD 调试运行程序的方式有哪些？

6-10　在程序调试过程中，如何查看 CPU 中寄存器的变化、内存数据的变化？

6-11　简述如何在 ADS1.2 中调试目标板。

第7章　嵌入式存储器系统及扩展接口电路

存储器是计算机或嵌入式系统的主要组成部分之一。从狭义的角度来讲，它是存储运行程序并且存储程序在运行过程中的数据信息的；从广义的角度来讲，它不但包含“狭义”中的内容，还要包含为了提高嵌入式系统程序的运行效率所采取的高速缓冲存储器（Cache）等，这就是所谓的嵌入式存储器系统。

由于嵌入式系统希望在较小的硬件物理内存配置下，能够完成应该完成的任务，这就需要使用存储器管理单元（Memory Management Unit，MMU），将虚拟内存单元的内容分时地映射并装入它的物理存储器中去运行。

由于ARM微处理器主要使用在嵌入式设备中，一般很少配置体积较大的硬盘设备，因此在嵌入式设备中就需要通过Nand Flash或Nor Flash闪存芯片来固化、存储开发的运行程序，并存储程序执行中的相关数据。因为闪存的访问速度相对于同步动态随机存储器（Synchronous Dynamic Random Access Memory，SDRAM）要慢得多，一般是程序从闪存中启动运行、完成必要的ARM系统初始化工作后，将其运行的程序搬移到SDRAM中运行，以加快程序的运行速度。

S3C2410A微处理器的存储器系统可以扩展任意存储速度、任意总线宽度的存储器芯片，这些都需要通过存储器控制寄存器进行设置，而且必须在ARM系统刚启动时就要配置，之后才方便使用。常用汇编语言在ARM的启动文件或Bootloader启动引导文件中编写配置程序。

本章主要讲述与存储器有关的内容。

7.1　嵌入式存储器系统结构组成

存储器系统的结构组成不但决定着程序执行时的启动过程、程序加载流向，也决定着程序的运行速度。

7.1.1　嵌入式存储器的层次结构及特点

1. 层次结构

嵌入式系统的存储器被组织成一个5个层次的金字塔形层次结构，如图7-1所示，各层的内容介绍如下。

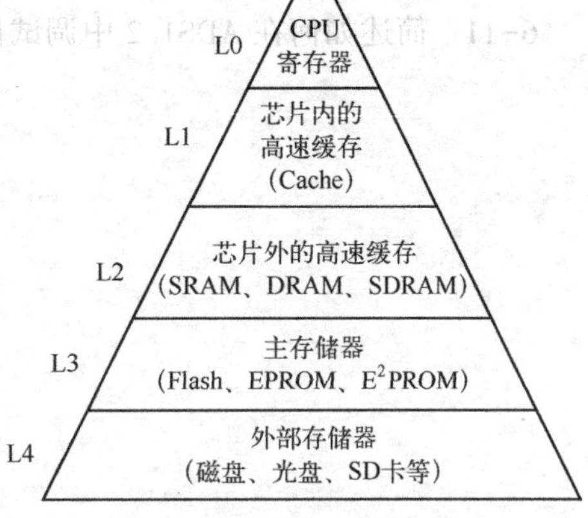

图7-1　嵌入式存储器系统层次结构

- 位于整个层次结构最顶部的L0层为CPU内部寄存器，用于加速指令的执行速度。在S3C2410A中共有37个物理寄存器，根据异常的类型被逻辑地分为7组。
- L1层为芯片内部的高速缓存（Cache），预取并存储将要执行的指令和数据，提高指令的执行速度。在S3C2410A芯片上集成了单独的16KB指令Cache和16KB数据Cache。

- L2 层为芯片外的高速缓存（SRAM、DRAM、DDRAM）。由于这些缓存的读写速度要远远大于 Flash 存储器或各种 ROM 存储器，因此 ARM 系统的应用程序可以在其系统初始化结束后，搬移到这些存储器中运行，可以说这时它是作为主存储器的。S3C2410A 的 Bank1～Bank7 均可以外扩 SRAM，容量共计 7×128 MB；Bank6、Bank7 也可以外扩 SDRAM，容量共计 2×128 MB。
- L3 层为主存储器（Flash、PROM、EPROM、E^2PROM）。嵌入式系统的主存储器使用外部扩展的方式接入系统，它是固化系统程序、运行初始化程序或运行应用程序的存储器。目前在 S3C2410A 微处理器中使用的是在 Bank0 区外扩 Nor Flash 芯片，或通过微处理器提供的 Nand Flash 接口外扩 Nand Flash 存储器芯片。
- L4 层为外部存储器（磁盘、光盘、CF、SD 卡）。目前使用 SD 卡的设备较多，主要用于保存大量的数据信息。

2. 主要特点

位于金字塔的层次越高，存储的容量越小、速度越快、价格越贵；位于金字塔的层次越低，存储的容量越大、速度越慢、价格相对便宜。

7.1.2 ARM9 高速缓冲存储器（Cache）

1. Cache 的功能

在主存储器和 CPU 之间采用高速缓存（Cache）已被广泛用来提高 ARM 存储器系统的性能，许多微处理器体系结构都把它作为其定义的一部分。Cache 能够减少 CPU 访问内存的平均时间，提高 CPU 执行程序的速度。

2. Cache 的分类

Cache 可以分为混合 Cache 和独立的数据/程序 Cache。在一个存储系统中，指令预取时和数据读写时使用同一个 Cache，这时称系统使用混合的 Cache；如果在一个存储系统中，指令预取时使用一个 Cache，数据读写时使用另一个 Cache，各自是独立的，这时称系统使用了独立的 Cache。用于指令预取的 Cache 称为指令 Cache，用于数据读写的 Cache 称为数据 Cache。

3. Cache 的操作方法

当 CPU 更新了 Cache 的内容时，要将结果写回到主存储器中，可以采用写通法（Write-through）和写回法（Write-back）。

写通法：是指 CPU 在执行写操作时，必须把数据同时写入 Cache 和主存储器。采用写通法进行数据更新的 Cache 称为写通 Cache。

写回法：是指 CPU 在执行写操作时，被写的数据只写入 Cache 而不写入主存储器中。仅当需要替换时，才把已经修改的 Cache 块写回到主存储器中。采用写回法进行数据更新的 Cache 称为写回 Cache。

7.1.3 S3C2410A 存储器管理单元（MMU）

早期的计算机硬件配置以及运行的软件规模都较小，内存容量可以容纳当时的程序。随着图形化界面的出现还有用户需求的不断增长，应用程序随之膨大起来，出现了应用程序过大而内存容纳不下的情况，通常解决的办法就是将应用程序分割成许多称为覆盖块（Overlay）的片段。覆盖块 0 首先运行，结束时将调用另一个覆盖块。虽然覆盖块的交换是由操作系统

(Operating Systems, OS) 自动完成的，但是必须由程序员把程序先进行分割，这是一项很费时、很枯燥的工作。之后找到了一个办法来提高效率，这就是虚拟存储器（Virtual Memory）。

虚拟存储器（亦称逻辑存储器）的基本思想是程序、数据和堆栈共同占用的地址空间大小可以超过物理存储器的地址空间大小，操作系统把当前执行的程序部分保留在物理存储器中，而把其他未被使用的部分保存在磁盘中。

存储器管理单元在 ARM 的虚拟空间和物理内存之间进行地址转换，将地址从逻辑空间映射到物理空间，这个转换过程一般称为内存映射。这一过程由操作系统自动完成，程序员不需要参与。

1. MMU 的主要功能

- MMU 可实现虚拟存储空间到物理存储空间的映射。采用了页式虚拟存储管理，它把虚拟地址空间分成一个个固定大小的块，每一块称为一页，把物理内存的地址空间也分成同样大小的页框。MMU 实现的是从虚拟地址到物理地址的转换。
- 存储器访问权限的控制。
- 设置虚拟存储空间的缓冲特性。

2. 虚拟存储器与物理存储器

嵌入式系统的虚拟存储器大小是由 CPU 的地址线根数确定的。对于 S3C2410A 来讲，它有 32 根地址线，地址范围为 0x00000000～0xFFFFFFFF，地址空间的大小是 $2^{32}=4$ GB。

嵌入式系统的物理内存储器大小就是 CPU 具体配置的实际内存的大小，小于或等于虚拟内存储器。例如 FL2440 开发板配置的物理存储器大小为 64 MB。

3. 页与页框的概念

为了能够实现从虚拟存储器空间到物理存储器空间的映射，就必须对虚拟存储器和物理存储器进行分页（Paging）。虚拟存储器分页的单位被称为页（Page），物理存储器分页的单位称为页框（Frame）。物理存储器的页框用来装载虚拟存储器的页，它们两者的大小必须相等，因此一个叫“Page”，另一个叫“Frame”。

S3C2410A 的 MMU 为虚拟存储器到物理存储器的映射提供了 4 种页的划分方式，分别如下。

- Invalid（不使用 MMU）。
- Section（段）：页的大小为 1 MB。
- Coarse Page（粗表）：具有 2 种页大小的划分，一种是 64 KB，另一种是 4 KB。
- Fine Page（细表）：页的大小为 1 KB。

4. 虚拟存储器到物理存储器的映射方法

假设 S3C2410A 系统的物理存储器为 64 MB，地址范围为 0x30000000～0x33FFFFFF，以 Section 方式进行映射，即页与页框的大小取 1 MB，其使用了低位的 20 根地址线（A0～A19）。虚拟存储器的页索引（Page Index）从 0x000 到 0xFFF，覆盖 4 GB 的虚拟存储器空间范围，每一个页中的具体地址是页索引左移 20 位+偏移量；物理存储器的页框索引（Frame Index）是从 0x300 到 0x33F，覆盖了 64 MB 的物理存储器空间范围，每一个页框中的具体地址是页框索引左移 20 位+偏移量。可以看出 MMU 实际上完成的是从页索引到页框索引的映射。

图 7-2 所示为 MMU 的映射过程。将虚拟存储器的某个页映射到物理存储器的哪个页框中，一般由操作系统程序控制协处理器 CP15 及其寄存器完成（需要详细了解请参考 S3C2410A 手册）。这里虚拟存储器的索引共有 4096 项，将其某一项映射到物理存储器的某一

页框中，从图 7-2 中可以看出，将其页框索引左移 20 位就可以获得 Section 段的基址值(Section Base)，该基址内的具体物理存储器地址等于（Section Base<<20+偏移量）。实际使用时需要从磁盘装载到这一页框中。

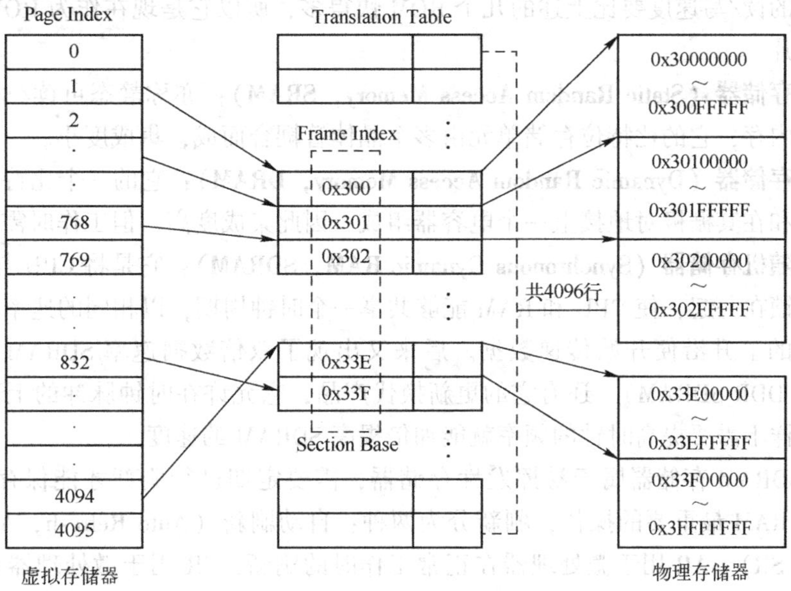

图 7-2　MMU 映射过程图

7.1.4　S3C2410A 主存储器分布以及使用的存储器类型

S3C2410A 的主存储器（内存）分布映射图参见 5.2.2 节的图 5-1。目前的最大物理存储器容量配置为 8×128 MB = 1 GB，实际使用配置容量较小。

S3C2410A 将 1 GB 的内存空间划分为 8 个大小为 128 MB 的区域，用 Bank0 ~ Bank7 表示。Bank0 ~ Bank7 可以外扩 ROM 或 SRAM 类存储器，主要包含 ROM、PROM、EPROM、EEPROM、FLASH、SRAM 和 SDRAM，以下分别进行介绍。

只读程序存储器（Read-Only Memory，ROM）：是最早的存储器，它里面的程序需要在出厂时就固化好，用户不可更改，而且是一次性的，在市场上早已消失。

可编程只读存储器（Programmable Read-Only Memory，PROM）：它允许用户进行程序的烧写，但最多只允许写一次，现在市场上也很少有这种 ROM。

可擦除可编程只读存储器（Erasable Programmable Read-Only Memory，EPROM）：它解决了 PROM 芯片只能写入一次的弊端，但是它的擦除是通过紫外线光进行的，而且耗费的时间很长，擦除一次大约需要 40 分钟。

电可擦除可编程只读存储器（Electrically-Erasable Programmable Read-Only Memory，EEPROM）：也称为 E^2PROM，它解决了 EPROM 擦除速度慢的问题，擦/写速度大大加快，可以多次擦/写，但现在这种芯片的使用也在慢慢减少。

闪速存储器（Flash Memory，FLASH）：**简称闪存**，它是一种不挥发性内存（Non-Volatile RAM）。闪存的物理特性与常见的内存 RAM 既有相同的特性也有根本性的差异，相同特性是用户程序也可以向闪存中写入数据，但速度相比 RAM 要慢一些；根本性的差异是目前的 RAM、SRAM、DRAM、SDRAM 等同类都属于挥发性内存，只要停止电流供应，内存中的数据便无法保持，因此每次计算机开机都需要把数据重新载入内存。闪存在没有电流供应的条件下也能够长久地保存数据，其存储特性相当于硬盘，这项特性正是闪存得以成为各类便携型数字设备存储介质的基础。

由于闪存的读/写速度要比上述的几个 ROM 快得多，所以它是现在作为 ROM 使用的主流类型存储器芯片。

静态随机存储器（Static Random Access Memory，SRAM）：亦称静态可读/写随机存储器。它属于挥发性内存，它的比特位存储单元由多个晶体管耦合而成，集成度小。

动态随机存储器（Dynamic Random Access Memory，DRAM）：它的一个比特存储单元是由一个场效应管和在其栅极对地接上一个电容器组成，因此集成度高，但工作时需要定时刷新。

同步动态随机存储器（Synchronous Dynamic RAM，SDRAM）：它是将 CPU 与 RAM 通过一个相同的时钟锁在一起，使 CPU 和 RAM 能够共享一个时钟周期，以相同的速率同步工作，每一个时钟脉冲的上升沿便开始传递数据。后来又出现了双倍数据速率 SDRAM（Double Data Rate SDRAM，DDR SDRAM），还有它的更新换代产品，它允许在时钟脉冲的上升沿和下降沿传输数据，这样不需要提高时钟的频率就能加倍提高 SDRAM 的速度。

DRAM、SDRAM 存储器属于易挥发性存储器，需要定期进行刷新才能保存存储的数据，刷新是这两种 RAM 最重要的操作，刷新分为两种：自动刷新（Auto Refresh，AR）与自刷新（Self Refresh，SR）。AR 用于微处理器在正常工作时的刷新，SR 用于微处理器在空闲模式时的自动刷新。

当前大部分的嵌入式应用设备一般都在 Bank6、Bank7 中外扩 SDRAM 芯片，作为程序的运行区和数据、堆栈区。**需要注意的是**，这里的 RAM 是当作 ROM 使用的，这在 PC 是最为常见的。S3C2410A 的 Bank6~Bank7 可以外扩 SDRAM 芯片，最大容量为 2×128 MB=256 MB。

由于 S3C2410A 在上电启动时，程序计数器（PC）的首地址是 0x00000000，它是引导系统程序运行的开始地址，所以 Bank0 区必须配置程序存储器作为系统的程序引导模式，见表 7-1。OM1、OM0 是 S3C2410A 芯片的外部引脚，根据 Bank0 的存储器配置接为相应的电平信号，芯片上电后检测引脚的电平信号组合读取存储器的内容。

表 7-1　系统程序引导模式

OM1（Operating Mode 1）	OM0（Operating Mode 0）	Booting ROM Data Width
0（OM1 引脚接地）	0（OM0 引脚接地）	Nand Flash
0（OM1 引脚接地）	1（OM0 引脚接高电平）	16 位
1（OM1 引脚接高电平）	0（OM0 引脚接地）	32 位
1（OM1 引脚接高电平）	1（OM0 引脚接高电平）	Testing Mode

因此，嵌入式应用系统的主存储器配置是，在 Bank0 中外扩一定容量的闪存 Flash 芯片充当 ROM 存储器，可以作为固化程序的存储器空间，程序也可以在这个空间中运行；在 Bank6、Bank7 中外接一定容量的 SDRAM，作为运行时程序、数据和堆栈的存储空间。也就是说，嵌入式系统程序既可以只在闪存 Flash 中运行，也可以在两者前后运行。前运行的程序是指嵌入式芯片的初始化程序，包括 SDRAM 存储器的配置、时钟源（FCLK，HCLK，PCLK）的设置、中断系统的初始化、各运行空间基址值和各堆栈区等汇编语言程序都要在 Flash 中运行；后运行的程序是将 Flash 中的大部分程序搬移到 SDRAM 中运行，以提高程序的运行效率。

7.2 存储器控制寄存器

S3C2410A 可以外扩任意访问速率、各种总线宽度的存储器芯片。要完成这项任务就必须配置好存储器系统的各个控制寄存器，而且这一要务必须在嵌入式芯片初始化的开始阶段执行，使用 ARM 汇编语言编写。

存储器控制寄存器（Memory Control Register）为访问外部存储器空间提供了控制信号，共有 13 个寄存器。S3C2410A 微处理器的存储器在整个系统的工作中起着举足轻重的作用，只有清楚地了解各寄存器的作用，才能更好地进行系统开发。

7.2.1 存储器控制寄存器介绍

1. 总线宽度与等待寄存器（BWSCON）

总线宽度与等待寄存器（Bus Width & Wait Status Control Register，BWSCON）用来设置各 Bank 区配置的存储器总线宽度和访问周期。其使用的地址是 0x48000000，可读/可写，初始值是 0x00。它的位功能见表 7-2。

表 7-2 BWSCON 位功能表

比特位	功能描述	初值
[31]	ST7：确定 Bank7 的存储器是否使用 UB/LB 控制信号 0=不使用 UB/LB（对应引脚信号 nWBE[3:0]） 1=使用 UB/LB（对应引脚信号 nBE[3:0]）	0
[30]	SW7：确定 Bank7 的存储器是否允许等待信号。0=禁止；1=允许	0
[29:28]	DW7：确定 Bank7 存储器的总线宽度 00=8 bit；01=16 bit；10=32 bit；11=保留	00
[27:4]	从 Bank6~Bank1 每个均使用 4 bit，它们对应的位功能与 Bank7 相同	全 0
[3]	保留	0
[2:1]	DW0：指示 Bank0 存储器的总线宽度状态（注意是状态信号，具有只读属性） 01=16 bit；10=32 bit。状态由引脚 OM[1:0]的电平确定	0
[0]	保留	00

注意：①UB、LB 分别指的是 16 位数据存储器的高字节（Upper Byte）和低字节（Lower Byte）的使能端。外扩 16 位 SRAM 时需要使用引脚信号 nBE[3:0]。②nBE[3:0]是 nWBE[3:0]"与"nOE 的结果。③等待信号在外扩速度较慢的存储器时需要使能，以调节访问速度，从而正确地使用外扩存储器。

2. 存储器块控制寄存器（BANKCONn）

存储器块控制寄存器（Bank Control Register n，BANKCONn）用来控制 Bank0~Bank7 的片选信号 nGCS0~nGCS7 的工作时序。BANKCON0~BANKCON7 的属性见表 7-3，BANKCON0~BANKCON5 的位功能见表 7-4。

表 7-3 BANKCON0~BANKCON7 属性表

寄存器名称	使用地址	读写属性	功能描述	初值
BANKCON0	0x48000004	读/写	控制 Bank0 的 nGCS0 时序	0x0700
BANKCON1	0x48000008	读/写	控制 Bank1 的 nGCS1 时序	0x0700
BANKCON2	0x4800000C	读/写	控制 Bank2 的 nGCS2 时序	0x0700

（续）

寄存器名称	使用地址	读写属性	功能描述	初值
BANKCON3	0x48000010	读/写	控制 Bank3 的 nGCS3 时序	0x0700
BANKCON4	0x48000014	读/写	控制 Bank4 的 nGCS4 时序	0x0700
BANKCON5	0x48000018	读/写	控制 Bank5 的 nGCS5 时序	0x0700
BANKCON6	0x4800001C	读/写	控制 Bank6 的 nGCS6 时序	0x18008
BANKCON7	0x48000020	读/写	控制 Bank7 的 nGCS7 时序	0x18008

表 7-4　BANKCON0～BANKCON5 的位功能表

比特位	功能描述	初值
[31:15]	保留	0x0
[14:13]	Tacs：确定在 nGCSn 有效前地址信号建立的时间 00=0 Clock；01=1 Clock；10=2 Clock；11=4 Clock	00
[12:11]	Tcos：确定在 nOE 信号前芯片片选信号的建立时间 00=0 Clock；01=1 Clock；10=2 Clock；11=4 Clock	00
[10:8]	Tacc：访问时间。如果启用了 nWAIT 信号，则 Tacc≥4 Clock 000=1 Clock；001=2 Clock；010=3 Clock；011=4 Clock； 100=6 Clock；101=8 Clock；110=10 Clock；111=14 Clock	111
[7:6]	Tcoh：确定在 nOE 无效后，芯片选择信号的保持时间 00=0 Clock；01=1 Clock；10=2 Clock；11=4 Clock	00
[5:4]	Tcah：确定在 nGCSn 无效后，地址信号的保持时间 00=0 Clock；01=1 Clock；10=2 Clock；11=4 Clock	00
[3:2]	Tacp：确定页模式的访问周期 00=2 Clock；01=3 Clock；10=4 Clock；11=6 Clock	00
[1:0]	PCM：配置页模式 00=常规，每次读写 1 data；01=4 data；10=8 data；11=16 data	00

根据对表 7-4 中各比特位的设置，可以得到如图 7-3 所示的 nGCSn 控制时序图。注意表 7-4 中的“Clock”代表“HCLK”的时钟周期。

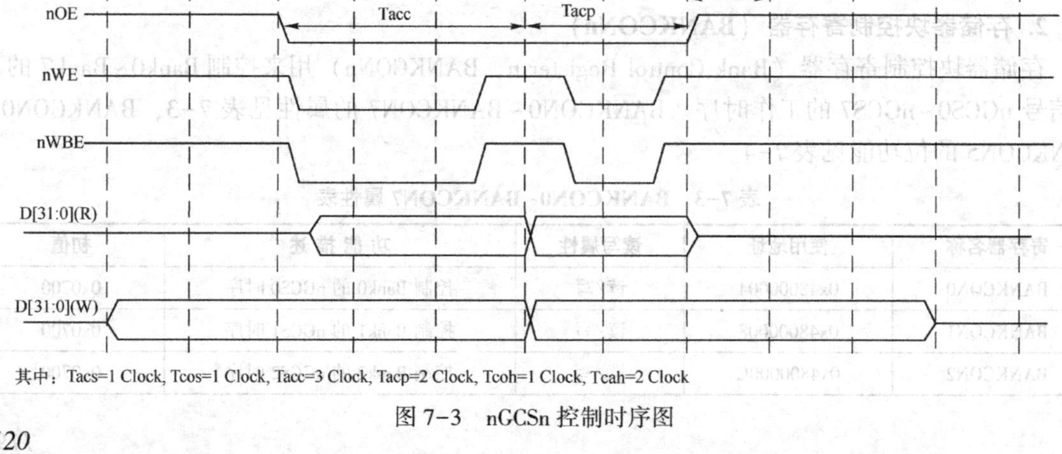

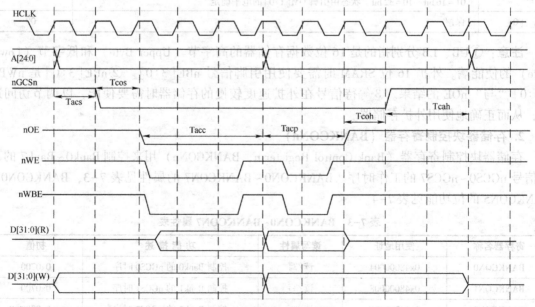

其中：Tacs=1 Clock, Tcos=1 Clock, Tacc=3 Clock, Tacp=2 Clock, Tcoh=1 Clock, Tcah=2 Clock

图 7-3　nGCSn 控制时序图

如图 7-3 所示，Tacs=Tcos=Tcoh=1 Clock，Tacp=Tcah=2 Clock，Tacc=3 Clock。如果页配置模式 PCM=0，则控制字 BANKCONn=0x2760。

系统复位后，默认的控制字 BANKCONn=0x0700。即 Tacs=Tcos=Tcoh=Tacp=Tcah=1 Clock，Tacc=14 Clock，页配置模式 PCM=0。

BANKCON6 和 BANKCON7 位功能见表 7-5。

表 7-5　BANKCON6 和 BANKCON7 位功能表

比特位	功 能 描 述	初值
[31:17]	保留	0x0
[16:15]	MT：确定 Bank6 或 Bank7 的配置的存储器类型 00=SRAM 或 ROM；01=保留；10=保留；11=SDRAM	11
当存储器类型为 SRAM 或 ROM 时，使用以下各比特设置		
[14:13]	Tacs：确定在 nGCSn 有效前地址信号建立的时间 00=0 Clock；01=1 Clock；10=2 Clock；11=4 Clock	00
[12:11]	Tcos：确定在 nOE 信号前芯片片选信号的建立时间 00=0 Clock；01=1 Clock；10=2 Clock；11=4 Clock	00
[10:8]	Tacc：访问时间。如果启用了 nWAIT 信号，则 Tacc>=4 Clock 000=1 Clock；001=2 Clock；010=3 Clock；011=4 Clock； 100=6 Clock；101=8 Clock；110=10 Clock；111=14 Clock	111
[7:6]	Tcoh：确定在 nOE 无效后，芯片选择信号的保持时间 00=0 Clock；01=1 Clock；10=2 Clock；11=4 Clock	00
[5:4]	Tcah：确定在 nGCSn 无效后，地址信号的保持时间 00=0 Clock；01=1 Clock；10=2 Clock；11=4 Clock	00
[3:2]	Tacp：确定页模式的访问周期 00=2 Clock；01=3 Clock；10=4 Clock；11=6 Clock	00
[1:0]	PMC：配置页模式（Page Mode Configuration） 00=常规，每次读写 1 data；01=4 data；10=8 data；11=16 data	00
当存储器类型（Memory Type，MT）为 SDRAM 时，使用以下比特位设置		
[3:2]	Trcd：行地址信号 RAS 到列地址信号 CAS 的延时 00=2 Clock；01=3 Clock；10=4 Clock；11=保留	10
[1:0]	SCAN：列地址线数目 00=8 bit；01=9 bit；10=10 bit；11=保留	00

系统复位后，BANKCON6=BANKCON7=0x18008，表示 Bank6 和 Bank7 外接 SDRAM，同时设定 Trcd=10（4 Clock），8 位列地址线数目。

3. 刷新控制寄存器（REFRESH）与 Bank 块大小控制寄存器（BANKSIZE）

刷新控制寄存器（REFRESH control register）用于控制 SDRAM 存储器的自动刷新；Bank 块大小控制寄存器（BANKSIZE control register）用于设置 Bank6 或 Bank7 存储器容量的大小，这 2 个 Bank 的存储器大小相同，Bank7 的地址与 Bank6 的地址连续，具体地址范围如图 5-2 所示。这 2 个控制寄存器的属性见表 7-6。

表 7-6　REFRESH 与 BANKSIZE 寄存器属性表

寄存器名称	使用地址	读写属性	功 能 描 述	初值
REFRESH	0x48000024	读/写	SDRAM 自动刷新控制	0x0AC0000
BANKSIZE	0x48000028	读/写	配置 Bank6、Bank7 SDRAM 大小	0x02

REFRESH 控制寄存器和 BANKSIZE 控制寄存器的位功能分别见表 7-7 和表 7-8。

表 7-7　REFRESH 控制寄存器位功能表

比特位	功能描述	初值
[31:24]	保留	0x0
[23]	REFEN：SDRAM 刷新使能信号。0=禁止刷新；1=允许刷新	1
[22]	TREFMD：设置 SDRAM 的刷新模式。0=Auto 模式；1=Self 模式	0
[21:20]	Trp：设置 SDRAM 行 RAS 预充电时间 00=2 Clock；01=3 Clock；10=4 Clock；11=未定义	10
[19:18]	Tsrc：设置 SDRAM 半行周期时间 00=4 Clock；01=5 Clock；10=6 Clock；11=7 Clock SDRAM 的行周期时间 Trc=Trp+Tsrc，如 Trp=01，Tsrc=11，则 Trc=10 Clock	11
[17:11]	保留	0x0
[10:0]	REFCNT：设置 SDRAM 刷新计数器。刷新周期 $=(2^{11}-\text{REFCNT}+1)/\text{HCLK}$ 例如：若刷新周期 15.6 μs，HCLK=60 MHz，则计数器值 $=2^{11}+1-60\times15.6=1113$	00

表 7-8　BANKSIZE 控制寄存器位功能表

比特位	功能描述	初值
[31:8]	保留	0x0
[7]	BURST_EN：猝发使能控制。0=禁止猝发操作；1=允许猝发操作	0
[6]	保留	0
[5]	SCKE_EN：SDRAM 省电模式使能。0=禁止；1=使用省电模式	0
[4]	SCLK_EN：SCLK 时钟信号激活时间控制 0=总是激活；1=在访问 DRAM 期间激活（推荐使用，可达到节电目的） SDRAM 的行周期时间 Trc=Trp+Tsrc，如 Trp=01，Tsrc=11，则 Trc=10 Clock	0
[3]	保留	0
[2:0]	BK76MAP：控制 Bank6/Bank7 存储器映射。2 组存储器的大小相等，地址连续 010=128 MB；001=64 MB；000=32 MB；111=16 MB； 110=8 MB；101=4 MB；100=2 MB	000

4. SDRAM 模式设置寄存器

SDRAM 模式设置寄存器（SDRAM Mode Set Register，MRSR）包括 MRSRB6 和 MRSRB7，它们的属性见表 7-9。分别用来控制 Bank6 和 Bank7 地址空间的 SDRAM 工作模式。

表 7-9　Bank6/Bank7 模式设置寄存器属性表

寄存器名称	使用地址	读写属性	功能描述	初值
MRSRB6	0x4800002C	读/写	Bank6 模式设置寄存器	—
MRSRB7	0x48000030	读/写	Bank7 模式设置寄存器	—

Bank6 和 Bank7 的模式设置寄存器的比特位功能相同，见表 7-10。

表 7-10　Bank6/Bank7 模式设置寄存器比特位功能表

比特位	功能描述	初值
[31:8]	保留	0x0
[9]	WBL：猝发写长度（Write Burst Length）。0=猝发长度固定；1=保留	0

（续）

比特位	功 能 描 述	初值
[8:7]	TM：测试模式（Test Mode）。00=设定测试模式；其他保留	00
[6:4]	CL：列地址信号 CAS 反应时间（CAS Latency） 000=1 Clock；010=2 Clock；011=3 Clock；其他保留	–
[3]	BT：猝发类型（Burst Type）。0=连续的（固定）；1=保留	0
[2:0]	BL：猝发长度（Burst Length）。000=1（固定）；其他保留	000

注意：在 SDRAM 的代码运行期间，不能重新设置 MRSR 寄存器。

7.2.2 主存储器芯片综合配置编程示例

当了解了系统中连接的存储器芯片以后，需要进行配置才能使用，这需要在 ARM 系统初始化程序中完成。

FL2440 开发板使用的 Nor Flash 闪存芯片是 SST39VF1601（与 AM29LV160DB 的引脚完全兼容），具有 16 根数据线，存储容量为 2 MB，最大可扩展兼容量为 8 MB。使用的 Nand Flash 闪存芯片是 K9F2G08，大小为 256 MB（可兼容最大 1 GB Nand Flash）。外扩的 2 片 SDRAM 芯片 HY57V561620，单片具有 16 根数据总线，2 片构成 32 位数据总线，使用 Bank6 的 nGCS6 作为片选信号，容量为 2×32 MB=64 MB。以下介绍它们的初始化配置程序，具体的接线连接和原理在本章以后的内容里介绍。

存储器控制器共有 13 个特殊功能寄存器，它们的地址在空间分布上是连续的，可以将各寄存器的控制字使用内存分配伪指令连续存放。BWSCON 只需要设置［27:24］位，Bank0 上接入 Nor Flash 不需要配置，因为这里只有状态信息位。具体代码如下：

```
SMRDATA
    DCD 0x22111111  ;Bank0~Bank5 数据线为 16 位,Bank6、Bank7 数据线为 32 位
    DCD 0x700       ;nGCS0,Bank0 在系统启动引导时就必须使用,可以对闪存 Flash 直接进行访问
    DCD 0x700       ;nGCS1,使用默认初值(未使用)
    DCD 0x700       ;nGCS2,使用默认初值(未使用)
    DCD 0x700       ;nGCS3,使用默认初值(未使用)
    DCD 0x700       ;nGCS4,使用默认初值(未使用)
    DCD 0x700       ;nGCS5,使用默认初值(未使用)
    DCD 0x18005     ;nGCS6:接 SDRAM 芯片 RAS 到 CAS 的延时 Trcd=3 Clock,列地址线 SCAN=9 位
    DCD 0x18008     ;nGCS7,使用默认初值(未使用)
    DCD 0xa803f4    ;REFRESH:REFEN=1,TREFMD=0,Trp=2,Tsrc=2,REFCNT=0x3f4
    DCD 0x31        ;BANKSIZE:SCKE_EN=1;SCLK=1;BK76MAP=1(64 MB)
    DCD 0x30        ;MRSR6:CL=3 Clock,其他使用固定值或保留值
    DCD 0x30        ;MRSR7:CL=3 Clock,其他使用固定值或保留值
```

nGCS0 的数据线宽度由 S3C2410A 的外部引脚 OM[1:0]确定，不需要在程序中进行配置。主存储器的配置汇编程序代码如下。

```
    LDR  R0,=SMRDATA       ;使用 LDR 伪指令将存储器配置数据首地址→R0
    LDR  R1,=0x48000000    ;使用 LDR 伪指令将存储器配置寄存器首地址→R1
    ADD  R2,R0,#52         ;13 * 4=52
0   LDR  R3,[R0],#4        ;R3←[R0],R0←R0+4
    STR  R3,[R1],#4        ;[R1]←R3,R1←R1+4
    CMP  R2,R0
    BNE  %B0               ;写入未完成,向前转移到标号 0 处
```

7.3 8位/16位/32位内存储器芯片扩展设计

ARM 微处理器的体系结构通过存储器控制寄存器的设置，就可支持 8 位/16 位/32 位的存储器系统，除 Bank0 以外，其他各 Bank 可以构建 8 位的存储器系统、16 位的存储器系统或 32 位的存储器系统。32 位的存储器芯片具有较高的性能，但是价格昂贵很少使用。16 位的存储器芯片则在成本及功耗方面占有优势，而 8 位的存储器芯片一般在低端领域使用。

S3C2410A 处理器采用 8 位数据总线，处理器的 A0 地址线与存储器的 A0 地址线相接。采用 16 位数据总线时，处理器的 A1 地址与存储器的 A0 地址线相接，通过芯片的 UB、LB 引脚分别访问它的高位字节数据和低位字节数据。采用 32 位数据总线时，处理器的 A2 地址与存储器的 A0 地址线相接，通过 ARM 提供的控制信号访问 32 位存储器字中的 4 个字节数据。处理器 S3C2410A 的地址线与存储器的地址线的连接方法见表 7-11。

表 7-11 处理器地址线与存储器地址线连接方法

存储器芯片引脚	8 位总线时 ARM 地址线引脚	16 位总线时 ARM 地址线引脚	32 位总线时 ARM 地址线引脚
A0	A0	A1	A2
A1	A1	A2	A3
…	…	…	…

7.3.1 8位存储器芯片扩展设计

由于 8 位存储器芯片的典型性，所以有必要在此介绍如何利用 8 位存储器芯片构成 8 位、16 位、32 位的 ARM 存储器系统。

1. 8 位数据总线 ARM 存储器系统扩展设计

构成 8 位数据总线 ARM 存储器系统的信号连接如图 7-4a 所示。

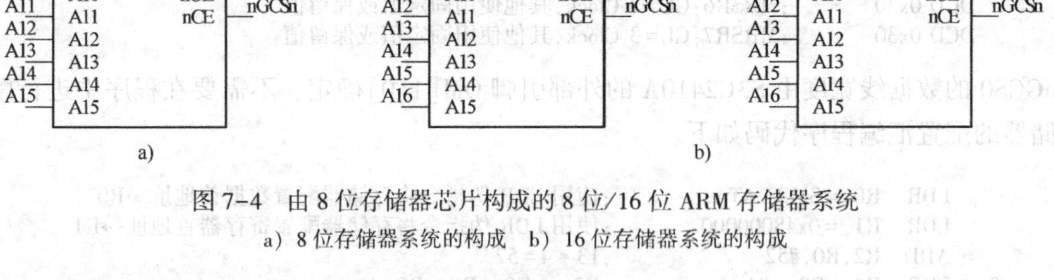

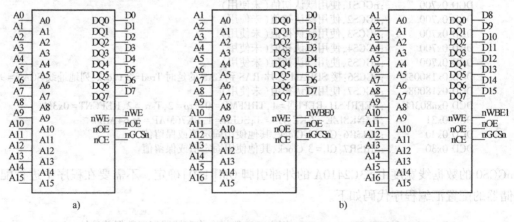

图 7-4 由 8 位存储器芯片构成的 8 位/16 位 ARM 存储器系统

a）8 位存储器系统的构成 b）16 位存储器系统的构成

- 存储器的允许输出端 nOE 端接 S3C2410A 的 nOE 引脚。
- 存储器的写信号 nWE 端接 S3C2410A 的 nWE 引脚。
- 存储器的片选信号 nCE 端接 S3C2410A 的 nGCSn 引脚。

• 存储器的地址线…A1A0 与 S3C2410A 的地址线…A1A0 相连。
• 存储器的 8 位数据总线［DQ7～DQ0］与 S3C2410A 的低 8 位数据总线［DATA7～DATA0］相连。

注意： 此时应将 BWSCON 中的 DWn 设置为 00，即选择 8 位总线方式；控制使能 UB/LB＝0 禁止使用，nWBE0～nWBE3 产生有效信号。

2. 16 位数据总线 ARM 存储器系统扩展设计

由 8 位存储器芯片构成 16 位数据总线 ARM 存储器系统的信号连接如图 7-4b 所示。

• 两片 8 位的存储器以并联的方式构建 16 位的存储器系统，其中一片为高 8 位，另一片为低 8 位，将两片存储器作为一个整体配置到同一 Bank 中。
• 2 片存储器的地址线…A1A0 均与 S3C2410A 的地址总线…A2A1 相连。
• 2 片存储器的允许输出端 nOE 端均接到 S3C2410A 的 nOE 引脚。
• 低 8 位存储器的写信号 nWE 端接 S3C2410A 的 nWBE0 引脚，用于写入处理器的低字节数据；高 8 位存储器的写信号 nWE 端接 S3C2410A 的 nWBE1 引脚，用于写入处理器的高字节数据。
• 2 片存储器的片选信号 nCE 端均与 S3C2410A 的 nGCSn 引脚相连。
• 低 8 位存储器的 8 位数据总线［DQ7～DQ0］与 S3C2410A 的低 8 位数据总线［DATA7～DATA0］相连，高 8 位存储器的 8 位数据总线［DQ7～DQ0］与 S3C2410A 的高 8 位数据总线［DATA15～DATA8］相连。

注意： 此时应将 BWSCON 中的 DWn 设置为 01，即选择 16 位总线方式；控制使能 UB/LB＝0 禁止使用，nWBE0～nWBE3 产生有效信号。

3. 32 位数据总线 ARM 存储器系统扩展设计

由 4 片 8 位存储器芯片构成 32 位数据总线 ARM 存储器系统的信号连接如图 7-5 所示。

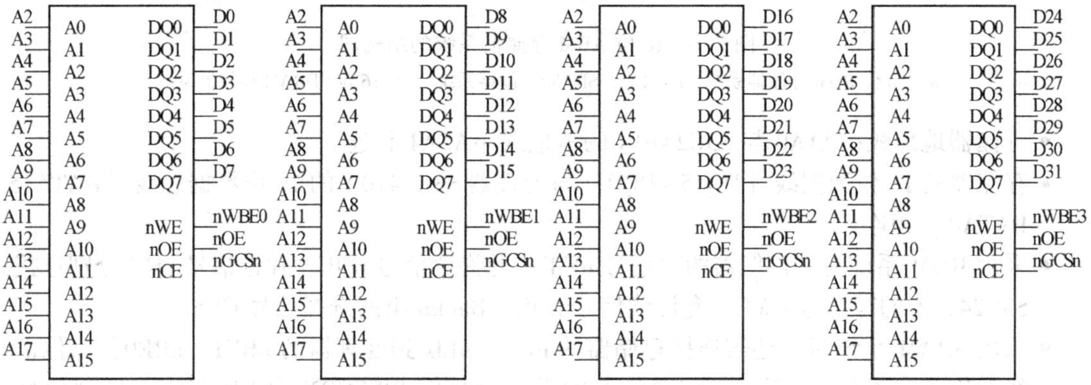

图 7-5　由 4 片 8 位存储器构成的 32 位 ARM 存储器系统

• 4 片 8 位的存储器以并联的方式构建 32 位的存储器系统，其中两片为高 16 位，两片为低 16 位，将 4 片存储器作为一个整体配置到同一 Bank 中。
• 所有存储器的地址线…A1A0 均与 S3C2410A 的地址总线…A3A2 相连。
• 低 8 位存储器的 nWE 端连接 S3C2410A 的 nWBE0 引脚，控制低字节数据的写入；次低 8 位存储器的 nWE 端接 S3C2410A 的 nWBE1 引脚，控制次低字节数据的写入；次高 8 位存储器的 nWE 端接 S3C2410A 的 nWBE2 引脚，控制次高字节数据的写入；高 8 位存储器的 nWE 端接 S3C2410A 的 nWBE3 引脚，控制高字节数据的写入。

- 4 片存储器的允许输出端 nOE 端均接到 S3C2410A 的 nOE 引脚。
- 4 片存储器的片选信号 nCE 端均与 S3C2410A 的 nGCSn 引脚相连。

注意：此时应将 BWSCON 中的 DWn 设置为 10，即选择 32 位总线方式；控制使能 UB/LB =0 禁止使用，nWBE0~nWBE3 产生有效信号。

7.3.2 16 位存储器芯片扩展设计

1. 16 位数据总线 ARM 存储器系统扩展设计

由 16 位数据线存储器芯片构成 16 位总线 ARM 存储器系统的信号连接如图 7-6a 所示。

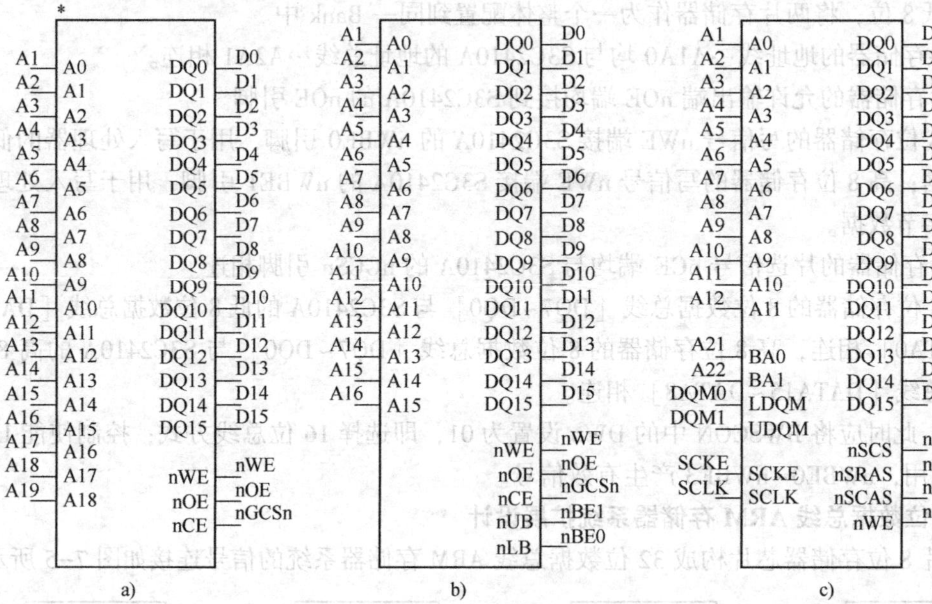

图 7-6 16 位 ARM 存储器系统的结构图

a）16 位 ROM 存储器系统 b）16 位 SRAM 存储器系统 c）16 位 SDRAM 存储器系统

- 存储器地址线…A1A0 与 S3C2410A 的地址线…A2A1 相连。
- 存储器的 16 位数据线［DQ15~DQ0］与处理器 S3C2410A 的 16 位数据总线［DATA15~DATA0］相连。
- 采用 ROM 系统时，存储器的写信号 nWE、允许读信号 nOE、片选信号 nCE 分别连接到 S3C2410A 的写信号 nWE、允许读信号 nOE、Bankn 组的选择信号 GCSn。
- 采用 SRAM 系统时，还需连接存储器的 nUB、nLB 到处理器的 nBE1、nBE0，其他信号线的连接如图 7-6b 所示。需要注意的是，此时使 BWSCON 中 UB/LB=1 控制信号使能，产生 nBE1、nBE0 来控制存储器的高字节、低字节数据的操作。
- 采用 SDRAM 系统时，需保证存储器的 LDQM、UDQM、SCKE、SCLK、nWE、nSRAS、nSCAS、nSCS 的正确连接，图 7-6c 中存储器的 nSCS 与处理器的 nSCS0 相连，映射到了 Bank6。

注意：以上应将 BWSCON 中的 DWn 设置为 01，即选择 16 位总线方式，并保证其余信号线的正确连接。

2. 32 位数据总线 ARM 存储器系统扩展设计

使用两片 16 位存储器芯片以并联的方式构建 32 位的数据总线 ARM 存储器系统，其中一片为高 16 位，另一片为低 16 位，将两片存储器作为一个整体配置到 Bankn。构成 32 位数据总线存储器系统的信号连接如下。

- 地址线…A1A0 与 S3C2410A 的地址线…A3A2 相连。
- 低半字存储器的 16 位数据总线［DQ15～DQ0］与 S3C2410A 的低 16 位数据总线［DATA15～DATA0］相连，高半字存储器的 16 位数据总线［DQ15～DQ0］与 S3C2410A 的数据总线［DATA31～DATA16］相连。

在图 7-7a 所示的 32 位 SRAM 存储器系统中，低 16 位的 nLB、低 16 位的 nUB、高 16 位的 nLB、高 16 位的 nUB 分别连接到处理器的 nBE0～nBE3。两片存储器的 nCS 相连到同一 nGCSn。

注意：BWSCON 中使能控制信号 UB/LB＝1 为允许，产生 nBE0～nBE3 信号用以分别操作低字节、次低字节、次高字节和高字节数据。

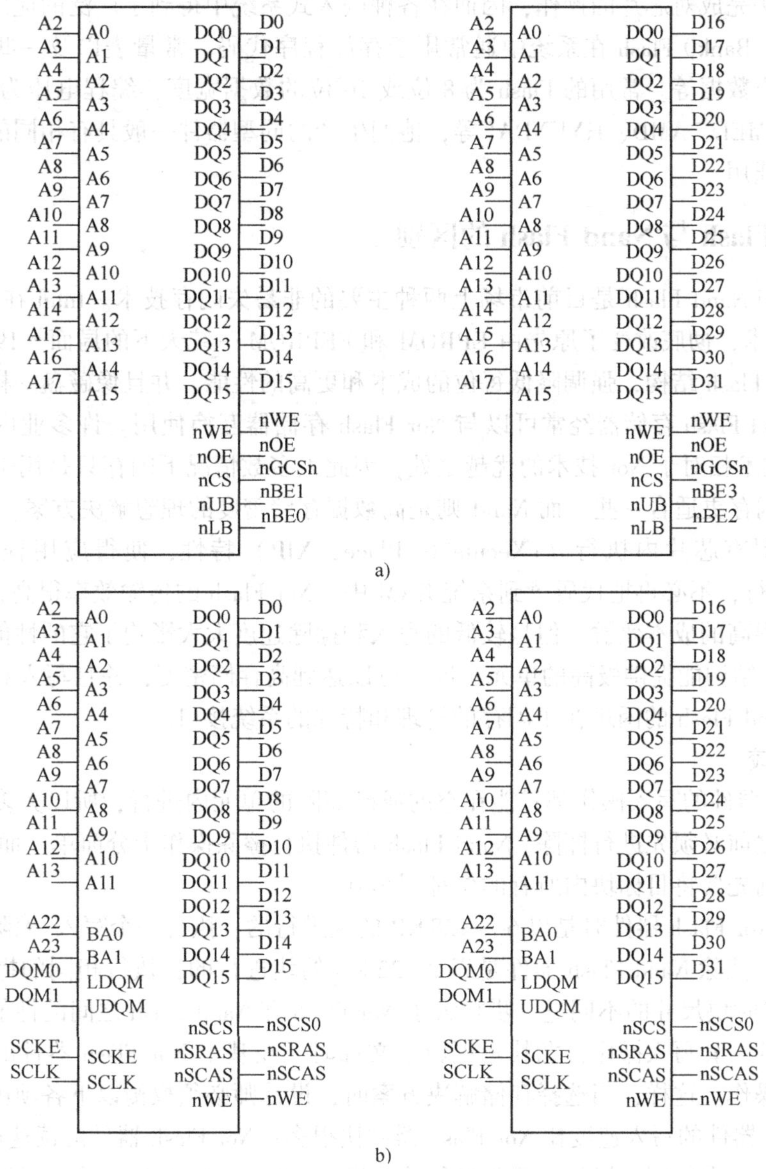

图 7-7　32 位存储器系统的构成

a）32 位 SRAM 存储器系统　b）32 位 SDRAM 存储器系统

在图 7-7b 所示的 32 位数据总线 SDRAM 系统中，存储器低 16 位的 LDQM、低 16 位的 UDQM、高 16 位的 LDQM、高 16 位的 UDQM 分别连接到处理器的 DQM0~DQM3，两片存储器的 nSCS 相接到 nSCS0。

其余信号连接与 16 位存储器连接方式相似。

注意：此时应将 BWSCON 中的 DWn 设置为 10，即选择 32 位总线方式。

7.4 Bank0 闪存 Nor Flash 接口设计

Flash 存储器是一种可在系统中进行电擦写、掉电后信息不丢失的存储器。它具有低功耗、大容量、擦写速度快、可整片或分扇区在线进行系统编程（烧写）或擦除等特点，并且可由内部嵌入的算法完成对芯片的操作，因而在各种嵌入式系统中得到了广泛的应用。作为一种非易失性存储器，Bank0 Flash 在系统中通常用于存放程序代码、常量表以及一些在系统掉电后需要保存的用户数据等。常用的 Flash 为 8 位或 16 位的数据宽度，编程电压为 3.3V，主要的生产厂商为 ATMEL、AMD、HYUNDAI 等，他们生产的同型器件一般具有相同的电气特性和封装形式，可以通用。

7.4.1 Nor Flash 与 Nand Flash 的区别

NorFlash 和 Nand Flash 是目前市场上两种主要的非易失闪存技术。Intel 在 1988 年首先开发 Nor Flash 技术，彻底改变了原先由 EPROM 和 EEPROM 一统天下的局面。1989 年，东芝公司发表了 Nand Flash 结构，强调降低每位的成本和更高的性能，并且像磁盘一样可以通过接口轻松升级。Nand Flash 存储器经常可以与 Nor Flash 存储器互换使用。许多业内人士也搞不清楚 Nand 闪存技术相对于 Nor 技术的优越之处，因此大多数情况下闪存只是用来存储少量的代码，这时 Nor 闪存更适合一些，而 Nand 则是高数据存储密度的理想解决方案。

Nor Flash 具有芯片内执行（eXecute In Place，XIP）特性，使得应用程序可以直接在 Flash 闪存内运行，不必再把代码读到系统 RAM 中。Nor Flash 的传输效率很高，在 1~4 MB 的小容量时具有很高的成本效益，但是较低的写入和擦除速度大大影响了它的性能。

Nand Flash 结构能提供极高的单元密度，可以达到高存储密度，并且写入和擦除的速度也很快。应用 Nand Flash 的困难在于闪存的管理和特殊的系统接口。

1. 性能比较

任何 Flash 器件的写入操作都只能在空的或已擦除的单元内进行，所以大多数情况下，在进行写入操作之前必须先进行擦除。Nand Flash 器件执行擦除操作十分简单，而 Nor Flash 则要求在进行写入前先要将目标块内所有的位都写为 0。

由于擦除 Nor Flash 器件时是以 64~128 KB 的块进行的，执行一个写入/擦除操作的时间为 5 s。与此相反，擦除 Nand Flash 器件是以 8~32 KB 的块进行的，执行相同的操作最多只需要 4 ms。执行擦除时块尺寸的不同进一步拉大了 Nor Flash 和 Nand Flash 之间的性能差距。统计表明，对于给定的一套写入操作，尤其是更新小文件时，在基于 Nor Flash 器件的单元中进行需要更多的擦除操作。这样，当选择存储解决方案时，设计师必须权衡以下各项因素。

Nand Flash 器件的写入速度比 Nor Flash 器件快很多；Nor Flash 器件的读速度比 Nand Flash 器件稍快一些；大多数写入操作需要先进行擦除操作，Nand Flash 的擦除单元更小，相应的擦除电路也少。

2. 容量和成本

Nand Flash 器件的单元尺寸几乎只有 Nor Flash 器件的一半，由于生产过程更为简单，Nand Flash 结构可以在给定的模具尺寸内提供更高的容量，也就相应地降低了价格。在 Nand Flash 闪存中每个块的最大擦写次数是 100 万次，而 Nor Flash 器件的擦写次数是 10 万次。

Nor Flash 器件占据了容量为 1～16 MB 闪存市场的大部分，而 Nand Flash 器件只是用在 8 MB～1 GB 的产品中，这说明 Nor Flash 器件主要应用在代码存储介质中，Nand Flash 器件同时也适合于数据存储。Nand Flash 在 Compact Flash、Secure Digital、PC Card 和 MMC 存储卡市场上所占份额最大。

3. 接口差别

Nor Flash 带有 SRAM 接口，有足够的地址引脚来寻址，可以很容易地存取其内部的每一个字符。基于 Nor Flash 的闪存使用非常方便，可以像其他存储器那样连接，并可以在上面直接运行代码。

Nand Flash 器件需要用复杂的 I/O 来串行存取数据（各个产品或厂商的方法可能各不相同），8 个引脚用来传递控制、地址和数据信息。Nand Flash 的读/写操作采用 512 字节的块，这与硬盘管理操作类似，很自然地，基于 Nand Flash 的存储器就可以取代硬盘或其他块设备。

在使用 Nand Flash 器件时，必须先写入驱动程序后，才能继续执行其他操作。向 Nand Flash 器件写入信息需要相当的技巧，设计师决不能向坏块写入信息，这就意味着在 Nand Flash 器件上自始至终都必须进行虚拟映射。幸运的是，S3C2410A 微处理器支持 Nand Flash 接口，这大大方便了 Nand Flash 器件在嵌入式系统设计中的应用。

7.4.2 Nor Flash 实用电路设计

以开发板上的闪存 Nor Flash 存储器 SST39VF1601 为例，简要介绍一下该闪存的基本特性。SST39LV1601 是一种常见的 Nor Flash 存储器，单片存储容量为 2 MB，工作电压为 2.7～3.6 V，采用 48 脚 TSOP 封装或 48 脚 TFBG 封装，16 位数据宽度，以 16 位（半字模式）数据宽度的方式工作。

SST39VF1601 仅需 3.3 V 电压即可完成系统的编程与擦除操作，通过对其内部的命令寄存器写入标准命令序列，可对 Flash 存储器进行编程、整片擦除、按扇区擦除以及其他操作。逻辑框图如图 7-8 所示，引脚信号功能见表 7-12。

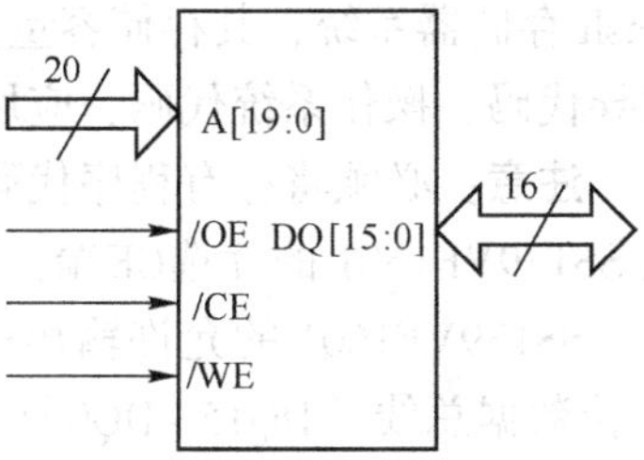

图 7-8 SST39VF1601 逻辑框图

表 7-12 SST39VF1601 的引脚信号功能表

引 脚	类 型	描 述
A[19:0]	I	20 根地址总线 A19～A0
DQ[15:0]	I/O（有三态功能）	数据总线，在读/写操作时提供 16 位的数据总线宽度
$\overline{CE}$	I	片选信号，低电平有效。当对 SST39VF1601 进行读/写操作时，该引脚必须为低电平；当为高电平时，芯片处于高阻状态
$\overline{OE}$	I	允许输出使能，低电平有效
$\overline{WE}$	I	写使能，低电平有效。当对 SST39VF1601 进行编程和擦除操作时，控制相应的写命令
VDD	—	3.3 V 电源
VSS	—	接地

闪存 SST39VF1601 存储器芯片与微处理器 S3C2410A 的硬件连接与一般的存储器相同，如图 7-9 所示。

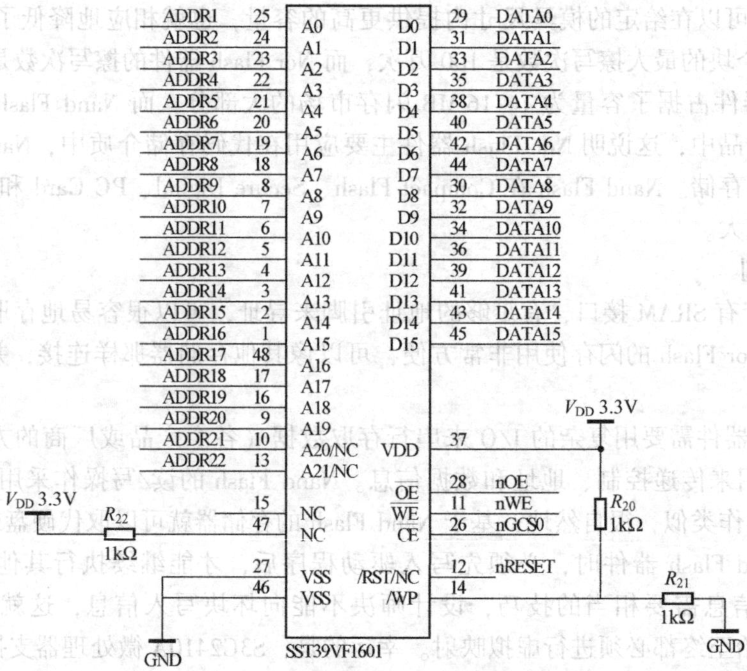

图 7-9 闪存 SST39VF1601 芯片与 S3C2410A 连线图

在大多数系统中，选用一片 16 位的 Flash 存储器芯片（常见单片容量有 1 MB、2 MB、4 MB、8 MB 等）构建 16 位的 Flash 存储器已经足够。在此采用一片 SST39VF1601 构建 16 位的 Flash 存储器系统，其存储容量为 2 MB（或 16 Mb）。在系统中 Flash 存储器用来固化系统启动引导代码、操作系统代码、应用程序等代码，系统上电或复位后从此获取指令并开始执行。

注意：必须将存有程序代码的 Flash 存储器配置到 Bank0，即将 SST39VF1601 的 nGCS0 接至 SST39VF1601 的片选 $\overline{CE}$ 端，同时将 S3C2410A 的引脚 OM1 接地，OM0 接高电平。

SST39VF1601 的允许输出 $\overline{OE}$ 端接 S3C2410A 的 nOE；写信号 $\overline{WE}$ 端接 S3C2410A 的 nWE；16 位数据总线［DQ15～DQ0］与 S3C2410A 的低 16 位数据总线［XDATA15～XDATA0］相连；地址总线［A19～A0］与 S3C2410A 的地址总线［ADDR20～ADDR1］相连。

注意：图 7-9 中的 ADDR21、ADDR20 这 2 根地址线对应于 SST39VF1601 芯片对应的引脚是空引脚，这是该系列芯片的一个通用性原理图或 PCB 板设计。如果需要将闪存容量扩大到 4 MB，可使用闪存 SST39VF3201，则 A20 也是有效的地址线；如果需要将闪存容量扩大到 8 MB，可使用闪存 SST39VF6401，则 A21、A20 均为有效的地址线。它们的引脚是兼容的，均采用 TSOP-48 封装。

关于闪存更具体的内容可参考用户手册。其他类型的 Flash 存储器的特性和使用方法与之相类似，用户可根据自己的实际需要选择不同的器件。

7.5 Bank0 闪存 Nand Flash 存储器接口设计

由于 Nor Flash 的价格相对较高，而 Nand Flash 和 SDRAM 的价格相对低一些，用户普遍采用在 Nand Flash 中存储系统程序代码并引导系统启动（同时它也可以作为辅助存储器使用，亦称电子盘)，在 SDRAM 中运行系统程序。

S3C2410A 支持 Nand Flash 的自动启动引导，内置专用的 Nand Flash 接口控制器，不需要使用 Bank0 的片选 nGCS0。当 S3C2410A 的引脚 OM1 和 OM0 均接为低电平时，S3C2410A 微处理器便可以从 Nand Flash 启动，Nand Flash 开始 4 KB 的代码会被自动地复制到其内部的 4 KB 小石头区域 SRAM 中，启动引导系统运行程序。需要使用这 4 KB 的代码将更多的代码从 Nand Flash 中复制到主存储器 SDRAM 中去运行。

Nand Flash 可以利用硬件纠错码（Error Checking and Correcting，ECC）对数据的正确性进行校验。错误检查和纠错码 ECC 能纠正单比特错误和检测双比特错误，详细内容请参照相关资料。

7.5.1 Nand Flash 的结构组成

1. S3C2410A 内部 Nand Flash 控制器

微处理器 S3C2410A 内部集成了 8 位的 Nand Flash 控制器，如图 7-10 所示。

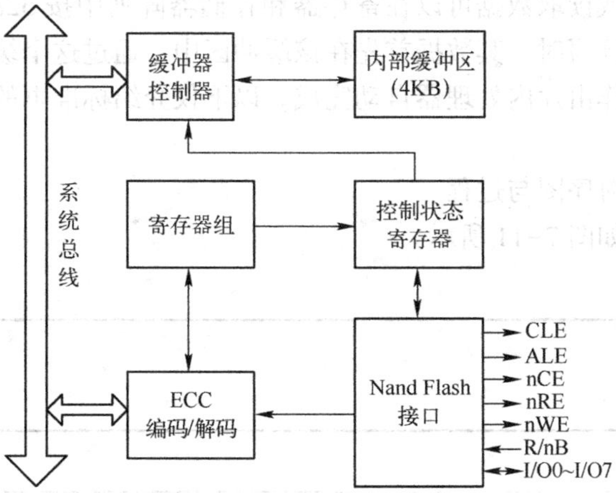

图 7-10　S3C2410A 内部 Nand Flash 控制器

Nand Flash 控制器的接口引脚分为 3 类：I/O 引脚、控制引脚和状态引脚。其中 I/O 引脚高度复用，既用作地址总线、数据总线，又用于命令输入信号线。

从图 7-10 可以看出，接口引脚中有 8 个 I/O 引脚（I/O0～I/O7）用来输出地址、输出命令、输入/输出数据，控制信号引脚有 5 个，其中 CLE（Command Latch Enable）为命令锁存使能控制信号；ALE（Address Latch Enable）为地址锁存使能控制信号；nCE（Chip Enable）为片选信号；nRE（Read Enable）和 nWE（Write Enable）分别是读使能和写使能信号；R/nB（Ready/Busy）是准备就绪或者忙状态信号。当 R/nB = 0 时表示“忙”，程序不能对芯片进行操作，当 R/nB = 1 时表示准备就绪，可以操作该芯片。

2. Nand Flash 芯片的内部数据结构

目前市场上常见的 Nand Flash 芯片有 Samsung 公司的 K9F1208、K9F1G08、K9F2G08 等。K9F1208、K9F1G08、K9F2G08 存储有效数据页的大小分别是 512 B、2 KB、2 KB，它们的容量分别是 64 MB、128 MB、256 MB。它们在寻址方式上有一定差异，所以程序代码不通用。以下以 K9F1208 芯片为例，介绍其内部的数据结构。

K9F1208 芯片的容量为 64 MB（512 Mb），工作电压为 2.7～3.6 V，内部存储器结构为 528

字节×32 页×4096 块（Block）。每页（Page）的大小是 528 字节，其中前 512 字节存放有效数据，后 16 字节作为辅助数据存储器，用来存放 ECC 代码、坏块信息和文件系统代码等。64 MB 的容量被分为 4096 块，每块 32 页。

K9F1208 芯片的 64MB 使用地址线 A25A24…A14A13…A9A8A7…A1A0 表示其各字节单元地址，它的组成分为 3 部分：块地址（Block Address）、页地址（Page Address）、列地址（Column Address）。A25~A14 是 12 根块地址线，A13~A9 是 5 根页地址线，A8~A0 是页地址线，A7~A0 是半页单元地址线。当 A8=0 时代表的是 0~255 的 1st Half Page 地址单元地址，当 A8=1 时代表的是 256~511 的 2nd Half Page 地址单元地址。

注意：芯片一般要求是按页进行读写的，但是当从芯片中读取数据时，分为 2 个半页进行读取，读取 1st Half Page 使用命令 0x00 代替 A8=0；读取 2nd Half Page 使用命令 0x01 代替 A8=1。因此发送地址信号时按字节分为 A0~A7、A9~A16、A17~A24、A25，即采用 4 步寻址法。

3. Nand Flash 芯片的操作过程与时序图

该芯片内有一个容量为 528 字节的静态寄存器，称为页寄存器，用来在读/写数据时作为缓冲区使用。写入数据或读取数据可以在寄存器和存储器阵列中按 528 字节的顺序递增访问。当对芯片的某一页进行读写时，其数据首先在该缓冲区中，通过这个缓冲区与其他芯片进行数据交换，片内的读写操作由片内处理器自动完成。以下仅介绍标准页的读写操作流程，其他的操作可参见相关资料。

（1）读取页数据的时序图与过程

读取页数据的时序如图 7-11 所示。

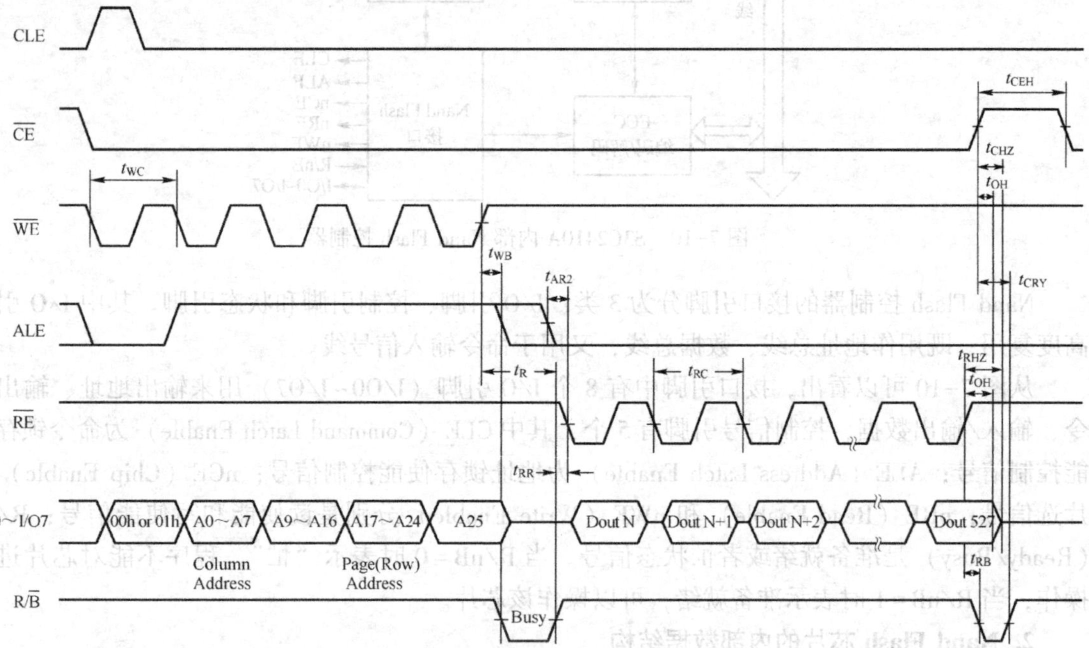

图 7-11　读取页数据时序图

K9F1208 芯片读取页数据的过程如下。

- 发送命令阶段。在片选信号 $\overline{CE}$ 有效的情况下，首先命令锁存信号 CLE 有效，此时写信号 $\overline{WE}$ 有效，芯片准备好信号 R/$\overline{B}$ 是高电平，表示可以对芯片进行操作。之后向 I/O 端口发送读页命令 0x00 或 0x01，表示进行的是读操作，在 $\overline{WE}$ 的上升沿将命令锁存到芯片内部命令寄存器。命令 0x00 表示是读 512 字节中的 0~255 字节，0x01 表示读每页 512 字节中的 256~511 字节。

- 发送地址阶段。此时片选信号$\overline{CE}$有效，地址锁存信号 ALE 有效，连续发送 4 个字节地址，在每个写入信号$\overline{WE}$的上升沿将地址信息锁存，K9F1208 的地址寄存器接收到地址信号后，R/$\overline{B}$信号将维持“忙”状态一段时间，最后进入到准备好状态。
- 数据输出阶段。R/$\overline{B}$=1 芯片准备就绪，此时每当读信号$\overline{RE}$出现一个下降沿时，就会读出字节数据，直到将页数据读完。

（2）写入页数据的时序图与过程

写入页数据的时序如图 7-12 所示。

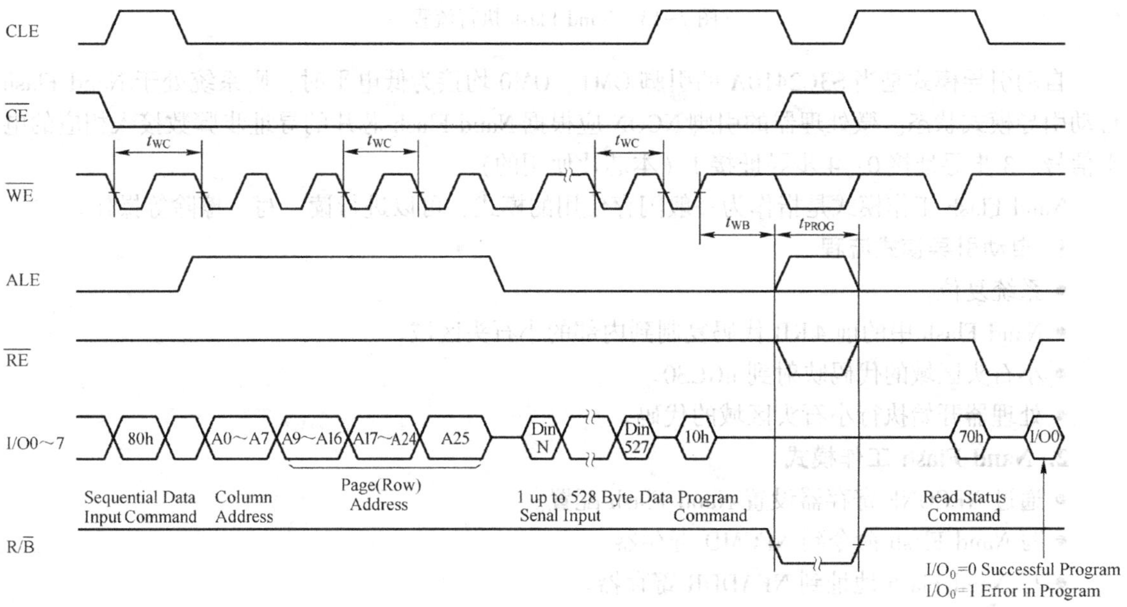

图 7-12　写入页数据时序图

K9F1208 芯片数据写入的过程如下。

- 发送写数据起始命令阶段。在片选信号$\overline{CE}$有效的情况下，首先命令锁存信号 CLE 有效，此时写信号$\overline{WE}$有效，芯片准备好信号 R/$\overline{B}$是高电平，表示可以对芯片进行操作。之后向 I/O 端口发送写命令 0x80，表示进行的是写操作，在$\overline{WE}$的上升沿将命令锁存到芯片内部命令寄存器。
- 发送地址阶段。片选信号$\overline{CE}$保持有效，地址锁存信号 ALE 有效，连续发送 4 个字节的地址，在每个写信号$\overline{WE}$的上升沿保存地址到芯片内部地址寄存器。
- 数据写入阶段。此时当写信号$\overline{WE}$为有效低电平时，输入一个字节数据，芯片在每个$\overline{WE}$的上升沿接收数据，直到将页中的所有数据写完。
- 发送写数据结束命令 0x10。锁存命令的过程与发送起始命令相同，之后 R/$\overline{B}$=0 维持“忙”状态一段时间。当 R/$\overline{B}$=1 时，就可对芯片进行下一次操作。

7.5.2　Nand Flash 的引导、工作模式

S3C2410A 内置的 Nand Flash 控制器支持 Nand Flash 工作模式和自动引导模式。操作流程如图 7-13 所示。

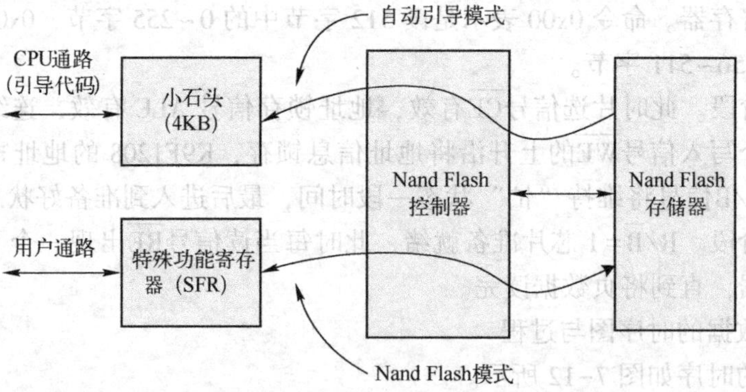

图 7-13　Nand Flash 执行流程

自动引导模式是当 S3C2410A 的引脚 OM1、OM0 均接为低电平时，则系统处于 Nand Flash 自动引导模式状态。微处理器的引脚 NCON 应根据 Nand Flash 芯片的寻址步骤数接入相应的电平信号，3 步寻址接 0；4 步寻址接 1（本芯片使用的）。

Nand Flash 工作模式是指作为一般闪存使用的模式，可以进行读、写、擦除等操作。

1. 自动引导模式流程

- 系统复位。
- Nand Flash 中的前 4 KB 代码复制到内部的小石头区域。
- 小石头区域的代码映射到 nGCS0。
- 处理器开始执行小石头区域的代码。

2. Nand Flash 工作模式

- 通过 NFCONF 寄存器设置 Nand Flash 配置。
- 写 Nand Flash 命令到 NFCMD 寄存器。
- 写 Nand Flash 地址到 NFADDR 寄存器。
- 读/写数据的同时，通过 NFSTAT 寄存器检测 Nand Flash 存储器状态，确定程序操作流程。

7.5.3　Nand Flash 控制功能寄存器

S3C2410A 提供了 6 个 Nand Flash 控制功能寄存器用于实现 Nand Flash 控制，它们的属性见表 7-13。

表 7-13　Nand Flash 控制器

寄存器	地址	读写属性	功能描述	初值
NFCONF	0X4E000000	读/写	配置 Nand Flash，位 15 为 1 使能 Nand Flash	—
NFCMD	0X4E000004	读/写	设置 Nand Flash 命令，低 8 位有效	—
NFADDR	0X4E000008	读/写	设置 Nand Flash 地址，低 8 位有效	—
NFDATA	0X4E00000C	读/写	Nand Flash 数据寄存器，低 8 位有效	—
NFSTAT	0X4E000010	只读	Nand Flash 操作状态，第 0 位有效	—
NFECC	0X4E000014	只读	Nand Flash ECC 寄存器，低 24 位有效	—

表 7-13 中除 NFCONF 和 NFECC 功能寄存器外，其他的较为简单。这里重点介绍 Nand Flash 的配置寄存器 NFCON 和错误纠正与检测寄存器 NFECC。

1. 配置寄存器（NFCONF）

配置寄存器（Nand Flash Configuration Register，NFCONF）的比特位功能见表7-14。

表7-14　NFCONF比特位功能表

比特位	功能描述	初值
[31:16]	保留	0x0
[15]	Nand Flash控制使能端：1=使能；0=禁止。复位后自动清0，使用时要置1	0
[14:13]	保留	—
[12]	初始化ECC：0=不初始化；1=初始化。由于S3C2410A只支持512字节的ECC检测，所以每512字节后重新初始化ECC	0
[11]	Nand Flash芯片nFCE控制位，自动模式后该位无效；0=nFCE有效，1=nFCE无效	—
[10:8]	TACLS：取值0~7，设置CLE&ALE的持续时间=HCLK×(TACLS+1)	000
[7]	保留	—
[6:4]	TWRPH0：取值0~7，设置TWRPH0的持续时间=HCLK×(TWRPH0+1)	000
[3]	保留	—
[2:0]	TWRPH1：取值0~7，设置TWRPH1的持续时间=HCLK×（TWRPH1+1）	000

注意：NFCONF寄存器中的3个设置值TACLS、TWRPH0、TWRPH1用来调节CLE/ALE与写信号nWE的时序关系，如图7-14所示。

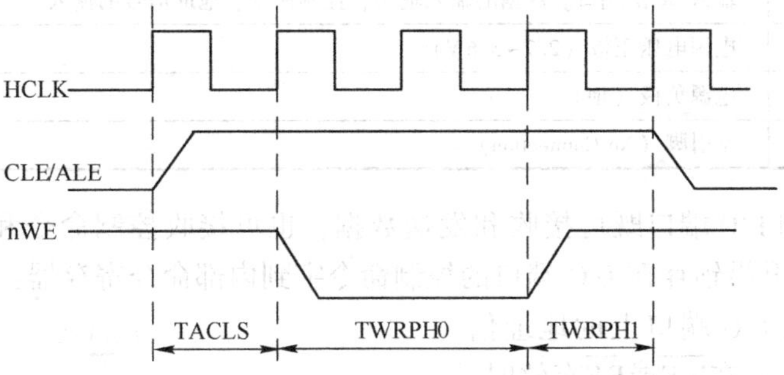

其中：TACLS=0, TWRPH0=1, TWRPH1=0。

图7-14　Nand Flash时序调整图

2. 错误纠正与检测寄存器（NFECC）

错误纠正与检测寄存器（Nand Flash Error Checking and Correcting Register，NFECC）检测和纠错Nand Flash存储器页中的数据信息，其各比特位的功能见表7-15。

表7-15　NFECC比特位功能表

比特位	功能描述	初值
[31:24]	保留	0x0
[23:16]	ECC2代码	—
[15:8]	ECC1代码	—
[7:0]	ECC0代码	—

S3C2410A支持Nand Flash的页面大小为512字节，在进行读/写操作页数据512字节时自动产生ECC奇偶检验纠错码。每512字节的数据就有3个字节的ECC奇偶检验纠错码ECC0、ECC1、ECC2。24位的检验纠错码是18位的行奇偶校验码加上6位的列奇偶检验码。当微处理器写数据到Nand Flash时，ECC部件自动产生ECC检验纠错码；当微处理器从这一页Nand Flash中读取数据时也产生ECC检验纠错码，只要将两者进行比较就可以判断该页存储器空间的好坏。

7.5.4 Nand Flash 的实用电路与程序设计

由于 Nor Flash 是通过存储器的总线系统接入应用系统的，对它的访问与存储器完全相同。而 Nand Flash 需要通过专用的 I/O 接口控制器接入系统，相对较为复杂，对它的访问也需要通过专门设计程序去完成。下面以 K9F1208U0M 为例介绍 Nand Flash 存储器实用接口电路设计和程序设计。

1. K9F1208U0M 实用电路设计

K9F1208U0M 的存储容量为 64 MB，数据线宽度为 8 位，采用 TSOP-48 封装，其主要引脚功能见表 7-16。

表 7-16　K9F1208U0M 主要引脚功能表

引 脚 名 称	功 能 描 述
ALE	地址锁存使能（Address Latch Enable）信号，高电平有效
CLE	命令锁存使能（Command Latch Enable）信号，高电平有效
$\overline{\text{CE}}$	片选使能（Chip Enable）信号，低电平有效
$\overline{\text{RE}}$	读使能（Read Enable）信号，低电平有效
$\overline{\text{WE}}$	写使能（Write Enable）信号，低电平有效
$\overline{\text{WP}}$	写保护（Write Pretect）信号
R/B	输出的“准备就绪/忙（Ready/Busy）”状态信号。=1 准备好；=0 忙
I/O0~I/O7	输入/输出端口。数据的输入输出，控制命令、地址信号的输入
VCC	电源电压正极（2.7~3.6 V）
VSS	电源负极（地）
N. C	空引脚（No Connection）

K9F1208U0M 的 I/O 端口既可接收和发送数据，也可接收控制命令和地址信息。在 CLE 有效时，在$\overline{\text{WE}}$的上升沿锁存在 I/O 端口的控制命令字到内部命令寄存器；在 ALE 有效时，在$\overline{\text{WE}}$的上升沿锁存在 I/O 端口上的地址信息到内部地址寄存器；在$\overline{\text{WE}}$或$\overline{\text{RE}}$有效时，利用$\overline{\text{WE}}$的上升沿将 I/O 端口的数据写入到内部缓冲区，利用$\overline{\text{RE}}$的下升沿将内部缓冲区的数据输出到 I/O 端口。由于 I/O 端口线的高度复用，大大减少了 CPU 的外接连线和芯片的总线数目，带来的是控制方式的复杂，微处理器 S3C2410A 专门为此内置了 Nand Flash 控制器，简化了接口电路的设计。S3C2410A 与 K9F1208U0M 的实用电路如图 7-15 所示。

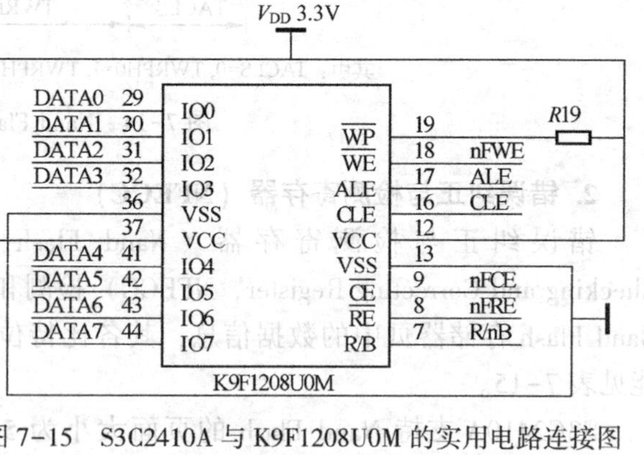

图 7-15　S3C2410A 与 K9F1208U0M 的实用电路连接图

在图 7-15 中，K9F1208U0M 的 ALE 和 CLE 引脚分别连接到 S3C2410A 的 ALE 和 CLE 引脚；8 位的 I/O7~I/O0 端口与 S3C2410A 的低 8 位数据线 DATA7~DATA0 相连接；$\overline{\text{CE}}$、$\overline{\text{RE}}$、$\overline{\text{WE}}$分别与 S3C2410A 的 nFCE、nFRE、nFWE 相连接；R/B 与 S3C2410A 的 R/nB 引脚相连接。

S3C2410A 的 NCOM 引脚通过上拉电阻接高电平（即采用 4 步寻址法）。系统使用 Nand Flash 进行自动启动引导时 OM1、OM0 均接地。

2. 实用程序设计

对于 K9F1208U0M 闪存来讲，程序设计的内容很多。下面主要介绍初始化程序、标准页写入程序和标准页读取程序。由于 S3C2410A 内部专门集成了 Nand Flash 控制器，因此编程的方法就是先熟悉 Nand Flash 芯片的性能、功能、各种时序控制和命令集等，以及 S3C2410A 的 Nand Flash 功能寄存器作用等相关内容，然后根据系统功能的需要设计通过对功能寄存器进行操作等完成任务。K9F1208U0M 的部分命令集见表 7-17。

表 7-17　K9F1208U0M 命令集

命令名称	命令字	功能描述
读 1（第 1、2 区）	0x00/0x01	分别用于读 1st/2nd 半页的内容
读 2（第 3 区）	0x50	用于读取每页中的 512~527 单元内容
读 ID	0x90	用于读取芯片的 ID
写入起始命令	0x80	是写入数据的开始命令
写入结束命令	0x10	是写入数据的终止命令
读状态命令	0x70	状态标志在 I/O0 位。1=Ready，0=Busy

下面进行 Nand Flash 初始化程序、读标准页程序和写标准页程序设计。

初始化程序主要完成的任务就是配置与 Nand Flash 相关的端子功能、设置 NFCONF 寄存器的初值。

读程序是应用程序使用最为频繁的，读操作是按页进行的，在页中的起始地址是可以改变的，但它的结束地址是不变的。过程是发送读命令→发送页中的开始地址（4 字节，低位地址在前，高位地址在后）→等待准备就绪信号→读出数据→结束。

写程序主要用于向 Nand Flash 闪存中烧写启动引导程序等代码，或作为辅助存储器时写入数据。写数据也是以页为单位进行操作，页中的起始地址可变，结束地址不变。过程是发送写命令（0x80）→发送页中的开始地址（4 字节，低位地址在前，高位地址在后）→发送数据→发送数据结束命令（0x10）→等待准备就绪信号→结束。

注意：$\overline{WP}$必须接无效电平——高电平。

```
#include"2410addr. h"
#define NF_nFCE_L()      {rNFCONF &= ~(1<<11);}          //片选信号 nFCE 无效
#define NF_nFCE_H()      {rNFCONF |=(1<<11);}            //片选信号 nFCE 有效
#define NF_CMD(cmd)      {rNFCMD=cmd;}                   //定义命令输入宏
#define NF_WAITRB()      {while(!(rNFSTAT&(1<<0)));}     //等待 R/B 准备就绪
void nand_ Init()
{
    //配置 GPA 口的相应端子分别为 nFCE、nFRE、nFWE、ALE、CLE
    rGPACON=rGPACON|(1<<22)|(1<<20)|(1<<19)|(1<<18)|(1<<17);
    //设置 NFCOF 配置寄存器:启用该芯片;初始化 ECC;nFCE 无效;TACLS = TWRPH0 = 0;
TWRPH1=3
    rNFCONF=( rNFCONF&~(1<<11))|(1<<15)|(1<<12)|(0<<8)|(3<<4)|(0<<0);
}
void Nand_WritePage(U32 WPage_No,U16 * Write_data)
{
    U32 page_no;
    U16 w_data;
    page_no=WPage_No;
    NF_nFCE_H();  //片选信号有效
```

```
        NF_CMD(0x80);                          //发送启动写命令
        rNFADDR=page_no&0xff;                  //发送 A7~A0 地址信号
        rNFADDR=(page_no>>9)&0xff;             //发送 A16~A9 地址信号
        rNFADDR=(page_no>>17)&0xff;            //发送 A24~A17 地址信号
        rNFADDR=(page_no>>25)&0xff;            //发送 A25 地址信号
        for(w_data=0;w_data<256;wdata++)
        {
            rNFDATA=*Write_data;
            Write_data++;
        }
        NF_CMD(0x10);                          //发送写数据终止命令
        NF_WAITRB();                           //等待操作完成,即 R/B 准备就绪
        NF_nFCE_L();                           //使片选信号无效
    }
    void Nand_ReadPage(U32 RPage_No,U8,xHalfPage)
    {
        U32 page_no;
        U16 w_data;
        page_no=xPage_No;
        NF_nFCE_H();                           //片选信号有效
        NF_CMD(xHalfPage);                     //发送读半页命令:0 读 1st Half page;1 读 2nd Half page
        rNFADDR=page_no&0xff;                  //发送 A7~A0 地址信号
        rNFADDR=(page_no>>9)&0xff;             //发送 A16~A9 地址信号
        rNFADDR=(page_no>>17)&0xff;            //发送 A24~A17 地址信号
        rNFADDR=(page_no>>25)&0xff;            //发送 A25 地址信号
        NF_WAITRB();
        for(w_data=0;w_data<256;wdata++)
        {
            *Read_data=rNFDATA;                //Read_data 是在本函数体外定义的一个数组或指针变量
            Read_data++;
        }
        NF_WAITRB();                           //等待操作完成,即 R/B 准备就绪
        NF_nFCE_L();                           //使片选信号无效
    }
```

7.6 SDRAM 存储器的电路设计

同步动态随机存储器 SDRAM 由于集成度高，单片存储容量大，读写速度快，因此在设计嵌入式系统时常作为主存储器使用。主要作为操作系统代码、应用程序代码的运行区域，以提高它们的运行速度。

1. HY57V561620 芯片介绍

SDRAM 类型的存储器芯片很多，其中 HY57V561620 系列是一种容量为 4 M×16 bit×4Bank 的 SDRAM 芯片，折算为通用的字节容量为 32 MB。其内部结构如图 7-16 所示。

- DQ0~DQ15 是芯片的 16 根数据总线引脚。
- A0~A12 是地址总线引脚，A0~A8 是行地址与列地址的复用线，行地址时是 RA0~RA12，列地址时是 CA8~CA0，即每 Bank 地址信号总线个数为 22，寻址空间为 2^{22} = 4 MB，存储器容量为 4×4 M×16 bit=32 MB。
- BA1、BA0 是块 Bank 地址引脚，在 $\overline{RAS}$（Row Address Strobe）有效时，所有选中的地址块被激活，在 $\overline{CAS}$（Column Address Strobe）有效时，对所有选中的地址块可进行读写操作。

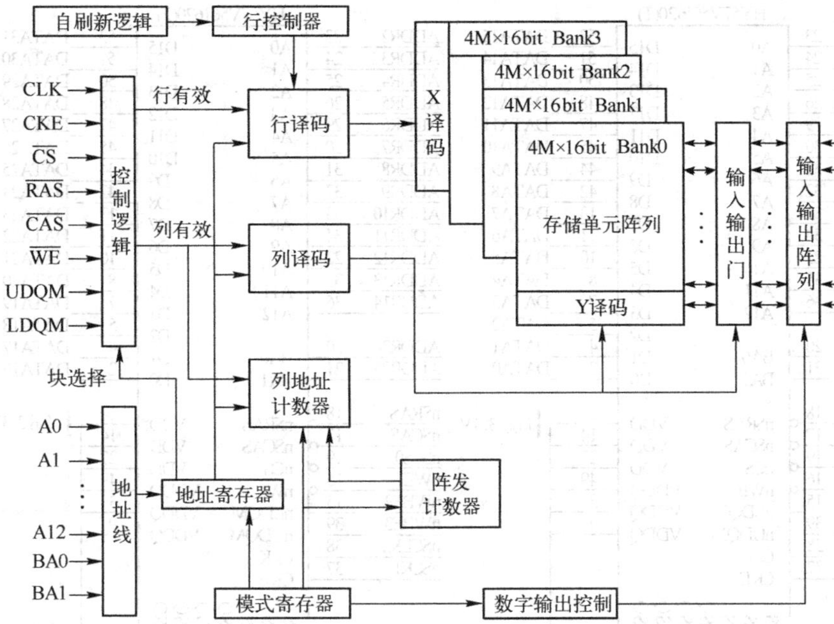

图 7-16　HY57V561620 系列 SDRAM 内部结构图

- CLK 是时钟信号引脚，SDRAM 的所有输入是在 CLK 的上升沿有效；CKE 是时钟信号使能引脚，当其无效时，SDRAM 处于省电模式。
- $\overline{CS}$、$\overline{WE}$、$\overline{RAS}$、$\overline{CAS}$分别是片选信号、写信号、行地址选通信号、列地址选通信号。
- LDQM、UDQM 是分别用于控制输入/输出的低字节数据和高字节数据。

2. 64 MB SDRAM 实用电路的结构

图 7-17 所示是用 2 片 16 位数据线、容量为 32 MB 的 HY57V561620 芯片实现的 32 位数据总线，容量为 64 MB 的接口连线图。

- 32 位数据总线的低 16 位（DATA15～DATA0）与芯片（1）数据线 D15～D0 相连，高 16 位（DATA31～DATA16）与芯片（2）数据线 D15～D0 相连。
- S3C2410A 地址线 ADDR25、ADDR24 用于选择 2 个 SDRAM 芯片的 Bank 块，ADDR14…ADDR2 与 2 个 SDRAM 芯片的 A12…A0 地址线相连，使用 nWBE0、nWBE1、nWBE2、nWBE3 与芯片（1）的 nLDQM、nUDQM 和芯片（2）的 nLDQM、nUDQM 分别相连，用于操作 32 位数据总线的低字节、次低字节、次高字节和高字节。

注意：微处理器芯片 nWBEi、nBEi、DQMi(i=0～3)均是同一引脚的标记。

- S3C2410A 的片选信号 nSCS0（用于 SDRAM）连接 2 片 SDRAM 的片选信号 nCS，它与 nGCS6（用于 SRAM）是同一引脚的不同标识，但代表的物理意义是相同的，都是作为 Bank6 存储器区的片选信号，这样 64 MB 的存储器空间地址范围是 0x30000000～0x33ffffff。
- S3C2410A 的 SDRAM 行地址锁存 nSRAS 信号、列地址锁存 nSCAS 信号、时钟使能 nSCKE 信号均与对应的芯片引脚相连接。时钟 nSCK0 信号、时钟 nSCK1 信号分别连接于 2 个芯片的时钟信号 CLK。
- 必须设置 BWSCON、BANKCOM6、REFRESH、BANKSIZE、MRSRB6 寄存器与 Bank6 SDRAM 存储器有关的所有内容。

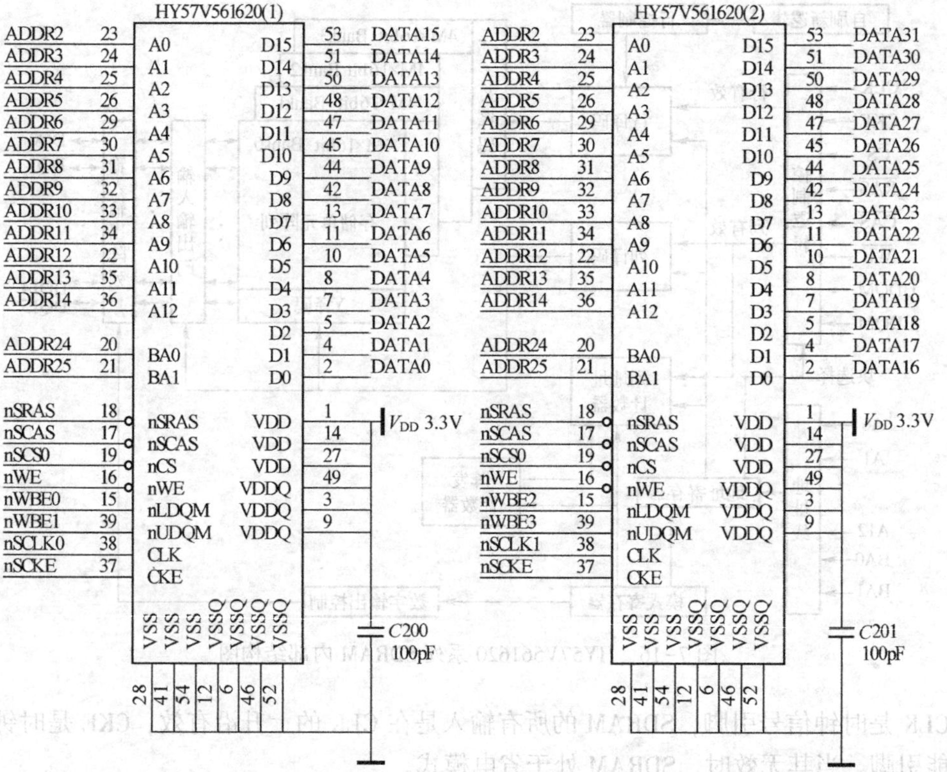

图 7-17 S3C2410A 与 SDRAM 连线图

习题

7-1 简述嵌入式存储器系统层次结构及特点。

7-2 简述 Cache 的分类与功能。

7-3 简述 MMU 的功能。

7-4 在 MMU 中什么是页？什么是页框？两者之间的关系是什么？

7-5 S3C2410A 从虚拟内存空间到物理内存的映射提供的 4 种划分页的方式是什么？

7-6 简述 MMU 从虚拟内存地址到物理内存地址的映射方法。

7-7 S3C2410A 的 Bank0~Bank7 都能配置哪些类型的存储器？它们各有什么特点？

7-8 存储器控制寄存器有哪些？它们各自的功能是什么？

7-9 使用 8 位/16 位/32 位存储器芯片扩展 8 位/16 位/32 位 ARM 存储器系统总线时，地址线、数据线及各控制线是如何连接的？

7-10 简述 NOR Flash 与 NAND Flash 的区别。

7-11 简述 Flash 存储器在嵌入式系统中的用途。

7-12 简述 S3C2410A NAND Flash 控制器的基本功能。

7-13 简述 Nand Flash 芯片的页数据读、写过程。

7-14 简述 Nand Flash 的引导、工作模式。

7-15 简述 SDRAM 的特点、芯片的内部结构、与 S3C2410A 的连接方法。

第8章 通用I/O端口和中断系统

嵌入式微处理器的I/O端口和中断系统在实时控制系统中起着举足轻重的作用。S3C2410A提供了117个可编程的通用I/O端口引脚，分为8组通用I/O端口（General Purpose I/O或General Parallel I/O）：通用端口A（GPA）、通用端口B（GPB）、…、通用端口H（GPH）、通用端口G（GPG）。特别是每组端口中的不同I/O引脚根据需要可以通过软件配置为输入引脚或输出引脚，或第3功能引脚甚至第4功能引脚，具有较多的输入/输出开关量，这对于实时控制系统来讲是至关重要的。

在CPU访问I/O外设的3种方法（程序查询方法、I/O中断方法和DMA方法）中，中断是实时性最好的方法，因为嵌入式系统大部分都应用于实时控制系统。S3C2410A的CPU提供了普通中断请求（Interrupt Request，IRQ）和快速中断请求（Fast Interrupt Request，FIQ）的请求方法，而且可以对外设I/O的56个中断源请求进行实时响应，这对于实时控制系统来说是非常必要的。S3C2410A中断系统的逻辑层次深、关系复杂，无论是硬件中断申请过程的形成，还是软件的具体执行流程。

8.1 S3C2410A的通用I/O端口

S3C2410A的8组通用I/O端口分别如下。

- 通用端口A（GPA）是1个23位只有输出功能的端口。
- 通用端口B（GPB）和通用端口H（GPH）是2个11位的I/O端口。
- 通用端口C（GPC）、通用端口D（GPD）、通用端口E（GPE）和通用端口G（GPG）是4个16位通用I/O端口。
- 通用端口F（GPF）是1个8位通用I/O端口。

使用I/O端口的方法首先根据端口引脚的实际使用功能，配置端口控制寄存器的对应位，通过配置端口上拉电阻寄存器确定对应的上拉电阻是否需要，最后对端口数据寄存器的读/写就可完成其输入或输出功能。

8.1.1 I/O端口的功能

S3C2410A的每个I/O端口都是多功能的，以下具体介绍每个端口引脚所具有的功能。

1. GPA端口引脚位功能

GPA的I/O引脚共有23根，每根引脚只具有两个输出功能，一个是通用输出端口；另一个是与Nand Flash相关的控制信号、与存储器有关的Bank0～Bank5的片选信号以及有关的地址线。见表8-1。

表8-1 GPA的引脚功能表

引脚名称	第1功能	第2功能	初　值
GPA22	输出	nFCE（Nand Flash片选信号）	—

（续）

引脚名称	第1功能	第2功能	初值
GPA21	输出	nRSTOUT（对外器件输出复位信号）	—
GPA20	输出	nFRE（Nand Flash 读信号）	—
GPA19	输出	nFWE（Nand Flash 写信号）	—
GPA18	输出	ALE（Nand Flash 地址锁存信号）	—
GPA17	输出	CLE（Nand Flash 命令锁存信号）	—
GPA16~GPA12	输出	nGCS0~nGCS5（Bank0~Bank5 片选信号）	—
GPA11~GPA1	输出	ADDR26~ADDR16（地址线 26~16）	—
GPA0	输出	ADDR0（地址线 0）	—

说明：表 8-1 中字符“—”表示目前未定义。在以后的表中均代表此含义，不再说明。

2. GPB 端口引脚位功能

GPB 引脚共有 11 根，每个引脚具有通用输入，或通用输出，或具有与 DMA 有关的信号线、与定时器有关的时钟信号及输出引脚线等第 3 功能，见表 8-2。

表 8-2　GPB 的引脚功能表

引脚名称	第1、2功能	第3功能	第4功能
GPB10	输入/输出	nXDREQ0（DMA 请求 0）	—
GPB9	输入/输出	nXDACK0（DMA 应答 0）	—
GPB8	输入/输出	nXDREQ1（DMA 请求 1）	—
GPB7	输入/输出	nXDACK1（DMA 应答 1）	—
GPB6	输入/输出	nXBREQ（总线请求）	—
GPB5	输入/输出	nXBACK（总线应答）	—
GPB4	输入/输出	TCLK0（T0T1 外输入时钟）	—
GPB3	输入/输出	TOUT3（T3 时钟输出）	—
GPB2	输入/输出	TOUT2（T2 时钟输出）	—
GPB1	输入/输出	TOUT1（T1 时钟输出）	—
GPB0	输入/输出	TOUT0（T0 时钟输出）	—

3. GPC 端口引脚位功能

GPC 引脚共有 16 根，每个引脚具有通用输入或通用输出，或与 LCD 有关的控制信号线和数据线等第 3 功能，见表 8-3。

表 8-3　GPC 的引脚功能表

引脚名称	第1、2功能	第3功能	第4功能
GPC15~GPC8	输入/输出	VD7~VD0（LCD 数据线 7~0）	—
GPC7	输入/输出	LCDVF2（LCD 时钟控制线 2）	—
GPC6	输入/输出	LCDVF1（LCD 时钟控制线 1）	—
GPC5	输入/输出	LCDVF0（LCD 时钟控制线 0）	—
GPC4	输入/输出	VM（LCD 电源极性控制信号）	—

（续）

引脚名称	第1、2功能	第3功能	第4功能
GPC3	输入/输出	VFRAME（LCD 帧扫描信号）	—
GPC2	输入/输出	VLINE（LCD 行扫描信号）	—
GPC1	输入/输出	VCLK（LCD 像素时钟信号）	—
GPC0	输入/输出	LEND（LCD 行截止信号）	—

4. GPD 端口引脚位功能

GPD 引脚共有 16 根，每个引脚具有通用输入或通用输出，或具有 LCD 数据线的第 3 功能，部分引脚还具有第 4 功能，见表 8-4。

表 8-4 GPD 的引脚功能表

引脚名称	第1、2功能	第3功能	第4功能
GPD15	输入/输出	VD23（LCD 数据线 23）	nSS0
GPD14	输入/输出	VD22（LCD 数据线 22）	nSS1
GPD13～GPD0	输入/输出	VD21～VD8（LCD 数据线 21～8）	—

表 8-4 中的 nSS0、nSS1 在 SPI 为从设备时作为芯片选择信号。

5. GPE 端口引脚位功能

GPE 引脚共有 16 根，每个引脚具有通用输入或通用输出，或与 I^2C 接口、SPI 接口、I^2S 接口有关的第 3 功能，部分引脚还具有第 4 功能，见表 8-5。

表 8-5 GPE 的引脚功能表

引脚名称	第1、2功能	第3功能	第4功能
GPE15	输入/输出	IICSDA（I^2C 数据线）	—
GPE14	输入/输出	IICSCL（I^2C 时钟线）	—
GPE13	输入/输出	SPICLK0（SPI 时钟线 0）	—
GPE12	输入/输出	SPIMOSI0（SPI 主出从入线 0）	—
GPE11	输入/输出	SPIMISO0（SPI 主入从出线 0）	—
GPE10～GPE7	输入/输出	SDDAT3～SDDAT0（SD 卡数据线 3～0）	—
GPE6	输入/输出	SDCMD（SD 命令线）	—
GPE5	输入/输出	SDCLK（SD 时钟线）	—
GPE4	输入/输出	I^2SSDO（I^2S 串行数据输出线）	I^2SSDI
GPE3	输入/输出	I^2SSDI（I^2S 串行数据输入线）	nSS0
GPE2	输入/输出	CDCLK（I^2C 编码时钟）	—
GPE1	输入/输出	I^2SSCLK（I^2S 串行时钟）	—
GPE0	输入/输出	I^2SLRCK（I^2S 通道选择时钟）	—

6. GPF 端口引脚位功能

GPF 引脚共有 8 根，每个引脚具有输入或输出，或外部中断引脚 EINT7～EINT0 的第 3 功能，见表 8-6。

表 8-6　GPF 的引脚功能表

引脚名称	第 1、2 功能	第 3 功能	第 4 功能
GPF7~0	输入/输出	EINT7（外部中断 7~0）	—

7. GPG 端口引脚位功能

GPG 引脚共有 16 根，每个引脚具有输入或输出，或外部中断引脚 EINT23~EINT8 的第 3 功能，部分引脚还具有触摸屏、SPI 接口等有关的第 4 功能，见表 8-7。

表 8-7　GPG 的引脚功能表

引脚名称	第 1、2 功能	第 3 功能	第 4 功能
GPG15	输入/输出	EINT23（外中断 23）	nYPON（LCD y 轴电源正极控制信号）
GPG14	输入/输出	EINT22（外中断 22）	YMON（LCD y 轴电源负极控制信号）
GPG13	输入/输出	EINT21（外中断 21）	nXPON（LCD x 轴电源正极控制信号）
GPG12	输入/输出	EINT20（外中断 20）	XMON（LCD x 轴电源负极控制信号）
GPG11	输入/输出	EINT19（外中断 19）	TCLK1（T2、T3、T4 外部输入时钟端）
GPG10	输入/输出	EINT18（外中断 18）	—
GPG9	输入/输出	EINT17（外中断 17）	—
GPG8	输入/输出	EINT16（外中断 16）	—
GPG7	输入/输出	EINT15（外中断 15）	SPICLK1（SPI 时钟信号 1）
GPG6	输入/输出	EINT14（外中断 14）	SPIMOSI1（SPI 主出从入端 1）
GPG5	输入/输出	EINT13（外中断 13）	SPIMISO1（SPI 主入从出端 1）
GPG4	输入/输出	EINT12（外中断 12）	LCD_ PWREN（LCD 电源使能信号）
GPG3	输入/输出	EINT11（外中断 11）	nSS1（SPI 为从设备时芯片的片选信号 1）
GPG2	输入/输出	EINT10（外中断 10）	nSS0（SPI 为从设备时芯片的片选信号 0）
GPG1	输入/输出	EINT9（外中断 9）	—
GPG0	输入/输出	EINT8（外中断 8）	—

8. GPH 端口引脚位功能

GPH 引脚共有 11 根，每个引脚具有通用输入或通用输出，或与 UART、外部时钟输出有关的第 3 功能，部分引脚还具有与 UART 控制信号有关的第 4 功能，见表 8-8。

表 8-8　GPH 的引脚功能表

引脚名称	第 1、2 功能	第 3 功能	第 4 功能
GPH10	输入/输出	CLKOUT0（外部使用时钟 0）	—
GPH9	输入/输出	CLKOUT1（外部使用时钟 1）	—
GPH8	输入/输出	UEXTCLK（串口外输入时钟）	—
GPH7	输入/输出	RXD2（串口 2 接收端）	nCTS1（串口 1 允许发送）
GPH6	输入/输出	TXD2（串口 2 发送端）	nRTS1（串口 1 请求发送）
GPH5	输入/输出	RXD1（串口 1 接收端）	—
GPH4	输入/输出	TXD1（串口 1 发送端）	—
GPH3	输入/输出	RXD0（串口 0 接收端）	—

（续）

引脚名称	第 1、2 功能	第 3 功能	第 4 功能
GPH2	输入/输出	TXD0（串口 0 发送端）	—
GPH1	输入/输出	nRTS0（串口 0 请求发送）	—
GPH0	输入/输出	nCTS0（串口 0 允许发送）	—

8.1.2 通用 I/O 端口功能寄存器

通用 I/O 端口功能寄存器包括 8 个端口控制寄存器（GPACON～GPHCON）、8 个端口数据寄存器（GPADAT～GPHDAT）和 7 个端口上拉寄存器（GPBUP～GPHUP）。

由于在 S3C2410A 中，I/O 端口引脚都是复用的，所以对于每一个 I/O 端口引脚都需要通过端口控制寄存器（GPnCON）来配置。

配置完成后，就可以通过端口的数据寄存器（GPADAT～GPHDAT）来读/写。端口数据寄存器使用的数据比特位数与端口的位数相一致，并且从 b0 开始使用。例如，通用端口 GPB 是一个 11 位的输入/输出端口，则它的数据寄存器 GPBDAT 只使用其 b10～b0，共 11 位。

注意：对于数据寄存器（GPADAT～GPHDAT）的写操作一定要留心。例如，对于通用端口 GPB 共有 11 位，有的引脚定义为输入，有的引脚定义为输出或第 3 功能，写操作时最好用“位操作”指令功能，只给作为输出的位写数据，其他的引脚信息保持不变。

对于端口上拉电阻寄存器（GPBUP～GPHUP），每个上拉电阻寄存器比特位的使用与它的数据寄存器要一一对应。一般作为输出端子时，需要使能上拉电阻，将其对应的比特位清“0”；作为输入端子时，需要禁止上拉电阻，将其对应的比特位置“1”。实际使用时要根据具体的电路决定，禁止上拉电阻时，此时的该端子电路等价为一个集电极开路（OC 门）的输出。

由于端口数据寄存器（GPADAT～GPHDAT）和端口上拉电阻寄存器（GPBUP～GPHUP）的作用和所使用的比特位已经清楚了，以下重点介绍端口控制寄存器（GPACON～GPHCON）。

1. 端口 A 功能寄存器

端口 A 的功能寄存器包括端口 A 控制寄存器 GPACON（使用 23 位）、端口 A 数据寄存器 GPADAT（使用 23 位）。它们的属性见表 8-9，GPACON 的位功能见表 8-10。

表 8-9 GPA 功能寄存器属性表

寄存器名	地址	读写属性	描 述	初值
GPACON	0x56000000	读/写	控制端口 A 的各引脚功能	0x0
GPADAT	0x56000004	读/写	端口 A 数据寄存器，使用 b22～b0	—
保留	0x56000008	读/写	保留	—

表 8-10 GPACON 位功能表

引脚符号	比特位	功能描述	初值
GPA22	[22]	0=输出；1=nFCE（Nand Flash 片选信号）	1
GPA21	[21]	0=输出；1=nRSTOUT（对外部芯片提供复位信号）	1
GPA20	[20]	0=输出；1=nFRE（Nand Flash 读信号）	1

（续）

引脚符号	比特位	功能描述	初值
GPA19	[19]	0=输出；1=nFWE（Nand Flash 写信号）	1
GPA18	[18]	0=输出；1=ALE（Nand Flash 地址允许锁存）	1
GPA17	[17]	0=输出；1=CLE（Nand Flash 命令允许锁存）	1
GPA16	[16]	0=输出；1=nGCS5（Bank5 片选信号）	1
GPA15	[15]	0=输出；1=nGCS4（Bank4 片选信号）	1
GPA14	[14]	0=输出；1=nGCS3（Bank3 片选信号）	1
GPA13	[13]	0=输出；1=nGCS2（Bank2 片选信号）	1
GPA12	[12]	0=输出；1=nGCS1（Bank1 片选信号）	1
GPA11~1	[11:1]	0=输出；1=ADDR26~16（地址线 26~16）	1
GPA0	[0]	0=输出；1=ADDR0（地址线 0）	1

2. 端口 B 功能寄存器

端口 B 的功能寄存器包括端口 B 控制寄存器 GPBCON（使用 22 位）、端口 B 数据寄存器 GPBDAT（使用 11 位）、端口 B 上拉电阻寄存器 GPBUP（使用 11 位）。它们的属性见表 8-11，GPBCON 的位功能见表 8-12。

表 8-11　GPB 功能寄存器属性表

寄存器名	地址	读写属性	描　述	初值
GPBCON	0x56000010	读/写	控制端口 B 的各引脚功能	0x0
GPBDAT	0x56000014	读/写	端口 B 数据寄存器，使用 b10~b0	—
GPBUP	0x56000018	读/写	使能端口 B 各引脚上拉电阻	0x0

表 8-12　GPBCON 位功能表

引脚符号	比特位	功能描述	初值
GPB10	[21:20]	00=输入；01=输出；10=nXDREQ0（DMA0 请求）；11=保留	00
GPB9	[19:18]	00=输入；01=输出；10=nXDACK0（DMA0 应答）；11=保留	00
GPB8	[17:16]	00=输入；01=输出；10=nXDREQ1（DMA1 请求）；11=保留	00
GPB7	[15:14]	00=输入；01=输出；10=nXDACK1（DMA1 应答）；11=保留	00
GPB6	[13:12]	00=输入；01=输出；10=nXBREQ（总线请求）；11=保留	00
GPB5	[11:10]	00=输入；01=输出；10=nXBACK（总线应答）；11=保留	00
GPB4	[9:8]	00=输入；01=输出；10=TCLK0（T0、T1 外入时钟）；11=保留	00
GPB3	[7:6]	00=输入；01=输出；10=TOUT3（T3 输出信号）；11=保留	00
GPB2	[5:4]	00=输入；01=输出；10=TOUT2（T2 输出信号）；11=保留	00
GPB1	[3:2]	00=输入；01=输出；10=TOUT1（T1 输出信号）；11=保留	00
GPB0	[1:0]	00=输入；01=输出；10=TOUT0（T0 输出信号）；11=保留	00

3. 端口 C 功能寄存器

端口 C 的功能寄存器包括端口 C 控制寄存器 GPCCON（使用 32 位）、端口 C 数据寄存器 GPCDAT（使用 16 位）、端口 C 上拉电阻寄存器 GPCUP（使用 16 位）。它们的属性见表 8-13，

GPCCON 的位功能见表 8-14。

表 8-13　GPC 功能寄存器属性表

寄存器名	地址	读写属性	描　述	初值
GPCCON	0x56000020	读/写	控制端口 C 的各引脚功能	0x0
GPCDAT	0x56000024	读/写	端口 C 数据寄存器，使用 b15～b0	—
GPCUP	0x56000028	读/写	使能端口 C 各引脚上拉电阻	0x0

表 8-14　GPCCON 位功能表

引脚符号	比特位	功 能 描 述	初值
GPC15	[31:30]	00=输入；01=输出；10=VD7（LCD 数据线 7）；11=保留	00
GPC14～8	[29:16]	00=输入；01=输出；10=VD6～0（LCD 数据线 6～0）；11=保留	0x0
GPC7	[15:14]	00=输入；01=输出；10=LVDVF2（LCD 时控 2）；11=保留	00
GPC6	[13:12]	00=输入；01=输出；10=LCDVF1（LCD 时控 1）；11=保留	00
GPC5	[11:10]	00=输入；01=输出；10=LCDVF0（LCD 时控 0）；11=保留	00
GPC4	[9:8]	00=输入；01=输出；10=VM（LCD 电压极性选择）；11=保留	00
GPC3	[7:6]	00=输入；01=输出；10=VFRAME（LCD 帧扫描）；11=保留	00
GPC2	[5:4]	00=输入；01=输出；10=VLINE（LCD 行扫描信号）；11=保留	00
GPC1	[3:2]	00=输入；01=输出；10=VCLK（LCD 时钟信号）；11=保留	00
GPC0	[1:0]	00=输入；01=输出；10=LEND（LCD 行截止信号）；11=保留	00

4. 端口 D 功能寄存器

端口 D 的功能寄存器包括端口 D 控制寄存器 GPDCON（使用 32 位）、端口 D 数据寄存器 GPDDAT（使用 16 位）、端口 D 上拉电阻寄存器 GPDUP（使用 16 位）。它们的属性见表 8-15，GPDCON 的位功能见表 8-16。

表 8-15　GPD 功能寄存器属性表

寄存器名	地址	读写属性	描　述	初值
GPDCON	0x56000030	读/写	控制端口 D 的各引脚功能	0x0
GPDDAT	0x56000034	读/写	端口 D 数据寄存器，使用 b15～b0	—
GPDUP	0x56000038	读/写	使能端口 D 各引脚上拉电阻	0x0

表 8-16　GPDCON 位功能表

引脚符号	比特位	功 能 描 述	初值
GPD15	[31:30]	00=输入；01=输出；10=VD23（LCD 数据线 23）；11=nSS0	00
GPD14	[29:28]	00=输入；01=输出；10=VD22（LCD 数据线 22）；11=nSS1	00
GPD13～0	[27:0]	00=输入；01=输出；10=VD21～8（LCD 数据线 21～8）；11=保留	00

5. 端口 E 功能寄存器

端口 E 的功能寄存器包括端口 E 控制寄存器 GPECON（使用 32 位）、端口 E 数据寄存器 GPEDAT（使用 16 位）、端口 E 上拉电阻寄存器 GPEUP（使用 16 位）。它们的属性见表 8-17，GPECON 的位功能见表 8-18。

表 8-17　GPE 功能寄存器属性表

寄存器名	占用地址	读写控制	描　述	初值
GPECON	0x56000040	读/写	控制端口 E 的各引脚功能	0x0
GPEDAT	0x56000044	读/写	端口 E 数据寄存器，使用 b15~b0	—
GPEUP	0x56000048	读/写	使能端口 E 各引脚上拉电阻	0x0

表 8-18　GPECON 位功能表

引脚符号	比特位	功能描述	初值
GPE15	[31:30]	00=输入；01=输出；10=IICSDA（I^2C 数据线）；11=保留	00
GPE14	[29:28]	00=输入；01=输出；10=IICSCL（I^2C 时钟线）；11=保留	00
GPE13	[27:26]	00=输入；01=输出；10=SPICLK（SPI 时钟）；11=保留	00
GPE12	[25:24]	00=输入；01=输出；10=SPIMOSI0（SPI 主出从入）；11=保留	00
GPE11	[23:22]	00=输入；01=输出；10=SPIMISO0（SPI 主入从出）；11=保留	00
GPE10	[21:20]	00=输入；01=输出；10=SDDAT3（SD 卡数据线 3）；11=保留	00
GPE9	[19:18]	00=输入；01=输出；10=SDDAT2（SD 卡数据线 2）；11=保留	00
GPE8	[17:16]	00=输入；01=输出；10=SDDAT1（SD 卡数据线 1）；11=保留	00
GPE7	[15:14]	00=输入；01=输出；10=SDDAT0（SD 卡数据线 0）；11=保留	00
GPE6	[13:12]	00=输入；01=输出；10=SDCMD（SD 卡命令线）；11=保留	00
GPE5	[11:10]	00=输入；01=输出；10=SDCLK（SD 卡时钟）；11=保留	00
GPE4	[9:8]	00=输入；01=输出；10=I^2SSDO（I^2S 数据输出）；11=I^2SSDI	00
GPE3	[7:6]	00=输入；01=输出；10=I^2SSDI（I^2S 数据输入）；11=nSS0	00
GPE2	[5:4]	00=输入；01=输出；10=CDCLK（I^2C 编码时钟）；11=保留	00
GPE1	[3:2]	00=输入；01=输出；10=I^2SSCLK（I^2S 串行时钟）；11=保留	00
GPE0	[1:0]	00=输入；01=输出；10=I^2SLRCK（I^2S 通道选择时钟）；11=保留	00

表 8-18 中的 I^2SSDI、nSS0 分别是 I^2S 接口的串行数据输入线和当 SPI 为从设备时作为芯片的片选信号。

6. 端口 F 功能寄存器

端口 F 的功能寄存器包括端口 F 控制寄存器 GPFCON（使用 16 位）、端口 F 数据寄存器 GPFDAT（使用 8 位）、端口 F 上拉电阻寄存器 GPFUP（使用 8 位）。它们的属性见表 8-19，GPFCON 的位功能见表 8-20。

表 8-19　GPF 功能寄存器属性表

寄存器名	占用地址	读写属性	描　述	初值
GPFCON	0x56000050	读/写	控制端口 F 的各引脚功能	0x0
GPFDAT	0x56000054	读/写	端口 F 数据寄存器，使用 b7~b0	—
GPFUP	0x56000058	读/写	使能端口 F 各引脚上拉电阻	0x0

表 8-20　GPFCON 位功能表

引脚符号	比特位	功能描述	初值
GPF7	[15:14]	00=输入；01=输出；10=EINT7（外部中断 7）；11=保留	00
GPF6~0	[13:0]	00=输入；01=输出；10=EINT6~0（外部中断 6~0）；11=保留	00

7. 端口 G 功能寄存器

端口 G 的功能寄存器包括端口 G 控制寄存器 GPGCON（使用 32 位）、端口 G 数据寄存器 GPGDAT（使用 16 位）、端口 G 上拉电阻寄存器 GPGUP（使用 16 位）。它们的属性见表 8-21，GPGCON 的位功能见表 8-22。

表 8-21　GPG 功能寄存器属性表

寄存器名	占用地址	读写属性	描　述	初值
GPGCON	0x56000060	读/写	控制端口 G 的各引脚功能	0x0
GPGDAT	0x56000064	读/写	端口 G 数据寄存器，使用 b15～b0	—
GPGUP	0x56000068	读/写	使能端口 G 各引脚上拉电阻	0x0

表 8-22　GPGCON 位功能表

引脚符号	比特位	功 能 描 述	初值
GPG15	[31:30]	00=输入；01=输出；10=EINT23（外部中断 23）；11=nYPON	00
GPG14	[29:28]	00=输入；01=输出；10=EINT22（外部中断 22）；11=YMON	00
GPG13	[27:26]	00=输入；01=输出；10=EINT21（外部中断 21）；11=nXPON	00
GPG12	[25:24]	00=输入；01=输出；10=EINT20（外部中断 20）；11=XMON	00
GPG11	[23:22]	00=输入；01=输出；10=EINT19（外部中断 19）；11=TCLK1	00
GPG10	[21:20]	00=输入；01=输出；10=EINT18（外部中断 18）；11=保留	00
GPG9	[19:18]	00=输入；01=输出；10=EINT17（外部中断 17）；11=保留	00
GPG8	[17:16]	00=输入；01=输出；10=EINT16（外部中断 16）；11=保留	00
GPG7	[15:14]	00=输入；01=输出；10=EINT15（外部中断 15）；11=SPICLK1	00
GPG6	[13:12]	00=输入；01=输出；10=EINT14（外部中断 14）；11=SPIMOSI1	00
GPG5	[11:10]	00=输入；01=输出；10=EINT13（外部中断 13）；11=SPIMISO1	00
GPG4	[9:8]	00=输入；01=输出；10=EINT12（外部中断 12）； 11=LCD_PWREN（LCD 电源使能信号）	00
GPG3	[7:6]	00=输入；01=输出；10=EINT11（外部中断 11）；11=nSS1	00
GPG2	[5:4]	00=输入；01=输出；10=EINT10（外部中断 10）；11=nSS0	00
GPG1	[3:2]	00=输入；01=输出；10=EINT9（外部中断 9）；11=保留	00
GPG0	[1:0]	00=输入；01=输出；10=EINT8（外部中断 8）；11=保留	00

8. 端口 H 功能寄存器

端口 H 的功能寄存器包括端口 H 控制寄存器 GPHCON（使用 22 位）、端口 H 数据寄存器 GPHDAT（使用 11 位）、端口 H 上拉电阻寄存器 GPHUP（使用 11 位）。它们的属性见表 8-23，GPHCON 的位功能见表 8-24。

表 8-23　GPH 功能寄存器属性表

寄存器名	占用地址	读写属性	描　述	初值
GPHCON	0x56000070	读/写	控制端口 H 的各引脚功能	0x0
GPHDAT	0x56000074	读/写	端口 H 数据寄存器，使用 b10～b0	—
GPHUP	0x56000078	读/写	使能端口 H 各引脚上拉电阻	0x0

表 8-24 GPHCON 位功能表

引脚符号	比特位	功能描述	初值
GPH10	[21:20]	00=输入；01=输出；10=CLKOUT1（外使用时钟 1）；11=保留	00
GPH9	[19:18]	00=输入；01=输出；10=CLKOUT0（外使用时钟 0）；11=保留	00
GPH8	[17:16]	00=输入；01=输出；10=UEXTCLK（串口外时钟）；11=保留	00
GPH7	[15:14]	00=输入；01=输出；10=RXD2（串口 2 接收）；11=nCTS1	00
GPH6	[13:12]	00=输入；01=输出；10=TXD2（串口 2 发送）；11=nRTS1	00
GPH5	[11:10]	00=输入；01=输出；10=RXD1（串口 1 接收）；11=保留	00
GPH4	[9:8]	00=输入；01=输出；10=TXD1（串口 1 发送）；11=保留	00
GPH3	[7:6]	00=输入；01=输出；10=RXD0（串口 0 接收）；11=保留	00
GPH2	[5:4]	00=输入；01=输出；10=TXD0（串口 0 发送）；11=保留	00
GPH1	[3:2]	00=输入；01=输出；10=nRTS0（串口 0 请求发送）；11=保留	00
GPH0	[1:0]	00=输入；01=输出；10=nCTS0（串口 0 允许发送）；11=保留	00

8.1.3 其他端口功能寄存器

其他端口功能寄存器主要有外部时钟控制寄存器（DCLK Control Register，DCLKCON），多控制寄存器（Miscellaneous Control Register，MISCCR）和 5 个通用状态寄存器 GSTATUS0~GSTATUS4。

这些端口寄存器属性见表 8-25，以下分别介绍各寄存器的位功能。

表 8-25 其他端口寄存器属性表

寄存器名	占用地址	读写属性	描述	初值
MISCCR	0x56000080	读/写	控制 SDRAM、USB 等引脚功能	0x10330
DCLKCON	0x56000084	读/写	控制 DCLK 时钟信号的产生	0x0
GSTATUS0	0x560000AC	只读	读取外部的一些引脚状态	—
GSTATUS1	0x560000B0	只读	读取芯片 ID	0x32410000
GSTATUS2	0x560000B4	读/写	描述一些复位状态信号	0x1
GSTATUS3	0x560000B8	读/写	信息通告，使用复位信号等复位	0x0
GSTATUS4	0x560000BC	读/写	信息通告，使用复位信号等复位	0x0

1. 多控制寄存器（MISCCR）

多控制寄存器（MISCCR）的位功能见表 8-26，它控制 SDRAM 存储器在掉电模式时的信号选取，USB 端口模式、USB 主机或器件的选择，S3C2410A 输出外部时钟 CLKOUT0（GPH9）、CLKOUT1（GPH10）的选择，数据线上拉电阻的使能等。

表 8-26 MISCCR 寄存器位功能表

比特位	位功能符号	功能描述	初值
[31:20]	Reserved	保留	0x0
[19]	nEN_SCKE	在节电模式下 SDRAM 的保护： 0=SCKE 正常；1=SCKE 低电平	0
[18]	nEN_SCLK1	在节电模式下 SDRAM 的保护： 0=SCLK1 等于 SCLK；1=SCLK1 为低电平	0

（续）

比特位	位功能符号	功 能 描 述	初值
[17]	nEN_SCLK0	在节电模式下 SDRAM 的保护： 0=SCLK0 等于 SCLK；1=SCLK0 为低电平	0
[16]	nRSTCON	用于 nRSTCON 软件控制： 0=nRSTCON 信号为 0；1=nRSTCON 信号为 1	1
[15 :14]	Reserved	保留	00
[13]	USBSUBPEND1	确定 USB 端口 1 模式：0=正常；1=悬挂	0
[12]	USBSUBPEND0	确定 USB 端口 0 模式：0=正常；1=悬挂	0
[11]	Reserved	保留	0
[10 :8]	CLKSEL1	选择 CLKOUT1 的输出时钟源： 000=MPLL CLK；001=UPLL CLK；010=FCLK； 011=HCLK；100=PCLK；101=DCLK1；11x=保留	011
[7]	Reserved	保留	0
[6 :4]	CLKSEL0	选择 CLKOUT0 的输出时钟源： 000=MPLL CLK；001=UPLL CLK；010=FCLK； 011=HCLK；100=PCLK；101=DCLK0；11x=保留	011
[3]	USBPAD	确定 USB 的模式：0=正常；1=悬挂	0
[2]	MEM_HZ_CON	当 CLKCON[0] = 1 时，影响存储器信号线 nGCS[7:0]，nWE，nOE，nBE[3:0]，nSRAS，nSCAS，ADDR[26:0] 0=高阻；1=保持	0
[1]	SPUCR_L	确定数据线低 16 位的上拉电阻：0=使能；1=禁止	0
[0]	SPUCR_H	确定数据线高 16 位的上拉电阻：0=使能；1=禁止	0

2. 外部时钟控制寄存器（DCLKCON）

外部时钟控制寄存器（DCLKCON）的位功能见表 8-27。该控制寄存器主要用于控制 S3C2410A 输出引脚 DCLK0（引脚序号为 F13）、DCLK1（引脚序号为 F14）的时钟信号，包括频率和占空比。其输入时钟源可以是 PCLK 或 UCLK。

表 8-27　DCLKCON 寄存器位功能表

比特位	位功能符号	功 能 描 述	初值
[31 :28]	Reserved	保留	0000
[27 :24]	DCLK1CMP	确定 DCLK1 的占空比	0000
[23 :20]	DCLK1DIV	确定 DCLK1 的分频系数	0000
[19 :18]	Reserved	保留	00
[17]	DCLK1SelCK	选择 DCLK1 的时钟源：0=PCLK；1=UCLK	0
[16]	DCLK1EN	DCLK1 的使能位：0=禁止；1=使能	0
[15 :12]	Reserved	保留	00
[11 :8]	DCLK0CMP	确定 DCLK0 的占空比	0000
[7 :4]	DCLK0DIV	确定 DCLK0 的分频系数	0000
[3 :2]	Reserved	保留	00
[1]	DCLK0SelCK	选择 DCLK0 的时钟源：0=PCLK；1=UCLK	0
[0]	DCLK0EN	DCLK0 的使能位：0=禁止；1=使能	0

通过设置 DCLKCON 寄存器可以定义 DCLKn（n=0 或 1）时钟信号的频率和占空比。例如，若 DCLKnCMP 取 M，DCLKnDIV 取 N，则有

$$F(DCLKn)=时钟源频率/(N+1)$$

DCLKn 的低电平宽度为 M+1，高电平宽度为（N+1）-（M+1）。DCLKn 的输出波形如图 8-1 所示。

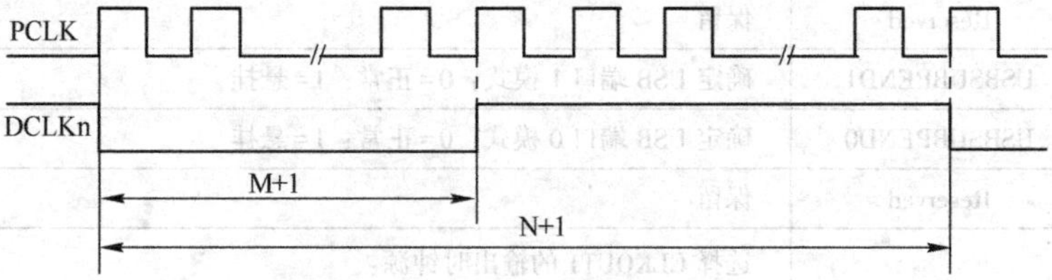

图 8-1　DCLKn 输出波形图

3. 通用状态寄存器（GSTATUS0）

该寄存器为只读寄存器，仅使用了最低的 4 位，它们的位功能见表 8-28。

表 8-28　GSTATUS0 状态寄存器位功能表

比特位	位功能符号	功 能 描 述	初值
[31:4]	Reserved	保留	—
[3]	nWAIT	总线引脚 nWAIT 的状态	—
[2]	NCON	NCON 引脚的状态。Nand Flash 配置端口，当不使用 Nand Flash 时外接上拉电阻	—
[1]	R/nB	Nand Flash 的 R/nB 状态	—
[0]	nBATT_FLT	nBATT_FLT 引脚的状态，用于电池检测	—

4. 通用状态寄存器（GSTATUS1）

该寄存器是只读寄存器，用于存储芯片 ID，数据是 0x32410000。

5. 通用状态寄存器（GSTATUS2）

该寄存器是可读/写的状态寄存器，用于反映 ARM 复位的原因，位功能见表 8-29。

表 8-29　GSTATUS2 状态寄存器位功能表

比特位	位功能符号	功 能 描 述	初值
[31:3]	Reserved	保留	—
[2]	WDTRST	由看门狗复位。对该位写“1”时清“0”	0
[1]	OFFRST	从掉电模式唤醒后复位。对该位写“1”时清“0”	0
[0]	PWRST	由电源复位。对该位写“1”时清“0”	1

6. 通用状态寄存器 GSTATUS3 和 GSTATUS4

通用状态寄存器 GSTATUS3 和 GSTATUS4 是信息状态寄存器，可通过 nRESET 或看门狗清除。

8.1.4　通用 I/O 端口程序综合设计示例

示例硬件是设计一个按键开关电路和 LED 显示电路。软件的功能是，当按下 Sn（n=1~

4）时，LED1～LED4 依次重复显示 3 次，时间间隔为 n 个时间单位。

1. 硬件电路的设计

硬件电路的设计如图 8-2 所示。按键电路使用 GPG0、GPG3、GPG5、GPG6 引脚，低电平有效。*R*1～*R*4 的选取一般大于 1 kΩ，电阻值越大，电路的功耗越小，但必须保证在平常状态下加在输入引脚的电平大于高电平的最小值。对于按键的防抖设计，可以在电阻的下端与地之间连接一个 10 μF 大小的电容，实现硬件的防抖，同时使电路具有一定的抗干扰能力。也可以使用软件实现防抖，当程序发现按键按下后，等待大约 15 ms 的时间再读该引脚，如果还是低电平，则确认是按键按下，否则认为是干扰造成的。

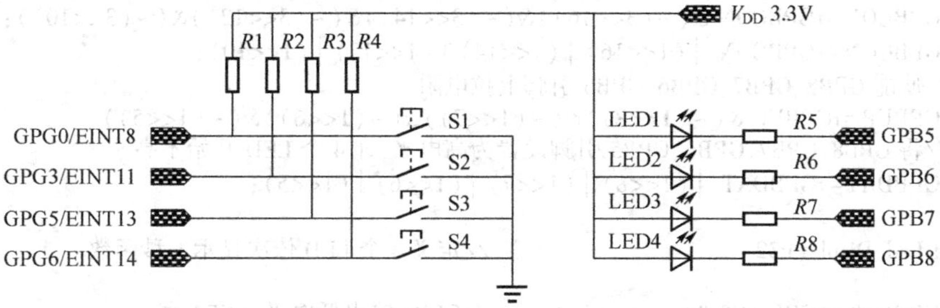

图 8-2　按键电路与 LED 显示电路连接图

LED 显示电路使用 GPB5～GPB8 引脚，选择低电平有效，因为集成数字电路输出低电平时的灌电流能力要远远地大于输出高电平的拉电流能力。限流电阻 *R*5～*R*8 的选取是为保证发光二极管的工作电流在其允许的范围内，LED 的导通电阻取 300～600 Ω。V_{DD} 3.3 V 是 3.3 V 的直流电压源正极。

2. 通用 I/O 端口的程序设计

通用 I/O 端口的设计流程如下。

1）确定使用的 I/O 端口是输入还是输出功能。

2）根据 1）配置相应端口的控制寄存器 GPnCON，并根据需要设置端口的上拉电阻寄存器 GPnUP。

3）设置输出端口的初始值，根据程序的功能要求编写程序。

程序功能的设计代码如下：

```
#include 2410addr. h                        /＊到 Samsung 公司网站下载＊/
void DelaySecond( u32 x_second) ;            /＊声明延时函数,在其他文件中定义＊/
void Init_Port( ) ;                          /＊声明初始化端口函数＊/
void Led_Disply( u32   x) ;                  //声明 4 个 LED 依次显示 x 秒函数
void main( )
{
  char i;
  void Init_Port( ) ;
do
{
      if( rGPGDAT & 0x01 = = 0)
        for( i = 0;i<3;i++)    Led_Disply( 1) ;
      if( rGPGDAT & 0x08 = = 0)
        for( i = 0;i<3;i++)    Led_Disply( 2) ;
      if( rGPGDAT & 0x20 = = 0)
        for( i = 0;i<3;i++)    Led_Disply( 3) ;
```

```
        if(rGPGDAT & 0x40==0)
            for(i=0;i<3;i++)    Led_Disply(4);
    }while(1);
}
void Init_Port();       /*定义初始化端口函数*/
{
    //设置 GPG6、GPG5、GPG3、GPG0 引脚功能为输入,即使对应的 b2n+1b2n=00
    rGPGCON=rGPGCON &(~(3<<12))&(~(3<<10))&(~(3<<6))&(~(3<<0));
    //禁止 GPG6、GPG5、GPG3、GPG0 引脚上拉电阻,即使对应的 bn=1
    rGPGUP=rGPGUP |(1<<6)|(1<<5)|(1<<3)|(1<<0);
    //设置 GPB8、GPB7、GPB6、GPB5 引脚功能为输出,即使对应的 b2n+1b2n=01
    rGPBCON=rGPBCON &(~(3<<16))&(~(3<<14))&(~(3<<12))&(~(3<<10));
    rGPBCON=rGPBCON |(1<<16)|(1<<14)|(1<<12)|(1<<10);
    //使能 GPB8、GPB7、GPB6、GPB5 引脚上拉电阻
    rGPBUP=rGPBUP &(~(1<<8))&(~(1<<7))&(~(1<<6))&(~(1<<5))
    //将 GPB8、GPB7、GPB6、GPB5 引脚设置为高电平,即 4 个 LED 开始不亮
    rGPBDAT=rGPBDAT |(1<<8)|(1<<7)|(1<<6)|(1<<5);
}
void Led_Disply(u32  x)                    //定义 4 个 LED 依次显示 x 秒函数
{
    rGPBDAT=rGPBDAT &(~(1<<5));        //GPB5 输出低电平,LED1 亮
    DelaySecond(x);                    //延时 x 秒
    rGPBDAT=rGPBDAT |(1<<5);           //GPB5 输出高电平,LED1 灭
    rGPBDAT=rGPBDAT &(~(1<<6));        //GPB6 输出低电平,LED2 亮
    DelaySecond(x);
    rGPBDAT=rGPBDAT |(1<<6);           //GPB6 输出高电平,LED2 灭
    rGPBDAT=rGPBDAT &(~(1<<7));        //GPB7 输出低电平,LED3 亮
    DelaySecond(x);
    rGPBDAT=rGPBDAT |(1<<7);           //GPB7 输出高电平,LED3 灭
    rGPBDAT=rGPBDAT &(~(1<<8));        //GPB8 输出低电平,LED4 亮
    DelaySecond(x);
    rGPBDAT=rGPBDAT |(1<<8);           //GPB8 输出高电平,LED4 灭
}
```

8.2 微处理器 S3C2410A 中断系统程序设计

微处理器 S3C2410A 的普通中断（IRQ）和快速中断（FIQ）均处于 7 种异常之内，当 S3C2410A 的 56 个中断源进行中断请求时，如果 CPU 响应中断，则总中断服务程序的入口地址是普通中断（IRQ）异常向量地址 0x00000018 或是快速中断（FIQ）异常向量地址 0x0000001C，然后由总中断服务程序再去查找具体的中断源，执行相应的中断服务程序。

本节就是在这一特点的基础上，讲述 S3C2410A 中断系统的相关知识与应用。

8.2.1 S3C2410A 中断系统的树型结构

为了讲述清楚，首先定义 S3C2410A 中断系统的中断源，将其分为 3 级：CPU 级中断源：IRQ 和 FIQ；ARM 级中断源：共 32 个，详细介绍见表 8-30；子中断源和外部中断源级：共 11+24=35 个，具体介绍见表 8-31、表 8-32。由此可见，中断系统的结构就像一棵树，如图 8-3 所示，图中 ARM 中断源、子中断源和外部中断源没有按默认优先次序排列。

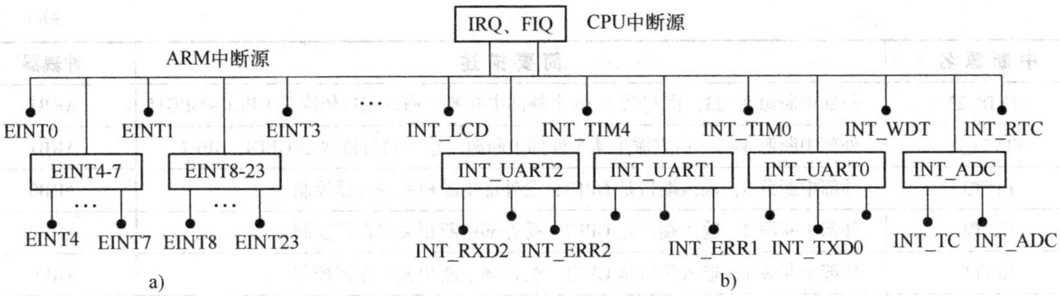

图 8-3　S3C2410A 中断系统树型结构图

表 8-30　ARM 级中断源表

中断源名	简要描述	仲裁器
INT_ADC	ADC 中断源，它派生出 2 个子中断（ADC 转换结束中断 INT_ADC 和触摸屏中断 INT_TC）	ARB5
INT_RTC	实时钟 RTC 报警中断源	ARB5
INT_SPI1	SPI1 中断源	ARB5
INT_UART0	UART0 中断源，它派生出 3 个子中断（UART0 错误中断 INT_ERR0、接收中断 INT_RXD0 和发送中断 INT_TXD0）	ARB5
INT_IIC	I^2C 接口中断源	ARB4
INT_USBH	USB 主机中断源	ARB4
INT_USBD	USB 设备中断源	ARB4
Reserved	保留	ARB4
INT_UART1	UART1 中断源，它派生出 3 个子中断（UART1 错误中断 INT_ERR1、接收中断 INT_RXD1 和发送中断 INT_TXD1）	ARB4
INT_SPI0	SPI0 中断源	ARB4
INT_SDI	SDI 中断源	ARB3
INT_DMA3	DMA 通道 3 中断源	ARB3
INT_DMA2	DMA 通道 2 中断源	ARB3
INT_DMA1	DMA 通道 1 中断源	ARB3
INT_DMA0	DMA 通道 0 中断源	ARB3
INT_LCD	LCD 中断源（帧同步中断 INT_FrSyn 和 FIFO 中断 INT_FiCnt）	ARB3
INT_UART2	UART2 中断源，它派生出 3 个子中断（UART2 错误中断 INT_ERR2、接收中断 INT_RXD2 和发送中断 INT_TXD2）	ARB2
INT_TIMER4	定时/计数器 Timer4 中断源	ARB2
INT_TIMER3	定时/计数器 Timer3 中断源	ARB2
INT_TIMER2	定时/计数器 Timer2 中断源	ARB2
INT_TIMER1	定时/计数器 Timer1 中断源	ARB2
INT_TIMER0	定时/计数器 Timer0 中断源	ARB2
INT_WDT	看门狗定时器中断源	ARB1
INT_TICK	实时钟 RTC 时间片中断源	ARB1
nBATT_FLT	电池故障中断源（Battery Fault Interrupt）	ARB1
Reserved	保留	ARB1

（续）

中 断 源 名	简 要 描 述	仲裁器
EINT8_23	外部中断源 8~23，由它派生 16 个外部中断源。输入端口依次是 GPG0~GPG15	ARB1
EINT4_7	外部中断源 4~7，由它派生 4 个外部中断源。输入端口依次是 GPF4~GPF7	ARB1
EINT3	外部中断源 3，输入端口是 GPF3，受外部中断相关寄存器控制	ARB0
EINT2	外部中断源 2，输入端口是 GPF2，受外部中断相关寄存器控制	ARB0
EINT1	外部中断源 1，输入端口是 GPF1，受外部中断相关寄存器控制	ARB0
EINT0	外部中断源 0，输入端口是 GPF0，受外部中断相关寄存器控制	ARB0

从图 8-3 中可以看出，子中断源、外部中断源和部分 ARM 中断源的中断申请过程是由树的叶节点向树的根节点的求索过程，是由硬件电路完成的；中断服务程序的执行过程是由树的根节点向树的叶节点的回索过程，即由总中断服务程序开始寻找具体的中断服务程序去执行。

表 8-31　S3C2410A 子中断源表

子中断源	描述	子中断源	描述
INT_ADC	ADC 转换结束中断源	INT_ERR1	UART1 溢出错误和帧错误中断源
INT_TC	触摸屏触笔按下中断源	INT_TXD1	UART1 发送寄存器空或 FIFO 小于设定值时产生的中断源
INT_ERR2	UART2 溢出错误和帧错误中断源	INT_RXD1	UART1 接收寄存器满或 FIFO 大于设定值时产生的中断源
INT_TXD2	UART2 发送寄存器空或 FIFO 小于设定值时产生的中断源	INT_ERR0	UART0 溢出错误和帧错误中断源
INT_RXD2	UART2 接收寄存器满或 FIFO 大于设定值时产生的中断源	INT_TXD0	UART0 发送寄存器空或 FIFO 小于设定值时产生的中断源
		INT_RXD0	UART0 接收寄存器满或 FIFO 大于设定值时产生的中断源

表 8-32　S3C2410A 外部中断源表

外部中断源名	描述与输入端口
EINT23~8	外部中断 23~8，输入端口 GPG15~GPG0
EINT7~0	外部中断 7~0，输入端口 GPF7~GPF0

8.2.2　S3C2410A 的中断源

如 8.2.1 节所述，S3C2410A 的中断源分为 CPU 级的中断源（IRQ 和 FIQ），ARM 级的中断源共有 32 个，见表 8-30。子中断源共 11 个，它是由 ARM 的中断源 INT_ADC、INT_UART0、INT_UART1、INT_UART2 派生的，见表 8-31。外部中断源共 24 个，是由 ARM 中断源的 EINT4~7、EINT8~23 派生的，并包括 EINT0~EINT3，见表 8-32。

8.2.3　S3C2410A 中断请求过程

S3C2410A 采用 ARM920T CPU 内核，ARM920T CPU 的中断源有 IRQ 和 FIQ。IRQ 是普通中断，FIQ 是快速中断，FIQ 的优先级高于 IRQ。FIQ 通常在进行大批量的复制、数据传输等工作时使用，系统的快速中断源最多只能有一个。

S3C2410A 通过对程序状态寄存器 PSR［7:6］的 I 位和 F 位进行设置，控制 CPU 能否进行中断响应。如果设置 PSR［7］的 I 位为 1，禁止 IRQ 中断；如果设置 PSR［6］的 F 位为 1，禁止 FIQ 中断；如果设置 PSR 的 I 位或 F 位为 0，即允许 CPU 中断，同时再将中断屏蔽寄存器（INTMSK）中的对应位设置为 0，CPU 就可以响应来自中断控制器的 IRQ 或 FIQ 中断请求。图 8-4 所示是 S3C2410A 的中断请求过程示意图。

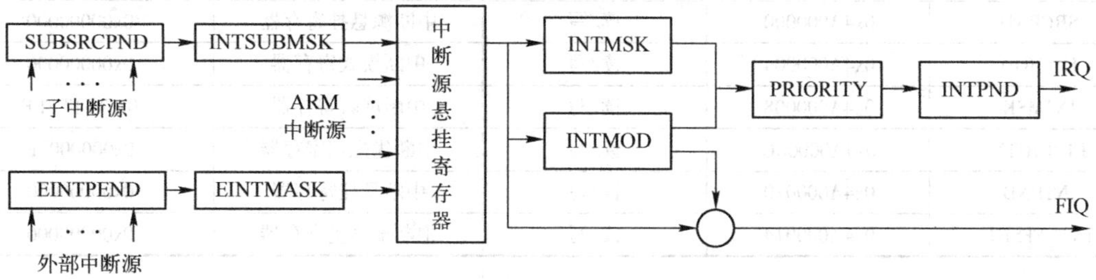

图 8-4　S3C2410A 中断请求过程示意图

1. 子中断请求过程

子中断要完成以下的流程才能进行中断申请并得到 CPU 的响应。

1）子中断源器件或 I/O 接口必须中断使能，即允许它进行中断。

2）子中断屏蔽寄存器 INTSUBMSK 的相应位必须设置为 0（即子中断允许）。

3）对应共享的 ARM 中断源的相应中断屏蔽寄存器 INTMSK 位也要清“0”（即 ARM 中断允许），这样就可以进行子中断申请。例如，触摸屏子中断 INT_TC，过程是触摸屏开中断→允许触摸屏子中断→允许 ARM 的中断源 INT_ ADC 中断。在 CPU 中断源 IRQ 或 FIQ 允许的情况下，就可以响应该子中断。

2. 外部中断请求过程

对于外部中断请求，要完成以下的流程才能进行中断申请并得到 CPU 的响应。

1）必须使用相应的引脚的第 3 功能（外部中断输入端），即将对应控制位 $b_{2n+1}b_{2n}=10$。

2）设置外部中断源的触发电平，例如，低电平、高电平、上升沿等。

3）设置中断滤波寄存器（必要时）。

4）外部中断屏蔽寄存器的相应位清“0”，即允许外部中断请求。

5）ARM 的中断屏蔽寄存器的相应位也必须清“0”，即允许 ARM 中断请求。

完成以上流程，只要 CPU 的 IRQ 或 FIQ 开中断，外部的中断请求就可以得到响应。

3. ARM 中断请求过程

ARM 的中断请求过程最为简单，只要 ARM 中断源的器件或 I/O 接口开中断，同时 ARM 中断屏蔽寄存器的相应位清“0”，在 CPU 中断源 IRQ 或 FIQ 允许中断时，ARM 的中断申请就可以得到响应。

注意：上述是概括性地对各种中断源申请过程的描述，详细的过程在以后的内容中将加以阐述。

8.2.4　ARM 中断控制寄存器

S3C2410A 的中断请求过程，除了设置上述的主要中断寄存器外，还要设置中断模式寄存器 INTMOD 和中断优先权寄存器 PRIORITY。与中断有关的寄存器有的是控制着中断源向 CPU 申请中断的硬件电路，有的是记录着哪一个中断源得到了 CPU 的中断响应，为总中断服务程序查找具体的中断源并执行其中断程序或函数提供有效信息。

ARM 中断控制寄存器共有 6 个，它们的属性见表 8-33。

表 8-33　ARM 中断控制寄存器属性表

寄存器名	地　址	读写控制	描　述	初　值
SRCPND	0x4A000000	读/写	中断源悬挂寄存器	0x00000000
INTMOD	0x4A000004	读/写	中断模式寄存器	0x00000000
INTMSK	0x4A000008	读/写	中断屏蔽寄存器	0xFFFFFFFF
PRIORITY	0x4A00000C	读/写	中断优先权寄存器	0x0000007F
INTPND	0x4A000010	读/写	中断悬挂寄存器	0x00000000
INTOFFSET	0x4A000014	读/写	中断偏移量寄存器	0x00000000

1. 中断源悬挂寄存器（SRCPND）

中断源悬挂寄存器（Source Pending Register，SRCPND）反映的是相应的比特位所对应的 ARM 中断源是否有中断申请信号，只要有中断申请信号，相应的寄存器位置“1”，否则为“0”。它的复位工作在中断服务程序中进行，通过对相应的位写“1”来完成。

SRCPND 寄存器的各比特位功能见表 8-34。

表 8-34　SRCPND 寄存器比特位功能

比特位	功能描述	初　值
[31]	INT_ADC 中断请求：0=无中断请求；1=有中断请求	0
[30]	INT_RTC 中断请求：0=无中断请求；1=有中断请求	0
[29]	INT_SPI1 中断请求：0=无中断请求；1=有中断请求	0
[28]	INT_UART0 中断请求：0=无中断请求；1=有中断请求	0
[27]	INT_IIC 中断请求：0=无中断请求；1=有中断请求	0
[26]	INT_USBH 中断请求：0=无中断请求；1=有中断请求	0
[25]	INT_USBD 中断请求：0=无中断请求；1=有中断请求	0
[24]	保留	0
[23]	INT_UART1 中断请求：0=无中断请求；1=有中断请求	0
[22]	INT_SPI0 中断请求：0=无中断请求；1=有中断请求	0
[21]	INT_SDI 中断请求：0=无中断请求；1=有中断请求	0
[20]	INT_DMA3 中断请求：0=无中断请求；1=有中断请求	0
[19]	INT_DMA2 中断请求：0=无中断请求；1=有中断请求	0
[18]	INT_DMA1 中断请求：0=无中断请求；1=有中断请求	0
[17]	INT_DMA0 中断请求：0=无中断请求；1=有中断请求	0
[16]	INT_LCD 中断请求：0=无中断请求；1=有中断请求	0
[15]	INT_UART2 中断请求：0=无中断请求；1=有中断请求	0
[14]	INT_TIM4 中断请求：0=无中断请求；1=有中断请求	0
[13]	INT_TIM3 中断请求：0=无中断请求；1=有中断请求	0
[12]	INT_TIM2 中断请求：0=无中断请求；1=有中断请求	0
[11]	INT_TIM1 中断请求：0=无中断请求；1=有中断请求	0
[10]	INT_TIM0 中断请求：0=无中断请求；1=有中断请求	0
[9]	INT_WDT 中断请求：0=无中断请求；1=有中断请求	0

（续）

比 特 位	功能描述	初 值
[8]	INT_TICK 中断请求：0=无中断请求；1=有中断请求	0
[7]	nBATT_FLT 中断请求：0=无中断请求；1=有中断请求	0
[6]	保留	0
[5]	EINT8_23 中断请求：0=无中断请求；1=有中断请求	0
[4]	EINT4_7 中断请求：0=无中断请求；1=有中断请求	0
[3]	EINT3 中断请求：0=无中断请求；1=有中断请求	0
[2]	EINT2 中断请求：0=无中断请求；1=有中断请求	0
[1]	EINT1 中断请求：0=无中断请求；1=有中断请求	0
[0]	EINT0 中断请求：0=无中断请求；1=有中断请求	0

注意：S3C2410A 中的中断源悬挂寄存器 SRCPND 和中断悬挂寄存器 INTPND 的区别。

2. 中断模式寄存器（INTMOD）

S3C2410A 的中断模式寄存器（Interrupt Mode Register，INTMOD）可控制选择 ARM 32 个中断源是普通中断 IRQ 还是快速中断 FIQ。

注意：FIQ 最多只能选择其中的 1 个中断源。

INTMOD 的比特位功能见表 8-35。

表 8-35　INTMOD 寄存器比特位功能表

比 特 位	功能描述	初 值
[31]	INT_ADC 中断模式：0=普通中断 IRQ；1=快速中断 FIQ	0
[30]	INT_RTC 中断模式：0=普通中断 IRQ；1=快速中断 FIQ	0
…	[29:2] 中断源与 SRCPND 对应位相同，设置功能与上下文相同	0x0
[1]	EINT1 中断模式：0=普通中断 IRQ；1=快速中断 FIQ	0
[0]	EINT0 中断模式：0=普通中断 IRQ；1=快速中断 FIQ	0

3. 中断屏蔽寄存器（INTMSK）

中断屏蔽寄存器（Interrupt Mask Register，INTMSK）用于控制 ARM 的 32 个中断源的中断允许或禁止中断。如果设置中断屏蔽寄存器（INTMSK）中的对应屏蔽位为“1”，表示相对应的中断源禁止中断；如果设置为“0”，表示相对应的中断源允许中断。

INTMSK 的比特位功能见表 8-36。

表 8-36　INTMSK 寄存器比特位功能表

比 特 位	功能描述	初 值
[31]	INT_ADC 中断屏蔽位：0=中断允许；1=禁止中断	1
[30]	INT_RTC 中断屏蔽位：0=中断允许；1=禁止中断	1
…	[29:2] 中断源与 SRCPND 对应位相同，设置功能与上下文相同	均为 1
[1]	EINT1 中断屏蔽位：0=中断允许；1=禁止中断	1
[0]	EINT0 中断屏蔽位：0=中断允许；1=禁止中断	1

4. 中断优先权寄存器（PRIORITY）

中断优先权寄存器（PRIORITY）是 IRQ 模式下的中断优先级控制寄存器。以下首先介绍中断优先权仲裁器电路，结构框图如图 8-5 所示，然后介绍 PRIORITY 寄存器的位功能。

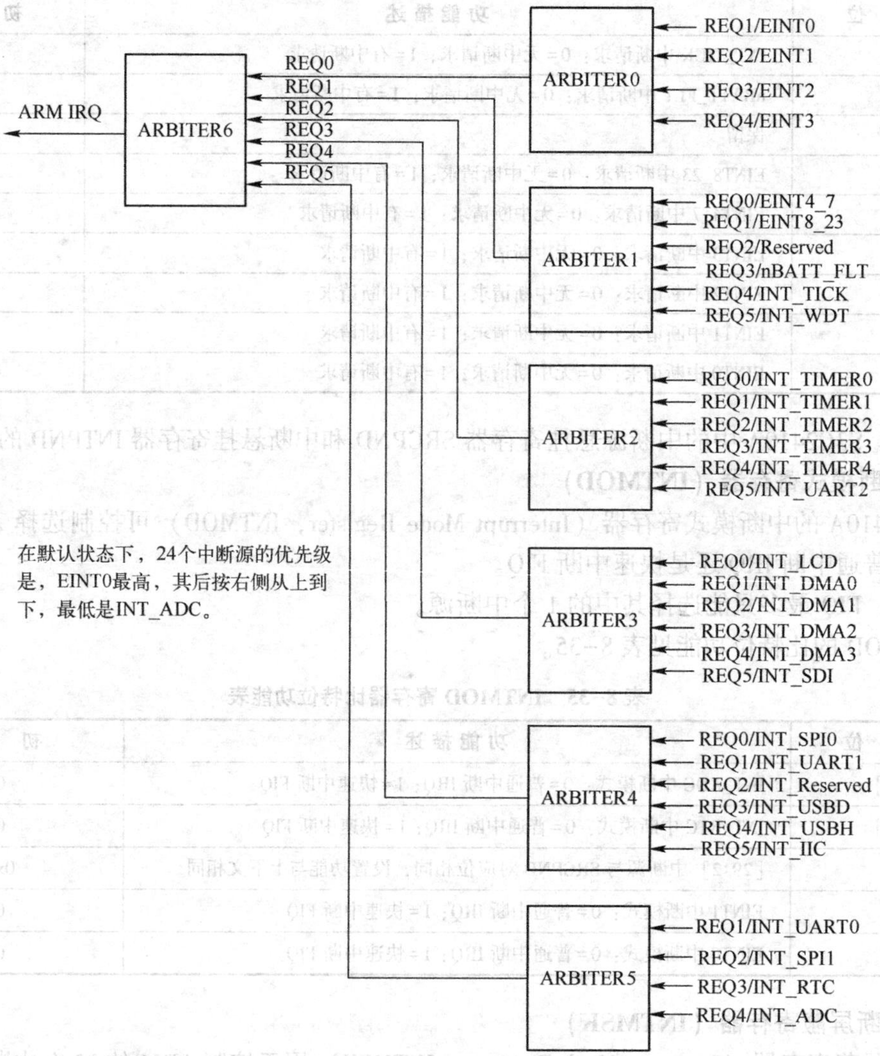

图 8-5　中断优先级仲裁电路框图

(1) 中断优先权仲裁器

S3C2410A 中断优先权仲裁器 ARB（Arbiter）由 6 个分仲裁器和 1 个总仲裁器组成。每一个仲裁器可以处理 6 路中断，仲裁 ARM 的 32 个中断源申请优先级。

S3C2410A 的 56 个中断源通过这 32 个中断请求提供优先级逻辑控制，仲裁器 ARBITER0~ARBITER5 连接的中断源按优先级排序，它们的输出输入到仲裁器 ARBITER6，实现最终的优先级排序。

每个仲裁器的 REQ0 优先级最高、REQ5 优先级最低永远保持不变，每个仲裁器的 REQ1~REQ4 通过中断优先级寄存器 PRIORITY 的 2 比特位控制其优先级的改变，PRIORITY 寄存器的 b0~b6 控制 ARBITER0~ARBITER6 是否使用优先级控制。

(2) 中断优先权寄存器（PRIORITY）

中断优先权寄存器（PRIORITY）使用的地址为 0x4A00000C，复位后的状态为 0x07F，可读写。它的比特位功能见表 8-37。默认状态下，优先级的排序是，EINT0 最高，次序在

图 8-5 是从上到下，INT_ADC 最低。

表 8-37 PRIORITY 寄存器比特位功能表

比 特 位	功 能 描 述	初 值
[31:21]	保留	0x00
[20:19]	仲裁 ARBITER6 循环优先级次序：00=REQ0-1-2-3-4-5； 01=REQ0-2-3-4-1-5；10=REQ0-3-4-1-2-5；11=REQ0-4-1-2-3-5	00
[18:17]	仲裁 ARBITER5 循环优先级次序：00=REQ0-1-2-3-4-5； 01=REQ0-2-3-4-1-5；10=REQ0-3-4-1-2-5；11=REQ0-4-1-2-3-5	00
[16:15]	仲裁 ARBITER4 循环优先级次序：00=REQ0-1-2-3-4-5； 01=REQ0-2-3-4-1-5；10=REQ0-3-4-1-2-5；11=REQ0-4-1-2-3-5	00
[14:13]	仲裁 ARBITER3 循环优先级次序：00=REQ0-1-2-3-4-5； 01=REQ0-2-3-4-1-5；10=REQ0-3-4-1-2-5；11=REQ0-4-1-2-3-5	00
[12:11]	仲裁 ARBITER2 循环优先级次序：00=REQ0-1-2-3-4-5； 01=REQ0-2-3-4-1-5；10=REQ0-3-4-1-2-5；11=REQ0-4-1-2-3-5	00
[10:9]	仲裁 ARBITER1 循环优先级次序：00=REQ0-1-2-3-4-5； 01=REQ0-2-3-4-1-5；10=REQ0-3-4-1-2-5；11=REQ0-4-1-2-3-5	00
[8:7]	仲裁 ARBITER0 循环优先级次序：00=REQ0-1-2-3-4-5； 01=REQ0-2-3-4-1-5；10=REQ0-3-4-1-2-5；11=REQ0-4-1-2-3-5	00
[6]	仲裁器 ARBITER6 循环优先级控制：0=优先级不循环；1=优先级循环	1
[5]	仲裁器 ARBITER5 循环优先级控制：0=优先级不循环；1=优先级循环	1
[4]	仲裁器 ARBITER4 循环优先级控制：0=优先级不循环；1=优先级循环	1
[3]	仲裁器 ARBITER3 循环优先级控制：0=优先级不循环；1=优先级循环	1
[2]	仲裁器 ARBITER2 循环优先级控制：0=优先级不循环；1=优先级循环	1
[1]	仲裁器 ARBITER1 循环优先级控制：0=优先级不循环；1=优先级循环	1
[0]	仲裁器 ARBITER0 循环优先级控制：0=优先级不循环；1=优先级循环	1

5. 中断悬挂寄存器（INTPND）

中断悬挂寄存器（Interrupt Pending Register，INTPND）是一个 32 位寄存器，每一位对应一个中断源。只有未被 INTMSK 寄存器屏蔽且具有最高优先级，在中断源悬挂寄存器 SRCPND 中等待处理的中断请求才能把其对应的中断悬挂寄存器 INTPND 的相应位置“1”。在 INTPND 中只能有一位被置“1”，同时中断控制器产生 IRQ 信号给 ARM920T。在中断服务程序中，必须读取 INTPND 的值，从而进入相应的中断服务程序进行数据处理。

当 ARM920T 的 PSR 中的 I 位和 F 位为 0 时，对应的中断服务程序才能执行。INTPND 是可读写的，在中断服务程序中必须将 INTPND 中等于 1 的位清“0”。

INTPND 的地址为 0x4A000010，复位初值为 0x00000000，位功能见表 8-38。

表 8-38 INTPND 寄存器比特位功能表

比 特 位	功 能 描 述	初 值
[31]	INT_ADC 中断请求裁决位：0=裁决失败；1=裁决成功	0
[30]	INT_RTC 中断请求裁决位：0=裁决失败；1=裁决成功	0
…	[29:2] 中断源与 SRCPND 对应位相同，设置功能与上下文相同	0x0
[1]	EINT1 中断请求裁决位：0=裁决失败；1=裁决成功	0
[0]	EINT0 中断请求裁决位：0=裁决失败；1=裁决成功	0

注意：

- 如果发生 FIQ 中断，不会改变 INTPND 的值，因为 INTPND 只对 IRQ 中断有效。
- 清除 INTPND 中对应的中断位要谨慎，如果操作不当，会使 INTPND 寄存器和中断偏移寄存器 INTOFFSET 的值发生意想不到的变化。清除 INTPND 的方法是向中断响应的对应位写“1”。但最安全简捷的方法是将该寄存器的值读出后再直接写入。
- 应注意 S3C2410A 中的中断源悬挂寄存器（SRCPND）和中断悬挂寄存器（INTPND）的区别。中文中前者多了一个“源”字，英文缩写有较大区别。只要 ARM 的 32 个中断源有中断申请，SRCPND 对应的位必然为“1”，即可以有多个“1”位；而 INTPND 中只能有一个“1”位，它是 SRCPND 中的多个“1”位，经优先权寄存器选优后获得。

6. 中断偏移量寄存器（INTOFFSET）

中断偏移量寄存器（Interrupt Offset Register，INTOFFSET）的值代表了中断源号，即在 IRQ 模式下，INTPND 的某位置“1”，则 INTOFFSET 的值是对应中断源的偏移量，最小值为 0，最大值为 31。该寄存器可以通过清除 SRCPND 和 INTPND 的操作自动清除。

INTOFFSET 的地址是 0x4A000014，复位初值是 0x00000000，该寄存器为只读寄存器。

INTOFFSET 的值与 INTPND 的某位“1”值作用相同，用来判断在进入总中断服务程序后进入 ARM 的 32 个中断服务程序之一的入口。中断偏移量寄存器（INTOFFSET）的值与对应中断源的关系见表 8-39。

表 8-39　INTOFFSET 取值与中断源关系表

中断源名	偏移量值	中断源名	偏移量值
INT_ADC 中断	31	INT_UART2 中断	15
INT_RTC 中断	30	INT_TIM4 中断	14
INT_SPI1 中断	29	INT_TIM3 中断	13
INT_UART0 中断	28	INT_TIM2 中断	12
INT_IIC 中断	27	INT_TIM1 中断	11
INT_USBH 中断	26	INT_TIM0 中断	10
INT_USBD 中断	25	INT_WDT 中断	9
保留	24	INT_TICK 中断	8
INT_UART1 中断	23	nBATT_FLT 中断	7
INT_SPI0 中断	22	保留	6
INT_SDI 中断	21	EINT8_23 中断	5
INT_DMA3 中断	20	EINT4_7 中断	4
INT_DMA2 中断	19	EINT3 中断	3
INT_DMA1 中断	18	EINT2 中断	2
INT_DMA0 中断	17	EINT1 中断	1
INT_LCD 中断	16	EINT0 中断	0

8.2.5　子中断控制寄存器

子中断是 32 个 ARM 中断源中 INT_UART0、INT_UART1、INT_UART2、INT_ADC 中断源的分支，共计 11 个子中断源。它们为 I/O 器件接口提供了更多具体的子中断源，扩展了这些接口的用途并方便了这些接口的使用。为了控制这些子中断源的使用，系统配置了子中断源悬挂寄存器（SUBSRCPND）和子中断源屏蔽寄存器（INTSUBMSK），它们的属性见表 8-40。

表 8-40　子中断源控制寄存器属性表

寄存器名	占用地址	读写属性	描　述	初　值
SUBSRCPND	0x4A000018	读/写	子中断源申请：0=无申请；1=有申请	0x00
INTSUBMSK	0x4A00001C	读/写	子中断源屏蔽：0=允许中断；1=禁止中断	0x00

1. 子中断源悬挂寄存器（SUBSRCPND）

子中断源悬挂寄存器（SUB Source Pending Register，SUBSRCPND）的相应位反映各子中断源是否进行了中断申请。当该位为“1”时，则表示有中断申请；当该位为“0”时，则表示没有中断申请；其作用和操作与 SRCPND 基本相同。

该寄存器的地址是 0x4A000018，初值是 0x00000000。该寄存器的位功能见表 8-41。

表 8-41　SUBSRCPND 寄存器位功能表

比 特 位	功能描述	初　值
[31:11]	保留	0x00
[10]	INT_AD：ADC 转换结束中断位，0=无中断申请；1=有中断申请	0
[9]	INT_TC：触摸屏中断位，0=无中断申请；1=有中断申请	0
[8]	INT_ERR2：串口 2 错误中断位，0=无中断申请；1=有中断申请	0
[7]	INT_TXD2：串口 2 发送中断位，0=无中断申请；1=有中断申请	0
[6]	INT_RXD2：串口 2 接收中断位，0=无中断申请；1=有中断申请	0
[5]	INT_ERR1：串口 1 错误中断位，0=无中断申请；1=有中断申请	0
[4]	INT_TXD1：串口 1 发送中断位，0=无中断申请；1=有中断申请	0
[3]	INT_RXD1：串口 1 接收中断位，0=无中断申请；1=有中断申请	0
[2]	INT_ERR0：串口 0 错误中断位，0=无中断申请；1=有中断申请	0
[1]	INT_TXD0：串口 0 发送中断位，0=无中断申请；1=有中断申请	0
[0]	INT_RXD0：串口 0 接收中断位，0=无中断申请；1=有中断申请	0

2. 子中断源屏蔽寄存器（INTSUBMSK）

子中断源屏蔽寄存器（Interrupt Sub Mask Register，INTSUBMSK）控制 11 个子中断源是否允许进行中断申请。清“0”即允许中断申请；置“1”则禁止中断申请。该寄存器有效使用位也是 11 位，其作用和操作与 INTMSK 相同。

该寄存器的地址是 0x4A00001C，初值是 0x000007ff。该寄存器的位功能见表 8-42。

表 8-42　INTSUBMSK 寄存器位功能表

比 特 位	功能描述	初　值
[31:11]	保留	0x00
[10]	INT_AD：ADC 转换结束中断屏蔽位，0=允许中断申请；1=禁止中断申请	1
[9]	INT_TC：触摸屏中断位，0=允许中断申请；1=禁止中断申请	1
[8]	INT_ERR2：串口 2 错误中断位，0=允许中断申请；1=禁止中断申请	1
[7]	INT_TXD2：串口 2 发送中断位，0=允许中断申请；1=禁止中断申请	1

（续）

比 特 位	功能描述	初 值
[6]	INT_RXD2：串口 2 接收中断位，0=允许中断申请；1=禁止中断申请	1
[5]	INT_ERR1：串口 1 错误中断位，0=允许中断申请；1=禁止中断申请	1
[4]	INT_TXD1：串口 1 发送中断位，0=允许中断申请；1=禁止中断申请	1
[3]	INT_RXD1：串口 1 接收中断位，0=允许中断申请；1=禁止中断申请	1
[2]	INT_ERR0：串口 0 错误中断位，0=允许中断申请；1=禁止中断申请	1
[1]	INT_TXD0：串口 0 发送中断位，0=允许中断申请；1=禁止中断申请	1
[0]	INT_RXD0：串口 0 接收中断位，0=允许中断申请；1=禁止中断申请	1

注意：使用子中断源时不仅要设置与子中断源相关的控制寄存器，还要设置与 ARM 中断源相关的控制寄存器，方能进行正常的工作。

8.2.6　外部中断功能寄存器

S3C2410A 的外部中断源共有 24 个，EINT0～EINT3 在 ARM 的 32 个中断源中各独占 1 个，EINT4～EINT7 共享 ARM 的中断源 EINT4_7，EINT8～EINT23 共享 ARM 的中断源 EINT8_23。

外部中断源的使用是最复杂的，涉及的相关寄存器也最多。在将通用端口 GPF、GPG 对应的引脚设置为第 3 功能，即作为外部中断的输入引脚，还要设置与之相关的外部中断控制寄存器、ARM 中断控制寄存器等，之后才可正确使用。

外部中断功能寄存器有：外部中断控制寄存器 EXTINTn（n=0～2），外部中断过滤寄存器 EINTFLTn（n=0～3），外部中断屏蔽寄存器（EINTMASK）和外部中断悬挂寄存器（EINTPEND）。以下介绍这些寄存器的属性以及它们各自的位功能。

1. 外部中断控制寄存器

外部中断控制寄存器（External Interrupt Control Register，EXTINTn）共有 3 个，分别是 EXTINT0、EXTINT1、EXTINT2，用于对 24 个外部中断源的中断触发信号进行控制，设置是电平触发还是边沿触发，还可以设置信号的极性。表 8-43 是外部中断控制寄存器的属性表。

表 8-43　EXTINTn 寄存器属性表

寄存器名	占用地址	读写属性	描　述	初　值
EXTINT0	0x56000088	读/写	控制 EINT7～EINT0 外部中断的触发电平信号	0x00
EXTINT1	0x5600008C	读/写	控制 EINT15～EINT8 外部中断的触发电平信号	0x00
EXTINT2	0x56000090	读/写	控制 EINT23～EINT16 外部中断的触发电平信号	0x00

（1）外部中断控制寄存器 EXTINT0

外部中断控制寄存器 EXTINT0 对于 EINT7～EINT0 的每个中断源使用 3 位控制其触发信号的类型，它的位功能见表 8-44。

表 8-44　EXTINT0 寄存器位功能表

比 特 位	功能描述	初　值
[31]	保留	
[30:28]	设置 EINT7 的触发信号：000=低电平；001=高电平； 01x=下降沿；10x=上升沿；11x=双边沿	00

（续）

比特位	功能描述	初值
[27:4]	设置 EINT6~1 的触发信号，每个中断占用 4 位：000=低电平；001=高电平；01x=下降沿；10x=上升沿；11x=双边沿	全 0
[3]	保留	0
[2:0]	设置 EINT0 的触发信号：000=低电平；001=高电平；01x=下降沿；10x=上升沿；11x=双边沿	00

（2）外部中断控制寄存器 EXTINT1

外部中断控制寄存器 EXTINT1 对于 EINT15~EINT8 每个中断源的引脚使用 3 位控制其触发电平的类型，电平的持续时间最小是 40 ns。它的位功能见表 8-45。

表 8-45　EXTINT1 寄存器位功能表

比特位	功能描述	初值
[31]	保留	
[30:28]	设置 EINT15 的触发信号：000=低电平；001=高电平；01x=下降沿；10x=上升沿；11x=双边沿	00
[27:4]	设置 EINT15~9 的触发信号，每个中断占用 4 位：000=低电平；001=高电平；01x=下降沿；10x=上升沿；11x=双边沿	全 0
[3]	保留	0
[2:0]	设置 EINT8 的触发信号：000=低电平；001=高电平；01x=下降沿；10x=上升沿；11x=双边沿	00

（3）外部中断控制寄存器 EXTINT2

外部中断控制寄存器 EXTINT2 对于 EINT23~EINT16 的每个中断源引脚使用 3 位控制其触发电平的类型，它的位功能见表 8-46。

表 8-46　EXTINT2 寄存器位功能表

比特位	功能描述	初值
[31]	EINT23 滤波器 FLT23 使能位：0=禁止；1=允许	
[30:28]	设置 EINT23 的触发信号：000=低电平；001=高电平；01x=下降沿；10x=上升沿；11x=双边沿	00
[27:4]	EINT22~15 的滤波器 FLT16 使能位和触发信号设置，每个中断占用 4 位：000=低电平；001=高电平；01x=下降沿；10x=上升沿；11x=双边沿	全 0
[3]	EINT16：0=禁止；1=允许	0
[2:0]	设置 EINT16 的触发信号：000=低电平；001=高电平；01x=下降沿；10x=上升沿；11x=双边沿	00

2. 外部中断滤波寄存器（EINTFLTn）

外部中断滤波寄存器（External Interrupt Filter Register，EINTFLTn）用于控制外部中断 EINT23~EINT0 的中断源信号长度，S3C2410A 共有 4 个外部中断滤波寄存器（EINTFLTn），它们的属性见表 8-47。

表 8-47　外部中断滤波寄存器属性表

寄存器名	占用地址	读写属性	描述	初值
EINTFLT0	0x56000094	读/写	保留	—
EINTFLT1	0x56000098	读/写	保留	—
EINTFLT2	0x5600009C	读/写	控制 EINT19~EINT16 的中断信号长度	0x00
EINTFLT3	0x560000A0	读/写	控制 EINT23~EINT20 的中断信号长度	0x00

(1) 外部中断滤波寄存器 EINTFLT2

外部中断滤波寄存器 EINTFLT2 用于控制 EINT19～EINT16 的中断信号长度，位功能见表 8-48。

表 8-48　EXTFLT2 寄存器位功能表

比 特 位	功 能 描 述	初　值
[31]	EINT19 滤波时钟选择：0=PCLK；1=EXTCLK（通过引脚 OM［3:2］选择）	0
[30:24]	EINT19 滤波信号长度值	0x00
[23]	EINT18 滤波时钟选择：0=PCLK；1=EXTCLK（通过引脚 OM［3:2］选择）	0
[22:16]	EINT18 滤波信号长度值	0x00
[15]	EINT17 滤波时钟选择：0=PCLK；1=EXTCLK（通过引脚 OM［3:2］选择）	0
[14:8]	EINT17 滤波信号长度值	0x00
[7]	EINT16 滤波时钟选择：0=PCLK；1=EXTCLK（通过引脚 OM［3:2］选择）	0
[6:0]	EINT16 滤波信号长度值	0x00

(2) 外部中断滤波寄存器 EINTFLT3

外部中断滤波寄存器 EINTFLT3 用于控制 EINT23～EINT20 的中断信号长度，位功能见表 8-49。

表 8-49　EXTFLT3 寄存器位功能表

比 特 位	功 能 描 述	初　值
[31]	EINT23 滤波时钟选择：0=PCLK；1=EXTCLK（通过引脚 OM［3:2］选择）	0
[30:24]	EINT23 滤波信号长度值	0x00
[23]	EINT22 滤波时钟选择：0=PCLK；1=EXTCLK（通过引脚 OM［3:2］选择）	0
[22:16]	EINT22 滤波信号长度值	0x00
[15]	EINT21 滤波时钟选择：0=PCLK；1=EXTCLK（通过引脚 OM［3:2］选择）	0
[14:8]	EINT21 滤波信号长度值	0x00
[7]	EINT20 滤波时钟选择：0=PCLK；1=EXTCLK（通过引脚 OM［3:2］选择）	0
[6:0]	EINT20 滤波信号长度值	0x00

3. 外部中断屏蔽寄存器（EINTMASK）

外部中断屏蔽寄存器（External Interrupt Mask Register，EINTMASK）用于控制外部中断源 EINT23～EINT4 的中断申请信号。其地址为 0x560000A4，可读/可写，初值是 0x00FFFFF0。EINTMASK 的位功能见表 8-50。

表 8-50　EINTMASK 寄存器位功能表

比 特 位	功 能 描 述	初　值
[23:4]	EINT23～EINT4 屏蔽位：0=允许；1=禁止（每位控制其中 1 个外部中断）	全 1
[3]	保留。EINT3 由 INTMSK 控制	0
[2]	保留。EINT2 由 INTMSK 控制	0
[1]	保留。EINT1 由 INTMSK 控制	0
[0]	保留。EINT0 由 INTMSK 控制	0

4. 外部中断悬挂寄存器（EINTPEND）

外部中断悬挂寄存器（External Interrupt Pending Register，EINTPEND）在进行中断申请时，用于反映外部中断 EINT23～EINT4 中断源的申请信号；在 CPU 响应了 EINT4_7 或 EINT8_23 而进入外部中断服务程序时，用于判断是哪一个外部中断源申请了中断，以便于执行相应的外部子中断服务程序。在退出中断服务程序时，必须给该位置“1”，清除该中断的申请信号。

该寄存器的地址为 0x560000A8，可读/写，初值是 0x00。该寄存器的位功能见表 8-51。表 8-52 为外部中断功能寄存器属性汇总表。

表 8-51　EINTPEND 寄存器位功能表

比　特　位	功 能 描 述	初　　值
[23:4]	EINT23～EINT4 中断申请位：0=没有；1=有（每位反映其中 1 个外部中断申请）	全 0
[3:0]	保留	全 0

表 8-52　外部中断功能寄存器属性汇总表

寄 存 器 名	占 用 地 址	读 写 属 性	描　　述	初　　值
EXTINT0	0x56000088	读/写	设置 EINT0～EINT7 的触发电平	0x0
EXTINT1	0x5600008C	读/写	设置 EINT8～EINT15 的触发电平	0x0
EXTINT2	0x56000090	读/写	设置 EINT16～EINT23 的触发电平	0x0
EINTFLT0	0x56000094	读/写	保留	—
EINTFLT1	0x56000098	读/写	保留	—
EINTFLT2	0x5600009C	读/写	设置 EINT16～EINT19 的滤波时钟与长度	0x0
EINTFLT3	0x560000A0	读/写	设置 EINT20～EINT23 的滤波时钟与长度	0x0
EINTMASK	0x560000A4	读/写	屏蔽外部中断源：0=允许；1=禁止	0xFFFFF0
EINTPEND	0x560000A8	读/写	反映外部中断源的申请：0=无；1=有	0x0

8.3　S3C2410A 中断服务程序的设计

S3C2410A 的 CPU 响应普通中断的内部条件是当前程序状态寄存器 CPSR 的 I 位清“0”（即 CPU 允许普通中断），需要进行快速中断时，F 位也要清“0”（即 CPU 允许快速中断）；各中断屏蔽寄存器的相应位也要清“0”；当 56 个中断源有中断请求时，CPU 就可以响应。

当 CPU 响应普通中断时，首先需要保存好当前的程序计数器 PC 指针和 CPSR 值，以便执行完中断服务程序后返回；之后给 CPSR 中的 M[4:0] 赋值 0b10010，I 位置“1”禁止中断，F 位和 T 位保持不变。之后 PC 的值就是 0x00000018，即进入到异常中断向量处开始执行中断服务程序的相关操作。

8.3.1　S3C2410A 中断服务程序实现框架之一：普通实现方式

中断服务程序的实现框架具有 2 种方式：中断服务程序的普通实现方式与基于中断向量的中断服务程序实现方式。本节介绍普通实现方式，这里的普通实现方式是按照一般的中断服务程序设计思路进行的，整个程序代码可以说是固化并运行在 Bank0 的 Flash 存储器中。

1. 中断服务程序普通实现流程

在异常中断向量地址 0x00000018 处存放一条跳转指令，跳转到总中断服务程序入口处。

执行总中断服务程序，根据中断悬挂寄存器（INTPND）或中断偏移量寄存器（INTOFFSET）的值，判断是哪一个 ARM 中断源（32 个）的中断服务程序被调用。

如果 ARM 的中断源是共享的，还要在 ARM 中断服务程序中根据子中断源悬挂寄存器（SUBSRCPND）或外部中断源悬挂寄存器（EINTPEND）的位值判断执行哪一个子中断或外部中断的任务，也可以通过调用子程序的方法完成任务。

执行完毕后，最后逐一返回上一级程序，直至返回到原主程序继续执行。

2. 中断服务程序普通实现框架

1）系统异常程序设计。第 1 条指令的存储地址是 0x00000000，其后的地址值是上一个地址值+4，依次类推。

```
ENTRY
B HandlerReset            ;系统复位异常,PC 地址 0x00000000
B HandlerUndef            ;未定义指令异常,PC 地址 0x00000004
B HandlerSWI              ;软件中断异常,PC 地址 0x00000008
B HandlerPrefetch         ;指令预取中止,PC 地址 0x0000000c
B HandlerDataAbort        ;未定义指令异常,PC 地址 0x00000010
B .                       ;未使用,但占用地址 0x00000014
B HandlerIRQ              ;普通中断异常,PC 地址 0x00000018
B HandlerFIQ              ;快速中断异常,PC 地址 0x0000001c
```

注意：B 指令的地址跳转范围是±32MB，如果跳转范围超限，则使用 LDR 伪指令替换 B 指令。例如，将第 7 条指令替换为：LDR PC,=HandlerIRQ 即可。

2）系统异常与总中断服务程序接口设计。第 1 步中是执行跳转指令，通过第 2 步的程序段，在调用总中断服务程序后，就可以返回到主程序。

```
HandlerIRQ
    STMFDSP!,{R0-R12,LR}      ;压栈保护 R0-R12,LR 寄存器
    BL IsrIRQ                 ;调用总中断服务处理程序
    LDMFDSP!,{R0-R12,LR}      ;恢复保护寄存器的内容
    SUBSPC,LR,#4              ;返回主程序系统异常与中断服务程序接口
```

3）总中断服务程序与 ARM 各中断程序接口设计。这里使用中断悬挂寄存器（INTPND）的内容判断转移到 32 个 ARM 中断源的哪一个中断服务程序去执行。INTPND 寄存器的内容是 ARM 的 32 个中断源能够进行中断响应的那个中断源对应的位为“1”，其他位均为“0”。

中断也可以使用中断偏移量寄存器（INTOFFSET）的值判断转移到哪一个中断服务程序中执行。INTOFFSET 的内容是 ARM 的 32 个中断源的排位序号数字。

使用中断悬挂寄存器（INTPND）实现判断 32 个 ARM 中断源中某一个中断服务程序的程序段如下。

```
IsrIRQ
    LDR R9,=0x4A000010        ;INTPND 的地址送 R9
    LDR R8,[R9]               ;读 INTPND 的内容送 R8
    MOV R7,#0x0
0   MOVS R8,R8,RRX #1         ;带进位扩展循环右移 R8 的内容
    BCS %F1                   ;若 C=1,向下跳转到标号 1 处
    ADD R7,R7,#4
    B   %B0                   ;无条件向上跳转到标号 0 处
1   LDRR6,=HandleEINT0        ;HandleEINT0 作为 32 个 ARM 中断服务程序跳转的基址
```

```
        ADD R6,R6,R7
        MOV PC,R6                           ;跳转到 R6 内容为地址处执行相应中断程序
```

使用中断偏移量寄存器 INTOFFSET 实现在 ARM 的 32 个中断源中判断响应某一个中断服务程序片段如下。

```
IsrIRQ
    LDR R9,=0x4A000014              ;中断偏移寄存器 INTOFFSET 的地址送 R9
    LDR R8,[R9]                     ;读 INTOFFSET 的内容送 R8
    MOV R8,R8,LSL #2                ;R8←R8 * 4
    LDR R6,=HandleEINT0             ;HandleEINT0 作为 ARM 的 32 个中断服务程序跳转的基址
    ADD R6,R6,R8
    MOV PC,R6                       ;跳转到 R6 内容为地址处执行相应中断程序
```

4）ARM 中断服务程序分支接口设计。这里标号 HandlerEINT0 是作为 32 个 ARM 中断服务程序的基址。

```
…
HandlerEINT0      LDR   PC,=IsrEINT0       ;EINT0 中断服务程序分支,入口地址 IsrEINT0
HandlerEINT1      LDR   PC,=IsrEINT1
HandlerEINT2      LDR   PC,=IsrEINT2
HandlerEINT3      LDR   PC,=IsrEINT3
HandlerEINT4_7    LDR   PC,=IsrEINT4_7
…
HandlerURAT0      LDR   PC,=IsrURAT0
HandlerSPI1       LDR   PC,=IsrSPI1
HandlerRTC        LDR   PC,=IsrRTC
HandlerADC        LDR   PC,=IsrADC         ;INT_ADC 中断服务程序分支,入口地址 IsrADC
```

5）ARM 各中断服务程序设计。以外部中断 EINT0 为例，中断程序片段如下。

```
IsrEINT0
    {中断处理程序内容}
    LDR R9,=0x4A000010              ;INTPND 的地址送 R9
    LDR R8,[R9]                     ;读 INTPND 的内容送 R8
    STR R8,[R9]                     ;清除 INTPND 中断标志位
    SUB PC,LR,#4                    ;返回
```

8.3.2 S3C2410A 中断服务程序实现框架之二：基于中断向量的实现方式

基于中断向量的实现方式是 ARM 中断系统中使用的主要方式，因为在 ARM 的应用系统中，一般存储器区 Bank0 使用一片 Nand Flash 或 Nor Flash 存储器芯片，用于固化应用系统和程序的代码。在存储器区 Bank6 有时也有 Bank7 扩展 SDRAM 存储器，用于存储运行时的程序代码。

当 ARM 启动后，开始运行 Bank0 中 Flash 存储器中的初始化程序代码，地址 0x00000000～0x0000001C 必须配置运行时 ARM 异常入口向量代码，之后主要用于配置 ARM 微处理器的系统时钟，如 FCLK、HCLK 和 PCLK；设置存储器控制寄存器使得 ARM 配置的存储器可用；设置各种异常的堆栈指针等；之后将 Bank0 中 Flash 的其他程序代码内容搬移到 SDRAM 中开始运行。

SDRAM 中地址空间的分布与使用如图 8-6 所示。地址是从 0x30000000～0x34000000 的 64 MB 内存空间。

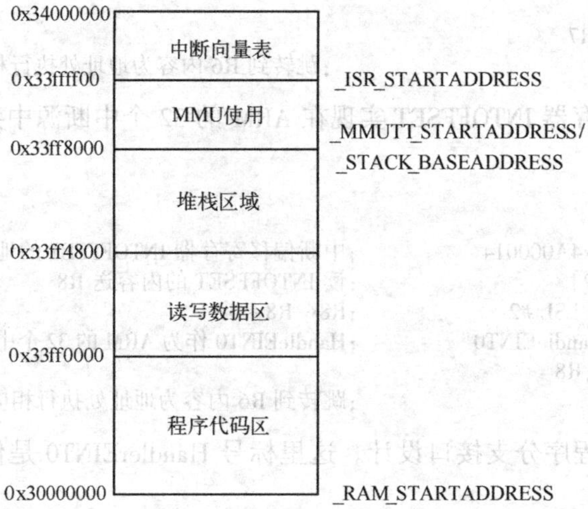

图 8-6　SDRAM 存储器地址空间分布与使用映射图

注意：图 8-6 中各个区域的划分是程序员根据应用系统的需求进行划分的。堆栈类型使用集成开发环境 ADS1.2 中的默认类型，即满栈递减（FD）型。

由图 8-6 可以看出，系统的总中断服务程序、中断函数、中断子函数或外部中断子函数是在 RAM 存储器中存储并执行的。但在中断响应时，PC 的指针是指向 Bank0 的 Flash 存储器地址 0x00000018（普通中断 IRQ）或 0x0000001C（快速中断 FIQ）的，这就需要通过中断向量将 PC 指针从 Flash 的 IRQ 地址映射到 RAM 的总中断服务程序入口地址，再进一步映射到 32 个 ARM 中断源其中之一的中断程序或中断函数入口地址处，或进一步映射到子中断服务函数或外部子中断服务函数入口地址处。图 8-7 所示是基于中断向量的中断响应过程示意图，图中没有具体到子中断和外部中断过程。

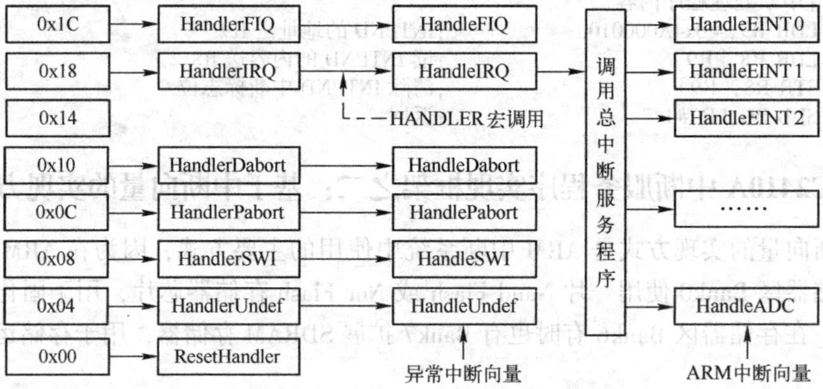

图 8-7　基于中断向量的中断响应过程示意图

以下主要根据图 8-6 讲述 IRQ 中断的 PC 地址值映射过程及程序设计片段，而 FIQ 中断在 56 个中断源中最多只能有一个，过程也比较简单，这里不进行讲述。

1. SDRAM 存储器地址空间的分布与使用

```
_STACK_BASEADDRESS    EQU   0x33ff8000   ;堆栈指针初值定义,使用满栈递减型
_MMUTT_BASEADDRESS    EQU   0x33ff8000   ;MMU 页表基地址定义
_ISR_BASEADDRESS      EQU   0x33ffff00   ;中断向量基地址定义
```

注意：在 ADS1.2 中设置只读存储器 RO 的初始地址为 0x30000000，读写存储器 RW 的初始地址是 0x33ff0000。

2. 异常入口程序代码段

当 ARM 微处理器启动或发生异常——中断时，程序计数器 PC 会被强制设置为对应的异常向量值 0x00000018，从这里开始执行中断服务程序代码。此段的代码如下：

```
AREA Init_Code,CODE,READONLY
ENTRY
B HandlerReset              ;系统复位异常,PC 地址 0x00000000
B HandlerUndef              ;未定义指令异常,PC 地址 0x00000004
B HandlerSWI                ;软件中断异常,PC 地址 0x00000008
B HandlerPrefetch           ;指令预取中止,PC 地址 0x0000000c
B HandlerDataAbort          ;未定义指令异常,PC 地址 0x00000010
B .                         ;未使用,但占用地址 0x00000014
B HandlerIRQ                ;慢速中断异常,PC 地址 0x00000018
B HandlerFIQ                ;快速中断异常,PC 地址 0x0000001c
```

由代码可以看出，ARM 执行的代码将跳转到标号 HandlerIRQ 处去执行宏。

```
HandlerIRQ HANDLER HandleIRQ
```

该宏的作用是将标号地址 HandleIRQ 的内容作为当前的 PC 值进行程序调用，即总中断服务程序调用。宏的定义为 $HandlerLabel HANDLER $HandleLabel，参见 4.1.4 节。

3. 异常向量表及 ARM 中断的向量表的定义

该向量表位于内存以（_ISR_STARTADDRESS）为基址的地方，在文件 RamData 段中定义。从（_ISR_STARTADDRESS+0x00）到（_ISR_STARTADDRESS+0x1C）这段地址定义异常向量表，它们存储的内容是各自的异常服务程序入口地址，对于 IRQ 异常中断则是总中断服务程序入口地址。而从（_ISR_STARTADDRESS+0x20）地址开始定义了 32 个 ARM 中断源向量表，它们的内容则是各自 ARM 中断服务程序入口地址。RamData 段的具体定义如下：

```
AREA RamData,DATA,READWRITE
MAP  _ISR_STARTADDRESS       ;其值已定义为 0x33ffff00
HandleReset     #   4        ;定义异常中断向量表,共 8 行
HandleUndef     #   4
HandleSWI       #   4
HandlePabort    #   4
HandleDabort    #   4
HandleReserved  #   4
HandleIRQ       #   4        ;这是 IRQ 总中断程序入口,要写入的内容是 IsrIRQ 入口地址
HandleFIQ       #   4
;定义 32 个 ARM 中断源向量表,共 32 行
HandleEINT0     #   4        ;通过在程序中对 pISR_EINT0 赋值,如通过将函数名赋给它
HandleEINT1     #   4
;……这里有 28 个中断向量占用字地址,详细内容参见教材附带文件中 2410addr.a
HandleRTC       #   4
HandleADC       #   4
;定义 11 个子中断源向量表,共 11 行
HandleRXD0      #   4
HandleTXD0      #   4
;……这里有 7 个子中断向量占用字地址
HandleADC_TC #   4
HandleADC_AD #   4
;定义外部中断源 EINT4~EINT7 向量表,共 4 行
```

```
    HandleEINT4     #    4
    HandleEINT5     #    4
    HandleEINT6     #    4
    HandleEINT7     #    4
;外部中断源 EINT8~EINT23 向量表,共 16 行
    HandleEINT8     #    4
    HandleEINT9     #    4
;……这里还有 12 个外部中断向量占用字地址
    HandleEINT22    #    4
    HandleEINT23    #    4
```

4. 对使用 MAP 伪指令定义的异常中断向量字单元的赋值

这里主要指异常中断向量 IRQ，对于其他向量字单元可以使用以后讲述的赋值方法实现。对于异常中断向量表中标号地址 HandleIRQ 赋值是通过程序进行的，程序段如下。

```
    LDR   R0,  =HandleIRQ       ;将标号地址 HandleIRQ 送入 R0
    LDR   R1,  =IsrIRQ          ;将总中断服务程序 IsrIRQ 的入口地址送入 R1
    STR   R1,  [R0]             ;将 R1 写入 R0 的地址单元中
```

这样当响应 IRQ 的某一中断请求时，程序计数器 PC 指针首先指向异常中断向量 0x00000018 处，通过宏调用 HandlerIRQ HANDLER HandleIRQ 将总中断服务程序的入口地址送入程序计数器（PC）并开始执行，根据中断悬挂寄存器（INTPND）的内容或中断偏移量寄存器（INTOFFSET）的数值确定转移到 32 个 ARM 中断服务程序的哪一个，从而实现程序的调用。

总中断服务程序在 8.3.1 节已经讲述。

5. 对中断向量表字单元的赋值

首先使用 ARM 汇编中 EQU 伪指令或 C 语言中的 define 宏指令对具体的存储器单元进行定义，然后直接将汇编语言中定义的中断服务程序标号地址或 C 语言中的中断函数名赋给以下宏名即可。

以下是使用 EQU 伪指令定义的存储器单元语法格式和内容，它的定义在 Addr2410.a 文件中。在 C 语言中使用宏指令 define 定义的格式如下（在 2410addr.h 文件中）。

```
#define   pISR_EINT0      (*(unsigned *)(_ISR_STARTADDRESS+0x20))
```

下面所有 pISR_xxx 的定义格式相同，这里不再赘述。仔细观察可以看出：用 MAP 伪指令定义的结构体中标号地址 HandleEINT0，与用宏指令定义的 pISR_EINT0 指向了同一物理存储字单元。

```
;使用 EQU 定义异常向量表存储器单元
pISR_Reset        EQU   (_ISR_STARTADDRESS+0x0)
pISR_Undef        EQU   (_ISR_STARTADDRESS+0x4)
pISR_SWI          EQU   (_ISR_STARTADDRESS+0x8)
pISR_Pabort       EQU   (_ISR_STARTADDRESS+0xc)
pISR_Dabort       EQU   (_ISR_STARTADDRESS+0x10)
pISR_Reserved     EQU   (_ISR_STARTADDRESS+0x14)
pISR_IRQ          EQU   (_ISR_STARTADDRESS+0x18)
pISR_FIQ          EQU   (_ISR_STARTADDRESS+0x1c)
;使用 EQU 定义 ARM 中断向量表存储器单元
pISR_EINT0        EQU   (_ISR_STARTADDRESS+0x20)
pISR_EINT1        EQU   (_ISR_STARTADDRESS+0x24)
pISR_EINT2        EQU   (_ISR_STARTADDRESS+0x28)
;还有 28 条雷同的定义语句,对应着不同的 ARM 中断
pISR_RTC          EQU   (_ISR_STARTADDRESS+0x98)
pISR_ADC          EQU   (_ISR_STARTADDRESS+0xa0)
```

8.3.3 子中断服务程序的实现框架

子中断源是 32 个 ARM 中断源中的 INT_UART0、INT_UART1、INT_UART2 和 INT_ADC 中的分支。以下内容是它们的实现框架。

1. 与子中断服务程序相关的中断向量结构体定义以及物理存储单元的 EQU 定义

子中断服务程序是在 32 个 ARM 中断向量结构体中定义的以下几项。

```
HandleUART2     #   4
HandleUART1     #   4
HandleUART0     #   4
HandleADC       #   4
```

它们在存储器中对应的物理位置是由使用 EQU 定义的 ARM 中断向量存储器单元，有以下几项。

```
pISR_UART2      EQU   (_ISR_STARTADDRESS+0x5c)
pISR_UART1      EQU   (_ISR_STARTADDRESS+0x7c)
pISR_UART0      EQU   (_ISR_STARTADDRESS+0x90)
pISR_ADC        EQU   (_ISR_STARTADDRESS+0xa0)
```

2. 子中断服务程序的设计方法之一

1）编写子中断分发程序，完成对于其子中断源的判定。以 UART0 为例，主要用于判断是 HandleUART0 的哪一个子中断源，是 INT_RXD0、INT_TXD0 还是 INT_ERR0。

```
sub_Uart0
    LDR R9, =SUBSRCPND              ;SUBSRCPND 的地址送 R9
    LDR R8,[R9]                     ;读 SUBSRCPND 的内容送 R8
    AND R8,R8,0x07
    MOV R7,#0x0
0   MOVS R8,R8,RRX #1               ;带进位扩展循环右移 R8 的内容
    BCS %F1                         ;若 C=1,向下跳转到标号 1 处
    ADD R7,R7,#4
    B   %B0                         ;无条件向上跳转到标号 0 处
1   LDR R6, =HandleRXD0             ;HandleRXD0 作为 11 个子中断服务程序跳转的基址
    ADD R6,R6,R7
    MOV PC,R6                       ;跳转到 R6 内容为地址处执行相应中断程序
```

2）编写程序实现将 UART0 的中断分发程序入口地址写入到 HandleUART0 的存储器地址单元中，以实现对其程序的调用。

```
LDR   R0,   =HandleUART0    ;将标号地址 HandleUART0 送入 R0
LDR   R1,   =sub_Uart0      ;将子中断服务程序 sub_Uart0 的入口地址送入 R1
STR   R1,   [R0]            ;将 R1 写入 R0 的地址单元中
```

3）用汇编环境下的 EQU 伪指令或 C 语言中的宏指令 define 进行如下定义。

```
pISR_RXD0         EQU   (_ISR_STARTADDRESS+0xA4)
pISR_TXD0         EQU   (_ISR_STARTADDRESS+0xA8)
pISR_ERR0         EQU   (_ISR_STARTADDRESS+0xAC)
pISR_RXD1         EQU   (_ISR_STARTADDRESS+0xB0)
pISR_TXD1         EQU   (_ISR_STARTADDRESS+0xB4)
pISR_ERR1         EQU   (_ISR_STARTADDRESS+0xB8)
pISR_RXD2         EQU   (_ISR_STARTADDRESS+0xBC)
pISR_TXD2         EQU   (_ISR_STARTADDRESS+0xC0)
```

```
pISR_ERR2        EQU   (_ISR_STARTADDRESS+0xC4)
pISR_ADC_TC      EQU   (_ISR_STARTADDRESS+0xC8)
pISR_ADC_AD      EQU   (_ISR_STARTADDRESS+0xCC)
```

4）使用汇编语言或C语言编写子中断服务程序，将汇编程序入口地址或C语言函数名赋给上述的pISR_xxx，就可以实现子中断函数的调用。

3. 子中断服务程序的设计方法之二

对于有子中断分支的ARM中断源设计一个中断服务程序或函数，将中断函数入口地址或函数名直接赋给pISR_xxx，然后在中断服务程序中根据子中断源悬挂寄存器（SUBSRCPND）的位值判断是哪一个子中断，从而执行相应的子中断服务程序。

8.3.4 外部中断服务程序的实现框架

外部中断源共有24个，从EINT0~EINT23，其中EINT0~EINT3独占32个ARM中断源中的4个，中断触发信号的选取通过外部中断控制寄存器（EXTINT0）设置，但不受外部中断屏蔽寄存器（EINTMASK）、外部中断悬挂寄存器（EINTPEND）的控制。因此在使用时，需要通过EXTINT0设置各自的触发电平，然后编写中断服务程序或中断函数，将其中断程序入口地址或函数名赋给各自的pISR_xxx即可。

ARM中断源的EINT4_7分出EINT4~EINT7共4个外部中断源，EINT8_23分出共16个外部中断源，它们的结构组成与子中断源有相似的地方，因此外部中断服务程序的实现框架与子中断服务程序实现框架雷同，这里不再赘述。

与子中断源不同的是，EINT4~EINT23需要通过外部中断控制寄存器EXTINT0~EXTINT2来控制它们的触发电平，通过外部中断滤波寄存器EINTFLT2、EINTFLT3选取滤波时钟和长度，通过EINTMASK控制中断的允许或禁止，通过EINTPEND反映外部的哪一个中断源有中断申请，用于判断调用哪一个外部中断服务程序。

8.3.5 中断服务程序综合应用示例

1. 外部中断服务程序设计流程

- 通过设置端口控制寄存器（GPFCON）或端口控制寄存器（GPGCON）使得GPF端口或GPG端口相应的引脚为中断引脚功能，即所谓的第3功能。
- 通过设置外部中断控制寄存器EXTINT0~EXTINT2控制相应中断引脚的触发电平，需要使用滤波时还要设置滤波寄存器EINTFLT2~EINTFLT3。
- 设置外部中断屏蔽寄存器EINTMASK的相应位为“0”，以允许外部中断源申请中断。
- 设置中断屏蔽寄存器（INTMSK）的相应位为“0”，以允许32个ARM中断源中的相应中断进行中断申请。其中包括EINT0~EINT3、EINT4_7和EINT8_23共计6个中断源。
- 必要时还要设置中断模式寄存器（INTMOD）或中断优先权寄存器（PRIORUTY）。
- 编写中断服务程序。

需要注意的是，INTPND或EINTPEND的中断标志是系统自动置位为“1”的，需要在退出中断服务程序时清“0”复位。

需要说明的是，中断系统的准备工作已在启动引导代码中完成。编写好中断函数，只需将中断函数名赋给pISR_xxx即可实现中断函数的调用。

2. 外部中断程序设计

功能要求：如图 8-8 所示，当按下 S1 时，LED1 亮 1s 后熄灭，其他不变；当按下 S2 时，LED1～LED2 分别亮 1 s 后熄灭，其他不变；当按下 S3 时，LED1～LED3 分别亮1 s 后熄灭，LED4 保持不变；当按下 S4 时，LED1～LED4 分别亮 1 s 后熄灭。平时各 LED 均处于熄灭状态。

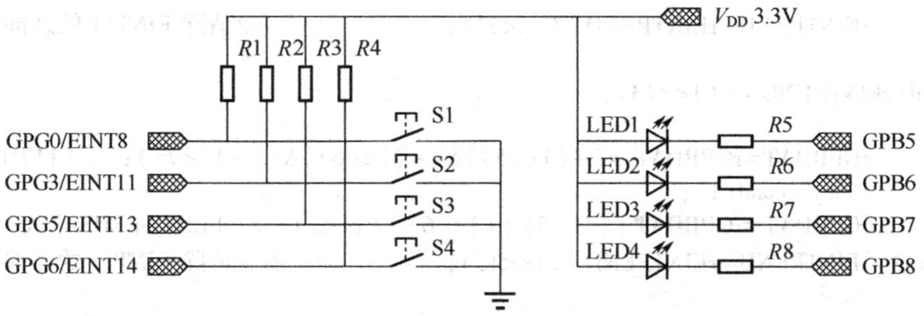

图 8-8　按键与 LED 显示电路连接图

```
#include "Addr2410.h"
void DelaySecond(u32  x_second);        /*声明延时函数,在其他文件中定义*/
static void__irq Eint8_23(void);        /*声明中断函数*/
void Init_Port(void);                   /*声明端口、中断系统等初始化函数*/
void main()
{
  Init_Port();
  while(1);
}
void Init_Port(void)                    /*定义初始化端口、中断系统寄存器等函数*/
{
  //设置 GPG6、GPG5、GPG3、GPG0 引脚功能为中断输入,即使对应的 b2n+1b2n = 10
  rGPGCON=rGPGCON & 0xffffc33c | (2<<12) | (2<<10) | (2<<6) | (2<<0);
  //禁止 GPG6、GPG5、GPG3、GPG0 引脚上拉电阻,即使对应的 bn = 1
  rGPGUP=rGPGUP | (1<<6) | (1<<5) | (1<<3) | (1<<0);
  //设置 GPB8、GPB7、GPB6、GPB5 引脚功能为输出,即使对应的 b2n+1b2n = 01
  rGPBCON=rGPBCON & 0xfc03ff | (1<<16) | (1<<14) | (1<<12) | (1<<10);
  //使能 GPB8、GPB7、GPB6、GPB5 引脚上拉电阻
  rGPBUP=rGPBUP &(~(1<<8))&(~(1<<7))&(~(1<<6))&(~(1<<5));
  //将 GPB8、GPB7、GPB6、GPB5 引脚设置为高电平,即 4 个 LED 平时处于熄灭状态
  rGPBDAT=rGPBDAT | (1<<8) | (1<<7) | (1<<6) | (1<<5);
  //设置 EXTINT1,使得 EINT8、EINT11、EINT13、EINT14 为低电平触发
  rEXTINT1=rEXTINT1 &(~(7<<24))&(~(7<<20))&(~(7<<12))&(~(7<<0));
  //清除 EINTMASK 的相应位,使得 EINT8、EINT11、EINT13、EINT14 为中断允许
  rEINTMASK=rEINTMASK &(~(1<<14))&(~(1<<13))&(~(1<<11))&(~(1<<8));
  rINTMSK=rINTMSK &(~(1<<5));          //清除 INTMSK 的相应位,使得 EINT8_23 为中断允许
  //将中断函数名代表的函数入口地址赋给指定的存储器单元,实现中断函数的调用
  pISR_EINT8_23=(U32)Eint8_23;
}
static void__irq Eint8_23(void)
{
    if(rEINTPEND==(1<<8))
    {
        rGPBDAT=rGPBDAT &(~(1<<5));  //GPB5 引脚设置为低电平,LED1 点亮
        DelaySecond(1);
        rGPBDAT=rGPBDAT | (1<<5);     //GPB5 引脚设置为高电平,LED1 熄灭
```

```
            rEINTPEND=rEINTPEND|(1<<8);                         //清除 EINT8 的外部中断悬挂位
        }
        if(rEINTPEND==(1<<11))
        {
            rGPBDAT=rGPBDAT&(~(1<<5))&(~(1<<6));  // LED1、LED2 点亮
            DelaySecond(1);
            rGPBDAT=rGPBDAT|(1<<5)|(1<<6);                  // LED1、LED2 全灭
            rEINTPEND=rEINTPEND|(1<<11);                    //清除 EINT11 的外部中断悬挂位
        }
        if(rEINTPEND==(1<<13))
        {
            rGPBDAT=rGPBDAT&(~(1<<5))&(~(1<<6))&(~(1<<7));   // LED1~LED3 点亮
            DelaySecond(1);
            rGPBDAT=rGPBDAT|(1<<5)|(1<<6)|(1<<7);  // LED1~LED3 全灭
            rEINTPEND=rEINTPEND|(1<<13);                    //清除 EINT13 的外部中断悬挂位
        }
        if(rEINTPEND==(1<<14))
        {
            rGPBDAT=rGPBDAT&(~(1<<5))&(~(1<<6))&(~(1<<7))&(~(1<<8));
                                                            //点亮 LED1~LED4
            DelaySecond(1);
            rGPBDAT=rGPBDAT|(1<<5)|(1<<6)|(1<<7)|(1<<8);   // LED1~LED4 全灭
            rEINTPEND=rEINTPEND|(1<<14);  //清除 EINT14 的外部中断悬挂位
        }
        rSRCPND=rSRCPND|(1<5);                      //清除中断源悬挂寄存器的 EINT8_23 对应位
        rINTPND=rINTPND;                            /* 清除中断悬挂寄存器的 EINT8_23 对应位 */
}
```

习题

8-1 S3C2410A 有哪些通用 I/O 接口？它们都是几位的？共提供多少 I/O 端口？

8-2 S3C2410A 与配置 I/O 口相关的寄存器有哪些？各自具有什么功能？

8-3 简述 S3C2410A 的中断系统结构。

8-4 简述 S3C2410A 的中断优先级是如何控制的。

8-5 试分析 S3C2410A 端口控制寄存器 A~H 的功能。

8-6 S3C2410A 与中断控制有关的寄存器有哪些？各自具有什么功能？

8-7 S3C2410A 与外部中断有关的控制寄存器有哪些？各自具有什么功能？

8-8 S3C2410A 与子中断有关的控制寄存器有哪些？各自具有什么功能？

8-9 试述 S3C2410A 的中断请求过程。

8-10 试述 S3C2410A 的中断响应过程。

8-11 S3C2410A 中断服务程序的实现有哪两种方法？分别是如何实现的？

8-12 S3C2410A 的子中断服务程序的实现步骤是什么？

8-13 简述 S3C2410A 外部中断服务程序的实现流程。

第 9 章　微处理器 S3C2410A 的定时器/计数器

定时器部件在实时控制系统中起着举足轻重的作用，它可以实现对设备的周期性控制，同时使用定时器的 PWM 输出功能可以实现设备功率的控制，用于恒温控制系统等。定时器部件也是嵌入式系统中常用的部件，对嵌入式系统完成任务不可或缺。

S3C2410A 芯片中的定时器部件有多个，不同的定时器部件有不同的用途。看门狗定时器（WATCHDOG）主要用来防止处理器的死机，需要在看门狗定时器规定的时间内“喂狗”，就是重新给看门狗定时器赋初值，否则时间到产生溢出复位信号，使 ARM 系统复位而重新启动；定时器（TIMER）主要用于定时或计数，还可用于脉宽调制（Pulse Width Modulation，PWM）的控制；实时时钟（Real Time Clock，RTC）主要用于为系统提供日历与实时钟信号。

定时部件虽然种类较多，但它们的工作原理基本相同。本章主要介绍定时器部件各自的原理与应用。

9.1　S3C2410A 定时器/计数器原理

定时器或计数器的逻辑电路是相同的，它们的主要区别在用途上。在应用时，定时器的输入信号来自内部，是周期信号，从而通过计数实现了定时的功能；而计数器的输入信号一般来自外部，是非周期信号，因而只能实现计数的功能。因此这样的逻辑电路被称为定时器/计数器。

图 9-1 所示是一般定时器/计数器内部工作原理框图，它以一个 N 位计数器（加 1 或减 1）为核心，计数器的初值在编程时设置。计数器的输入脉冲分为 2 类：系统时钟和外部事件脉冲。

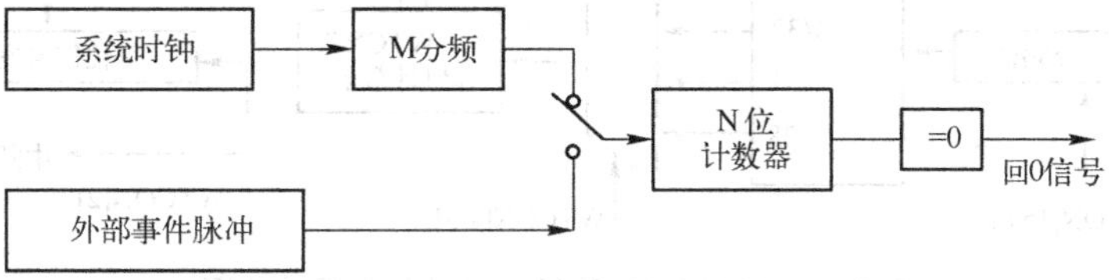

图 9-1　定时器/计数器内部工作原理图

若设置定时器/计数器为**定时（Timer）工作方式**，则 N 位计数器的计数脉冲输入来自内部系统时钟，并经过 M 分频。每个计数脉冲使计数器加 1 或减 1，当计数脉冲加到全 1 或减到 0 时，则产生“回 0 信号”，当该信号有效时表示计数器的当前值为 0。因为系统的时钟频率有固定的周期，所以实现了定时功能。

若设置定时器/计数器为**计数（Counter）工作方式**，则 N 位计数器的输入脉冲来自外部事件产生的脉冲信号，发生一个外部事件，计数器加 1 或减 1，直到 N 位计数器的值为 0，产生“回 0 信号”。如果其外部的输入计数脉冲也是周期信号，则也可以实现定时功能，这里仅是换种说法而已，没有本质上的区别。

使用定时器/计数器时，首先必须根据计数/定时的脉冲个数或定时值的大小，对计数器赋初值。

微处理器 S3C2410A 使用的是具有减法功能的定时器/计数器。

9.2 看门狗定时器（WATCHDOG）

S3C2410A 中看门狗定时器的作用是，当系统程序出现功能错乱，引起系统程序出现死循环时，使系统重新启动开始工作。

嵌入式系统由于使用环境复杂，即使用环境中有较强的干扰信号，或者系统程序本身的不完善，因而不能排除系统程序不会出现死循环现象。当系统使用看门狗部件时，如果系统出现了死循环，看门狗定时器将产生一个具有一定宽度的复位信号，强迫系统复位，恢复系统的正常运行。

看门狗定时器必须在小于定时的时间周期内对其重新赋初值（俗称“喂狗”），使看门狗定时器不会产生复位信号，系统正常运行。当系统程序出现死循环时，无法给看门狗定时器喂狗或者说不能执行喂狗函数，将会产生复位信号。

9.2.1 看门狗定时器的工作原理

S3C2410A 看门狗定时器有 2 种工作模式。

- 带中断请求信号的常规时隙定时器。
- 产生内部复位信号的定时器，即当定时器的值为 0 时，产生一个宽度为 128PCLK（系统时钟周期）的复位脉冲信号。

图 9-2 所示是看门狗定时器的逻辑功能图。由图可知，看门狗定时器使用系统时钟 PCLK 作为唯一的时钟源，PCLK 信号经过预分频后再分割产生相应的看门狗计数器时钟信号，当计数值变为 0 后产生中断请求信号或复位信号。

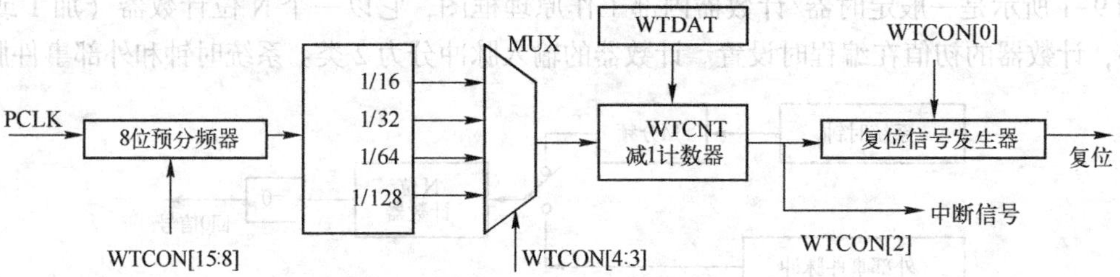

图 9-2　S3C2410A 看门狗定时器逻辑功能图

预分频器值和频率分解因子由看门狗控制寄存器进行编程设置。预分频器取值范围为 $0\sim2^8-1$，频率分割因子取值可选择 16、32、64、128。使用下面的公式计算看门狗定时器的时钟周期。

T=1/(PCLK/(预分频器值+1)/分割因子)

一旦看门狗定时器启动工作，看门狗定时器的计数常数寄存器（WTDAT）就无法自动地装载到计数寄存器（WTCNT）中。因此应该在看门狗定时器工作之前，通过初始化编程将计数常数寄存器（WTDAT）的值写入到计数寄存器（WTCNT）中。

9.2.2 看门狗特殊功能控制寄存器

S3C2410A 芯片的看门狗定时器逻辑中有 3 个控制功能寄存器：看门狗控制寄存器

(WTCON)、看门狗常数寄存器（WTDAT）和看门狗计数寄存器（WTCNT）。它们的属性见表 9-1。

表 9-1　看门狗特殊功能控制寄存器属性

寄存器名	占用地址	读写属性	描　述	初　值
WTCON	0x53000000	读/写	看门狗控制寄存器	0x8021
WTDAT	0x53000004	读/写	看门狗常数寄存器	0x8000
WTCNT	0x53000008	读/写	看门狗计数寄存器	0x8000

1. 看门狗控制寄存器（WTCON）

看门狗控制寄存器（Watchdog Timer Control Register，WTCON）用来控制看门狗定时器是否允许工作，设置看门狗的计数脉冲宽度等。如果不希望系统在出现程序紊乱时重新启动，则可以禁止看门狗工作。WTCON 的各位功能定义见表 9-2。

表 9-2　WTCON 位功能定义表

比特位	描　述	初　值
[15:8]	预分频值（Prescaler Value）：范围 0~255	0x80
[7:6]	保留，但取值必须为 00	00
[5]	看门狗定时器使能位：1=使能；0=不使能	1
[4:3]	分割因子（Clock Select）：00=16；01=32；10=64；11=128	00
[2]	中断请求使能位：1=允许中断（看门狗作为一般定时器使用时）；0=不允许中断	0
[1]	保留位，取值为 0	0
[0]	看门狗定时器复位信号输出使能（Reset Enable/Disable）： 0=禁止看门狗定时器的复位功能； 1=在看门狗定时器回 0 时复位信号有效	1

注意：如果想把看门狗定时器作为一般定时器使用，应该中断使能有效，并禁止看门狗定时器复位。

2. 看门狗常数寄存器（WTDAT）

看门狗常数寄存器（Watchdog Timer Data Register，WTDAT）用来存储看门狗定时器的溢出时间间隔常数值。看门狗计数寄存器从此值开始做减法计数，直到时间间隔变为 0。计数公式如下：

计数常数=所需时间间隔/计数时钟周期 T=所需时间间隔 *（PCLK/（预分频值+1）/分割因子）

WTDAT 的位功能见表 9-3。

表 9-3　WTDAT 位功能定义表

比特位	描　述	初　值
[15:0]	看门狗常数寄存器值（Count Reload Value）	0x8000

注意：WTDAT 寄存器是 16 位的，它不能在看门狗定时器初始化使能时被自动装载到看门狗计数器寄存器中。但是，使用 0x8000（初值）将促使第一次时间溢出。之后，WTDAT 的值将自动装载到 WTCNT 中。

3. 看门狗计数寄存器（WTCNT）

看门狗计数寄存器（Watchdog Timer Counter Register，WTCNT）是一个实时动态变化的减

法计数器，WTCNT 工作时存储当前计数值。看门狗计数寄存器的位功能描述见表 9-4。

表 9-4　WTCNT 位功能表

比 特 位	描　述	初　值
[15:0]	看门狗计数器的当前值（Count Value）	0x8000

注意：WTDAT 的值在看门狗初始使能时，不能自动装载到 WTCNT 寄存器中，因此 WTCNT 寄存器必须在使能之前设置一个初值。

9.2.3　看门狗定时器应用编程示例

1. Bootloader 中的看门狗定时器应用编程

在系统启动引导的 Bootloader 程序中，由于这时 ARM 系统的部件初始化需要进行大量的工作，需要关闭看门狗定时器，即设置看门狗控制寄存器 WTCON 的 b5=0（看门狗定时器使能位无效），b0=0（禁止看门狗定时器的复位功能），与其他位无关，因此控制字可为 0x00，而且必须使用汇编语言编写程序。程序代码如下：

```
WTDOG   EQU 0x53000000          ;定义 WTCON 的地址
LDR   R0,=WTCON                 ;WTCON 地址送 R0
LDR   R1,=0x00                  ;控制字 0x00 送 R1
STR   R1,[R0]                   ;控制字写入 R0
```

2. 程序正常运行时的看门狗定时器应用编程

看门狗可以实现 ARM 系统的复位，不需要外围的控制电路。要实现看门狗的功能，需要对看门狗的特殊功能寄存器进行配置操作，编程流程如下。

1）看门狗定时器作为一般定时器使用时，需要设置看门狗的中断操作，这是看门狗作为一般定时器使用时的唯一用法。除包括 ARM 系统的各个中断寄存器的设置外，还要看门狗自身中断使能有效。如果作为 ARM 系统的看门狗使用，这一步不用设置。

2）设置看门狗控制寄存器（WTCON），主要包括预分频值、分割因子，看门狗定时器复位信号输出使能 b0=1（在看门狗定时器回 0 时复位信号有效）。

3）在预估的预分频值、分割因子的情况下，计算看门狗的定时常数。只要计算的结果不大于 WTDAT 的数值范围（即 $2^{16}-1$）均为有效数据。将定时常数赋给 WTDAT 寄存器和 WTCNT 寄存器。

4）启动看门狗定时器。使看门狗定时器使能位 b5=1（使能有效电平信号）。

应用示例：实现 S3C2410A 芯片的看门狗功能，监测系统的周期不大于 40 μs，PCKL=200 MHz。

首先计算赋给 WTDAT 寄存器的初值：

$$初值=40\mu s\times(PCLK/(预分频值+1)/分割系数)$$

注意：这里 PCKL 的单位是赫兹，预分频值和分割系数必须事先预给一个固定的值。本例中预分频值=1，WTCON 的 b15～b8=0x01，分割系数=32，WTCON 的 b4b3=0b01，允许看门狗定时器工作 b5=1，允许看门狗复位信号有效位 b0=1。初值计算过程如下：

$$初值=40\times10^{-6}\times(200\times10^{6}/(1+1)/32)=125=0x7d$$

使用 C 语言编写的程序代码如下。

```
#define  rWTCON ( * ( volatile unsigned char * )0x53000000)
#define  rWTDAT ( * ( volatile unsigned char * )0x53000004)
#define  rWTCNT ( * ( volatile unsigned char * )0x53000008)
void watchdog40( void)
{
    rWTCON=(rWTCON & 0x0000) | (1<<8) | (1<<3);  /* 设置预分频值、分割因子 */
    rWTDAT=0x7d;
    rWTCNT=0x7d;
    rWTCON=rWTCON | (1<<5) | (1<<0);             /* 设启动看门狗。看门狗复位使能、
                                                    看门狗使能 */
}
```

注意：要使看门狗起到应有的作用必须在程序执行间隔小于 40 μs 的语句内调用该函数，也就是“喂狗”，否则时间到，将产生系统复位信号，重新启动，系统将无法正常工作。

9.3 具有脉宽调制（PWM）的定时器（Timer）

Timer 部件主要提供定时功能、脉冲宽度调制（PWM）功能。它的应用比较灵活，对于需要一定频率的脉冲信号、一定时间间隔定时控制信号的应用场合，都能提供支持。

9.3.1 定时器 Timer 概述

微处理器 S3C2410A 芯片中有 5 个 16 位的 Timer 部件，其中 Timer0～Timer3 具有 PWM 功能，Timer4 仅用于定时，不具有 PWM 功能，它没有输出引脚。Timer0 同时具有死区（Dead Zone）发生器，通常用于控制大电流设备。

Timer0 和 Timer1 共享一个 8 位的预分频器，而 Timer2～Timer4 共享另外一个 8 位的预分频器。它们均具有 5 种分频系数的分割器。每个 Timer 部件接收的时钟是经过预分频器、分割器分频后，仅提供给自己的信号。预分频器和分割器均可编程设置。

注意：设置预分频器时，Timer0 和 Timer1 统一考虑设置，Timer2～Timer4 统一考虑设置。图 9-3 所示是 S3C2410A 内部时钟结构框图。TCLK0 与 TCLK1 分别是外部输入时钟信号；当 Timer0 具有死区功能时，TOUT1 是 TOUT0 的反相输出。

9.3.2 Timer 部件的操作

每个定时器/计数器都是 16 位的减法计数器，是通过定时器自己的时钟驱动的。当计数器减到 0 时，可产生定时器中断请求信号，通知 CPU 定时器的操作已经完成。此时定时/计数缓冲寄存器（Timer Counter Buffer Register n，TCNTBn）的值将自动装载到递减计数器，开始下一轮的操作。但是，若定时器停止工作，则 TCNTBn 的值将不会重新装载到计数器中。

定时器比较缓冲寄存器（Timer Compare Buffer Register n，TCMPBn）的值用于脉宽调制。当计数器的值与比较寄存器的值相同时，定时器的逻辑将改变输出电平。因此 TCMPBn 确定脉宽调制信号输出的该电平持续时间（或低电平持续时间）。

每个定时器（TIMER4 除外）均含有 TCNTBn，TCNTn，TCMPBn 和 TCMPn 四种计数缓冲寄存器，其中定时器计数寄存器（Timer Counter Register n，TCNTn）和定时器比较寄存器（Timer Compare Register n，TCMPn）是内部寄存器（编程不可见），内部寄存器 TCNTn 的值可以通过计数观察寄存器读取。

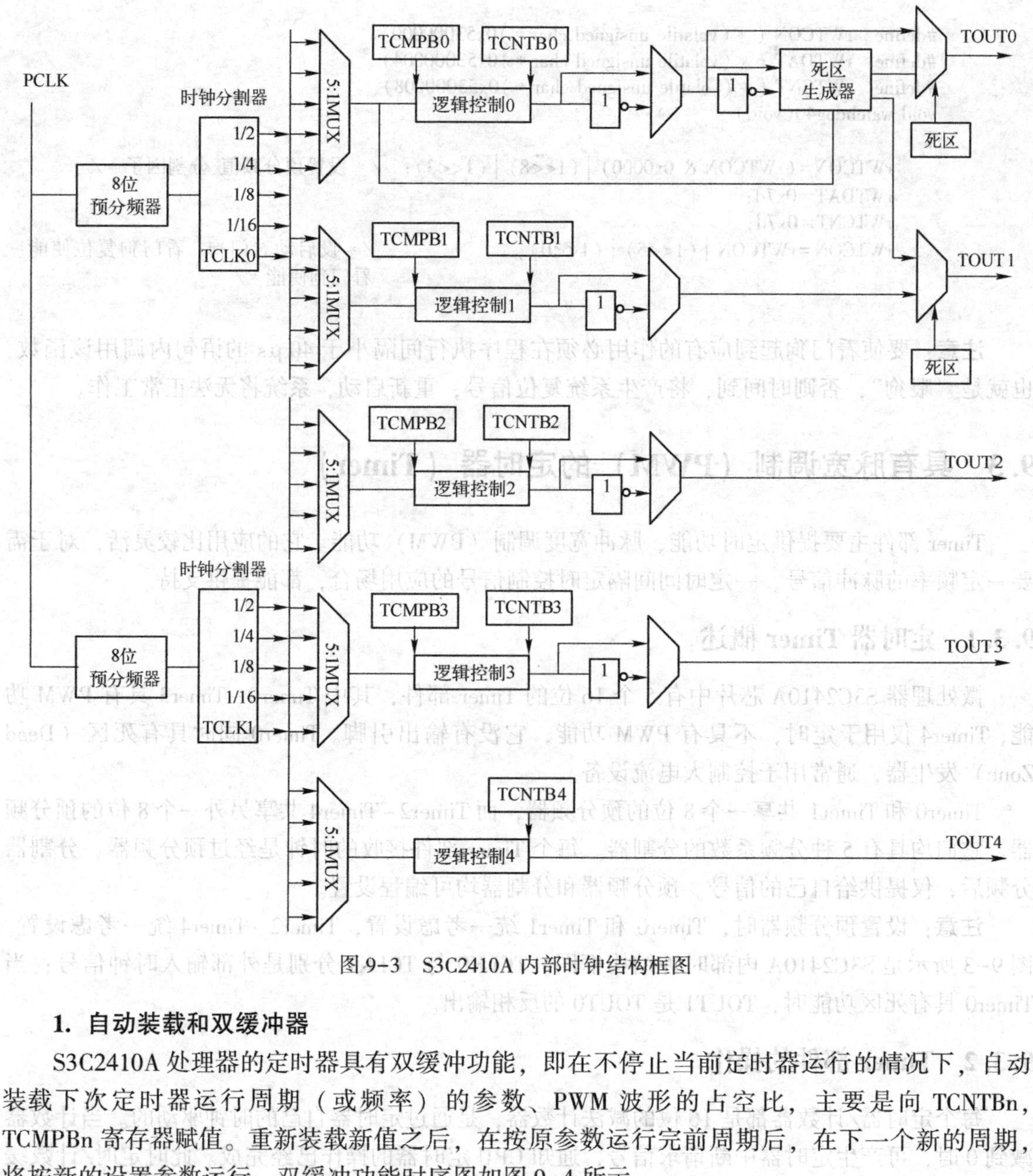

图 9-3　S3C2410A 内部时钟结构框图

1. 自动装载和双缓冲器

S3C2410A 处理器的定时器具有双缓冲功能，即在不停止当前定时器运行的情况下，自动装载下次定时器运行周期（或频率）的参数、PWM 波形的占空比，主要是向 TCNTBn，TCMPBn 寄存器赋值。重新装载新值之后，在按原参数运行完前周期后，在下一个新的周期，将按新的设置参数运行。双缓冲功能时序图如图 9-4 所示。

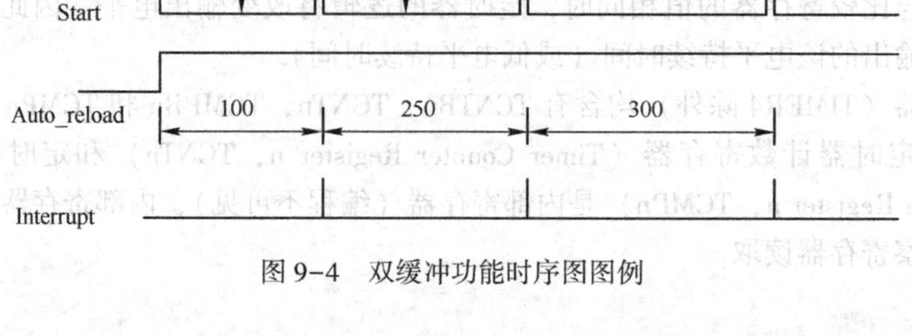

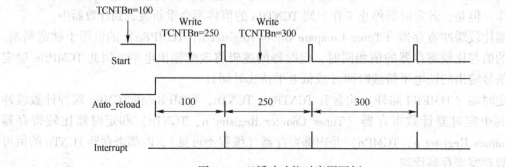

图 9-4　双缓冲功能时序图图例

当内部寄存器 TCNTn 的值减到 0 时将自动装载 TCNTBn 的值到 TCNTn 中，并可重新开始进行减法计数，前提条件是自动装载功能允许。如果 TCNTn=0，自动装载禁止，定时器停止运行。

2. 复杂的定时器设置示例

定时器初始化时，使用手动装载位和反转位。因为定时器的自动操作发生在减法计数器为 0 和 TCNTBn 没有预先赋值时。在这种情况下必须使用手动装载功能给 TCNTBn 赋初值。开启一个定时器的操作如下。

1）向 TCNTBn 和 TCMPBn 中写入初值。

2）定时器控制寄存器（Timer Control Register，TCON）相关的手动装载位置 1，不管是否需要反转位功能，都将反转位的开关打开。

3）设置定时器控制寄存器（TCON）的相关启动位，同时清除其手动装载位。

4）如果定时器被强行关闭，TCNTn 就保持原有的计数值，且不从 TCNTBn 重新自动装载计数值。如果必须重新设置新值，则必须使用手动装载。

定时器的操作示例如图 9-5 所示。

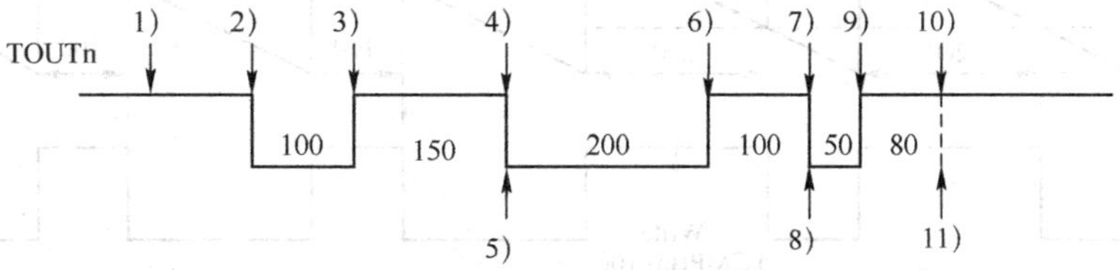

图 9-5 复杂的定时器设置示例时序图

1）允许自动装载功能，给 TCNTBn 和 TCMPBn 赋值，这里控制 TOUTn 周期的 TCNTBn=250，控制高电平持续时间的 TCMPBn=150；使能手动装载功能，TCNTBn 和 TCMPBn 的值将被复制到 TCNTn 和 TCMPn 寄存器中；最后设置在 TCNTBn 和 TCMPBn 的值分别为 300 和 100，作为下一个周期定时器的工作参数。

2）设置相应定时器的启动位为 1，清除手动装载控制位为 0，关闭反转开关，自动装载开始，定时器按照第一个设定的参数运行工作。

3）当 TCNTn 的值等于 TCMPBn 的值时，TOUTn 从低电平跳变到高电平。

4）当 TCNTn 的值等于 0 时，定时器产生中断请求，同时 TCNTBn=300 和 TCMPBn=100 的值自动装载到 TCNTn 和 TCMPn 中，定时器使用这个参数将进行下一个周期的工作。

5）在响应 4）的中断服务程序中，对 TCNTBn 和 TCMPBn 重新赋值，这里分别是 130 和 80，用于下一个周期的工作参数。

6）当 TCNTn 的值等于 TCMPBn 的值时，TOUTn 又从低电平跳变到高电平。

7）重复 4）的操作。

8）在这个中断服务程序中，相应定时器的中断请求和自动装载功能被禁止，定时器将使用最后一个给定的参数工作完后，终止工作。

9）同 3）完成的操作。

10）当 TCNTn 的值等于 0 时，由于自动装载被禁止，因此 TCNTn 将不再装载计数值，定时器停止工作。

11）不再产生中断请求，工作过程彻底结束。

3. 脉冲宽度调制（PWM）

脉冲宽度调制（Pulse Width Modulation，PWM）的频率由 TCNTBn 的值来确定，PWM 的每个周期中高电平（或低电平）的持续时间由 TCMPBn 的值来确定。

如果 TCON 中某定时器的输出反转位清 0（不反转），若要得到较高的 PWM 脉宽输出值（高电平持续时间），则需要增加 TCMPBn 的值；若要得到较低的 PWM 脉宽输出值，则需要减小 TCMPBn 的值。

如果 TCON 中某定时器的输出反转位置 1（反转器被使能），若要得到较高的 PWM 脉宽输出值（高电平持续时间），则需要减小 TCMPBn 的值；若要得到较低的 PWM 脉宽输出值，则需要增加 TCMPBn 的值。

基于定时器具有双缓冲器的功能，下一周期 TCMPBn 的值可以在中断服务程序中设置改变，并且在当前的 PWM 周期内的任何时刻都可写入。

PWM 设置的工作原理如图 9-6 所示。图 9-6 上面的波形是减法计数器的计数过程示意图，为画图方便，使用（2^{16}-计数器值）。

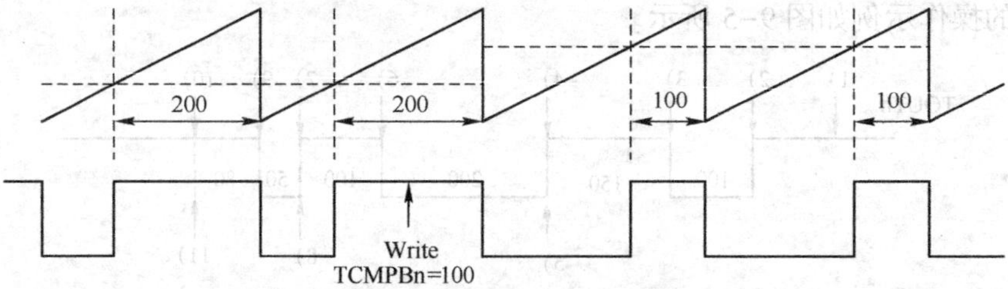

图 9-6　PWM 设置原理示意图（TCNTBn=300）

两条水平虚横线代表 TCMPBn 的取值，取值为（TCNTBn-TCMPBn）。图例是在反转器关闭的情况下绘制的。

4. 输出电平 TOUTn 的控制

输出电平 TOUTn 是通过定时器 TCON 中的输出反转位控制的，包括定时器输出 TOUTn 的初值及工作过程的波形。

在定时器的反转器开关关闭（即反转位清 0）时，可以控制 TOUTn 电平的高或低，方法如下。

1）关闭 TCON 自动重载位之后，TOUTn 变为高电平，并且定时器在 TCNTn=0 时停止。

2）通过对定时器的启动/停止位清 0 停止定时器工作。如果 TCNTn 不大于 TCMPn，TOUTn 输出高电平；如果 TCNTn 大于 TCMPn，TOUTn 输出低电平。也就是说定时器停止时，仍然保持着原有的输出状态。参见图 9-6，注意定时器是一个减法计数器。

3）通过对 TCON 中的输出反转位置 1 控制 TOUTn 输出反相。

反转位开关控制 TOUTn 的波形如图 9-7 所示。

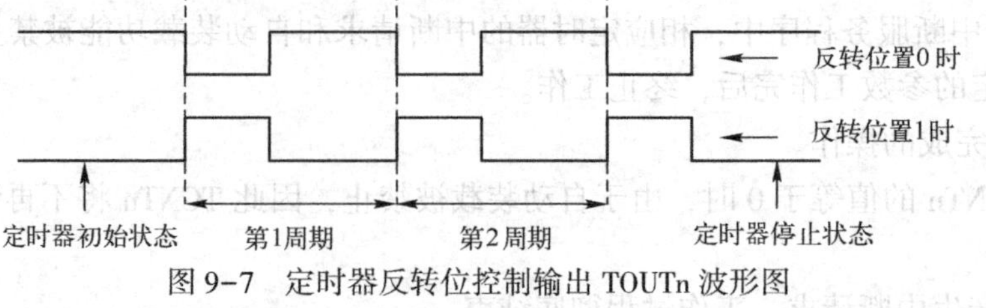

图 9-7　定时器反转位控制输出 TOUTn 波形图

5. 死区（DZ）发生器

当定时器用于PWM，为大电流控制设备提供电能的时候，需要使用死区（Dead Zone, DZ）功能。这个功能允许在一个设备关闭和另一个设备开启之间插入一个时间间隔，可防止两个设备同时动作对电网及现场环境造成较大的危害。TOUT0 是 T0 的 PWM 输出，nTOUT0 是 TOUT0 的反相输出。如果允许死区功能，TOUT0 和 nTOUT0 的输出波形就变为 TOUT0_DZ 和 nTOUT0_DZ，nTOUT0_DZ 在 TOUT1 引脚输出。定时器的死区功能使得 TOUT0_DZ 和 nTOUT0_DZ 不会同时发生变化。死区功能的波形如图 9-8 所示。

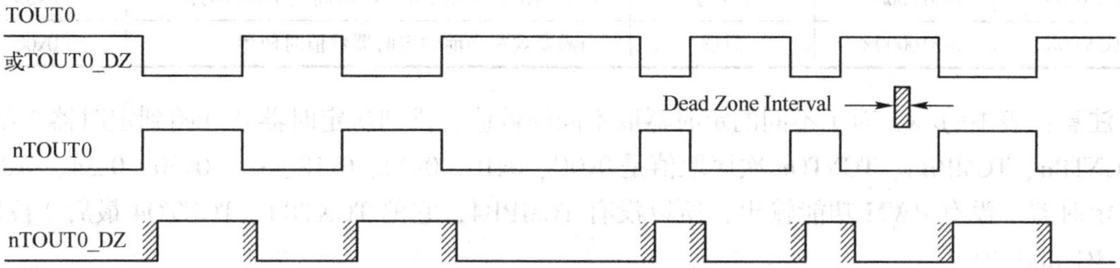

图 9-8　定时器死区功能波形图

6. DMA 请求模式与中断

配置寄存器 TCFG1 中的 DMA 模式位可以用来控制定时器 n 产生 DMA 请求或中断使能，一个定时器只能在 DMA 方式或中断方式中选择其一，且最多只有一个定时器可以设置为 DMA 方式。现将 TCFG1 中的 DMA 方式位［23:20］设置列于表 9-5 中。

表 9-5　DMA 模式字对应表

DMA 模式字	DMA 请求	T0 中断	T1 中断	T2 中断	T3 中断	T4 中断
0000	未选择	允许	允许	允许	允许	允许
0001	定时器 T0	关闭	允许	允许	允许	允许
0010	定时器 T1	允许	关闭	允许	允许	允许
0011	定时器 T2	允许	允许	关闭	允许	允许
0100	定时器 T3	允许	允许	允许	关闭	允许
0101	定时器 T4	允许	允许	允许	允许	关闭

9.3.3　Timer 特殊功能控制寄存器

实现对定时器 Timer 的操作，需要设置 Timer 的特殊功能寄存器，主要有 6 个寄存器。

- 定时器配置寄存器（Timer Configuration Register 0，TCFG0），使用 32 位。
- 定时器配置寄存器（Timer Configuration Register 1，TCFG1），使用 32 位。
- 定时器控制寄存器（Timer Control Register，TCON），使用 32 位。
- TIMERn 计数缓冲寄存器（Timer Counter Buffer Register，TCNTBn），使用 16 位。
- TIMERn 比较缓冲寄存器（Timer Compare Buffer Register，TCMPBn），使用 16 位。
- TIMERn 计数观察寄存器（Timer Counter Observed Register，TCNTOn），使用 16 位。

通用 I/O 端口寄存器 GPB4 的第 3 功能是 TCLK0，它是定时器 0 和 1 的外部时钟输入信号；GPG11 的第 4 功能是 TCLK1，它是定时器 2、3、4 的外部时钟输入信号；GPB0～GPB3 的第 3 功能依次是 TOUT0～TOUT3，它们分别是定时器 0～3 的输出信号。主要功能寄存器的属性见表 9-6。

表 9-6　定时器主要功能寄存器属性表

寄存器名	占用地址	读写属性	描　述	初　值
TCFG0	0x51000000	读/写	配置预分频值 0、预分频值 1 和死区长度	0x00
TCFG1	0x51000004	读/写	配置 Timer0～Timer4 的分割系数	0x00
TCON	0x51000008	读/写	设置各定时器的自动装载、手动装载，启动/停止操作，反转输出等	0x00
TCNTBn	0x510000××	读/写	设置各定时器的输出周期	0x00
TCMPBn	0x510000××	读/写	正常输出，控制 PWM 输出高电平持续时间	0x00
TCNTOn	0x510000××	只读	当需要观察当前的定时器数值时使用	0x00

注意：表中的××，对于不同的定时器取不同的数值，排列从定时器 0 开始到定时器 3 结束，按 TCNTBn、TCMPBn、TCNTOn 次序取值是 0x0C、0x10、0x14、0x18、…、0x30、0x34、0x38。

定时器 4 没有 PWM 功能输出，所以没有 TCMPB4，它的 TCNTB4、TCNTO4 最后 2 位取值是 0x3C 和 0x40。

1）定时器配置寄存器 TCFG0 的位功能见表 9-7。

表 9-7　定时器配置寄存器 TCFG0 的位功能表

比特位	描　述	初　值
[31:24]	保留	0x00
[23:16]	死区长度控制。死区长度的 1 个单位等于 Timer0 的定时间隔（Dead Zone Length）	0x00
[15:8]	Timer2～Timer4 预分频值设置（Prescaler 1）	0x00
[7:0]	Timer0、Timer1 预分频值设置（Prescaler 0）	0x00

2）定时器配置寄存器 TCFG1 的位功能见表 9-8。

表 9-8　定时器配置寄存器 TCFG1 的位功能表

比特位	描　述	初　值
[31:24]	保留	0x0
[23:20]	选择 DMA 请求的定时器：0=未选择；1=选择 Timer0；2=选择 Timer1；3=选择 Timer2；4=选择 Timer3；5=选择 Timer4；未选中者均使用中断方式	0x0
[19:16]	MUX4. Timer4 分割器值：0=2；1=4；2=8；3=16；01xx=外部 TCLK1	0x0
[15:12]	MUX3. Timer3 分割器值：0=2；1=4；2=8；3=16；01xx=外部 TCLK1	0x0
[11:8]	MUX2. Timer2 分割器值：0=2；1=4；2=8；3=16；01xx=外部 TCLK1	0x0
[7:4]	MUX1. Timer1 分割器值：0=2；1=4；2=8；3=16；01xx=外部 TCLK0	0x0
[3:0]	MUX0. Timer0 分割器值：0=2；1=4；2=8；3=16；01xx=外部 TCLK0	0x0

3）定时器控制寄存器 TCON 的位功能见表 9-9。

表 9-9　定时器控制寄存器 TCON 的位功能表

比特位	描　述	初　值
[22]	Timer4 自动装载控制位：1=自动装载；0=否	0
[21]	Timer4 手动装载控制位：1=装载 TCNTB4；0=否	0
[20]	Timer4 启动/停止控制位：1=启动；0=停止	0

（续）

比 特 位	描　　述	初　值
[19]	Timer3 自动装载控制位：1=自动装载；0=否	0
[18]	Timer3 输出反转控制位：1=TOUT3 反转；0=TOUT3 不反转	0
[17]	Timer3 手动装载控制位：1=装载 TCNTB3 和 TCMPB3；0=不装载	0
[16]	Timer3 启动/停止控制位：1=启动；0=停止	0
[15:8]	Timer2～Timer1，每个定时器使用 4bit，位功能同 Timer3	全 0
[7:5]	保留	000
[4]	死区使能操作控制位：1=使能；0=否	0
[3]	Timer0 自动装载控制位：1=自动装载；0=否	0
[2]	Timer0 输出反转位：1=TOUT0 反转；0=TOUT0 不反转	0
[1]	Timer0 手动装载控制位：1=装载 TCNTB0 和 TCMPB0；0=不操作	0
[0]	Timer0 启动/停止控制位：1=启动；0=停止	0

4）TIMERn 的其他 3 个计数寄存器如下所述。

定时器 TIMERn 的其他 3 个计数寄存器是：计数缓冲寄存器（TCNTBn）、比较缓冲寄存器（TCMPBn）和计数观察寄存器（TCNTOn）。这里 n=0～4，即指 TIMER0～TIMER4。TIMERn 计数寄存器比特位的功能见表 9-10。前 2 个寄存器在使用时，通过程序赋给其相应的数值，确定周期信号 PWM 的周期时间长度或计时长度；如果实现的是 PWM 输出，则确定 PWM 的高电平持续时间（反转位=0）。

表 9-10　TIMERn 计数寄存器位功能表

比 特 位	描　　述	初　值
TCNTBn[15:0]	存放 TIMERn 计数寄存器初值，确定 PWM 输出周期或计时长度	0x0000
TCMPBn[15:0]	存放 TIMERn 比较寄存器初值，确定 PWM 的高电平持续时间	0x0000
TCNTOn[15:0]	存放 TIMERn 的当前计数值	0x0000

9.3.4　定时器 Timer 编程示例

定时器的应用非常广泛，也很灵活，不同的应用需求，将决定定时器使用不同的编程方式，可归结为以下几种：第一种是作为定时器使用，需要根据定时时间和 ARM 系统提供的 PCLK 时钟，配置预分频值、分割器值，计算数据缓冲寄存器的值等；第二种是作为计数器使用，分割器的值选 TCLK0 或 TCLK1，将计数的初值赋给数据缓冲寄存器等，启动定时/计数器即可；第三种是作为周期脉冲信号的输出，即 PWM 输出，这时除需要执行第一种编程方式外，还要设置比较缓冲寄存器的数值，以决定在反转位=0 时高电平的持续时间或反转位=1 时低电平的持续时间。这一功能也可以用于恒温控制系统的功率调节（在一个周期内高电平的持续时间越长，直流分量越大，对应的平均功率越大），必要时可以使用死区这一功能。

1. 定时器的程序设计流程

1）设置配置寄存器 0。内容是设置预分频器 0 或预分频器 1 的值，以及 Timer0 的死区宽度。

2）设置配置寄存器 1。内容是各个定时器的分割器值，DMA 方式或中断方式。

3）根据前两项的设置、PCLK 的时钟，以及实际需要，计算计数缓冲寄存器 TCNTBn 和

TCMPBn 的初值并赋值。

4）设置定时器控制寄存器 TCON。计数初值自动装载，手动装载位=1，设置反转位=1 等。

5）重新设置定时器控制寄存器 TCON。清除手动装载位，设置反转位=0，启动定时器。

2. 应用实例

设计一个产生 500 ms 的 PWM 脉冲周期信号，高电平的持续时间占 40%，系统的 PCLK 为 66 MHz。选用定时器 TIMER0，要求从 ARM 的引脚 TOUT0 输出。编程叙述如下。

1）根据脉冲信号周期 500 ms 及系统 PCLK=66 MHz，确定预分频系数和分割器值，并计算计数缓冲寄存器初值。本例预分频值取 31，分割器值取 16，则计数缓冲寄存器的初值计算如下。

$$
\begin{aligned}
\text{初值} &= \text{定时间隔}/(1/(\text{PCLK}/(\text{预分频系数}+1)/\text{分割器值}))\\
&= 500\,\text{ms}\times(66\text{MHz}/32/16) = 500\times10^{-3}\times(66\times10^{6}/32/16) = 64453 = \text{0xfbc5}
\end{aligned}
$$

比较缓冲寄存器的初值=64453×40%=0x64b5。

2）编写定时器程序：先设置 TCFG0、TCFG1 寄存器，再设置 TCNTB0 寄存器，最后设置 TCON 寄存器启动定时器工作。

3）程序代码如下。

```
#define rTCFG0     ( * ( volitale unsigned  * )0x51000000   / * 定义定时器配置寄存器 0 地址 * /
#define rTCFG1     ( * ( volitale unsigned  * )0x51000004   / * 定义定时器配置寄存器 1 地址 * /
#define rTCON      ( * ( volitale unsigned  * )0x51000008   / * 定义定时器控制寄存器地址 * /
#define rTCNTB0    ( * ( volitale unsigned  * )0x5100000C
#define rTCOMB0    ( * ( volitale unsigned  * )0x51000010
#define rGPBCON    ( * ( volitale unsigned  * )0x56000010   / * 定义 B 端口控制寄存器地址 * /
#define rGPBDAT    ( * ( volitale unsigned  * )0x56000014   / * 定义 B 端口数据寄存器地址 * /
#define rGPBUP     ( * ( volitale unsigned  * )0x56000018   / * 定义 B 端口上拉电阻寄存器地址 * /
void timer0( void)
{
    rGPBCON=rGPBCON | (2<0);                           / * 设置 GPB0 为第 2 功能 TOUT0 * /
    rGPBUP=rGPBUP &( ~(1<0));                          / * 使能 GPB0 上拉电阻 * /
    rTCFG0=(rTCFG0 &0x00) | (31<<0);                   / * deadzone=0,Timer0 预分频系数 31 * /
    rTCFG1=(rTCFG1 &0x00) | (3<<0);                    / * 均工作在中断方式,分割系数 16 * /
    rTCNTB0=0xfbc5;
    rTCMPB0=0x64b5;
    rTCON=rTCON | (1<<2) | (1<<1);            / * 反转位置 1,手动装载 TCNTB0 和 TCMPB0 * /
    rTCON=rTCON &( ~(1<<2))&( ~(1<<1)) | (1<<3) | (1<0);
                                               / * 手动装载位清 0,自动装载位置 1,并启动 * /
}
```

9.4 实时时钟（RTC）

微处理器 S3C2410A 提供实时时钟（Real Time Clock，RTC）单元，在系统掉电后由后备电池供电继续工作。RTC 是用于提供年、月、日、时、分、秒、星期等实时时间信息的定时部件。它由外部时钟驱动工作，时钟频率为 32.768 kHz。RTC 可以为 ARM 系统和操作系统提供较为精确的时钟信号，也可以为应用程序提供较长时间的定时间隔操作或控制，提供操作系统的定时唤醒功能等。

图 9-9 所示是 S3C2410A 中的 RTC 内部结构框图。RTC 电路由外部时钟或晶振提供的时钟频率信号经过 2^{15} 分频后得到 1 Hz 的时钟信号，为后续电路提供了工作频率。PMWKUP 是

ARM 内部电源管理唤醒输出信号，ALMINT 是报警中断的内部输出信号。

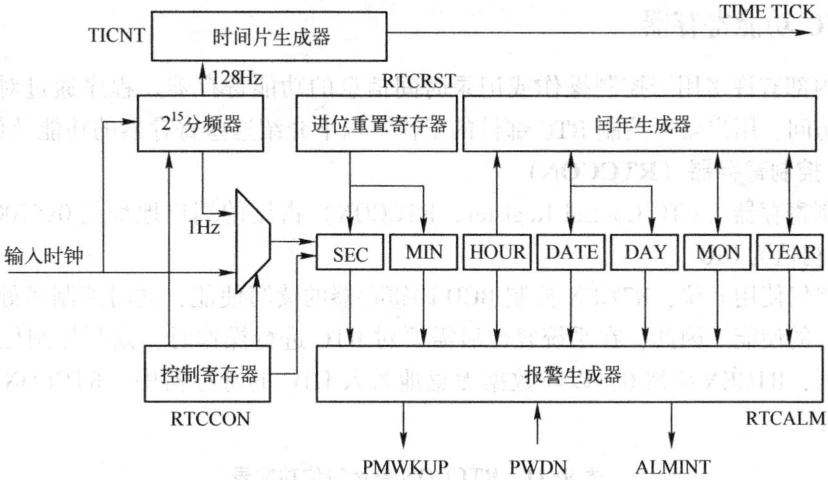

图 9-9 RTC 内部结构框图

9.4.1 RTC 概述

RTC 部件可以将提供实时信息的 8 位数据以 BCD 码的格式输出，同时还具有各种报警功能，其主要特点如下。

- 年、月、日、时、分、秒、星期等实时时间信息采用 BCD 码表示。
- 具有闰年发生器。
- 具有报警功能，提供报警中断或者系统在节电模式下的唤醒。
- 拥有独立的电源引脚（RTCVDD）。
- 支持实时操作系统 RTOS 内核时间片所需的毫秒计时中断。
- 进位重置功能。正常时间秒是 60 进制，可以重置为 30 s、40 s 和 50 s 进位。

RTC 部件提供专门的电源引脚，可以由备用电源供电。当系统电源关闭时，微处理器接口和 RTC 逻辑电路均是断开的，后备电池仅驱动 RTC 部件的振荡器和 BCD 码计数器，以使功耗降到最低。

在节电模式或正常运行模式下，RTC 可以在特定的时候触发蜂鸣器。在正常运行模式下，激活的是报警中断信号（ARMINT）。在节电模式下，激活的是电源管理器部件的唤醒信号（PMWKUP）并同时激活报警中断信号（ARMINT）。RTC 内部的报警寄存器（RTCALM）可以设置报警工作状态的使能/不使能以及报警时间的条件。

RTC 的时间片计时器用于产生一个中断请求，TICNT 寄存器有一个中断使能位，和计数器中的值一起用来控制中断。当计数器的值变为 0 时，引起时间片计时中断。中断信号的周期计算如下。

$$\text{周期}\ s=(n+1)/128 \quad (\text{单位:秒})$$

式中，n 是时间片计数器的赋值，范围为 0~127。RTC 毫秒级的时间片计时器可以用来产生实时操作系统内核所需的时间片。

进位重置功能可以由 RTC 的进位重置寄存器（RTCRST）来控制。秒的进位周期可以进行选择（30 s、40 s、50 s），在进位重置发生后，秒的数值又循环回到 0。例如，当前时间是 23:

37:47，进位周期选为 40 s，则当前时间将变为 23:38:00。

9.4.2 RTC 功能寄存器

RTC 的内部有许多用于控制操作或记录时间信息的功能寄存器。程序通过对这些寄存器进行设置或访问，用户就可控制 RTC 部件的工作。以下介绍这些寄存器的功能及位定义。

1. RTC 控制寄存器（RTCCON）

RTC 控制寄存器（RTC Control Register，RTCCON）占用的端口地址是 0x57000040，具有读/写功能，初值为 0x0。

该寄存器仅使用 4 位，RTCEN 控制 BCD 码寄存器的读写使能，同时控制微处理器和 RTC 间的所有接口的使能。因此，在系统复位后需要对 RTC 进行操作时，读写控制位 RTCEN=1。而在其他时间，RTCEN 应清 0，以防数据无意地写入 RTC 的寄存器中。RTCCON 各比特位的功能见表 9-11。

表 9-11 RTCCON 各比特位功能表

比 特 位	功 能 描 述	初 值
[3]	CLKRST(RTC 时钟计数器复位控制)：0=禁止复位；1=允许复位	0
[2]	CNTSEL(BCD 码计数器选择位)：0=合并的 BCD 码（或压缩 BCD 码）；1=保留	0
[1]	CLKSEL(BCD 码时钟选择位)：0=2^{-15} XTAL；1=保留	0
[0]	RTCEN(RTC 读/写控制使能位)：0=禁止；1=允许	0

2. RTC 时间片计数器（TICNT）

RTC 时间片计数器（Tick Counter Register，TICNT）是可读/写的，占用端口地址为 0x57000044，初值为 0x0。该寄存器仅使用 8 位，各比特位的功能定义见表 9-12。

表 9-12 TICNT 各比特位的功能定义表

比 特 位	功 能 描 述	初 值
[7]	TICK_INT_EN(RTC 时间片中断使能)：0=禁止；1=允许	0
[6:0]	TICK_TIME_COUNT(时间片计数值)：范围为 0~127。工作时不能读取该寄存器	0x0

3. RTC 报警控制寄存器（RTCALM）

报警控制寄存器（RTC Alarm Register，RTCALM）是可读/写的，地址为 0x57000050，初值是 0x0。RTCALM 的各比特位功能见表 9-13。

表 9-13 RTCALM 的各比特位功能定义表

比 特 位	功 能 描 述	初 值
[6]	ALMEN(全局报警使能位)：1=允许；0=禁止	0
[5]	YEAREN(年报警使能位)：1=允许；0=禁止	0
[4]	MONEN(月报警使能位)：1=允许；0=禁止	0
[3]	DATEEN(日报警使能位)：1=允许；0=禁止	0
[2]	HOUREN(时报警使能位)：1=允许；0=禁止	0
[1]	MINEN(分报警使能位)：1=允许；0=禁止	0
[0]	SECEN(秒报警使能位)：1=允许；0=禁止	0

注意：在节电模式下，RTCALM 寄存器通过 ALMINT 和 PMWKUP 来产生报警信号，而在正常操作模式下，只通过 ALMINT 产生报警信号。

4. 报警数据寄存器（共 6 个）

报警数据寄存器用于保存报警的时间常数，包括秒报警数据寄存器（ALMSEC）、分报警数据寄存器（ALMMIN）、时报警数据寄存器（ALMHOUR）、日报警数据寄存器（ALMDATE）、月报警数据寄存器（ALMMON）、年报警数据寄存器（ALMYEAR）共 6 个寄存器，它们的属性以及比特位功能见表 9-14。

表 9-14　报警数据寄存器及比特位功能表

寄存器名	占用地址	读写属性	描　述	初　值
ALMSEC	0x57000054	读/写	SECDATA：合并的 2 位 BCD 码，取值 0~59	0x0
ALMMIN	0x57000058	读/写	MINDATA：合并的 2 位 BCD 码，取值 0~59	0x0
ALMHOUR	0x5700005C	读/写	HOURDATA：合并的 2 位 BCD 码，取值 0~29	0x0
ALMDATE	0x57000060	读/写	DATEDATA：合并的 2 位 BCD 码，取值 0~39	0x1
ALMMON	0x57000064	读/写	MONDATA：合并的 2 位 BCD 码，取值 0~19	0x1
ALMYEAR	0x57000068	读/写	YEARDATA：合并的 2 位 BCD 码，取值 0~99	0x0

说明：合并的 BCD 码是指在一个字节中存放 2 位 BCD 码，各占 4 位。高 4 位是十位；低 4 位是个位。使用时注意各时间单位的最大值，例如，DATEDATA 的最大值是 31 日等。

5. 进位重置寄存器（RTCRST）

进位重置寄存器（RTCRST）主要用于对时间秒的进位设置，地址为 0x5700006C，初值是 0x00，可读/写，它的比特位定义见表 9-15。

表 9-15　RTCRST 寄存器比特位定义表

比特位	功能描述	初　值
[3]	SRSTEN：重置进位使能。0=禁止；1=允许	0
[2:0]	SECCR：秒进位数设置。011=30s；100=40s；101=50s；其他无效，但秒值将复位	000

6. 时钟压缩 BCD 码数据寄存器（共 7 个）

时钟压缩 BCD 码数据寄存器用于记录并存储 RTC 的实时数据，包括 BCD 码秒数据寄存器（BCDSEC）、BCD 码分数据寄存器（BCDMIN）、BCD 码时数据寄存器（BCDHOUR）、BCD 码日数据寄存器（BCDDATE）、BCD 码星期数据寄存器（BCDDAY）、BCD 码月数据寄存器（BCDMON）、BCD 码年数据寄存器（BCDYEAR）。它们的属性见表 9-16。

表 9-16　RTC 压缩 BCD 码数据寄存器属性表

寄存器名	占用地址	读写属性	描　述	初　值
BCDSEC	0x57000070	读/写	SECDATA：合并的 2 位 BCD 码，取值 0~59	未定义
BCDMIN	0x57000074	读/写	MINDATA：合并的 2 位 BCD 码，取值 0~59	未定义
BCDHOUR	0x57000078	读/写	HOURDATA：合并的 2 位 BCD 码，取值 0~29	未定义
BCDDATE	0x5700007C	读/写	DATEDATA：合并的 2 位 BCD 码，取值 0~39	未定义
BCDDAY	0x57000080	读/写	DAYDATA：合并的 2 位 BCD 码，取值 1~7	未定义
BCDMON	0x57000084	读/写	MONDATA：合并的 2 位 BCD 码，取值 1~19	未定义
BCDYEAR	0x57000088	读/写	YEARDATA：合并的 2 位 BCD 码，取值 0~99	未定义

注意：表中 BCDDAY 行，1：星期日；2：星期一；…；6：星期五；7：星期六。

9.4.3　RTC 应用程序设计

1. 实时时钟（RTC）的主要应用

1）RTC 用于在较大的间隔时间内完成某一特定的操作，一是通过设置 RTC 的定时中断报警功能，在中断服务程序中执行特定的任务；二是程序可以随时读取 RTC 的实时时间数据，根据上次执行时记录的时间来判断本次执行的时间是否到达，如果到达，完成本次执行任务，否则继续读取 RTC 的当前时间数据。

2）用于 ARM 系统定时地从掉电模式（POWER_OFF mode）进入到正常的工作模式（NORMAL mode）。

3）用于为实时操作系统内核提供所需的时间片，通过设置时间片生成器的分频系数确定提供的时间片长度，最大为 1000 ms。

2. 实时钟 RTC 的编程流程

1）初始化 RTC。包括关闭 RTC 的报警功能、关闭进位重置功能和关闭 RTC 的时间片定时中断。如果使用 RTC 的定时报警中断功能完成相应的任务，还要设置与其中断功能相关的各个寄存器等。

2）设置 RTC 的实时时钟工作时间数据。包括年、月、日、时、分、秒。

3）如果使用 RTC 的报警中断功能完成相应的任务，还要设置报警中断的时间参数，包含的内容与 2）相同，设置好之后，允许 RTC 中断使能；如果需要使用 RTC 的时间片中断功能，就要先禁止时间片中断，设置时间片计数值后，再允许 RTC 的时间片中断。

4）编写中断服务程序，执行任务操作，之后清除 ARM 中断悬挂寄存器对应的 RTC 位，为下一次的中断做准备，中断服务程序返回。

5）读取 RTC 的实时时钟时间数据。可以显示 ARM 系统的当前工作时间。

3. RTC 程序设计

下面的程序段设计完成了上述的主要功能部分，相当于一个程序设计架构。其他部分读者可根据需要自行设计完成。

```
/*********** 函数名:RTC_init(void) *** 功能:初始化 RTC *******************/
#include "2410addr.h"
void  __irq Isr_alarm(void);                /* 中断函数的声明和定义使用关键字__irq */
void  __irq Isr_tick(void);
#define uchar unsigned char
uchar u_year,u_month,u_date,u_wkday,u_hour,u_minute,u_second;  /* 用于读/写 RTC 的实时数据 */
RTC_init(void)
{/* 使用无符号的字符变量写 RTC 的实时时间数据 */
    u_year=13; u_month=11; u_date=9;
    u_wkday=7; u_hour=16; u_minute=21; u_second=0;
    rRTCCON=(uchar)rRTCCON | (1<0);           /* 允许 RTC 的读/写操作 */
    rRTCALM=(uchar)0x00;                      /* 禁止报警中断设置 */
    rRTCRST=(uchar)0x00;                      /* 禁止秒进位重置设置 */
    rTIINT=(uchar)0x00;                       /* 禁止时间片定时中断 */
    rRTCCON=(uchar)rRTCCON &(~(1<0));         /* 禁止 RTC 的读/写操作 */
    rINTMSK=rINTMSK &(~BIT_RTC)&(~BIT_TICK);  /* ARM 允许 RTC 报警中断、时间片中断 */
    pISR_RTC=(unsigned)Isr_alarm;
    pISR_TICK=(unsigned)Isr_tick;
}
```

程序说明：

- 程序中使用的寄存器地址和 BIT_RTC 等的定义参见教材附带文件中 2410addr. h。
- 关键字双下划线__irq，参见 4. 3. 6 节嵌入式 C 语言中的几个特殊关键字。
- RTC 的功能和数据寄存器都是以字节操作的，由于使用的是 32 位的 ARM 地址，且数据在 ARM 内存中占用 4 个字节，存储方式可以使用大端方式，也可以使用小端方式，在两种方式中占用的字节位置是不同的。例如，RTC 控制寄存器 rRTCCON 的 ARM 地址是 0x57000040，字节数据在 2410addr. h 中的定义如下。

```
#ifdef__BIG_ENDIAN        //如果是大端方式
    #define rRTCCON     ( * ( volatile unsigned char * )0x57000043) //字节数据存储的具体地址
#else                              //如果是小端方式,具体定义参见第 1 章的相关内容
    #define rRTCCON     ( * ( volatile unsigned char * )0x57000040) //字节数据存储的具体地址
#endif
```

程序中使用(uchar)rRTCCON 语句由 C 语言将其强制转换为字节数据，程序设计者就不必要关心 ARM 具体的存储地址位置了。

RTC 与中断有关的控制位，在 RTC 设置完后将其打开，才能响应中断执行中断服务程序。

RTC 的实时时钟工作时间数据的设置函数如下。

```
void RTC_write( void)
{
    uchar w_year,w_month,w_date,w_wkday,w_hour,w_minute,w_second;
    if(u_year>1999)u_year=u_year-2000;
    /*将无符号字节数转换为合并的单字节 BCD 码*/
    w_year=u_year/10 * 16+u_year %10;
    w_month=u_month/10 * 16+u_month %10;
    w_date=u_date/10 * 16+u_date %10;
    w_wkday=u_wkday;
    w_hour=u_hour/10 * 16+u_hour %10;
    w_minute=u_minute/10 * 16+u_minute %10;
    w_second=u_second/10 * 16+u_second %10;
    rRTCCON=(uchar)rRTCCON | (1<0);          /*允许 RTC 的读/写操作*/
    rBCDYEAR=w_year;
    rBCDMON=w_month;
    rBCDDATE=w_date;
    rBCDDAY=w_wkday;
    rBCDHOUR=w_hour;
    rBCDMIN=w_minute;
    rBCDSEC=w_second;
    rRTCCON=(uchar)rRTCCON &( ~(1<0));  /*禁止 RTC 的读/写操作*/
}
```

RTC 报警时间的设置函数与实时工作时间的设置函数基本相同，需要将 RTC 的 BCD 码实时数据寄存器代替成相应的报警时间寄存器。这里不再赘述。

注意：没有 rALMDAY 寄存器。

从 RTC 中读取实时时钟数据的函数，必要时也可以显示或作为它用。

```
void RTC_read( void)
{
uchar w_year,w_month,w_date,w_wkday,w_hour,w_minute,w_second;
rRTCCON=(uchar)rRTCCON &(1<0);          /*允许 RTC 的读/写操作*/
/*以下读出的数据均为合并的字节 BCD 码,使用时根据需要进行相应的处理*/
u_year=(uchar)rBCDYEAR;
u_month=(uchar)rBCDMON;
u_date=(uchar)rBCDDATE;
```

```
    u_wkday=(uchar)rBCDDAY;
    u_hour=(uchar)rBCDHOUR;
    u_minute=(uchar)rBCDMIN;
    u_second=(uchar)rBCDSEC;
    rRTCCON=(uchar)rRTCCON &(~(1<0));    /*禁止 RTC 的读/写操作*/
    }
```

设置 RTC 时间片长度函数如下。

```
    void RTC_tick_time(uchar length)
    {
    rRTCCON=(uchar)rRTCCON &(1<0);         /*允许 RTC 的读/写操作*/
    rTICNT=length;
    rRTCCON=(uchar)rRTCCON &(~(1<0));    /*禁止 RTC 的读/写操作*/
    }
```

RTC 报警中断函数、时间片中断函数的设计如下。

```
    void __irq Isr_alarm(void)    /*定义中断函数,使用关键字__irq*/
    {
      /*编写程序执行的 C 语句*/
      ClearPending(BIT_RTC);   /*清除中断悬挂寄存器 rINTPND 对应的 RTC 报警中断位,硬件置位*/
    }
    void __irq Isr_tick(void);
    {
      /*编写程序执行的 C 语句*/
      ClearPending(BIT_TICK);   /*清除中断悬挂寄存器 rINTPND 对应的 RTC 时间片中断位,软件复
    位*/
    }
```

注意：ClearPending(BIT_TICK)函数的定义参见 2410addr. h 文件，实际上语句 rINTPND=rINTPND；就可以完成这个函数的功能。

在以上程序函数的基础上若要启动这 2 个中断函数，需要在主程序中增加以下 4 条语句。

```
    rRTCCON=(uchar)rRTCCON &(1<0);          /*允许 RTC 的读/写操作*/
    rRTCALM=0x7f;                           /*允许 RTC 报警总中断和各分支中断*/
    rTICNT=(uchar)rTICNT | (1<7)            /*允许 RTC 的时间片中断*/
    rRTCCON=(uchar)rRTCCON &(~(1<0));     /*禁止 RTC 的读/写操作*/
```

习题

9-1　何为定时/计数器？定时与计数有什么区别？

9-2　试述看门狗定时器的功能和主要控制寄存器的作用。

9-3　看门狗定时器的主要作用是什么？在程序的编写工作中需要做什么工作？

9-4　S3C2410A 的看门狗有哪些工作方式？设计一个监测系统程序周期不大于 50 μs，在 PCLK=100 MHz 时的看门狗程序。

9-5　试述 S3C2410A 的 TIMER 部件组成及主要功能。

9-6　试述 S3C2410A 的 TIMER 部件的控制寄存器及主要功能。

9-7　使用 TIMER 部件的 TIMER1 定时/计数器，设计产生一个周期为 1000 ms，占空比为 1/2 的脉冲信号。已知系统的 PCLK=66 MHz，编写初始化程序。

9-8　论述 S3C2410A 芯片中 RTC 部件的主要功能、主要控制寄存器的作用。

9-9　编写使用 RTC 部件的初始化程序、设置当前日期与时间程序和读取 RTC 的当前日期和时间数据的程序。

第 10 章　A-D 转换、LCD 触摸屏与液晶显示器

本章介绍模-数转换 ADC（模数转换器）、LCD 触摸屏和 LCD 液晶显示器的工作原理与程序设计等。

由于工业现场具有大量的模拟检测物理量，如温度、压力、湿度等都需要采集到计算机控制系统中进行数据处理。这些物理量首先通过传感器将其转化为电流信号或电压信号，目前Ⅲ型仪表规定的标准输出是 4~20 mA，大部分检测仪表为了用户使用的方便，还提供了 0~5 V、1~5 V 等多种输出形式。ADC 的主要作用就是将物理量对应的模拟电信号转化为离散数字信号，以便于微处理器进行数据处理。

LCD 触摸屏与一般的按钮、开关、键盘等输入设备相比，具有更好的直观性，所以具有触摸屏可视化的界面设计在中、高档设备中得到了更加广泛的应用，已经成为主流产品。

LCD 显示器作为微处理器控制系统的主流输出显示设备，配合其触摸屏功能后，具有比键盘更直观、更友好的输入设备功能。

10.1　S3C2410A 的模-数转换器与程序设计

S3C2410A 中集成的了一个 10 位的 ADC，通过模拟多路开关可以完成对 8 路模拟量的分时采样、输出。其中 2 路还可以作为对 LCD 触摸屏 X 轴、Y 轴坐标信息的采集。S3C2410A 同时还为 ADC 配置了特殊功能寄存器以便于用户编程使用。

10.1.1　ADC 的分类与工作原理

ADC 的模-数转换过程可以分为 4 步，即采样、保持、量化与编码。

采样：即每隔一定的时间在模拟信号上进行取点，要求采样频率 $f_s \geqslant 2f_{max}$，这也就是著名的香农定律，其中 f_{max} 是被转换模拟信号的最大频率。

保持：对于波形变换较快的模拟信号，由于 ADC 转换需要一定的时间，为了保证在转换期间被采样的模拟信号值保持不变，就需要使用保持电路稳定时被转换的采样值。

量化：即将模拟值转换为数字量的过程。如果实现电路采用的是四舍五入法，则 ADC 的最大误差是±1/2LSB；如果实现电路采用的是只舍不入法，则 ADC 的最大误差是±1LSB。LSB（Least Significant Bit）是数字量最低有效位所表示的模拟量大小。

编码：即对转换完后的数字量用一定的二进制格式去表示。对于无符号数一般使用二进制自然权表示法；对于有符号数一般使用补码表示法。

ADC 按照实现过程原理的不同可分为计数式 ADC、双积分 ADC 和逐次逼近 ADC。以下分别介绍它们的工作原理、特点。

1. 计数式 ADC 的工作原理与特点

计数式 ADC 原理结构如图 10-1 所示，它由比较器、8 位数-模（D-A）转换器和 8 位计数器构成。其中，V_i 是欲转换的模拟输入电压，V_o 是 D-A 转换器的输出电压，CON 是控制计数端。当 $V_i > V_o$ 时 CON = 1，计数器开始对时钟 CLK 进行计数，8 位 D-A 转换器输出 V_o 逐步

上升。当 $V_o>V_i$ 时，比较器输出 CON = 0 为低电平，8 位计数器停止对 CLK 进行计数，此时 D7～D0 输出的数字量就是该模拟电压 V_i 对应的数字量。

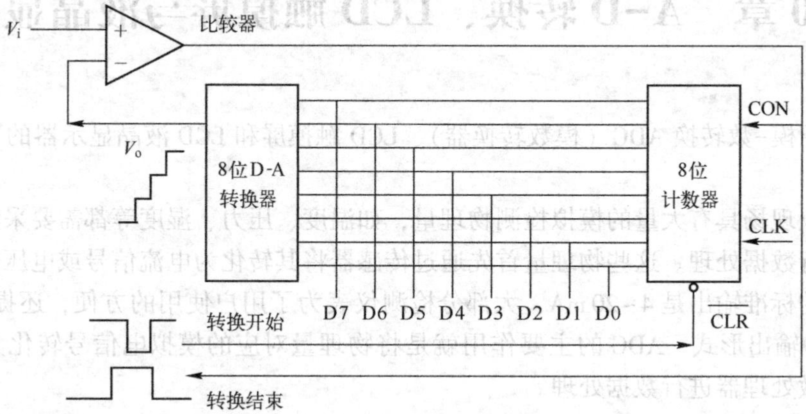

图 10-1　计数式 ADC 原理结构图

计数式 ADC 的具体转换过程如下。

1）首先$\overline{CLR}$（开始转换信号）有效（由高电平变成低电平），使计数器复位，计数器输出数字信号为 00000000，这个 00000000 的输出送至 8 位 D-A 转换器，8 位 D-A 转换器也输出 0 V 模拟信号。

2）当$\overline{CLR}$恢复为高电平时，计数器准备计数。此时，在比较器输入端上待转换的模拟输入电压 V_i 大于 V_o（0 V），比较器输出高电平，使计数控制信号 CON 为 1。这样，计数器开始计数。

3）计数器输出不断增加，D-A 转换器输入端得到的数字量也不断增加，使输出电压 V_o 不断上升。在 $V_o<V_i$ 时，比较器的输出维持高电平，计数器不断增加。

4）当 V_o 上升到某值时，出现 $V_o>V_i$ 时，比较器的输出 CON 为低电平，计数器停止计数。这时数字输出量 D7～D0 就是模拟电压所等效的数字量。计数控制信号由高变低的负跳变也是 A-D 转换的结束信号（低电平），表示已完成一次 A-D 转换。

计数式 A-D 转换器特点：结构简单，需要使用 D-A 转换器，最多需要使用 255 个计数脉冲，因此转换速度较慢。

2. 双积分式 A-D 转换器原理与特点

双积分式 A-D 转换器需要对输入模拟电压和参考电压进行两次积分，将电压变换成与其成正比的时间间隔，利用时钟脉冲和计数器测出其时间间隔，完成 A-D 转换。双积分式 A-D 转换器主要包括积分器、过零比较器、计数器和标准电压源 V_R 等部件，其原理结构图如图 10-2 所示。

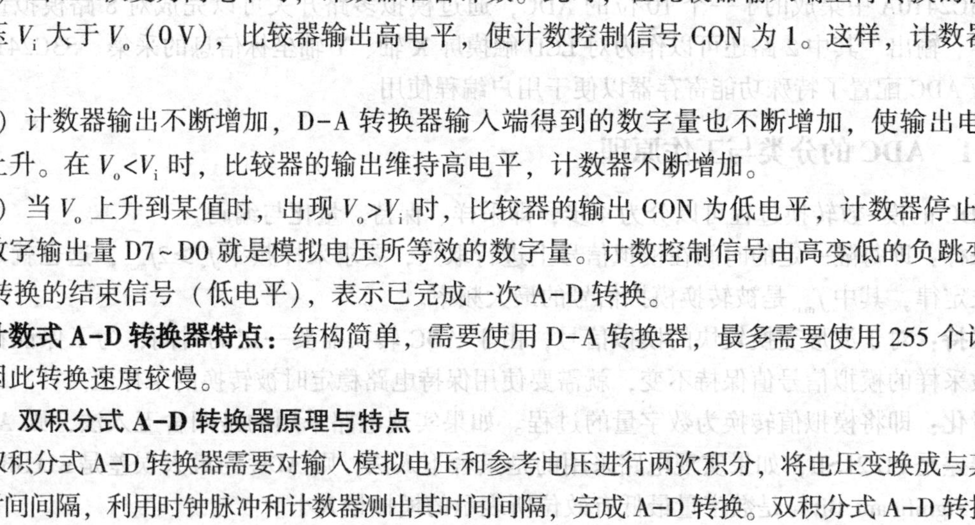

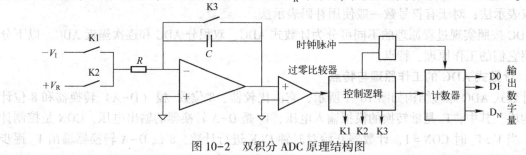

图 10-2　双积分 ADC 原理结构图

双积分式 A-D 转换器的转换过程如下。

1）测试前，K3 闭合，K1 和 K2 断开，电容放电，积分器处于复位期。

2）对输入待测的模拟电压 V_I 进行固定时间的积分。固定时间以时钟脉冲的周期 T 为基本时间单位，设定的脉冲个数为 N 个，即固定时间为 NT。

这时，打开 K3 和 K2，K1 闭合，输入模拟电压 $-V_I$ 对积分器电容充电，积分器输出线性增长，到达时间 NT 时电压输出为 V_{O1}，即

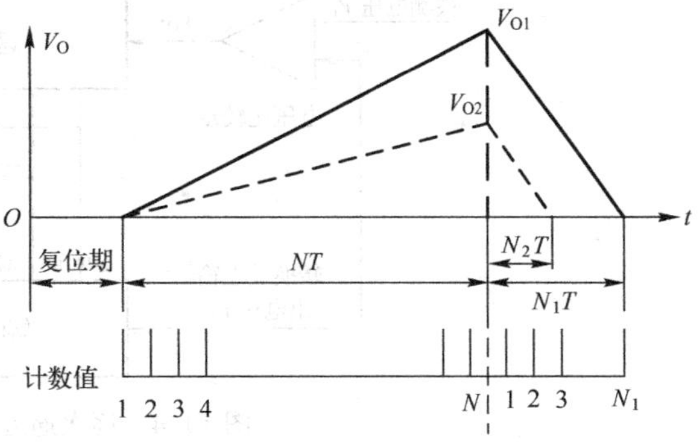

图 10-3　双积分过程示意图

$$V_{O1} = -\frac{1}{RC}\int_0^t(-V_I)\,dt = \frac{NT}{RC}\cdot\frac{1}{NT}\int_0^{NT}V_I\,dt = \frac{NT}{RC}V_I \tag{10-1}$$

式（10-1）中点乘后的项表示输入电压的平均值，如果 V_I 为常数，则值等于 V_I。式（10-1）表明，积分电压 V_{O1} 与输入电压 V_I 成正比。

3）用标准电压源 V_R 对积分器进行反充电，或称为反相积分（放电）。此时 K1 和 K3 断开，K2 闭合，积分器输出电压从 V_{O1} 开始线性下降。当计数值为 N_1 时，积分器输出电压为零，即

$$0 = V_{O1} - \frac{1}{RC}\int_0^{N_1T}V_R\,dt = V_{O1} - \frac{N_1T}{RC}V_R \tag{10-2}$$

由式（10-1）与式（10-2）可得

$$N_1 = \frac{N}{V_R}V_I \tag{10-3}$$

从式（10-3）中可以看到，N 为给定的定时积分计数值，V_R 为给定的定压反相积分电压，对于给定的待测电压 V_I，即可求得对应的数字量，即计数器的输出值。

双积分式 A-D 转换器的特点是，需要进行两次积分才能完成 A-D 转换工作，干扰信号叠加到积分的波形上，两次积分的面积相互抵消，对积分没有影响，因此具有很强的抗工频干扰能力；每一转换周期需要两次积分，因此转换速度慢，而且转换时间与输入电压 V_I 的大小有关，V_I 越大，积分所需要的时间就越长，转换时间也越长；影响转换精度的主要因素是标准电压源 V_R，而与 RC 的时间常数无关［从式（10-3）可以得知］，所以它具有较高的转换精度。

3. 逐次逼近 ADC 转换器的工作原理与特点

逐次逼近式 ADC 转换器电路结构如图 10-4 所示，其工作原理可与天平称重物相类似，图中的电压比较器相当于天平，被测电压 V_I 相当于重物，转换过程的输出电压 V_x 是不同电压砝码子集。该方案具有各种规格的按 8421 编码的二进制电压砝码 V_x，根据 $V_I<V_x$ 和 $V_I>V_x$，比较器有不同的输出以打开或关闭逐次逼近寄存器的各位。输出从大到小的基准电压砝码，与被测电压 V_I 比较，并逐渐减小其差值，使之逼近平衡。当 $V_I \leqslant V_x$ 时，比较器输出为零，相当于天平平衡或基本平衡，最后以数字显示的平衡值即为被测电压值。

这里列举一个实际的例子，会更加清楚地了解逐次逼近 ADC 的工作原理。假设有一个最大称重 1 kg 的天平，它的最大砝码的重量应该是 0. 5 kg（等价于 a9 所表示的二进制对应的模拟量），第 2 个砝码的重量是 0. 25 kg（与 a8 对应），第 3 个砝码的重量应是第 2 个砝码的重量

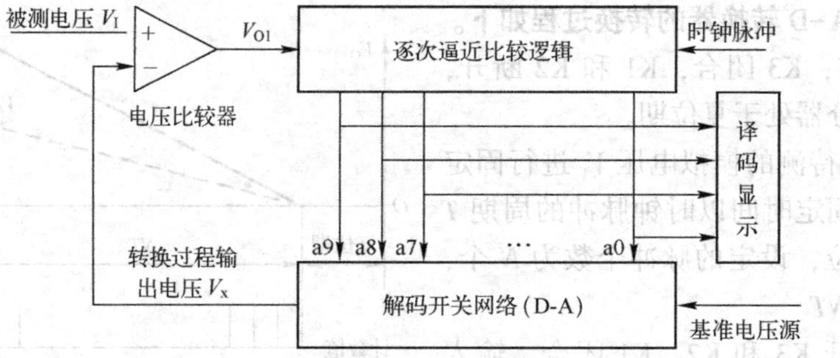

图 10-4　逐次逼近 ADC 原理结构图

的一半，依此类推……

称重时，将被称物体放在天平的一个托盘上，在天平的另外一个托盘上第一次放上最大的一个砝码。如果物体的重量大于砝码重量，则保留该砝码；如果物体的重量小于砝码重量，则去掉该砝码。第一步测量过程结束。

第二步测量过程是放上第 2 个砝码，过程与第一个砝码类似，依次进行……直到最后一个砝码完毕。

注意：数据位多少与天平测量精度有关，精度为 2^{-n}kg。对于上述逐次逼近 ADC，$n=10$。

逐次逼近式 A-D 转换器的特点是，转换速度快，转换精度较高，对 N 位 A-D 转换器只需 N 个时钟脉冲即可完成，可用于测量微秒级的过渡过程的变化，是在计算机系统中采用最多的一种 A-D 转换方法。S3C2410A 中集成的 ADC 就属于这一类。

10.1.2　ADC 的主要技术参数

1. 分辨率（Resolution）

分辨率用来反映 A-D 转换器对输入电压微小变化的响应能力，通常用数字输出最低位（LSB）所对应的模拟输入的电压值表示。n 位 A-D 转换能反映 $1/2^n$ 满量程的模拟输入电平。分辨率直接与转换器的位数有关，一般也可简单地用数字量的位数来表示分辨率，即 n 位二进制数，最低位所具有的权值，就是它的分辨率。

值得注意的是，分辨率与精度是两个不同的概念，不要把两者相混淆。即使分辨率很高，也可能由于温度漂移、线性度等原因，而使其精度不够高。

2. 精度（Accuracy）

精度有绝对精度（Absolute Accuracy）和相对精度（Relative Accuracy）两种表示方法。

- 绝对精度。在转换器中，对应于一个数字量的实际模拟输入电压和理想的模拟输入电压之差并非是一个常数。把它们之间差的最大值，定义为“绝对误差”。通常以数字量的最小有效位（LSB）的分数值来表示绝对精度，如±1LSB。
- 相对精度。是指整个转换范围内，任一数字量所对应的模拟输入量的实际值与理论值之差，用模拟电压满量程的百分比表示。

3. 转换时间（Conversion Time）

转换时间是指完成一次 A-D 转换所需的时间，即由发出启动转换命令信号到转换结束信号有效的时间间隔。

转换时间的倒数称为转换速率。例如，AD570 的转换时间为 25 μs，其转换速率为 40 kHz。

4. 量程

量程是指所能转换的模拟输入电压范围，分单极性、双极性两种类型。例如，单极性的量程为0~+5 V，0~+10 V，0~+20 V；双极性的量程为-5~+5 V，-10~+10 V 等。

10.1.3 S3C2410A 的 ADC 主要性能指标

- 分辨率：10 位；最大转换速率：500 KSPS。
- 差分线性误差：± 1.0 LSB；总体线性误差：± 2.0 LSB。
- 电源电压：3.3 V；模拟输入电压范围：0~3.3 V。
- 具有低功耗、片上采样与保持特性。
- 具有正常 A-D 转换模式、分离 X/Y 轴转换模式、自动 X/Y 轴转换模式和中断等待模式。

10.1.4 S3C2410A 的 ADC 和触摸屏接口电路

1. S3C2410A 与模-数转换电路

S3C2410A 的模-数转换电路以及触摸屏接口电路如图 10-5 所示。从图中可以看出，S3C2410A 具有 8 路 10 位模-数转换器，其中与 ADC 相关的电路包括以下几部分。

- 8 选一模拟多路开关（8:1 MUX）。受 ADC 输入端的控制，分时选择其中某一路。
- ADC 转换器（A-D Convert）。完成模拟量模数转换或触摸屏输入电压转换。
- ADC 接口与触摸屏控制器（ADC Interface & Touch Screen Controller）。完成 ADC 或触摸屏工作时参数的配置，读取 ADC 工作状态以及其转换的数据结果。
- ADC 输入端口控制（ADC Input Control）。控制模拟多路开关，选择其中的某一路。
- ADC 与触摸屏共用的中断发生器（Interrupt Generation）。当 ADC 或触摸屏中断允许时，产生中断信号。

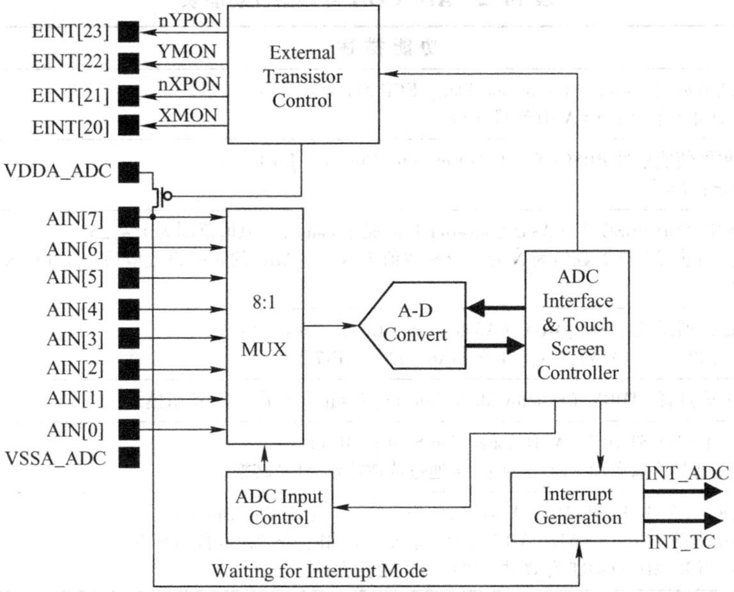

图 10-5 S3C2410A 模-数转换器与触摸屏接口电路图

2. S3C2410A 与触摸屏的接口电路结构

从图 10-5 可以看出，S3C2410A 内部的触摸屏接口主要与以下部分有关。

- 外部晶体管控制逻辑。它使用控制信号 X 轴正极电源开关 nXPON 和 X 轴负极电源开关 XMON 控制 X 轴坐标的测量，使用 Y 轴正极电源开关 nYPON 和 Y 轴负极电源开关 YMON 控制 Y 轴坐标的测量，X、Y 轴坐标的测量是分时进行的。
- 接有 VDDA_ADC 的场效应管。当有触笔按下时，场效应管的栅极为有效低电平，场效应管导通，产生触摸屏中断信号 INT_TC，之后就可以响应中断，在中断服务程序中读取 X、Y 轴的坐标。

10.1.5 S3C2410A 中 ADC 的功能寄存器

使用 S3C2410A 的 A-D 转换器进行模拟信号到数字信号的转换，或完成触摸屏功能时，需要配置以下相关的寄存器。它们的属性见表 10-1。

表 10-1 ADC 功能寄存器属性表

寄存器名	占用地址	读写属性	描 述	初 值
ADCCON	0x58000000	读/写	ADC 控制寄存器	0x3FC4
ADCTSC	0x58000004	读/写	ADC 触摸屏控制寄存器	0x058
ADCDLY	0x58000008	读/写	ADC 延迟寄存器	0x00FF
ADCDAT0	0x5800000C	只读	ADC 转换数据寄存器 0	—
ADCDAT1	0x58000010	只读	ADC 转换数据寄存器 1	—

1. ADC 控制寄存器（ADCCON）

ADC 控制寄存器（ADC Control Register，ADCCON）主要用于设置 ADC 工作时的参数、通道选择、ADC 的启动等操作，具体位功能见表 10-2。

表 10-2 ADCCON 寄存器位功能表

比特位	功能描述	初 值
[15]	转换结束标记（End of Conversion Flag，ECFLG）（只读）： 0=A-D 正在转换；1=A-D 转换完成	0
[14]	预分频器使能信号 PRSCEN（A-D Converter Prescaler Enable）： 0=禁止；1=允许	0
[13:6]	预分频器数值 PRSCVL（A-D Converter Prescaler Value）：取值范围为 1 ~ 255 **注意**：当前置分频器数值为 N 时，分频数值为 N+1；ADC 的频率设置应该小于 PCLK 频率的 5 倍	0xFF
[5:3]	模拟输入通道选择 SEL_MUX（Analog Input Channel Select）： 000=AIN0；001=AIN1；…；110=AIN6；111=AIN7	0
[2]	备用模式选择 STDBY（Standby Mode Select）：0=正常模式；1=备用模式	1
[1]	读启动 READ_START（A-D Conversion Start by Read）： 0=禁止通过读取启动 ADC 转换；1=通过读取启动 ADC 转换	0
[0]	启动使能 ENABLE_START（A-D Conversion Starts by Setting This Bit）： 0=禁止启动 ADC；1=启动 ADC 转换，启动后使用上升沿该位自动清零 **注意**：当 READ_START 有效时，该比特位设置无效	0

2. ADC 触摸屏控制寄存器（ADCTSC）

ADC 触摸屏控制寄存器（ADC Touch Screen Control Register，ADCTSC）用于控制触摸屏转换时 X/Y 轴的外加电压与读取 X/Y 轴的采样数据。ADCTSC 的位功能见表 10-3。

注意：在进行正常的 A-D 转换时，AUTO_PST 和 XY_PST 都置“0”即可，其他各位与触摸屏有关，不需要进行设置。

表 10-3　ADCTSC 寄存器位功能表

比特位	功能描述	初值
[8]	触笔中断控制位。0=触笔按下时中断；1=触笔抬起时中断	0
[7]	Y 轴负极输出选择 YM_SEN（Select Output Value of YMON） 0=YMON 输出为 0（YM=高阻）；1=YMON 输出为 1（YM=接地）	0
[6]	Y 轴正极输出选择 YP_SEN（Select Output Value of nYPON） 0=nYPON 输出为 0（YP 接外电压源）；1=nYPON 输出为 1（YP 接 AIN[5]）	1
[5]	X 轴负极输出选择 XM_SEN（Select Output Value of XMON） 0=XMON 输出为 0（XM=高阻）；1=XMON 输出为 1（XM=接地）	0
[4]	X 轴正极输出选择 XP_SEN（Select Output Value of nXPON） 0=nXPON 输出为 0（XP 接外电压源）；1=nXPON 输出为 1（XP 接 AIN[7]）	1
[3]	上拉切换使能 PULL_UP（Pull-up Switch Enable） 0=XP 上拉使能；1=XP 上拉禁止	1
[2]	自动连续转换 X 轴与 Y 轴坐标 AUTO_PST（Automatically Sequencing Conversion of X-position and Y-position） 0=普通 ADC 转换；1=自动连续 X/Y 轴坐标转换模式	0
[1:0]	手动测量 X/Y 轴坐标 XY_PST（Manual Measurement of X-position or Y-position） 00=无操作模式；01=X 轴坐标测量；10=Y 轴坐标测量；11=等待中断模式	00

注意：在自动模式下使用时，在启动读操作之前必须重新配置 ADCTSC 寄存器。

3. ADC 启动延时寄存器（ADCDLY）

ADC 启动延时寄存器（ADC Start Delay Register，ADCDLY）是一个可读/写的寄存器，地址为 0x58000008，复位值为 0x00FF。ADCDLY 的位功能见表 10-4。

表 10-4　ADCDLY 寄存器位功能表

比特位	功能描述	初值
[15:0]	用于延时 DELAY： ① 在正常转换模式、分开的 X/Y 位置转换模式、X/Y 位置自动（顺序）转换模式时，X 轴、Y 轴位置转换的延时值 ② 在等待中断模式时，当按下触笔时，这个寄存器在几毫秒时间间隔内产生用于进行 X/Y 坐标自动转换的中断信号（INT_TC） **注意**：禁止使用零位值（0x0000）	0

注意：在等待中断模式时，触摸屏在 ADC 转换前使用的是外部晶体频率或外部时钟（取决于系统振荡频率的使用）；在 ADC 转换期间，使用的是 PCLK 时钟频率。

4. ADC 转换数据寄存器

S3C2410A 有 ADCDAT0 和 ADCDAT1 两个 ADC 转换数据寄存器，用于读取 ADC 转换过程中的状态信息和转换结束后的数字量。ADCDAT0 和 ADCDAT1 均为只读寄存器，地址分别为 0x5800000C 和 0x58000010。在触摸屏应用中，分别使用 ADCDAT0 和 ADCDAT1 保存 X 轴和 Y 轴的转换数据。对于正常的 A-D 转换，使用 ADCDAT0 来保存转换后的数据。

ADCDAT0 的位功能见表 10-5，ADCDAT1 的位功能见表 10-6，除了位［9:0］为 Y 轴的转换数据值以外，其他与 ADCDAT0 类似。通过读取该寄存器的位［9:0］，可以获得转换后的数字量。

表 10-5　ADCDAT0 位功能表

比特位	功能描述	初　值
[15]	在中断模式下触笔的按下与抬起状态标志 UPDOWN：0=触笔按下；1=触笔抬起	—
[14]	自动 X/Y 轴坐标转换模式状态标志 AUTO_PST： 0=普通 ADC 转换模式；1=自动 X/Y 轴坐标转换模式	—
[13:12]	手动 X/Y 轴坐标转换模式状态标志 XY_PST： 00=无操作；01=X 轴坐标转换；10=Y 轴坐标转换；11=等待中断模式	—
[11:10]	保留	—
[9:0]	X 轴坐标值 XPDATA： 数值范围：0~0x3FF。也可以是普通 ADC 的转换值	—

表 10-6　ADCDAT1 位功能表

比特位	功能描述	初　值
[15:10]	与 ADCDAT0 的对应比特位功能相同	—
[9:0]	Y 轴坐标值 YPDATA。数值范围：0~0x3FF	—

10.1.6　S3C2410A 的 ADC 程序设计

下面介绍一个 A-D 接口编程实例，其功能是实现从 A-D 转换器的通道 0 读取数据。模拟输入信号的电压范围必须是 0~3.3 V。程序设计过程如下。

1. 定义与 A-D 转换相关的寄存器（定义内容包含在 2410addr.h 文件中）

```
#define rADCCON   (*(volatile unsigned *)0x58000000)    //ADC 控制寄存器
#define rADCTSC   (*(volatile unsigned *)0x58000004)    //ADC 触摸屏控制寄存器
#define rADCDLY   (*(volatile unsigned *)0x58000008)    //ADC 启动或间隔延时寄存器
#define rADCDAT0  (*(volatile unsigned *)0x5800000c)    //ADC 转换数据寄存器 0
#define rADCDAT1  (*(volatile unsigned *)0x58000010)    //ADC 转换数据寄存器 1
```

2. ADC 初始化函数

ADC 初始化函数的实现，就是根据需要设置 ADC 各功能寄存器的配置值。函数中的参数 ch 表示所选择的通道号，函数设计如下。

```
void AD_Init(unsigned char ch)
 {rADCDLY=100;                          //设置 ADC 启动或间隔延时
  rADCTSC=0;                            //选择普通 ADC 模式
  rADCCON=(rADCCON & 0x0000)(1<<14) | (49<<6) | (ch<<3) | 0<<2) | (0<<1) | (0);
  //使能 ADC 预分频器;预分频器值是 49+1;设置通道号;正常模式;禁止读启动;禁止 ADC 启动
 }
```

注意：预分频值的确定必须满足：采样的频率小于 1/5 PCLK 的频率，并且采样的次数不能超过 500 KSPS，即频率为 50 MHz。

3. 读取 ADC 的转换值函数

在配置好各功能寄存器的情况下，首先启动 ADC 转换器，在使用程序查询方式时等待 ADC 转换结束后读取数值。本函数是连续读取 16 个转换数据，最终进行平均值数字滤波作为函数的返回值。

程序中的参数 ch 表示所选择的通道号，函数定义如下。

```
int Get_AD(unsigned char ch){
int i;
int val=0;
if(ch>7) return 0;                              //通道号大于7时无效并返回0
    for(i=0; i< 16; i++){                       //为转换准确,转换16次
        rADCCON= rADCCON&0xffc7 |(ch<<3);       //配置通道号
        rADCCON |=0x1;                          //启动A-D转换
        while(rADCCON&0x1);                     //等待转换开始
        while(!(rADCCON&0x8000));               //判断ECFLG转换结束标志位,等待转换结束
        val+=(rADCDAT0&0x03ff);
        Delay(10);
    }
return(val >> 4);                               //进行数字平均值滤波,除以16取均值
}
```

10.2 LCD触摸屏原理与程序设计

触摸屏附着在显示器的表面，根据触摸点在显示屏上对应坐标点的显示内容或图形符号区域，进行相应的操作。

触摸屏按其工作原理可分为矢量压力传感式、电阻式、电容式、红外线式和表面声波式5类。在嵌入式系统中常用的是电阻式触摸屏，本节以它为对象来介绍其有关内容。

10.2.1 LCD电阻式触摸屏的工作原理

电阻式触摸屏的结构是：LCD显示屏的最上层是外表面经过硬化处理、光滑防刮的塑料层，内表面也涂有导电层（透明导电玻璃ITO等）；基层采用玻璃或薄膜，内表面涂有ITO的透明导电层；在两导电层之间有许多细小（小于1/1000英寸，1英寸=0.0254米）的透明隔离点把它们隔开绝缘。

在每个工作面的两条边线上各涂一条银胶，称为该工作面的一对电极，一端接VCC电压源，另一端接地，在工作面的一个方向上形成均匀连续的平行电压分布。

当给X方向的电极对施加一确定的电压，而Y方向电极对不加电压时，在X平行电压场中，触点处的电压值可以在YP（或YM）电极上反映出来，通过A-D测量YP电极对地的电压大小，便可得知触点的X坐标值。同理，当给Y电极对施加电压，而X电极对不加电压时，通过A-D测量XP电极的电压便可得知触点的Y坐标。等效电路如图10-6所示。

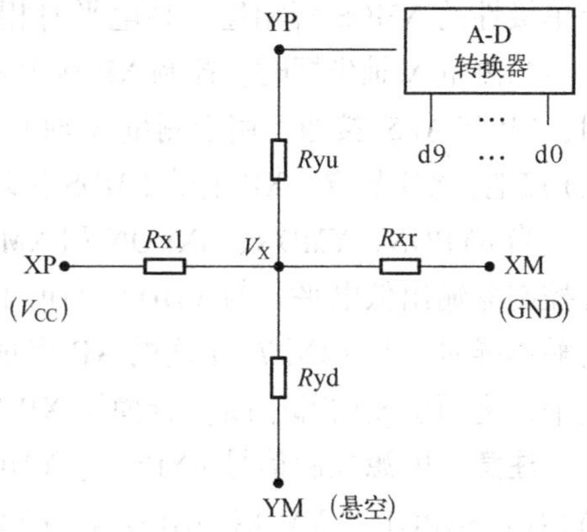

图10-6 触摸屏等效电路图

触摸屏XP与XM之间、YP与YM之间的等效电阻是线性的且均匀分布。XP接电源电压V_{CC}，XM接地，YM悬空，YP作为ADC转换器的输入信号。由于ADC具有很高的输入电阻，流过Ryu的电流近似为0，所以X轴测试点的电压V_X=YP点的电压。

电阻式触摸屏有4线式和5线式两种。4线式触摸屏的X工作面和Y工作面分别加在2个导电层上，共有4根引出线：XP、XM、YP、YM，分别连接到触摸屏的X电极对和Y电极

对。4 线式触摸屏的寿命小于 100 万次触摸。

5 线式触摸屏是对 4 线式触摸屏的改进。5 线式触摸屏把 X 工作面和 Y 工作面都加在玻璃基层的导电涂层上，工作时采用分时加电，即让两个方向的电场分时工作在同一工作面上，而外导电层仅仅用来充当导体和电压测量电极。5 线式触摸屏需要引出 5 根线，它的寿命可以达到 3500 万次触摸。5 线式触摸屏的 ITO 层可以做得更薄，因此透光率和清晰度更高，几乎没有色彩失真。

10.2.2 S3C2410A 与 LCD 触摸屏接口电路

S3C2410A 与 LCD 触摸屏接口电路如图 10-7 所示，虚线框中是 S3C2410A 的 ADC 与触摸屏逻辑，外侧是触摸屏的外部连接电路。

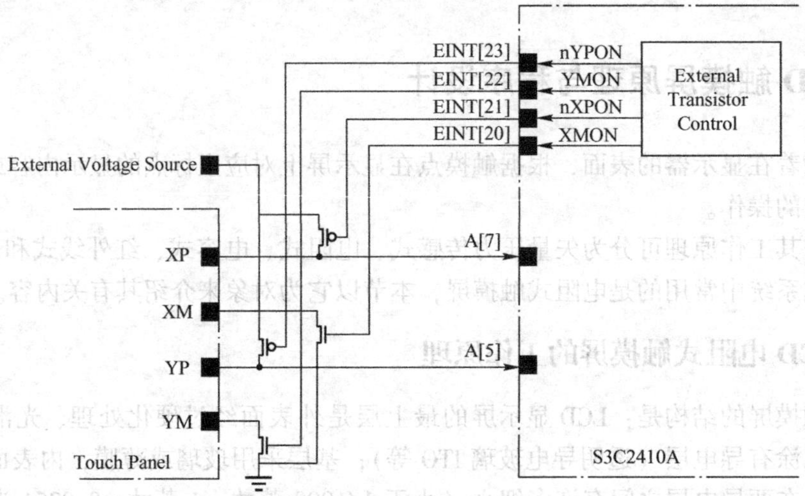

图 10-7 S3C2410A 与 LCD 触摸屏接口电路图

nXPON、nYPON 分别与两个单极性的 PMOS 管相连，低电平时相应的 PMOS 管导通，可以分别将外部电压源（External Voltage Source）连接在 XP 或 YP 上。XMON、YMON 分别与两个单极性的 NMOS 管相连，高电平时相应的 NMOS 管导通，可以分别将 XM 或 YM 接地。

当测量 X 轴坐标时，控制 XP 接上外部电压源，XM 接地，YM 悬空，YP 上的 PMOS 呈现高阻，YP 与 A[5]接通，用于测量 X 轴的坐标值；当测量 Y 轴坐标时，控制 YP 接上外部电压源，YM 接地，XM 悬空，XP 上的 PMOS 呈现高阻，XP 与 A[7]接通，用于测量 Y 轴的坐标值。

当 nYPON、YMON、nXPON 和 XMON 输出等待中断状态电平时，参见图 10-5，外部晶体管控制器输出低电平，与 VDDA_ADC 相连的晶体管导通，中断线路处于上拉状态。当触笔单击触摸屏时，与 AIN[7]相连的 XP 出现低电平，于是 AIN[7]是低电平，内部中断线路出现低电平，进而引发内部中断。触摸屏 XP 口需要接一个上拉电阻。

注意：电源控制信号 nYPON、YMON、nXPON 和 XMON 是从通用 I/O 端口 GPG 输出的，nYPON→GPG15、YMON→GPG14、nXPON→GPG13 和 XMON→GPG12，使用时将其端口对应的控制寄存器比特位 GPGCON[2n+1:2n]=0b11；A[0]~A[7]使用 CPU 的专用连线。

10.2.3 使用触摸屏的配置过程

在 S3C2410A 构成的嵌入式系统中使用触摸屏，配置过程如下。

- 通过外部晶体管电路将触摸屏引脚连接到 S3C2410A 上。
- 选择分离的 X/Y 位置转换模式或者自动 X/Y 位置转换模式，以获取 X/Y 位置。
- 设置触摸屏接口为等待中断模式。
- 如果中断发生，将激活相应的转换过程（X/Y 位置分离转换模式或者 X/Y 位置自动顺序转换模式）。
- 得到 X/Y 位置的正确值后，重新设置触摸屏控制寄存器 ADCTSC，返回等待中断模式。

10.2.4 触摸屏编程接口模式

1. 普通的 A-D 转换接口模式

在普通的 A-D 转换接口模式中，按照正确的方式配置 ADC 控制寄存器 ADCCON，以及触摸屏控制寄存器 ADCTSC 中的 AUTO_PST=0，XY_PST=0。之后启动 ADC 转换，检测转换完成标志位后，再通过读 ADC 数据寄存器 ADCDAT0 的 XPDATA 数值即可。

2. 分离的 X/Y 轴转换接口模式

分离的 X/Y 轴转换接口模式由 X 轴模式和 Y 轴模式两种转换模式组成。分离的 X/Y 轴转换模式下的转换条件见表 10-7，转换时序如图 10-8 所示。

当触笔按下时产生中断，在中断服务程序中先启动读取 X 轴坐标值，从 ADCDAT0 中读取数据；再启动读取 Y 轴坐标值，从 ADCDAT1 中读取数据。

表 10-7 分离的 X/Y 轴转换模式条件表

测量模式	XP	XM	YP	YM
X 轴坐标测量	外部电压	接地（GND）	A[5]（X 轴坐标输出）	悬空（高阻）
Y 轴坐标测量	A[7]（X 轴坐标输出）	悬空（高阻）	外部电压	接地（GND）

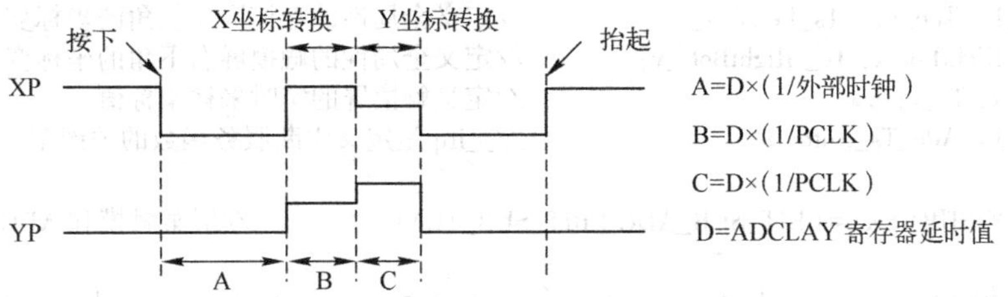

图 10-8 分离的 X/Y 轴转换模式时序图

3. 自动（顺序）X/Y 轴转换接口模式

当触笔按下时产生中断，在中断服务程序中启动 X/Y 轴自动顺序转换模式，等待转换结束后，依次从 ADCDAT0、ADCDAT1 中读出 X、Y 轴的坐标值。

4. 等待中断接口模式

当 ADCTSC 寄存器的 XY_PST=3 时，进入等待中断模式。在等待中断模式，等待触笔点下。当触笔在触摸屏点下后，它将产生 INT_TC 中断，进入中断服务程序，再结合使用分离的 X/Y 轴转换模式或自动 X/Y 轴转换模式读取 X、Y 的坐标值。进入等待中断模式的条件见表 10-8。

表 10-8 等待中断模式转换条件表

测量模式	XP	XM	YP	YM
等待中断模式	上拉	高阻	A[5]	接地（GND）

5. 等待模式（Standby Mode）

当 ADCCON 寄存器的 STDBM 位设置为 1 时，进入等待模式。进入等待模式后，ADC 转换停止，ADCDAT0 的 XPDATA 和 ADCDAT1 的 YPDATA 保持上次转换的数值。

与 ADC 和触摸屏有关的寄存器有 5 个，分别是 3 个需设置寄存器：ADCCON、ADCTSC 和 ADCDLY，2 个只读寄存器：ADCDAT0 和 ADCDAT1。

10.2.5 S3C2410A 的 LCD 触摸屏程序设计

获取触摸屏的坐标值可以通过程序查询方式或中断方式。在中断方式下，从 A-D 转换开始到读取转换结果，由于中断服务程序的返回时间和数据操作时间的增加，总的转换时间会延长。在程序查询方式下，通过检测 ADCCON[15]的转换结束标志来读取转换的坐标值，总的转换时间相对较短。但是使用中断方式具有良好的实时性，它不需要在主程序中使用额外的代码开销，而程序查询方式需要在主程序中想获取坐标值的任何地方都要增加一定的程序代码产生额外的时间开销，而且还给程序员带来很多麻烦。因此对于触摸屏的坐标获取，经常采用的是中断方式。

以下是在中断方式下，主要介绍在触摸屏中常用的自动（连续）的 X/Y 轴坐标获取模式的程序设计。

在触摸屏测试 Ts_ Auto_Test()函数中进行触摸屏初始化，设置与中断有关的控制寄存器，之后等待触笔按下，进入中断服务程序读取 X、Y 的坐标值。

```
/*****************中断服务函数代码**********************************/
#include "2410addr.h"                      //定义 S3C2410A 的寄存器地址
#define ADCPRS    39                       //从本行开始,共 5 行定义用于以下所有程序中
#define loop        8
int Ts_LeftTop_x,   Ts_LeftTop_y;          //定义全局性的触摸屏左上角的坐标变量
int Ts_RightBot_x, Ts_ RightBot _y;        //定义全局性的触摸屏右下角的坐标变量
int Ts_x, Ts_y;                            //定义触摸屏的实时采样坐标值
void __irq Adc_Ts_Auto()                   //__irq 是定义中断服务函数的关键字
{
    rINTSUBMSK |=(BIT_SUB_ADC | BIT_SUB_TC);           //屏蔽触摸和 ADC 子中断

    rADCTSC= (0<<8) | (1<<7) | (1<<6) | (0<<5) | (1<<4) | (1<<3)  | (1<<2) | (0);
  //按下;YM 接地;YP 接 AIN5;XM 高阻;XP 接 AIN7;XP 上拉禁止;X/Y 自动转换;手动无操作模式
    rADCCON |=0x01;                        //启动 ADC 转换
    while(! (rADCCON&0x8000));             //检测转换是否完成
    Ts_x= rADCDAT0&0x3ff;
    Ts_y= rADCDAT1&0x3ff;
    Uart_Printf("x_position is %04d\n", Ts_x);     //打印 X 坐标 ADC 转换值
    Uart_Printf("y_position is %04d\n", Ts_y);     //打印 Y 坐标 ADC 转换值
    rADCTSC= (0<<8) | (1<<7) | (1<<6) | (0<<5) | (1<<4) | (0<<3)  | (0<<2) | (3);
    //触摸屏又处于等待中断模式

    rSUBSRCPND  |= BIT_SUB_TC;                     //清除触摸屏子中断位
    rINTSUBMSK= ~(BIT_SUB_TC);                     //允许触摸屏子中断
    rSRCPND |=BIT_ADC;                             //清除 ADC 中断位
    rINTPND= rINTPND;                              //清除 ADC 中断悬挂位
}
```

```
/ ****************************************************************
以下为触摸屏测试函数 Ts_ Auto_Test( )。功能是进行触摸屏初始化,设置与中断有关的控制寄存器,之后等待触笔按下,进入中断服务程序读取 X、Y 的坐标值。
 ****************************************************************/
Void Ts_Auto_Test( )
{
    rGPGCON= rGPGCON |(3<<30)|(3<<28)|(3<<26)|(3<<24);
//使 GPG15=nYPON;GPG14=YMON;GPG13=nXPON;GPG12=XMON;
    rADCCON=(1<<14)|(ADCPRS<<6)|(0<<3)|(0<<2)|(0<<1)|(0);
//使能预分频;预分频赋值;通道号送 0;正常模式;禁止读操作启动;禁止启动 ADC
    rADCTSC= (0<<8)|(1<<7)|(1<<6)|(0<<5)|(1<<4)|(0<<3) |(0<<2)|(3);
//按下;YM 接地;YP 接 A[5];XM 高阻;XP 接 A[7];XP 上拉电阻;正常 ADC 模式;等待中断模式
    rADCDLY=5000;                  //ADC 延时
    rISR_ADC=(unsigned)Adc_Ts_ Auto; //将中断函数名地址常量转换赋给 ADC 中断标号地址
    rINTMSK&=~(BIT_ADC);           //允许 ADC 中断
    rINTSUBMSK&=~(BIT_SUB_TC);     //允许触摸屏子中断
    Uart_Getch();             //等待触摸屏中断,当从键盘上输入一个字符时即可结束该函数
    rINTSUBMSK |=BIT_SUB_TC;       //屏蔽触摸屏子中断
    rINTMSK |=BIT_ADC;             //屏蔽 ADC 中断
}
```

触摸屏在使用前需要对其进行校准。校准就是确定触摸屏左上角的像素坐标值（0，0），右下角的像素坐标值根据触摸屏的像素参数确定。例如，本例触摸屏的像素是320×240，即坐标值为（320，240）。

由于从 ADC 获取的数值是加在 X 轴或 Y 轴两端的电压值所对应的数字量，所以必须把它映射到像素对应的坐标轴上才能进行实际的使用。另外，并非左上角的 X、Y 轴对应的采样值就是（0，0），右下角是（320，240）像素坐标，它们对应的 ADC 采样值会因不同的 LCD 有所差异，因此必须进行校准。

这里只介绍触摸屏校准和正常使用时的程序设计思想和部分代码，它的整个程序与以上两个测试程序构架基本相同。

校准就是先用触笔在左上角按下，获取采样 X、Y 轴的 AD 值分别赋给变量 Ts_LeftTop_x 和 Ts_LeftTop_y；再用触笔在触摸屏的右下角按下，获取采样 X、Y 轴的 AD 值分别赋给变量 Ts_RightBot_x 和 Ts_RightBot_y。将它们映射到（0，0），（320，240）作为基准值，之后根据它们计算实际采样点的像素坐标（Ts_Lcd_x，Ts_Lcd_y），公式如下：

$$\text{Ts\_Lcd\_x}=\frac{\text{Ts\_x}-\text{Ts\_LeftTop\_x}}{\text{Ts\_RightBot\_x}-\text{Ts\_LeftTop\_x}}\times 320 \tag{10-4}$$

$$\text{Ts\_Lcd\_y}=\frac{\text{Ts\_y}-\text{Ts\_LeftTop\_y}}{\text{Ts\_RightBot\_y}-\text{Ts\_LeftTop\_y}}\times 240 \tag{10-5}$$

式中，Ts_x、Ts_y 是读取 X、Y 轴电压对应的 ADC 转换值。X 轴的电压：最左侧接地，最右侧是电源电压 3.3 V；Y 轴的电压：顶端接地，底部接电源电压 3.3 V。程序的主要代码段如下。

```
Ts_Lcd_x=((Ts_x-Ts_LeftTop_x) * 1.0/(Ts_RightBot_x-Ts_LeftTop_x)) * 320.0;
If(Ts_Lcd_x>319) Ts_Lcd_x=319;
If(Ts_Lcd_x<0) Ts_Lcd_x=0;
Ts_Lcd_y=((Ts_y-Ts_LeftTop_y) * 1.0/(Ts_RightBot_y-Ts_LeftTop_y)) * 240.0;
```

```
    If(Ts_Lcd_y>239) Ts_Lcd_y=239;
    If(Ts_Lcd_y<0) Ts_Lcd_y=0;
```

注意：在表达式的分子中乘以浮点数 1.0 的目的是为了进行浮点数的除法运算。

10.3 液晶显示器（LCD）与程序设计

液晶显示器（Liquid Crystal Display，LCD）是嵌入式设备最为常用的显示输出设备。

在 S3C2410A 中的 LCD 显示系统主要由 LCD 显示缓冲区、LCD 显示控制器、LCD 显示驱动器和液晶面板组成。前两者位于 S3C2410A 微处理器内部，后两者归于 LCD 液晶显示屏。LCD 显示缓冲区存储与 LCD 面板的像素位置对应的图像信息；LCD 显示控制器通过对其功能寄存器的配置，输出相应的时序控制信号和图像信息到 LCD 驱动器；驱动器执行控制器发来的指令并通过 LCD 面板显示。本节主要介绍的是图形彩色 LCD 在嵌入式系统中的应用。

10.3.1 LCD 的显示原理与分类

1. LCD 的显示原理

液晶显示器（LCD）中的液晶分子晶体以液态形式存在。当电流通过液晶层时，分子晶体将会按照电流的流向方向进行排列，没有电流时，它们将会彼此平行排列。将液晶倒入带有细小沟槽的外层，液晶分子会顺着槽排列，并且内层与外层以同样的方式进行排列。液晶层能够过滤除了那些从特殊方向射入之外的所有光线，能够使光线发生扭转，使光线以不同的方向从另外一个面中射出。利用液晶的这些特点，液晶可以被用来当作一种既可以阻碍光线，又可以允许光线通过的开关。

在 LCD 中，通过给不同的液晶单元供电，控制其光线的通过与否，达到显示的目的。彩色 LCD 利用三原色混合的原理显示不同的色彩。在彩色 LCD 中，每一个像素都是由 3 格液晶单元格构成，其中每一个单元格前面都分别有红色、绿色和蓝色的过滤片，光线经过过滤片的处理变成红色、蓝色或者绿色，利用三基色的原理组合出不同的色彩。

2. 电致发光（Electroluminescence，EL）

LCD 通过控制每个栅格的电极加电与否来控制光线的通过或阻断，从而显示图形。LCD 的光源提供方式有透射式和反射式两种。透射式 LCD 显示器的屏后面有一个光源，可以不需要外部环境提供光源，如笔记本电脑的 LCD 显示器。反射式 LCD 需要外部提供光源，靠反射光来工作。

电致发光（EL）是将电能直接转换为光能的一种发光现象。电致发光片是利用电致发光原理制成的一种发光薄片，具有超薄、高亮度、高效率、低功耗、低热量、可弯曲、抗冲击、长寿命和多种颜色选择等特点，也可用来作为 LCD 液晶屏提供光源的一种方式。

3. LCD 种类

目前 LCD 显示器按显示颜色分为单色 LCD、伪彩 LCD 和真彩 LCD 等。按显示模式分为数码式 LCD、字符 LCD 和图形 LCD 等。

LCD 按照其液晶驱动方式，可以分为扭转向列（Twist Nematic，TN）型、超扭曲向列（Super Twisted Nematic，STN）型和薄膜晶体管（Thin Film Transistor，TFT）型 3 大类。

TN 型 LCD 的分辨率很低，一般用于显示小尺寸黑白数字、字符等，广泛应用于手表、时钟、电话、传真机等一般家电用品的数字显示。

STN 型 LCD 的光线扭转可达 180°~270°，液晶单元按阵列排列，显示方式采用类似于 CRT 的扫描方式，驱动信号依次驱动每一行的电极，当某一行被选定的时候，列上的电极触发位于行和列交叉点上的像素，控制像素的开关，在同一时刻只有一点（一个像素）受控。彩色 LCD 的每个像素点由 RGB 三个像素点组成，并在这 3 个像素点的光路上增加相关滤光片，利用三基色原理显示彩色图像。

STN 型 LCD 的像素单元如果通过的电流太大，会影响相邻的单元，产生虚影。如果通过的电流太小，单元的开和关就会变得迟缓，降低对比度并丢失移动画面的细节。而且随着像素单元的增加，驱动电压也相应提高。STN 型 LCD 很难做出高分辨率的产品。

TFT 型 LCD 在 STN 型 LCD 的基础上，增加了一层薄膜晶体管（TFT）阵列，每一个像素都对应一个薄膜晶体管，像素控制电压直接加在这个晶体管上，再通过晶体管去控制液晶的状态，控制光线通过与否。TFT 型 LCD 的每个像素都相对独立，可直接控制，单元之间的电干扰很小，可以使用大电流，提供更好的对比度、更锐利和更明亮的图像，而不会产生虚影和拖尾现象，同时也可以非常精确地控制灰度。

TFT 型 LCD 响应快、显示品质好，适用于大型动画显示，被广泛应用于笔记本式计算机、计算机显示器、液晶电视、液晶投影机及各式大型电子显示器等产品。近年来也在手机、PDA、数码相机、数码摄像机等手持类设备中广泛应用。

4. LCD 驱动

市面上出售的 LCD 有两种类型：一种是带有 LCD 控制器的 LCD 显示模块，这种 LCD 通常采用总线方式与各种单片机进行连接。另一种是没有带 LCD 控制器的 LCD 显示器，需要另外的 LCD 控制器芯片或者是在主控制器芯片内部具有 LCD 控制器电路。

在单片机系统中，LCD 往往是通过 LCD 控制器芯片连在单片机总线上，或者通过并行接口、串行接口与单片机相连。而在诸如 S3C2410A 的许多微处理器芯片中都集成了 LCD 控制器，支持 STN 型 LCD 和 TFT 型 LCD。

10.3.2 S3C2410A LCD 控制器的特性

S3C2410A LCD 控制器具有一般 LCD 控制器的功能，能产生各种控制信号，传输显示数据到 LCD 驱动器。该控制器具有以下特性。

1. 公有特性

- 具有专用的直接存储器访问（Direct Memory Access，DMA）控制器，用于向 LCD 驱动器传输数据。
- 提供 LCD 中断源 INT_LCD。它是由控制器内部提供 LCD 帧同步 INT_FrSyn 中断源和 LCD FIFO 缓冲区 INT_FiCnt 中断源共享的。
- 显示缓冲区可以足够大，系统存储器可作为显示缓冲区使用。
- 支持屏幕滚动显示，用显示缓存支持硬件水平滚动显示和垂直滚动显示。
- 支持多种时序 LCD 屏幕，通过对 LCD 功能控制寄存器编程，产生适合不同 LCD 显示屏的扫描信号、数据宽度、刷新频率信号等。
- 支持多种数据格式：大端格式、小端格式和 WinCE 格式。
- 支持 SEC TFT LCD 液晶面板。LTS350Q1-PD1 用于控制带有触摸屏和前端光源的 TFT LCD 面板；LTS350Q1-PD2 用于控制只有 TFT LCD 面板的液晶显示。

2. STN 型 LCD 显示特性

- 单色显示模式：2 bpp（bit per pixel）的 4 级灰度模式，4 bpp 的 16 级灰度模式。
- 输出扫描方式：4 位单向扫描方式，4 位双向扫描方式和 8 位单向扫描方式。
- 彩色显示模式：8 bpp 的 256 种彩色显示，12 bpp 的 4096 种彩色显示。
- 支持多种像素尺寸（ppi）的 LCD 屏：640×480、320×240、160×160 等。
- 最大虚拟显示屏缓冲区为 4 MB，在 256 色显示模式下支持多种尺寸的虚拟屏：4096×1024 ppi、2048×2048 ppi、1024×4096 ppi 等。

3. TFT 型 LCD 的显示特性

- 支持 1 bpp、2 bpp、4 bpp 和 8 bpp 数据的调色板显示。
- 支持 16 bpp 数据的 65536 种彩色非调色板显示，24 bpp 数据的真彩色非调色板显示。
- 在 24 bpp 显示时的最大显示缓冲区为 16 MB。
- 支持多种像素尺寸（ppi）的 LCD 屏幕尺寸：典型的使用有 640×480、320×240、160×160 等。
- 最大虚拟屏缓存区为 4 MB，在 64 K 彩色模式下，支持 2048×1024 ppi 大小的显示屏。

10.3.3 S3C2410A LCD 控制器的内部结构和显示数据格式

1. S3C2410A LCD 控制器的内部结构

S3C2410A LCD 控制器的内部结构如图 10-9 所示。由 REGBANK、LCDCDMA、VIDPRCS、TIMEGEN 和 LPC3600 等模块组成。以下对这些模块进行说明。

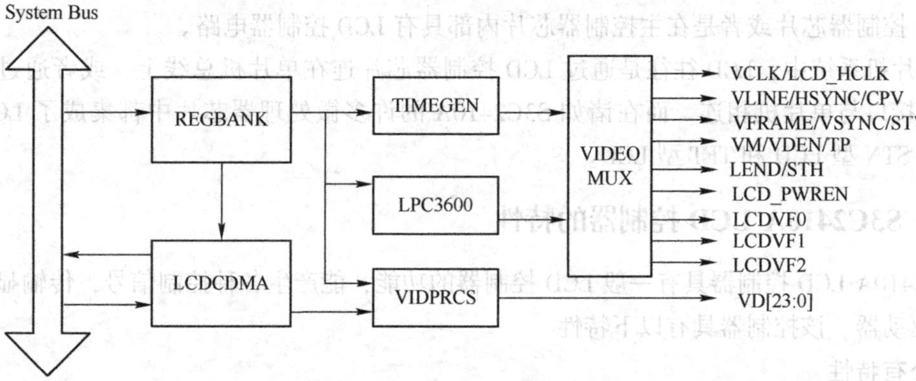

图 10-9 S3C2410A LCD 控制器结构图

REGBANK 模块具有 17 个用于配置 LCD 控制器的可编程寄存器和 256×16 ppi 的调色板存储器。

LCDCDMA 是一个专用的 DMA，它可以自动地将显示数据从帧内存传送到 LCD 驱动器中。利用这个专用的 DMA，可以实现在不需要 CPU 介入的情况下显示数据。

数据流传送的过程是，由于 LCDCDMA 中有先进先出 FIFO（First-In First-Out）存储器，当 FIFO 为空或者部分为空时，LCDCDMA 模块就以爆发式传送模式从帧存储器中取数据（爆发式是指每次请求必须连续取 16 个字节数据）。当传送请求被位于内存控制器中的总线仲裁器接收时，将有连续的 4 个字的数据从系统内存送到外部的 FIFO。FIFO 的大小总共为 28 字，其中分别有 12 个字的 FIFOL 和 16 个字的 FIFOH。LCD 控制器有两个 FIFO 存储器以支持双扫描显示模式。在单扫描模式下只使用 FIFOH 工作。

VIDPRCS 从 LCDCDMA 接收数据，转化为相应的格式数据通过 VD[23:0]发送到 LCD 的驱动器上，例如4/8位单扫描和4位双扫描显示模式等。

TIMEGEN 包含可编程的逻辑功能，以支持常用的 LCD 驱动器所需要的不同接口时序和速率的要求。TIMEGEN 模块产生 VFRAME、VLINE、VCLK 及 VM 等信号。LPC3600 是用于 TFT 型 LCD LTS350Q1-PD1 或 LTS350Q1-PD2 的时序控制逻辑单元。

2. LCD 控制器的引脚功能

S3C2410A LCD 控制器的外部引脚信号有 33 个，包括 24 根数据线和 9 个时序控制信号。说明如下。

- VFRAME/VSYNC/STV：帧同步信号（STN 屏）/垂直同步信号（TFT 屏）/帧起动脉冲信号（SEC TFT 屏）。由通用 I/O 端口 GPC3 输出。
- VLINE/HSYNC/CPV：行同步脉冲信号（STN 屏）/水平同步信号（TFT 屏）/帧移位时钟信号（SEC TFT 屏）。由通用 I/O 端口 GPC2 输出。
- VCLK/LCD_HCLK：像素时钟信号（STN/TFT 屏）/行采样时钟信号（SEC TFT 屏）。

注意：是像素时钟信号，而不是位时钟信号。由通用 I/O 端口 GPC1 输出。

- VM/VDEN/TP：LCD 驱动器的交流偏置信号（STN 屏）/数据使能信号（TFT 屏）/显示驱动数据脉冲信号（SEC TFT 屏）。由通用 I/O 端口 GPC4 输出。
- VD[23:0]：LCD 图像数据线输出端口（STN/TFT/SEC TFT 屏）。VD[7:0]由通用 I/O 端口 GPC[15:8]输出，VD[23:8]由通用 I/O 端口 GPD[15:0]输出。
- LEND/STH：行结束信号（TFT 屏）/行启动脉冲信号（SEC TFT 屏）。由通用 I/O 端口 GPC0 输出。
- LCD_PWREN：LCD 面板电源使能控制信号。由通用 I/O 端口 GPG4 输出。
- LCDVF0：SEC TFT 门开关信号 OE。由通用 I/O 端口 GPC5 输出。
- LCDVF1：SEC TFT 倒相信号 REV。由通用 I/O 端口 GPC6 输出。
- LCDVF2：SEC TFT 倒相信号 REVB。由通用 I/O 端口 GPC7 输出。

注意：外接 LCD 显示器需要配置要用的端口，并非以上所有的端口都需要使用，如对于 STN-LCD 最多需要使用 VD[7:0]8 根数据输出线。

3. S3C2410A 与 LCD 显示屏接口连线

除按照 LCD 显示屏的要求接好时钟和控制线外，数据线的接法如下。

对于 STN LCD 显示屏，如果采用4位单扫描方式，只需要将 S3C2410A LCD 控制器的数据线 VD[3:0]分别与 LCD 显示屏的对应数据线相连；如果采用 4 位双扫描方式或 8 位单扫描方式，需要将 S3C2410A LCD 控制器的数据线 VD[7:0]分别与 LCD 显示屏的对应数据线相连。

对于 TFT LCD 显示屏，在 24 bpp 真彩色模式下，LCD 控制器的数据输出线 VD[23:16]→RED[7:0]、VD[15:8]→GREEN[7:0]、VD[7:0]→BLUE[7:0]。

在 16 bpp 256 彩色模式下，对于 RGB 的 5:6:5 格式，LCD 控制器的数据输出线 VD[23:19]→RED[4:0]、VD[15:10]→GREEN[5:0]、VD[7:3]→BLUE[4:0]；对于 RGB 的 5:5:5:1 格式，LCD 控制器的数据输出线 VD[23:19]→RED[4:0]、VD[15:11]→GREEN[4:0]、VD[7:3]→BLUE[4:0]，RGB 的公用位可以连接 VD[18]或 VD[10]，或 VD[2]。

注意：以上两种格式的连接中没有使用的 VD[n]端口可以作为通用的 GPIO 配置使用。

4. LCD 的内部显示缓冲区与显示格式

例如，一个320×240 个像素大小的屏幕，每个像素使用 8 位，即 8 bpp 显示 256 色，显示一屏所需的显示缓冲区大小为 320×240×8 位，即 76800 字节。在显示缓冲区中，每个像素占一个字节，每个字节中又有 RGB 格式（332 或者 233）的区分，具体由硬件决定。

图 10-10 所示的是 8 位（332）256 彩色 LCD 显示数据格式。由图 10-10a 可知，红（Red）、绿（Green）、蓝（Blue）三个颜色分量分别占 3 位、3 位、2 位，上标是二进制的权值，下标与像素位相对应。8 位 256 彩色显示的显示缓冲区与 LCD 屏上的像素点是对应的，每个字节对应 LCD 上的一个像素点，如图 10-10b 所示。

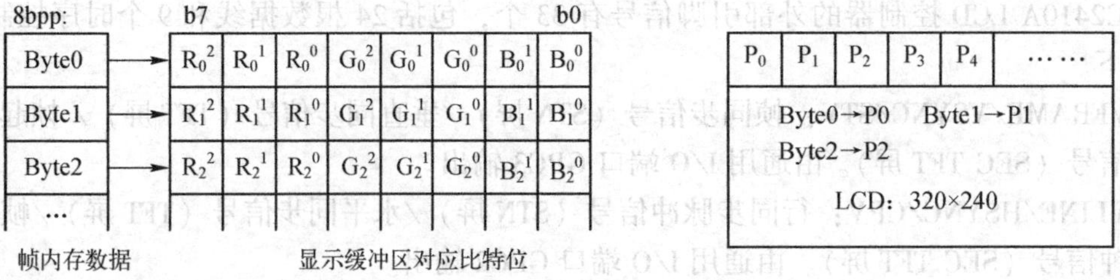

a)　　b)

图 10-10　8 位 256 彩色 LCD 显示数据格式

a）帧内存数据在显示缓冲区中的数据格式　b）显示缓冲区数据与屏幕上对应的像素位置

在显示彩色图像时，通过配置相应的寄存器，首先要给显示缓冲区一个首地址，这个地址要在 4 字节对齐的边界上，而且要在 SDRAM 的 4 MB 空间之内。以显示缓冲区首地址开始的连续 76800 字节，就是显示缓冲区，显示缓冲区的数据会直接显示到 LCD 屏上。改变该显示缓冲区内数据，LCD 显示屏上的图像随之变化。

10.3.4　S3C2410A LCD 功能控制寄存器

知道了 LCD 控制信号的物理意义后，接下来就要了解这些控制信号在 S3C2410A 的功能寄存器中是怎样配置的。

S3C2410A 的 LCD 功能控制寄存器共有 17 个，分为 5 类。

首先是功能控制寄存器 LCDCON1～LCDCON5，共有 5 个。二是帧起始地址寄存器 LCD-SADDR1/2/3，共有 3 个。三是颜色配置寄存器，共有 4 个，还有 1 个抖动模式寄存器；它们是红颜色 REDLUT、绿颜色 GREENLUT、蓝颜色 BLUELUT、临时调色 TPAL 寄存器和抖动模式 DITHMODE 寄存器。四是与中断有关的寄存器，共有 3 个；包括 LCD 中断悬挂寄存器（LCDINTPND）、中断源悬挂寄存器（LCDSRCPND）和中断屏蔽寄存器（LCDINTMSK）。最后一类是 LPC3600 控制寄存器，当使用 SEC TFT LCD 面板时需要进行配置。

1. LCD 功能控制寄存器

LCDCON1/2 功能控制寄存器主要用于配置 VFRAME、VCLK、VLINE 和 VM 控制信号等；LCD-CON3/4/5 主要用于控制 LCD 工作时要求的时序。LCD 各功能控制寄存器的属性见表 10-9。

表 10-9　LCD 功能控制寄存器属性表

寄存器名	占用地址	读写属性	描　述	初　值
LCDCON1	0x4D000000	可读/可写	LCD 控制寄存器 1	0x00000000
LCDCON2	0x4D000004	可读/可写	LCD 控制寄存器 2	0x00000000
LCDCON3	0x4D000008	可读/可写	LCD 控制寄存器 3	0x00000000
LCDCON4	0x4D00000C	可读/可写	LCD 控制寄存器 4	0x00000000
LCDCON5	0x4D000010	可读/可写	LCD 控制寄存器 5	0x00000000

（1）LCD 功能控制寄存器 LCDCON1 的位功能

LCDCON1（LCD Control 1 Register）主要用于配置 VCLK、VM 的触发频率、STN 型 LCD 的扫描方式、LCD 的颜色显示模式、LCD 视频输出和逻辑的使能，具体见表 10-10。

表 10-10　LCDCON1 位功能表

比特位	描　述	初　值
[27 : 18]	行计数器状态值（LINECNT）（只读）： 状态数据从大到小（from LINEVAL to 0）	0x00
[17 : 8]	确定 VCLK 的分频值（CLKVAL）： STN：VCLK=HCLK/(2×CLKVAL)（CLKVAL≥2） TFT：VCLK=HCLK/(2×(CLKVAL+1))（CLKVAL≥0）	0x00
[7]	确定 VM 的触发速率（MMODE）： 0=每帧触发一次；1=触发速率由 LCDCON4 的 MVAL 值确定	0
[6 : 5]	选择扫描模式（PNRMODE）： 00=4 位双扫描显示模式（STN）；01=4 位单扫描显示模式（STN）； 10=8 位单扫描显示模式（STN）；11=TFT 型 LCD 显示器	00
[4 : 1]	选择每像素位 BPP 模式（BPPMODE）： 0000=1 bpp STN，单色模式；　0001=2 bpp STN，4 级灰度模式； 0010=4 bpp STN，16 级灰度模式；　0011=8 bpp STN，彩色模式； 0100=12 bpp STN，彩色模式； 1000=1 bpp TFT；　1001=2 bpp TFT；　1010=4 bpp TFT； 1011=8 bpp TFT；　1100=16 bpp TFT；　1101=24 bpp TFT	0000
[0]	LCD 视频输出和逻辑的使能/禁止（ENVID）： 0：禁止视频和 LCD 控制信号输出；1：允许视频和 LCD 控制信号输出	0

（2）LCD 功能控制寄存器 LCDCON2 的位功能

LCDCON2（LCD Control 2 Register）主要用于配置 LCD 面板的 Y 轴尺寸，在使用 TFT LCD 时，设置其时序图中与帧信号有关的一些参数，具体见表 10-11。

表 10-11　LCDCON2 位功能表

比特位	描　述	初　值
[31 : 24]	帧同步信号后沿（VBPD）： 对于 TFT-LCD：在一帧开始，帧同步信号产生后的无效行数 对于 STN-LCD：该值为 0	0x00
[23 : 14]	确定 LCD 屏的垂直方向大小（LINEVAL）： STN：对于 4 位或 8 位单扫描方式，LINEVAL=Y 轴像素值-1；对于 4 位双扫描方式，LINEVAL=Y 轴像素值/2-1 TFT：LINEVAL=Y 轴像素值-1	0x00
[13 : 6]	本帧最后一行有效数据结束到下一帧同步信号前沿（VFPD）： 对于 TFT-LCD：在一帧尾部，帧同步信号产生前的无效行数 对于 STN-LCD：该值为 0	0x00
[5 : 0]	帧同步脉冲有效高电平宽度（VSPW）： 对于 TFT-LCD：由无效行的个数确定 VSYNC 的高电平宽度。用 VCLK 个数表示 对于 STN-LCD：该值为 0	0x00

（3）LCD 功能控制寄存器 LCDCON3 的位功能

LCDCON3（LCD Control 3 Register）主要用于配置 LCD 面板的 X 轴尺寸，在使用 STN 或 TFT LCD 时，设置其时序图有关的一些参数，具体见表 10-12。

表 10-12 LCDCON3 位功能表

<table>
<tr><th>比特位</th><th>描述</th><th>初值</th></tr>
<tr><td rowspan="2">[25:19]</td><td>HBPD：对于 TFT-LCD，在水平同步信号 HSYNC 下降沿和有效数据开始之间的 VCLK 脉冲数</td><td rowspan="2">0x00</td></tr>
<tr><td>WDLY：对于 STN-LCD，使用［20:19］位在行同步信号 VLINE 和 VCLK 信号之间的延时。［25:21］位保留
00=16 HCLK；01=32 HCLK；10=48 HCLK；11=64HCLK</td></tr>
<tr><td>[18:8]</td><td>确定 LCD 显示屏的 X 轴尺寸（HOZVAL）：
对于 STN-LCD：HOZVAL=(水平尺寸/VD 位数)-1。在彩色（bpp）模式下，水平尺寸=3×水平像素点；
对于 TFT-LCD：HOZVAL=水平像素点个数-1</td><td>0x00</td></tr>
<tr><td rowspan="2">[7:0]</td><td>HFPD：对于 TFT-LCD，有效数据结束与水平同步信号 HSYNC 上升沿之间的延时，用 VCLK 脉冲周期数表示</td><td rowspan="2">0x00</td></tr>
<tr><td>LINEBLANK：对于 STN-LCD 确定行期间的空白时间，用于调节 VLINE 的频率。LINEBLANK 单位是 8×HCLK 周期，如果取值为 10，则空白时间为 80HCLK</td></tr>
</table>

（4）LCD 功能控制寄存器 LCDCON4 的位功能

LCDCON4（LCD Control 4 Register）主要用于配置在使用 STN 时确定 VM 信号的速率，设置 STN-LCD、TFT-LCD 时序图有关的一些参数，具体见表 10-13。

表 10-13 LCDCON4 位功能表

<table>
<tr><th>比特位</th><th>描述</th><th>初值</th></tr>
<tr><td>[15:8]</td><td>VM 速率变换系数（MVAL）：
只对于 STN-LCD 屏有效，在 LCDCON1 寄存器的位 MMODE=1 时确定 VM 的触发速率。计算公式为
VM 速率=VLINE 速率/(2×MVAL)</td><td>0x00</td></tr>
<tr><td rowspan="2">[7:0]</td><td>确定 TFT-LCD 水平同步信号 HSYNC 的有效高电平宽度（HSPW）：
使用 VCLK 的脉冲个数表示</td><td rowspan="2">0x00</td></tr>
<tr><td>确定 STN-LCD 的行同步脉冲 VLINE 的高电平宽度（WLH）：
仅使用［1:0］位确定 VLINE 信号的脉冲高电平宽度，［7:2］位保留
00=16 HCLK；01=32 HCLK；10=48 HCLK；11=64HCLK</td></tr>
</table>

（5）LCD 功能控制寄存器 LCDCON5 的位功能

LCDCON5（LCD Control 5 Register）主要用于反映 TFT 的时序状态、设置每像素 16 位的 RGB 信号格式以及 LCD 控制器输出信号的极性，具体见表 10-14。

表 10-14 LCDCON5 位功能表

比特位	描述	初值
[16:15]	TFT 帧状态标志（VSTATUS）（只读）： 00=帧同步 VSYNC；　01=位于 VSYNC 后沿； 10=位于 VSYNC 有效期间；　11=位于 VSYNC 前沿	00
[14:13]	TFT 水平状态标志（HSTATUS）（只读）： 00=帧同步 HSYNC；　01=位于 HSYNC 后沿； 10=位于 HSYNC 有效期间；　11=位于 HSYNC 前沿	00
[12]	确定 TFT 图像数据的高 24 位或低 24 位有效（BPP24BL）： 0=低 24 位有效；1=高 24 位有效	0
[11]	确定 TFT-LCD 屏 16 位彩色时的 RGB 格式（FRM565）： 0=5:5:5:1；1=5:6:5	0

（续）

比特位	描　述	初　值
[10]	确定 STN-LCD/TFT-LCD 的 VCLK 有效沿极性（INVVCLK）： 0=在 VCLK 下降沿读取图像数据；1=在 VCLK 上升沿读取图像数据	0
[9]	确定 STN-LCD/TFT-LCD 的 VLINE/HSYNC 脉冲极性（INVLINE）： 0=正常；　　1=倒相	0
[8]	确定 STN-LCD/TFT-LCD 的 VFRAME/VSYNC 脉冲极性（INVVFRAME）： 0=正常；　　1=倒相	0
[7]	确定 STN-LCD/TFT-LCD 的图像数据 VD 的极性（INVVD）： 0=正常；　　1=倒相	0
[6]	确定 TFT-LCD 的 VDEN 信号极性（INVVDEN）： 0=正常；　1=倒相	0
[5]	确定 STN-LCD/TFT-LCD 的 PWREN 控制信号极性（INVPWREN）： 0=正常；　　1=倒相	0
[4]	确定 TFT-LCD 的 LEND 信号极性（INVLEND）： 0=正常；　1=倒相	0
[3]	确定 STN-LCD/TFT-LCD 的电源控制信号 PWREN 使能（PWREN）： 0=禁止；　　1=允许	0
[2]	确定 TFT-LCD 的 LEND 输出信号使能（ENLEND）： 0=禁止；1=允许	0
[1]	确定 STN-LCD/TFT-LCD 的字节交换使能（BSWP）： 0=禁止字节交换；　　1=允许字节交换	0
[0]	确定 STN-LCD/TFT-LCD 的半字交换使能（HWSWP）： 0=禁止半字交换；　　1=允许半字交换	0

以下**特别说明**电源使能控制信号 PWREN 的使用。S3C2410A 有电源控制 PWREN 功能，LCD 控制器引脚 LCD_PWREN 的输出值同样也受 LCDCON1 中的 ENVID 位的控制。也就是说，当使用引脚 LCD_PWREN 连接到 LCD 显示屏的电源开关控制端后，LCD 屏的电源就由 LCDCON5 的 PWREN 位和 LCDCON5 的 ENVID 位共同确定。

S3C2410A 有极性反转位（INVPWREN），可以将 PWREN 信号的极性反转。

2. LCD 帧缓存起始地址寄存器

LCD 帧缓存起始地址寄存器共有 3 个，它们是 LCDSADDR1/2/3。用于存储图像数据在系统存储器中的高位地址值、图像数据低位地址 A[21:1]对应的 LCD 屏右上角地址、LCD 屏的实际宽度和滚动虚拟显示的偏移量等。它们的属性见表 10-15。

表 10-15　LCD 帧缓存起始寄存器属性表

寄存器名	占用地址	读写属性	描　述	初　值
LCDSADDR1	0x4D000014	可读/可写	LCD 帧缓存起始寄存器 1	0x00
LCDSADDR2	0x4D000018	可读/可写	LCD 帧缓存起始寄存器 2	0x00
LCDSADDR3	0x4D00001C	可读/可写	LCD 帧缓存起始寄存器 3	0x00

（1）LCD 帧缓存起始地址寄存器 LCDSADDR1

LCD 帧缓存起始地址寄存器（Frame Buffer Start Address 1 Register，LCDSADDR1）用于存储图像数据在系统存储器中的高位地址值、图像数据低位地址 A[21:1]对应的 LCD 屏右上角地址。其位功能见表 10-16。

表 10-16　LCDSADDR1 位功能表

比特位	描　　述	初　值
[29:21]	系统存储器图像高位地址存储指针（LCDBANK）： 位［29:21］用于存储缓冲区在系统存储器中的段地址 A[30:22]。图像在可视区移动时，LCDBANK 数值也不能改变。LCD 帧缓冲区应当与 4MB 区域对齐，以确保在可视区移动时，LCDBANK 数值也不改变	0x00
[20:0]	系统存储器对应图像首地址存储指针（LCDBASEU）： 位［20:0］用来存储系统存储器的地址 A[21:1]，可见它是一个半字地址值，它的字节地址范围为 4 MB 对于单扫描方式，存储的是 LCD 帧缓冲区帧在屏幕上起始地址 A[21:1]； 对于双扫描方式，存储的是 LCD 上半帧屏幕的起始地址指针 A[21:1]。 **注意**：它是以半字地址值表示的，使用时将 A[21:1]地址右移一位即可得到 LCDBASEU 的具体数值	0x00

（2）LCD 帧缓存起始地址寄存器 LCDSADDR2

LCD 帧缓存起始地址寄存器（Frame Buffer Start Address 2 Register，LCDSADDR2）用于存储显示图像数据在系统存储器中的地址结束值 A[21:1]，其位功能见表 10-17。

表 10-17　LCDSADDR2 位功能表

比特位	描　　述	初　值
[20:0]	系统存储器对应图像末地址存储指针（LCDBASEL）： 位［20:0］用来存储系统存储器的图像末地址 A[21:1]，也是一个半字地址值，指示图像的结束半字地址 LCDBASEL =［帧结束地址］>>1+1 =LCDBASEU+(PAGEWIDTH_OFFSIZE) * (LINEVAL+1)	0x00

（3）LCD 帧缓存起始地址寄存器 LCDSADDR3

LCD 帧缓存起始地址寄存器（Frame Buffer Start Address 3 Register，LCDSADDR3）用于存储虚拟屏的偏移量和实际显示屏幕的页面宽度，其位功能见表 10-18。

表 10-18　LCDSADDR3 位功能表

比特位	描　　述	初　值
[21:11]	虚拟屏偏移量（OFFSIZE）：存储上一行的最后一个半字地址值与将要显示的下一行的首个半字地址值之差的半字个数	0x00
[10:0]	实际显示屏宽（PAGEWIDTH）：在虚拟屏幕中实际显示的页面宽度，用半字个数表示	0x00

虚拟屏中的滚屏显示及各寄存器中的配置参数如图 10-11 所示。

注意：根据图 10-11 可以看出，如果需要屏幕滚动，需要改变屏幕的 LCDBASEU 和 LCDBASEL 值，而不需要改变 PAGEWIDTH 和 OFFSIZE 的值大小；要进行滚屏显示，存储图像的缓冲区必须大于实际显示屏幕所对应的缓存区。

用户要改变屏幕的 LCDBASEU 和 LCDBASEL 值，必须在 LCD 控制器开启时进行，否则会出现错误的显示。

用户若要改变屏幕的 PAGEWIDTH 或 OFFSIZE 值，需要使 LCDCON1 中的 ENDID=0，即禁止 LCD 控制器数据线和控制线输出。

（4）LCD 帧缓存起始地址寄存器配置举例

示例 10-1：LCD 屏幕像素：320×240 dpi，每像素点 4 位，16 灰度级，4 位单扫描，帧在

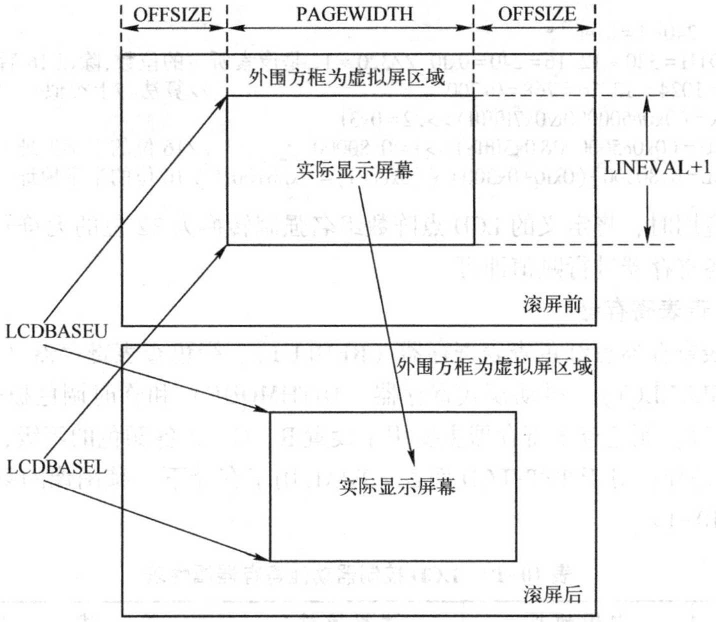

图 10-11　虚拟屏上的滚动显示图

系统存储器中的起始地址：0x0c500000，偏移量像素 2048 点。配置参数如下：

```
LINEVAL=240-1=0xef
PAGEWIDTH=320 * 4/16=80=0x50      //320 * 4 是像素所占的位数,除以 16 后是折合的半字个数
OFFSIZE=2048 * 4/16=512=0x200          //算法与上类似
LCDBANK=(0x0c500000&0x7fffffff)>>22=0x31
LCDBASEU=(0x0c500000&0x3ffffe)>>1=0x80000          //16 位的半字地址
LCDBASEL=0x80000+(0x50+0x200) * (0xef+1)=0xa2b00          //16 位的半字地址
```

示例 10-2：LCD 屏幕像素：320×240 dpi，每像素点 4 位，16 灰度级，4 位双扫描，帧在系统存储器中的起始地址：0x0c500000，偏移量像素 2048 点。配置参数如下：

```
LINEVAL=120-1=0x77                   //4 位双扫描
PAGEWIDTH=320 * 4/16=80=0x50     //320 * 4 是像素所占的位数,除以 16 后是折合的半字个数
OFFSIZE=2048 * 4/16=512=0x200        //算法与上类似
LCDBANK=(0x0c500000&0x7fffffff)>>22=0x31
LCDBASEU=(0x0c500000&0x3ffffe)>>1=0x80000            //16 位的半字地址
LCDBASEL=0x80000+(0x50+0x200) * (0x77+1)=0x91580 //16 位的半字地址
```

示例 10-3：LCD 屏幕像素：320×240 dpi，每像素点 8 位，256 彩色，4 位单扫描，帧在系统存储器中的起始地址：0x0c500000，偏移量像素 1024 点。配置参数如下：

```
LINEVAL=240-1=0xef
PAGEWIDTH=320 * 8/16=160=0xa0      //320 * 8 是像素所占的位数,除以 16 后是折合的半字个数
OFFSIZE=1024 * 8/16=512=0x200        //算法与上类似
LCDBANK=(0x0c500000&0x7fffffff)>>22=0x31
LCDBASEU=(0x0c500000&0x3ffffe)>>1=0x80000              //16 位的半字地址
LCDBASEL=0x80000+(0xa0+0x200) * (0xef+1)=0xa7600       //16 位的半字地址
```

示例 10-4：LCD 屏幕像素：320×240 dpi，每像素点 12 位，4096 彩色，4 位单扫描，帧在系统存储器中的起始地址：0x0c500000，偏移量像素 1024 点。配置参数如下：

```
LINEVAL=240-1=0xef
PAGEWIDTH=320 * 12/16=240=0xf0  //320 * 12 是像素所占的位数,除以 16 后是折合的半字个数
OFFSIZE=1024 * 12/16=768=0x300                          //算法与上类似
LCDBANK=(0x0c500000&0x7fffffff)>>22=0x31
LCDBASEU=(0x0c500000&0x3fffffe)>>1=0x80000              //16 位的半字地址
LCDBASEL=0x80000+(0xf0+0x300) * (0xef+1)=0xbb100        //16 位的半字地址
```

注意：实际应用时，将定义的 LCD 点阵数组名强制转换为 32 位的无符号数，经过上述的各参数计算后对各寄存器进行赋值即可。

3. LCD 颜色查表寄存器

LCD 颜色查表寄存器有红色查表寄存器（REDLUT）、绿色查表寄存器（GREENLUT）、蓝色查表寄存器（BLUELUT），抖动模式寄存器（DITHMODE）和临时调色板寄存器（TPAL）。对于 STN-LCD 而言，颜色查表寄存器主要用于设置 R、G、B 各颜色的等级，抖动寄存器用于调节 R、G、B 的差异；对于 TFT-LCD 而言，TPAL 用于存储下一帧图像的颜色信息。这些寄存器的属性见表 10-19。

表 10-19　LCD 控制器功能寄存器属性表

寄存器名	占用地址	读写属性	描述	初值
REDLUT	0x4D000020	可读/可写	红色查表寄存器	0x00
GREENLUT	0x4D000024	可读/可写	绿色查表寄存器	0x00
BLUELUT	0x4D000028	可读/可写	蓝色查表寄存器	0x00
DITHMODE	0x4D00004C	可读/可写	抖动模式寄存器	0x00
TPAL	0x4D000050	可读/可写	临时调色板寄存器	0x00

注意：地址 0x4D00002C~0x4D000048 目前没有使用，保留用于测试模式。

（1）红色查表寄存器（REDLUT）

红色查表寄存器（Red Lookup Table Register，REDLUT）设定使用的 8 种红色，用于 STN-LCD 液晶显示器，其位功能见表 10-20。

表 10-20　REDLUT 寄存器位功能表

比特位	描述	初值
[31:0]	红色组合值（REDVAL）：定义 8 种红色组合 000=REDVAL[3:0]；　001=REDVAL[7:4]；　010=REDVAL[11:8]； 011=REDVAL[15:12]；　100=REDVAL[19:16]；101=REDVAL[23:20]； 110=REDVAL[27:24]；　111=REDVAL[31:28]	0x00

（2）绿色查表寄存器（GREENLUT）

绿色查表寄存器（Green Lookup Table Register，GREENLUT）设定使用的 8 种绿色，用于 STN-LCD 液晶显示器，其位功能见表 10-21。

表 10-21　GREENLUT 寄存器位功能表

比特位	描述	初值
[31:0]	绿色组合值（GREENVAL）：定义 8 种绿色组合 000=GREENVAL[3:0]；　001=GREENVAL[7:4]； 010=GREENVAL[11:8]；　011=GREENVAL[15:12]；　100=GREENVAL[19:16]； 101=GREENVAL[23:20]；110=GREENVAL[27:24]；　111=GREENVAL[31:28]	0x00

（3）蓝色查表寄存器（BLUELUT）

蓝色查表寄存器（Blue Lookup Table Register，BLUELUT）设定使用的 4 种蓝色，用于 STN-LCD 液晶显示器，其位功能见表 10-22。

表 10-22　BLUELUT 寄存器位功能表

比特位	描　述	初　值
[15:0]	蓝色组合值（BLUEVAL）：定义 4 种蓝色组合 00=GREENVAL[3:0]；　01=GREENVAL[7:4]； 10=GREENVAL[11:8]；　11=GREENVAL[15:12]	0x0000

例如，对于 STN-LCD 显示屏，当使用每像素 8 位彩色（256 种彩色）时，假如像素的 8 位是 100 011 10 时，则形成的彩色是红色 100=REDVAL[19:16]、绿色 011=GREENVAL[15:12]和蓝色 10=GREENVAL[11:8]的颜色组合。XVAL[n+4:n]的值由颜色查表寄存器设定决定。

（4）抖动模式寄存器（DITHMODE）

抖动模式寄存器（Dithering Mode Register，DITHMODE）用于调节红色、绿色和蓝色的差异，它是通过时间抖动算法及频率控制来实现的，因此需要设置该寄存器。用于 STN-LCD 液晶显示器，其位功能见表 10-23。

表 10-23　DITHMODE 寄存器位功能表

比特位	描　述	初　值
[18:0]	DITHMODE 值：0x00000 或 0x12210	0x00000

（5）临时调色板寄存器 TPAL

临时调色板寄存器（Temp Palette Register，TPAL）用来存储下一帧的图像颜色数据。用于 TFT-LCD 液晶显示器，其位功能见表 10-24。

表 10-24　TPAL 寄存器位功能表

比特位	描　述	初　值
[24]	临时调色板寄存器使能位（TPALEN）：　0=禁止；1=允许	0
[23:0]	临时调色板数值（TPALVAL）： TPALVAL[23:16]：存储 RED 值；TPALVAL[15:8]：存储 GREEN 值； TPALVAL[7:0]：存储 BLUE 值	0x00

4. LCD 中断寄存器和 LPC3600 模式控制寄存器

LCD 中断寄存器有 LCD 中断悬挂寄存器（LCDINTPND）、LCD 中断源悬挂寄存器（LCD-SRCPND）和 LCD 中断屏蔽寄存器（LCDINTMSK），它们对 LCD 的中断进行管理。LPC3600 模式控制寄存器（LPCSEL）负责控制其控制器的使用。这些寄存器的属性见表 10-25。

表 10-25　LCD 中断寄存器属性表

寄存器名	占用地址	读写属性	描　述	初　值
LCDINTPND	0x4D000054	可读/可写	裁决 INT_LCD 中断	0x0
LCDSRCPND	0x4D000058	可读/可写	指示哪些中断源进行了 INT_LCD 中断申请	0x0
LCDINTMSK	0x4D00005C	可读/可写	允许哪些中断源进行 INT_LCD 中断申请	0x3
LPCSEL	0x4D000060	可读/可写	LPC3600 模式控制寄存器	0x4

(1) LCD 中断悬挂寄存器 LCDINTPND

LCD 中断悬挂寄存器（LCD Interrupt Pending Register，LCDINTPND），用来标识 LCD 的哪个中断源经过裁决可以进行 INT_LCD 中断，其位功能见表 10-26。

表 10-26 LCDINTPND 寄存器位功能表

比特位	描　述	初　值
[1]	帧同步中断标志位（INT_FrSyn）：0=不允许中断；1=允许中断	0
[0]	LCD FIFO 中断标志位（INT_FiCnt）：0=不允许中断；1=允许中断	0

(2) LCD 中断源悬挂寄存器 LCDSRCPND

LCD 中断源悬挂寄存器（LCD Source Pending Register，LCDSRCPND），用来标识 LCD 的哪个中断源进行了中断申请，其位功能见表 10-27。

表 10-27 LCDSRCPND 寄存器位功能表

比特位	描　述	初　值
[1]	帧同步中断申请标志位（INT_FrSyn）：0=无中断申请；1=有中断申请	0
[0]	LCD FIFO 中断申请标志位（INT_FiCnt）：0=无中断申请；1=有中断申请	0

(3) LCD 中断源屏蔽寄存器 LCDINTMSK

LCD 中断源屏蔽寄存器（LCD Interrupt Mask Register，LCDINTMSK），用来指示 LCD 的哪个中断源可以进行中断申请，其位功能见表 10-28。

表 10-28 LCDINTMSK 位功能表

比特位	描　述	初　值
[2]	确定 LCD FIFO 的中断触发水平（FIWSEL）：0=4 个字；1=8 个字	0
[1]	帧同步中断屏蔽位（INT_FrSyn）：0=允许中断申请；1=禁止中断申请	1
[0]	LCD FIFO 中断屏蔽位（INT_FiCnt）：0=允许中断申请；1=禁止中断申请	1

(4) LCD LPC3600 控制寄存器 LCDSEL

LCD LPC3600 控制寄存器（LPC3600 Control Register，LPCSEL），在使用 SEC TFT LCD 显示屏时，进行控制配置，其位功能见表 10-29。

表 10-29 LPCSEL 位功能表

比特位	描　述	初　值
[1]	屏幕选择位（RES_SEL）：1=320 * 240。使用时取值为 1，否则为 0	0
[0]	LPC3600 使能位（LPC_EN）：0=使用 LPC3600；1=禁止 LPC3600	0

在嵌入式系统的应用中，TFT-LCD 显示器已成为主流显示设备，以下介绍与 TFT-LCD 相关的技术内容。

10.3.5 TFT-LCD 控制器操作

1. 时序信号发生器

时序信号发生器（TIMEGEN）用于产生 LCD 驱动器的各种控制信号，对于 TFT-LCD 来说，它可以产生 VSYNC，HSYNC，VCLK，VDEN 和 LEND 等信号。这些控制信号与寄存器组中的控制寄存器 LCDCON1/2/3/4/5 的配置密切相关。基于这些可编程 LCD 控制寄存器，TIMEGEN 可以产生可编程的信号，支持各种不同类型的 LCD 驱动器。

VSYNC 是场同步信号（也可称为帧同步信号），每个 VSYNC 有效脉冲的出现，意味着新的一屏图像数据的开始发送。HSYNC 是行同步信号，每个 HSYNC 有效脉冲的出现，都意味着新的一行图像数据开始发送。

VSYNC 和 HSYNC 脉冲的产生取决于寄存器 LCDCON2/3 中 HOZVAL 值与 LINEVAL 的配置值。HOZVAL 与 LINEVAL 的值与实际 LCD 屏和尺寸有关，公式如下：

$$HOZVAL=(\text{水平显示尺寸})-1$$

$$LINEVAL=(\text{垂直显示尺寸})-1$$

VCLK 的速率取决于寄存器 LCDCON1 中 CLKVAL 的值，CLKVAL 的最小值为 0。它们之间的关系为

$$VCLK(Hz)=HCLK/[(CLKVAL+1)\times 2]$$

帧频即为 VSYNC 信号的频率。帧频与控制寄存器 LCDCON1 及 LCDCON2/3/4 中的 VSYNC、VBPD、VFPD、LINEVAL、HSYNC、HBPD、HFPD、HOZVAL 和 CLKVAL 有关。这些参量的物理含义在前面已经进行了介绍，也可以从图 10-12 中得出各自代表的含义。大多

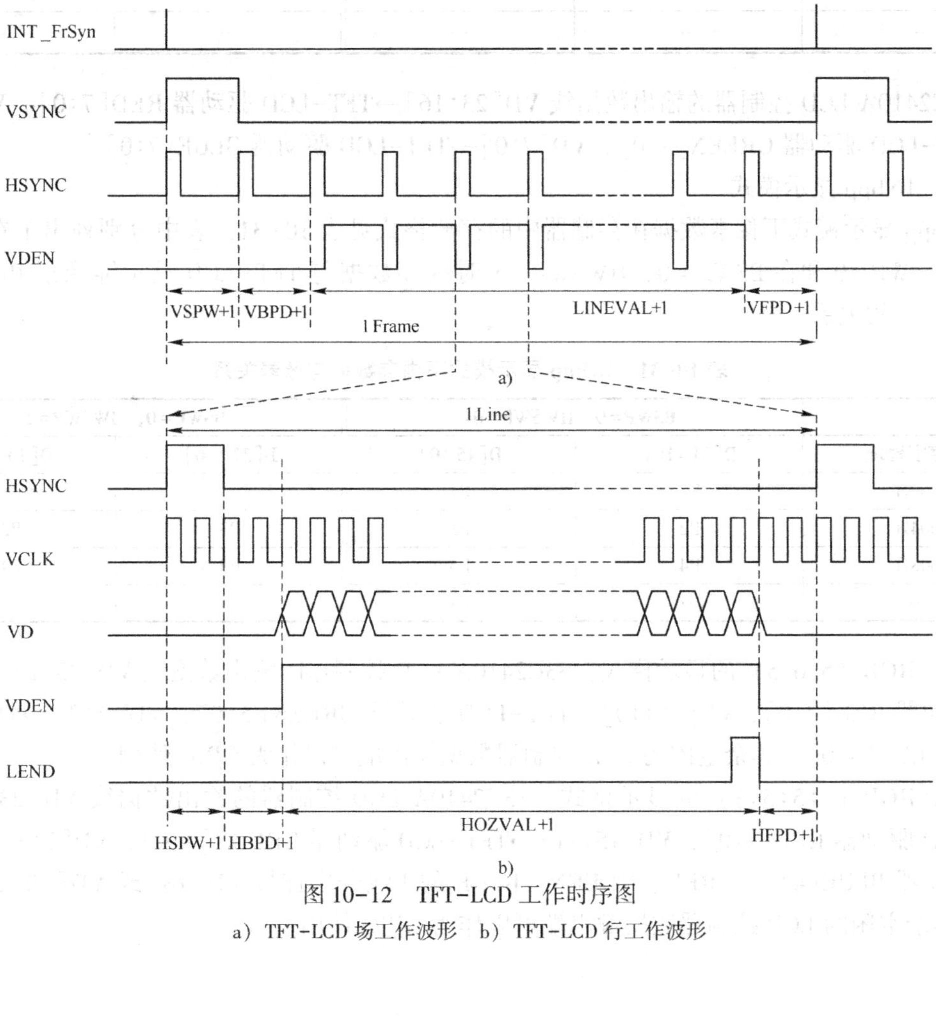

图 10-12　TFT-LCD 工作时序图

a）TFT-LCD 场工作波形　b）TFT-LCD 行工作波形

数 LCD 驱动器有它们适合的帧频。观察图 10-12，可知帧频的计算公式为

$$Frame\ Rate=1/\{[(VSPW+1)+(VBPD+1)+(LINEVAL+1)+(VFPD+1)]\times[(HSPW+1)+(HBPD+1)+(HOZVAL+1)+(HFPD+1)]\times[2\times(CLKVAL+1)/HCLK]\} \tag{10-6}$$

2. TFT-LCD 图像数据在内存中的存储格式与数据线接口

S3C2410A 中 TFT-LCD 控制器支持 1 bpp、2 bpp、4 bpp 和 8 bpp 带调色板显示和 16 bpp、24 bpp 的无调色板真彩色显示。S3C2410A 支持从 65536 种颜色映射选择的 256 色调色板，使用户有更多的操作选择。对于 TFT-LCD 有许多显示模式，下面列举显示模式的几个例子。

（1）24 bpp 显示模式

24 bpp 显示模式下像素在存储器中的存放格式见表 10-30，表中分别列出了在 BSWP=0，HWSWP=0，BPP24BL=0（字数据低位有效）和在 BSWP=0，HWSWP=0，BPP24BL=1（字数据高位有效）时内存数据与 TFT-LCD 显示屏像素 Pi（i=0，1，2，…）的关系。

表 10-30　24 bpp 显示模式下内存数据与像素关系

	BSWP=0，HWSWP=0，BPP24BL=0		BSWP=0，HWSWP=0，BPP24BL=1	
内存字地址	D[31:24]	D[23:0]	D[31:8]	D[7:0]
000H	无效	P0	P0	无效
004H	无效	P1	P1	无效
008H	无效	P2	P2	无效
…	…	…	…	…

S3C2410A LCD 控制器的输出数据线 VD[23:16]→TFT-LCD 驱动器 RED[7:0]，VD[15:8]→TFT-LCD 驱动器 GREEN[7:0]，VD[7:0]→TFT-LCD 驱动器 BLUE[7:0]。

（2）16 bpp 显示模式

16 bpp 显示模式下像素数据在存储器中的存放格式见表 10-31，表中分别列出了在 BSWP=0，HWSWP=0 和在 BSWP=0，HWSWP=1 时内存数据与 TFT-LCD 显示屏像素 Pi（i=0，1，2，…）的关系。

表 10-31　16 bpp 显示模式下内存数据与像素关系

	BSWP=0，HWSWP=0		BSWP=0，HWSWP=1	
内存字地址	D[31:16]	D[15:0]	D[31:16]	D[15:0]
000H	P0	P1	P1	P0
004H	P2	P3	P3	P2
008H	P4	P5	P5	P4
…	…	…	…	…

对于 RGB（5:6:5）的显示格式，S3C2410A LCD 控制器的输出数据线 VD[23:19]→TFT-LCD 驱动器 RED[4:0]，VD[15:10]→TFT-LCD 驱动器 GREEN[5:0]，VD[7:3]→TFT-LCD 驱动器 BLUE[4:0]。其余空闲的 LCD 控制器数据输出端可以作为 GPIO 使用。

对于 RGB（5:5:5:1）的显示格式，S3C2410A LCD 控制器的输出数据线 VD[23:19]→TFT-LCD 驱动器 RED[4:0]，VD[15:11]→TFT-LCD 驱动器 GREEN[4:0]，VD[7:3]→TFT-LCD 驱动器 BLUE[4:0]。RED、GREEN、BLUE 的 I 线分别连接 VD[18]或 VD[10]，或 VD[2]。其余空闲的 LCD 控制器数据输出端可以作为 GPIO 使用。

3. TFT-LCD 256 色调色板的使用

（1）调色板的配置和格式控制

S3C2410A 为 TFT-LCD 控制提供了 256 色调色板。在 256 色 RGB 的两种格式中，用户可以从 64K 种颜色中选择 256 种颜色显示。

256 色调色板由 256(深度)×16 位 SPSRAM 组成，这种调色板可支持 5:6:5(R:G:B)和 5:5:5:1(R:G:B:I) 两种格式。当用户使用 5:5:5:1 格式时，亮度数据 I 可用作每个 RGB 数据的共同最低有效位 LSB，即 5:5:5:1 格式等同于 R(5+I):G(5+I):B(5+I)格式。

当用户使用 5:6:5 格式时，需使寄存器 LCDCON5 中的 FRM565 = 1，调色板的配置见表 10-32，然后按照前述方法接好数据线。

表 10-32　5:6:5 格式调色板配置表

索引/BIT 位	15	14	13	12	11	10	9	8	7	6	5	4	3	2	1	0	地址值
00H	R4	R3	R2	R1	R0	G5	G4	G3	G2	G1	G0	B4	B3	B2	B1	B0	从 0x4D000400 开始的 64 KB 地址中选取 256 种颜色地址
01H	R4	R3	R2	R1	R0	G5	G4	G3	G2	G1	G0	B4	B3	B2	B1	B0	
…	…	…	…	…	…	…	…	…	…	…	…	…	…	…	…	…	
FFH	R4	R3	R2	R1	R0	G5	G4	G3	G2	G1	G0	B4	B3	B2	B1	B0	
对应 VD 线	23	22	21	20	19	15	14	13	12	11	10	7	6	5	4	3	

当使用 5:5:5:1 格式时，需使寄存器 LCDCON5 中的 FRM565 = 0，调色板的配置见表 10-33，同样也需要连接好数据线。

表 10-33　5:5:5:1 格式调色板配置表

索引/BIT 位	15	14	13	12	11	10	9	8	7	6	5	4	3	2	1	0	地　址　值
00H	R4	R3	R2	R1	R0	G4	G3	G2	G1	G0	B4	B3	B2	B1	B0	I	从 0x4D000400 开始的 64 KB 地址中选取 256 种颜色地址
01H	R4	R3	R2	R1	R0	G4	G3	G2	G1	G0	B4	B3	B2	B1	B0	I	
…	…	…	…	…	…	…	…	…	…	…	…	…	…	…	…	I	
FFH	R4	R3	R2	R1	R0	G4	G3	G2	G1	G0	B4	B3	B2	B1	B0	I	
对应 VD 线	23	22	21	20	19	15	14	13	12	11	7	6	5	4	3	*	

注意：表 10-33 中“*”是指可以是 VD[18]、VD[10]、VD[2]中的任意一个，它们的输出值均为 I；DATA[31:16]位无用。

（2）对调色板的操作

用户在对调色板执行读写操作时，需检查 LCDCON5 中的 HSTATUS 和 VSTATUS，注意在 HSTATUS 和 VSTATUS 状态为 ACTIVE 时，禁止对调色板进行读写操作。

（3）调色板的临时配置

S3C2410A 允许用户在不复杂的情况下填充一种颜色到帧缓冲区或调色板，要显示这个颜色帧，需要将这个颜色值写入临时调色板寄存器 TPAL 中的 TPALVAL 并且使 TPALEN=1。

（4）不使用调色板时，内存数据与屏幕像素的对应关系

使用调色板时，数据 DATA[31:16]无效。不使用调色板时，数据 DATA[31:16]有效，256 彩色的 5:6:5 格式与 5:5:5:1 格式内存中的数据与屏幕像素的关系分别如图 10-13、图 10-14 所示。

4. TFT-LCD 工作时序波形

TFT-LCD 工作的时序波形如图 10-12 所示。图 10-12a 是 TFT-LCD 场工作时的波形图，

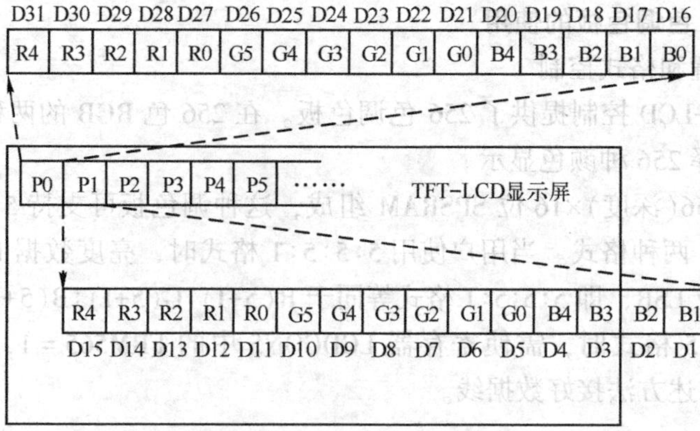

图 10-13　非调色板 16 bpp 5∶6∶5 格式内存与像素关系图

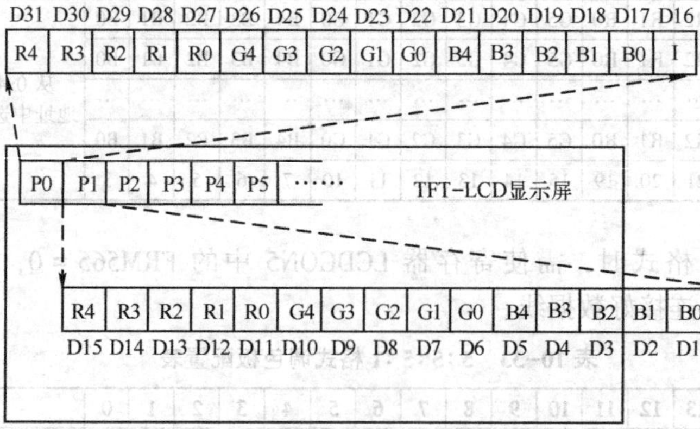

图 10-14　非调色板 16 bpp 5∶5∶5∶1 格式内存与像素关系图

图 10-12b 是 TFT-LCD 行工作时的波形图。VSYNC 是帧同步信号，VSYNC 每发出一个脉冲，意味着新的一帧图像数据开始发送。HSYNC 是行同步信号，每来一个脉冲意味着新的一行数据开始发送。VEND 用来标识图像数据有效，VCLK 是用来锁存图像数据的像素时钟。

在帧同步以及行同步的头尾都必须预留回扫时间。例如，对于 VSYNC 来说，前回扫时间是(VSPW+1)+(VBPD+1)，后回扫时间是（VFPD+1）；对于 HSYNC 来说，前回扫时间是(HSPW+1)+(HBPD+1)，后回扫时间是（HFPD+1），它们都用 VCLK 的周期数表示。由于电子枪偏转需要时间，这样的时序要求只在阴极射线管（Cathode Ray Tube，CRT）显示器中，但后来成为实际的工业标准，乃至后来出现了 TFT-LCD 显示屏，为了在时序上与 CRT 兼容，也采用了这样的控制时序。

从图 10-12 所示的工作时序可以看出 VSPW、VBPD、LINEVAL、VFPD、HSPW、HBPD、HOZVAL、HFPD 这些参数的含义，使用时可根据 LCD 显示屏的具体工作参数进行配置，并进行适当调整，以适应于不同的 LCD 显示屏。

例如，对于 Samsung 公司的一款 3.5 英寸的 TFT-LCD 真彩显示器，分辨率为 240×320 dpi，并根据要求计算各参数。

VSPW+1=2→VSPW=1	HSPW+1=4→HSPW=3
VBPD+1=2→VBPD=1	HBPD+1=7→HBPD=6
VFPD+1=3→VFPD=2	HFPD+1=31→HFPD=30
LINEVAL+1=320→LINEVAL=319	HOZVAL+1=240→HOZVAL=239

以上各参数除了 LINEVAL、HOZVAL 直接与屏的分辨率有关，其他参数根据 LCD 屏的要求可以进行适当的调整，但不应偏差太大，调整后的参数如下。

```
VSPW=4              HSPW=6
VBPD=2              HBPD=8
VFPD=2              HFPD=8
LINEVAL=319         HOZVAL=239
```

10.3.6 LCD 控制寄存器的配置

无论是 STN-LCD 还是 TFT-LCD，配置控制寄存器工作时序所需要的参数都与 ARM 系统的 HCLK 以及 LCD 控制器的 VCLK 有关，它们是设置相关参数的基础。HCLK 是由 ARM 系统决定的，VCLK 是由控制寄存器的配置决定的。以下分别介绍 TFT-LCD 显示器相关寄存器的配置值计算。

TFT-LCD 显示器是目前质量最好的液晶显示器，对于它的参数设定，LCD 的数据手册都有一个范围值，用户在其中进行选择调试。主要工作是通过显示器扫描速率和 HCLK 速率计算 VCLK 速率，由式（10-6）确定。

示例 10-5：已知：TFT-LCD 的分辨率 240×240 dpi，VSPW=2，VBPD=14，VFPD=4，HSPW=25，HBPD=15，HFPD=1，帧扫描频率 60~70 Hz，ARM 系统 HCLK=60 MHz。需要计算的有以下几个设定值，其他给定。

LINEVAL=240-1=239，HOZVAL=240-1=239

根据帧扫描频率 60~70 Hz，HCLK=60 MHz，代入式（10-6）得出 CLKVAL=5.8~4.8，VCLKVAL 只能取 5。

10.3.7 S3C2410A 液晶显示器 LCD 程序设计

TFT-LCD 显示屏是在 STN-LCD 后出现的高质量液晶显示器，以下将以 TFT-LCD 屏为例介绍 LCD 显示的程序设计方法，它们的程序设计流程基本相同。

1. LCD 显示的程序设计流程

- 初始化有关的 GPIO 端口，供 LCD 控制器使用。
- 根据 LCD 显示屏的尺寸和工作参数初始化 LCD 功能控制寄存器，编写初始化程序。
- 为 LCD 显示器在内存中开辟显示缓冲区，根据显示屏尺寸定义数组变量。
- 需要 INT_FrSyn 中断或 FIFO 中断 INT_FiCnt 时进行配置，不需要时将其禁止。
- 编写像素显示函数、图形显示函数、图像显示函数、汉字显示函数和清屏函数等。

2. LCD 显示程序设计

例如，对于 Samsung 公司的一款 3.5 英寸的 TFT-LCD 真彩显示器，分辨率为 240×320 dpi，并根据要求计算各参数，进行适当的调整后参数为：VSPW=4，VBPD=2，VFPD=2，HSPW=6，HBPD=8，HFPD=8，LINEVAL=319，HOZVAL=239，进行程序设计。以下是其相关函数的设计。

（1）引用或定义与 LCD 显示有关的常量、数组指针

```
#include "2410addr.h"
#include "def.h"
#define LcdFrameBuffer 0x31000000          //定义图像数据在内存中的存储首地址
```

```
#define   M5D(n)      ((n)&0x1ffff)               //保留字数据 n 的低 21 位宏定义
/****************** 定义 X 轴、Y 轴的像素尺寸 *****************************/
#define Lcd_XSize_tft_320240  (320)               //定义 X 轴的像素尺寸
#define Lcd_YSize_tft_320240  (240)               //定义 Y 轴的像素尺寸
/***************** 定义 LCD 控制寄存器需要的时序参数 ***************/
#define VSPW_320240         (4)
#define VBPD_320240         (6)
#define VFPD_320240         (2)
#define HSPW_320240         (6)
#define HBPD_320240         (8)
#define HFPD_320240         (8)
/****** 定义 LCD 控制寄存器中使用的参量水平尺寸 HOZVAL 和垂直尺寸 LINEVAL ****/
#define HOZVAL_tft_320240       (Lcd_XSize_tft_320240-1)  //定义控制寄存器中的水平尺寸
#define LINEVAL_tft_320240      (Lcd_YSize_tft_320240-1)  //定义控制寄存器中的垂直尺寸
/********* 定义虚拟屏像素尺寸:虚拟屏的水平尺寸、垂直尺寸均扩大 2 倍 ********/
#define Scr_XSize_tft_320240  (Lcd_XSize_tft_320240 * 2)     //定义虚拟 X 轴的像素尺寸
#define Scr_YSize_tft_320240  (Lcd_YSize_tft_320240 * 2)     //定义虚拟 Y 轴的像素尺寸
/************* 声明显示像素函数指针和 LCD 帧数组变量 *******************/
void( * PutPixel)(U32,U32,U32);     //声明函数指针,为各种显示模式提供统一调用函数
volatile static U16 LcdFrameAddr[Scr_YSize_tft_320240][ Scr_XSize_tft_320240]; /* 定义无符号 16
位的虚拟屏数组变量,用于操作像素小于或等于 16bpp 的显示模式,比字变量操作更直观、清晰 */
/************* 定义 VCLK 的分频系数以及 VM 控制信号是否使用 ***************/
#define CLKVAL_tft_320240       (5)      //由帧频及有关的工作时序参量计算获得
#define MVAL_USED               (0)      //=0 时一帧反转一次;=1 时反转速率由 MVAL 决定
#define MVAL                    (2)
/* 定义在每像素为 N 位时的字(U32)数组指针,以下是将像素折合为字中的比特位,如每像素 4
位,则 8 个像素点折合成 32 位,即一个字,像素点/8 则为字长。根据需要也可以定义半字(U16)数
组指针,字节(U8)数组指针,只要指针类型的比特位长度略大于每像素使用的比特位即可,这样操
作将更为方便。
    也可以直接根据每像素的 bpp 定义数组的类型,根据虚拟屏的大小定义二维数组的上限。这
时图像数据缓冲区在内存中的地址将由数组分配的物理空间决定。 */
U32 ( * frameBuffer1BitTft320240)[Scr_XSize_tft_320240/32];
U32 ( * frameBuffer2BitTft320240)[ Scr_XSize_tft_320240/16];
U32 ( * frameBuffer4BitTft320240)[ Scr_XSize_tft_320240/8];
U32 ( * frameBuffer8BitTft320240)[ Scr_XSize_tft_320240/4];
U32 ( * frameBuffer16BitTft320240)[ Scr_XSize_tft_320240/2];
U32 ( * frameBuffer24BitTft320240)[ Scr_XSize_tft_320240/1];  //24 bpp 时,显存中占 1 个字故除 1
```

(2) 端口初始化函数和 LCD 中断初始化及服务函数

```
/**************** 320×240 TFT-LCD 数据和控制端口初始化函数 *************/
void LcdPortInit(void)
{   //定义作为 LCD 控制器使用时的端口功能
    rGPCUP = 0xffffffff;         // 禁止 C 口上拉电阻
    rGPCCON = 0xaaaaaaaa;  //初始化 C 口功能为 VD[7:0]以及 LCD 控制器的所有控制信号引脚
    rGPDUP = 0xffffffff;         // 禁止 D 口上拉电阻
    rGPDCON = 0xaaaaaaaa;  //初始化为 VD[23:8]图像数据输出线
}
/****************************************************************
320×240 TFT-LCD 帧同步中断初始化函数
功能:ARM 中断级中的 LCD 开中断,将中断服务程序的入口地址存入内存中断向量
****************************************************************/
void Lcd_FrSyn_Int_Init(void)
{
    rINTMSK= rINTMSK &(~(BIT_LCD));       //允许 LCD 中断,使用默认的中断优先级
```

```
    rLCDINTMSK= rLCDINTMSK &( ~(1<<1));    //允许 LCD 子中断中的帧同步 INT_FrSyn 开中断
    pISR_LCD=(unsigned)Lcd_FrSyn_Int_program; //将同步中断程序入口地址送内存中断向量
}
/*************************************************************
320×240 TFT-LCD FIFO 中断初始化函数
功能:ARM 级中断 LCD 开中断,LCD FIFO 开中断。将中断服务程序入口地址存入内存中断向量
*************************************************************/
void Lcd_FiCnt_Int_Init(void)
{
    rINTMSK= rINTMSK &( ~(BIT_LCD));          //允许 LCD 中断,使用默认的中断优先级
    rLCDINTMSK= rLCDINTMSK &( ~(1<<0));       //允许 LCD 子中断 INT_FiCnt
    pISR_LCD=(unsigned)Lcd_FiCnt_Int_program;
}
/*************************************************************
320×240 TFT-LCD 帧同步中断服务函数
功能:完成规定的任务,清除相应的中断标志位
*************************************************************/
Void __irq Lcd_FrSyn_Int_Program(void)          //中断函数使用关键字双下划线__irq 说明
{
    rINTMSK= rINTMSK |(BIT_LCD);                //关闭 LCD 中断
    rLCDINTMSK= rLCDINTMSK |(1<<1);             //关闭 LCD 子中断 INT_FiCnt
    /*中断服务程序规定的任务语句块*/
    rLCDSRCPND=(1<<1);                          // 清除 LCD 子中断源悬挂寄存器对应位
    rLCDINTPND=(1<<1);                          // 清除 LCD 子中断悬挂寄存器对应位
    rLCDINTMSK&=( ~(1<<1));                     // LCD 子中断 FrSyn 开中断
    rSRCPND=rSRCPND |(BIT_LCD);                 //清除 LCD 中断源悬挂寄存器对应位
    rINTPND= rINTPND;                           //清除 LCD 中断悬挂寄存器对应位
    rINTMSK= rINTMSK &( ~(BIT_LCD));            //允许 LCD 中断
}
```

LCD 子中断 INT_FiCnt 的中断服务程序与它的帧同步中断服务函数类似，只要将上述的服务函数中的（1<<1）改为（1<<0）即可。

如果要同时使用 LCD 的 2 个子中断，需要编写 LCD 中断服务函数，在其中根据 LCDINT-PND 寄存器的相应位是否为 1 进行判断，执行相应的中断服务程序。

（3）LCD 控制器初始化函数

TFT-LCD 控制器支持 1 bpp、2 bpp、4 bpp、8 bpp、16 bpp 和 24 bpp 的显示模式，以下只写出后 3 种显示模式的驱动函数，前面 3 种模式的驱动函数可以模仿编写。

```
/****************320×240 TFT-LCD 显示模式为 8 bpp 时的初始化函数***********/
void Lcd_tft_320240_8Ini(void)
{
frameBuffer8BitTft320240=(U32(*)[Scr_XSize_tft_320240/4])LcdFrameBuffer;
    //强制将图像内存地址 LcdFrameBuffer 转化为一维字数组类型赋值给等号左地址(首地址)
rLCDCON1=(CLKVAL_tft_320240<<8)|(MVAL_USED<<7)|(3<<5)|(11<<1)|0;
    //配置 CLKVAL,MMODE=0,TFT 屏,8 bpp 模式,LCD 控制器输出关(ENVID=off)
rLCDCON2=(VBPD_320240<<24) |(LINEVAL_tft_320240<<14) |(VFPD_320240<<6) |(VSPW
_320240);
rLCDCON3=(HBPD_320240<<19) |(HOZVAL_tft_320240<<8) |(HFPD_320240);
rLCDCON4=(MVAL<<8) |(HSPW_240320);
```

```
rLCDCON5=(1<<11) |(1<<9) |(1<<8);           //RGB5:6:5 格式,HSYNC 和 VSYNC 倒相
rLCDSADDR1=(((U32)frameBuffer8BitTft320240>>22)<<21) | M5D((U32)frameBuffer8BitTft320240>>1);
rLCDSADDR2=M5D(((U32)frameBuffer8BitTft320240+(Scr_XSize_tft_320240 * Lcd_YSize_tft_
320240/1))>>1);//设置屏幕尾部 LCDBASEL 的数值,解释见此函数花括号后。右移一位后就是
               //要求的半字数
rLCDSADDR3=(((Scr_XSize_tft_320240-Lcd_XSize_tft_320240)/2)<<11) |(Lcd_XSize_tft_
320240/2);
//OFFSIZE 赋值,PAGEWIDTH 赋值,两者都是半字(16 位)数。计算方法见之后的阐述
PutPixel=_PutTft8Bit_320240;              //将 TFT 8bpp 像素显示函数名赋给统一的像素显示函数
rLCDINTMSK |=(3);                         // 屏蔽 LCD 子中断
rLPCSEL&=(~7);                            // 关闭 LPC3600 控制器
rTPAL=0;                                  // 禁止临时调色板寄存器作用
}
```

LCDBASE 的计算：N=Scr_XSize_tft_320240 * Lcd_YSize_tft_320240 是屏起始到屏尾的像素点个数，对于 x-bpp，字的个数=N * x/32，每个字占 4 字节地址，所以 x-bpp 像素点占用的字节地址数 BA=(N * x/32) * 4。对于 1 bpp→BA=N/8；2 bpp→BA=N/4；4 bpp→BA=N/2；8 bpp→BA=N/1；16 bpp→BA=N * 2；对于 24 bpp，由于它在内存中存储时占一个字，即 32 位，所以有 24 bpp→N * 4。

OFFSIZE、PAGEWIDTH 半字个数的计算：像素个数 N，显示模式 x-bpp，半字个数=N * x/16。对于 1 bpp→N/16；2 bpp→N/8；4 bpp→N/4；8 bpp→N/2；16 bpp→N/1；24 bpp→N * 2。

注意：TFT-LCD 256 颜色显示时要使用调色板。

TFT_LCD 显示模式为 16 bpp 时的初始化程序，有 2 种格式：RGB（5:6:5）或 RGB（5:5:5:1）。前者使用用宏定义的 LcdFrameBuffer 显存地址编写，后者使用数组变量定义的数组 LcdFrameAddr 编写。读者可观察两者的相似之处，同时也要注意它们的 VD 线接法不同。

```
/******** 320×240 TFT-LCD 显示模式为 16 bpp,格式为 5:6:5 时的初始化函数 *******/
void Lcd_tft_320240_565Ini(void)              /* 5:6:5 格式 */
{
frameBuffer16BitTft320240=(U32(*)[Scr_XSize_tft_320240/2])LcdFrameBuffer;
//强制将图像内存地址 LcdFrameBuffer 转化为一维字数组类型赋值给等号左地址(首地址)
rLCDCON1=(CLKVAL_tft_320240<<8) |(MVAL_USED<<7) |(3<<5) |(12<<1) | 0;
    //配置 CLKVAL,MMODE=0,TFT 屏,16 bpp 模式,LCD 控制器输出关(ENVID=off)
rLCDCON2=(VBPD_320240<<24) |(LINEVAL_tft_320240<<14) |(VFPD_320240<<6) |(VSPW
_320240);
rLCDCON3=(HBPD_320240<<19) |(HOZVAL_tft_320240<<8) |(HFPD_320240);
rLCDCON4=(MVAL<<8) |(HSPW_240320);
rLCDCON5=(1<<11) |(1<<9) |(1<<8);         //RGB5:6:5 格式,HSYNC 和 VSYNC 倒相
rLCDSADDR1=(((U32)frameBuffer16BitTft320240>>22)<<21)
| M5D((U32)frameBuffer16BitTft320240>>1);
rLCDSADDR2=M5D(((U32)frameBuffer8BitTft320240+(Scr_XSize_tft_320240 * Lcd_YSize_tft_320240
 * 2))>>1);       /* 设置屏幕尾部 LCDBASEL 的数值。右移一位后就是要求的半字数 */
rLCDSADDR3=(((Scr_XSize_tft_320240-Lcd_XSize_tft_320240)/1)<<11) |(Lcd_XSize_tft_
320240/1);
//OFFSIZE 赋值,PAGEWIDTH 赋值,两者都是半字(16 位)数
PutPixel=_PutTft565Bit_320240;//将 TFT 16 bpp 像素显示函数名赋给统一的像素显示函数
rLCDINTMSK |=(3);              // 屏蔽 LCD 子中断
rLPCSEL&=(~7);                 // 关闭 LPC3600 控制器
```

```
rTPAL=0;          // 禁止临时调色板寄存器作用
}
/*************320×240 TFT-LCD 显示模式为 24 bpp 时的初始化函数*********/
void Lcd_tft_320240_24Ini(void)
{
frameBuffer24BitTft320240=(U32(*)[Scr_XSize_tft_320240/2])LcdFrameBuffer;
/*强制将图像内存地址 LcdFrameBuffer 转化为一维字数组类型赋值给等号左地址(首地址)*/
rLCDCON1=(CLKVAL_tft_320240<<8) |(MVAL_USED<<7) |(3<<5) |(13<<1) | 0;
/*配置 CLKVAL,MMODE=0,TFT 屏,24 bpp 模式,LCD 控制器输出关(ENVID=off)*/
rLCDCON2=(VBPD_320240<<24) |(LINEVAL_tft_320240<<14) |(VFPD_320240<<6) |(VSPW
_320240);
rLCDCON3=(HBPD_320240<<19) |(HOZVAL_tft_320240<<8) |(HFPD_320240);
rLCDCON4=(MVAL<<8) |(HSPW_240320);
rLCDCON5=(0<<12) |(1<<9) |(1<<8);//BPP24BL=0(低 24 位有效),HSYNC 和 VSYNC 倒相
rLCDSADDR1=(((U32)frameBuffer24BitTft320240>>22)<<21) | M5D((U32)frameBuffer24BitTft320240>>
1);
rLCDSADDR2=M5D(((U32)frameBuffer8BitTft320240+(Scr_XSize_tft_320240*Lcd_YSize_tft_320240
*4))>>1 );    /*设置屏幕尾部 LCDBASEL 的数值。右移一位后就是要求的半字数*/
rLCDSADDR3=(((Scr_XSize_tft_320240-Lcd_XSize_tft_320240) * 2)<<11) |(Lcd_XSize_tft_
320240*2);
//OFFSIZE 赋值,PAGEWIDTH 赋值,两者都是半字(16 位)数
PutPixel=_PutTft24Bit_320240;  //将 TFT 24 bpp 像素显示函数名赋给统一的像素显示函数
rLCDINTMSK |=(3);              // 屏蔽 LCD 子中断
rLPCSEL&=(~7);                 // 关闭 LPC3600 控制器
rTPAL=0;                       // 禁止临时调色板寄存器作用
}
```

(4) 其他操作函数

```
/**************************************************************
320×240 TFT-LCD 图像数据和控制信号输出控制函数,1=允许;0=禁止
**************************************************************/
void Lcd_EnvidOnOff(int on_off)
{
    if(on_off==1)
    rLCDCON1 |=1;       // ENVID=1,允许输出
    else
    rLCDCON1=rLCDCON1 & 0x3fffe; // ENVID=0,禁止输出
}
/**************************************************************
320×240 TFT-LCD 电源控制引脚使能函数
功能:GPG4 被设置成 LCD_PWREN 引脚;pow=0,禁止 LCD_PWREN 输出;pow=1,允许输出。
invpow=0,正常输出;invpow=1,倒相输出。
**************************************************************/
void Lcd_PowerEnable(int invpow,int pow)
{
    rGPGUP=rGPGUP |(1<<4);                          // 禁止上拉电阻
    rGPGCON=rGPGCON |(3<<8);                        //GPG4=LCD_PWREN
    rLCDCON5=rLCDCON5 &(~(1<<3)) |(pow<<3);        // PWREN
    rLCDCON5=rLCDCON5 &(~(1<<5)) |(invpow<<5);     // INVPWREN
}
/********LCD LPC3600 控制器使能函数***功能:关闭或打开 LPC3600 控制器******/
void Lcd_Lpc3600_OnOff(int onoff)
{
```

```
    if(on_off==1) rLPCSEL |=(1<<0);                //允许 LPC3600 输出
    else          rLPCSEL&=(~(1<<0));              //禁止 LPC3600 输出
}
```

（5）显示像素函数

显示像素函数的设计思想是，将要显示的像素数据送入内存图像缓冲区中对应的比特位，LCD 控制器就会将其送入 LCD 驱动器中进行显示，不需要用户的干预。例如，对于 1 bpp 像素的显示，将其写入内存时，只能改变该像素对应的比特位，不能影响其他的比特位。

```
/**************************************************************
320×240 TFT-LCD 8 bpp 显示像素函数
功能:根据像素 8 位所在字中的字节位置将其写入内存中
**************************************************************/
void _PutTft8Bit_320240(U32 x,U32 y,U32 c)
{
    if(x<Scr_XSize_tft_320240 && y<Scr_YSize_tft_320240)
        frameBuffer8BitTft320240[(y)][(x)/4]=( frameBuffer8BitTft320240[(y)][x/4]
        & ~(0xff000000>>((x)%4) * 8)) | ((c&0x000000ff)<<((4-1-((x)%4)) * 8) );
}
/**************************************************************
320×240 TFT-LCD 16bpp 显示像素函数 ,格式为 5:6:5
功能:根据像素 16 位所在字中的半字位置将其写入内存中
**************************************************************/
void _PutTft565Bit_320240(U32 x,U32 y,U32 c)
{
    if(x<Scr_XSize_tft_320240 && y<Scr_YSize_tft_320240)
        frameBuffer16BitTft240320[(y)][(x)/2]=( frameBuffer16BitTft240320[(y)][x/2]
        &(0xffff0000>>((x)%2) * 16)) | ((c&0x0000ffff)<<(((x)%2) * 16));
}
/**************************************************************
320×240 TFT-LCD 24 bpp 显示像素函数
功能:24 bpp 时是按字操作的,直接写入对应的字地址单元中即可
当 LCDCON5 中的 BPP24BL=0 时,低 24 位有效(LSB);否则高 24 位有效(USB)
**************************************************************/
void _PutTft24Bit_320240(U32 x,U32 y,U32 c)
{
    if(x<Scr_XSize_tft_320240 && y<Scr_YSize_tft_320240)
        frameBuffer24BitTft320240[(y)][(x)]=( frameBuffer24BitTft320240[(y)][(x)]
        &(0x0) |( c&0x00ffffff));        // 当 BPP24BL=1 时,"位或"是( c&0xffffff00));
}
```

（6）图形函数及汉字显示函数

图形函数有画直线函数、矩形函数、矩形填充函数、清屏函数、图像显示函数和汉字显示函数等。

```
/**************************************************************
320×240 TFT-LCD 清屏函数
功能:对整个屏幕的所有像素用特定的颜色进行填充
**************************************************************/
void LcdClearScr(U32 c)
{
    unsigned int x,y;
    for(y=0;y<Scr_YSize_tft_320240;y++)              //Y 轴循环
    {
```

```
        for( x=0;x<Scr_XSize_tft_320240;x++)                    //X 轴循环
        {
          PutPixel( x,y,c );
        }
    }   }
/ ****************** 320×240 TFT-LCD 画直线函数 ****************** /
void LcdDrawLine( int x1,int y1,int x2,int y2,int color)
{
    int dx,dy,e;
    dx=x2-x1;
    dy=y2-y1;

    if( dx>=0)
    {
        if( dy>= 0)                                             //dy>=0
        {
            if( dx>=dy)                                         //1/8 octant
            {
                e=dy-dx/2;
                while( x1<=x2)
                {
                    PutPixel( x1,y1,color);
                    if( e>0) { y1+=1;e-=dx;}
                    x1+=1;
                    e+=dy;
                }
            }
            else                                                //2/8 octant
            {
                e=dx-dy/2;
                while( y1<=y2)
                {
                    PutPixel( x1,y1,color);
                    if( e>0) { x1+=1;e-=dy;}
                    y1+=1;
                    e+=dx;
                }
            }
        }
        else                                                    //dy<0
        {
            dy=-dy;                                             //dy=abs( dy)

            if( dx>=dy)                                         //8/8 octant
            {
                e=dy-dx/2;
                while( x1<=x2)
                {
                    PutPixel( x1,y1,color);
                    if( e>0) { y1-=1;e-=dx;}
                    x1+=1;
                    e+=dy;
                }
            }
            else                                                //7/8 octant
            {
                e=dx-dy/2;
```

```
                while(y1>=y2)
                {
                    PutPixel(x1,y1,color);
                    if(e>0){x1+=1;e-=dy;}
                    y1-=1;
                    e+=dx;
                }
            }
        }
    }
    else                                    //dx<0
    {
        dx=-dx;                             //dx=abs(dx)
        if(dy>= 0)                          //dy>=0
        {
            if(dx>=dy)                      //4/8 octant
            {
                e=dy-dx/2;
                while(x1>=x2)
                {
                    PutPixel(x1,y1,color);
                    if(e>0){y1+=1;e-=dx;}
                    x1-=1;
                    e+=dy;
                }
            }
            else                            //3/8 octant
            {
                e=dx-dy/2;
                while(y1<=y2)
                {
                    PutPixel(x1,y1,color);
                    if(e>0){x1-=1;e-=dy;}
                    y1+=1;
                    e+=dx;
                }
            }
        }
        else                                //dy<0
        {
            dy=-dy;                         //dy=abs(dy)

            if(dx>=dy)                      //5/8 octant
            {
                e=dy-dx/2;
                while(x1>=x2)
                {
                    PutPixel(x1,y1,color);
                    if(e>0){y1-=1;e-=dx;}
                    x1-=1;
                    e+=dy;
                }
            }
            else                            //6/8 octant
            {
                e=dx-dy/2;
                while(y1>=y2)
```

```
            {
                PutPixel(x1,y1,color);
                if(e>0){x1-=1;e-=dy;}
                y1-=1;
                e+=dx;
            }
        }
    }
  }
}
/****************************************************************
320×240 TFT-LCD 矩形函数
功能:在平面上以两个对角点的坐标(x1,y1)、(x2,y2)画出矩形
****************************************************************/
void LcdDrawRectangle(int x1,int y1,int x2,int y2,int color)
{
    LcdDrawLine(x1,y1,x2,y1,color);
    LcdDrawLine(x2,y1,x2,y2,color);
    LcdDrawLine(x1,y2,x2,y2,color);
    LcdDrawLine(x1,y1,x1,y2,color);
}
/************320×240 TFT-LCD 矩形函数***功能:用特定的颜色填充矩形*****/
void LcdFilledRectangle(int x1,int y1,int x2,int y2,int color)
{
    int i;
    for(i=y1;i<=y2;i++)
    LcdDrawLine(x1,i,x2,i,color);
}
/***************************************************************
320×240 TFT-LCD 显示 BMP 位图函数(16 bpp)
功能:在屏幕上显示指定大小的位图图像,图像以左上角坐标定位
***************************************************************/
void LcdDrawBmp(int LeftTop_x, int LeftTop_y, int height, int length, const unsigned char *bmp)
{
    int x,y;
    U32 c;
    int b=0;
    for( y=0; y < height; y++)          //Y 轴方向循环显示
    {
        for( x=0; x < length; x++)      // X 轴方向循环显示
        {
            c=bmp[b+1] |(bmp[b]<<8);    //合并为一个像素的颜色值 16 位
            if(((LeftTop_x+x) < Scr_XSize_tft_320240) &&((LeftTop_y+y) < Scr_YSize_tft_
320240))
                PutPixel [LeftTop_y+y][ LeftTop_x+x]=c;
            b=b+2;
        }
    } }
/******************在 LCD 屏幕上显示 16×16 的汉字函数**************
功能:显示一个彩色汉字。显示原理是,每个汉字由 16×16=256 点阵位数据组成
当位数据=1 显示前景颜色,位数据=0 显示背景颜色
****************************************************************/
void DisplayChinese(int LeftTop_x,int LeftTop_y,U16 b_color,U16 f_color, const U8 *char_array)
{
    U16 word_width16;
    int i,j,x,y;
    y= LeftTop_y;
```

```
        for(i=0;i<32;i+=2)          //每2个8位组成汉字显示的一行位数据
        {
            word_width16=(*(char_array+i)<<8)|(*(char_array+i+1));
                                    //合并2个字节,组成16bit 行点
            x= LeftTop_x;
            for(j=0;j<16;j++)       //打印一行的点阵位数据
            {
                if(word_width16&(1<<(15-j))) PutPixel[y][x]=f_color;
                else PutPixel [y][x]=b_color;
                x++;
            }
            y++;    //下一行
        } }
```

（7）TFT-LCD 显示器测试函数

本测试函数的编写，包括以上所使用的包含文件内容、定义的函数等，在这里不再声明，中断函数也没有使用，只是将屏幕的底色设置为蓝色，显示一个白色的矩形框，中间显示“青岛科技大学”字样。

```
#define BlueColor   0x01f      //定义蓝色值
#define WhiteColor  0x0ffff    //定义白色值
#define BlackColor  0x00       //定义黑色值
const unsigned char chinese_array16[][32]={
  {0x01,0x00,0x01,0x08,0x7F,0xFC,0x01,0x00,0x3F,0xF8,0x01,0x00,0xFF,0xFE,0x00,0x10,
   0x1F,0xF8,0x10,0x10,0x1F,0xF0,0x10,0x10,0x1F,0xF0,0x10,0x10,0x10,0x50,0x10,0x20},
  //青
  {0x01,0x00,0x02,0x20,0x0F,0xF0,0x08,0x20,0x0A,0x20,0x09,0x20,0x08,0x60,0x08,0x04,
   0x0F,0xFE,0x08,0x04,0x02,0x04,0x22,0x24,0x22,0x24,0x3F,0xE4,0x20,0x34,0x00,0x08},
  //岛
  {0x04,0x10,0x0E,0x10,0xF8,0x90,0x08,0x50,0x08,0x10,0xFE,0x90,0x08,0x50,0x1C,0x14,
   0x1A,0x1E,0x29,0xF0,0x28,0x10,0x48,0x10,0x88,0x10,0x08,0x10,0x08,0x10,0x08,0x10},
  //科
  {0x10,0x40,0x10,0x40,0x10,0x48,0x13,0xFC,0xFC,0x40,0x10,0x40,0x10,0x40,0x13,0xF8,
   0x1A,0x08,0x31,0x10,0xD1,0x10,0x10,0xA0,0x10,0x40,0x10,0xB0,0x51,0x0E,0x26,0x04},
  //技
  {0x01,0x00,0x01,0x00,0x01,0x00,0x01,0x00,0x01,0x04,0xFF,0xFE,0x01,0x00,0x02,0x80,
   0x02,0x80,0x02,0x40,0x04,0x40,0x04,0x20,0x08,0x10,0x10,0x0E,0x60,0x04,0x00,0x00},
  //大
  {0x22,0x08,0x11,0x08,0x11,0x10,0x00,0x20,0x7F,0xFE,0x40,0x02,0x80,0x04,0x1F,0xE0,
   0x00,0x40,0x01,0x84,0xFF,0xFE,0x01,0x00,0x01,0x00,0x01,0x00,0x05,0x00,0x02,0x00}
  //学
};                                                          //汉字显示字模像素
void Test_Lcd_tft_320240(void)
{
    introw_x,column_y,xword;
    Lcd_Port_Init();
    Lcd_tft_320240_565Init();           //使用16bpp 的5:6:5 RGB 格式
    Lcd_Lpc3600_OnOff(0);               //关闭LPC3600 控制器
    Lcd_EnvidOnOff(1);                  //允许LCD 控制器输出控制信号和数据信号
    Lcd_PowerEnable(0,1);               //电源相位正常,使能PWREN 信号
    Lcd_ClearScr(BlueColor);            //背景颜色为蓝色
    LcdDrawRectangle(40,60,280,180,WhiteColor);  //使用白色画矩形框
    Row_x=90;
        for(xword=0;xword<6;xword++)
        {
          DisplayChinese(row_x,110,WhiteColor,BlueColor,chinese_array16[xword]);
```

```
        Row_x+=20;                    //显示 6 个汉字,字间隔为 4 个像素
      }
    while(1);                         //等待,观察显示结果
}
```

习题

10-1 分析计数式 A-D 转换器结构图，简述其工作原理。

10-2 分析双积分式 A-D 转换器结构图，简述其工作原理。

10-3 分析逐次逼近式 A-D 转换器结构图，简述其工作原理。

10-4 简述 A-D 转换器的主要指标。

10-5 分析 S3C2410A 的 A-D 转换器和触摸屏接口电路，简述其工作原理。

10-6 与 S3C2410A 的 A-D 转换器相关的寄存器有哪些？各自的功能有哪些？

10-7 简述 ADC 控制寄存器（ADCCON）的位功能。

10-8 简述 ADC 触摸屏控制寄存器（ADCTSC）的位功能。

10-9 简述 ADC 启动延时寄存器（ADCDLY）的位功能。

10-10 简述 ADC 转换数据寄存器的位功能。

10-11 简述电阻触摸屏的结构与工作原理。

10-12 试分析 S3C2410A 内部触摸屏接口的结构与功能。

10-13 简述使用触摸屏的配置过程。

10-14 S3C2410A 与触摸屏接口有几种接口模式？各有什么特点？

10-15 简述 LCD 的显示原理。

10-16 简述 STN 型和 TFT 型 LCD 的区别。

10-17 试分析图 10-9 S3C2410A LCD 控制器内部结构与功能。

10-18 试分析 S3C2410A LCD 控制器的外部接口信号的种类与功能。

10-19 与 S3C2410A 的 LCD 控制器相关的寄存器有哪些？各自的功能是什么？

10-20 简述 LCDCON1～LCDCON5 的位功能。

第 11 章　嵌入式系统 I/O 总线接口

计算机系统 I/O 接口的总线类型很多，每类总线使用控制线、地址线和数据线的多少，决定着对计算机系统硬件资源的占用情况，同时也决定着 I/O 接口的性能。本章介绍 S3C2410A 的通用异步收发传输器（Universal Asynchronous Receiver/Transmitter，UART）、集成电路内部总线（Inter Integrated Circuit BUS，I^2C BUS）、串行外围设备接口（Serial Peripheral Interface，SPI）的工作原理，控制寄存器的使用以及程序设计等。

11.1　串行通信接口原理与 S3C2410A 的 UART 编程

串行通信接口 RS-232 是在计算机通信中使用最早的接口之一，2 台计算机直接使用串行口相连进行通信时，一般只能是一对一的连接，而且通信距离为 15 m 以内。还有就是借助于通信线路实现远程数据传输，计算机通过串口连接有线 Modem 或无线 Modem，并使用 AT 命令控制 Modem。一般仪器仪表上都有串行接口 RS-232，以实现计算机对仪表的智能控制或是与仪器仪表进行数据交换。本节介绍与串行通信相关的理论知识和技术，S3C2410A 微处理器的串行口控制器、串行口寄存器的功能配置以及应用编程。

11.1.1　数字通信的分类与特点

数字通信可以从不同的角度进行划分，有单工通信、半双工通信与全双工通信；串行通信与并行通信；异步通信与同步通信。以下介绍它们各自的概念与特点。

1. 串行通信与并行通信

串行通信：是指欲传送数字比特流逐位地在单根线路上传输。其特点是线路造价低、传输速率慢，适用于远距离通信。

并行通信：是指欲传送二进制数字量同时有 N 位在 N 根线路上并行传输。其特点是线路造价高、传输效率高，适用于短距离通信。

2. 单工、半双工和全双工通信

单工通信：是指信息在信道上以一个单一不变的方向进行信息传输的通信方式。其特点是设备结构最为简单、线路利用率最低。例如打印机。

半双工通信：是指信息在信道的两个方向上进行传输，但同一时间只限于一个方向传输。

半双工通信的双方都具备发送设备和接收设备，但要按信息的流向分时轮流使用，因此需要一套控制信号流动方向的设备。其特点是设备结构简单、线路利用率低。

全双工通信：是指数据可以同时沿信道的两个方向传输，即通信的双方在发送数据的同时，也可以接收数据。对于数字基带信号的传输，发送与接收分别有自己的物理信道。其特点是线路投资大、设备复杂、传输效率高。

注意：对于由单一的一对物理线路构成的信道而言，未经调制的二进制基带信号只能实现单工或半双工的数据通信。要实现全双工的数据通信通信双方的数字量“0”或“1”必须通过频移键控（Frequency Shifting Key，FSK）调制为互不相同的频率信号才能完成。

3. 异步通信与同步通信

异步通信：是指发送端和接收端的时钟信号是相互独立的，但它们设置有相同的波特率。波特率是单位时间内传送二进制的位数，它的单位是位/秒（bit/s），常用的有 300 bit/s、600 bit/s、1200 bit/s、2400 bit/s 等。

在这种通信方式中，信息是以字符为单位传输的，发送时要将传送的字符组织成一定的格式进行发送，如图 11-1 所示，1 位起始位、5~8 位数据位、0~1 位校验位、1~2 位停止位，因此也称它为起止式同步方式或字符同步方式。

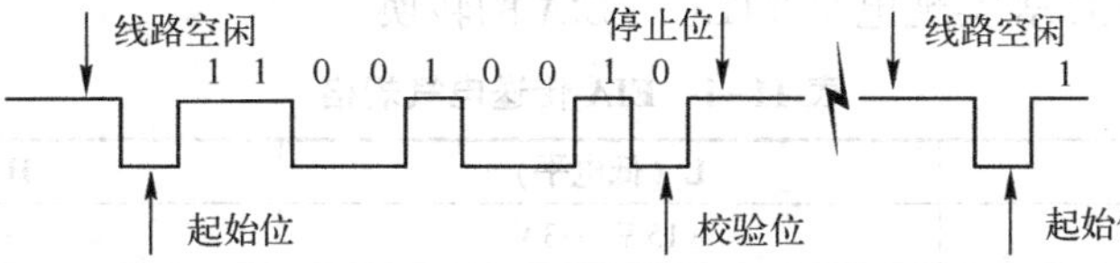

图 11-1　异步通信字符格式

异步通信的接收过程是，平时线路处于空闲状态，在起始位到来的下降沿，内部采样电路打开，采样的时间间隔为 1/16 位时，若 7、8、9 的 3 个采样点有 2 个以上点为低电平，则确定了起始位，接着以同样的方法继续采样，接收发送端发来的信号，正常的接收必须包含正确的停止位，之后线路又进入空闲状态，再接收下一个字符。

数据位和停止位可通过程序进行设定。

校验位程控可选。如果需要校验位，一般采用奇偶校验。奇偶校验是较为简单的校验方法，奇校验就是在数据位和校验位中“1”的个数必须为奇数，偶校验就是在数据位和校验位中“1”的个数必须为偶数，校验位是根据数据位中“1”的个数计算的。这种校验方法只能发现数据位中奇数个位出现错误，而且不能纠错。一般情况下出现 1 位数据错误的概率最大。

异步通信的特点是，任何两个字符之间的时间间隔可以是随机的、不同步的，但在一个字符时间之内，只要收发双方在一个字符内的时间误差不超过 1/2 位时便可成功接收，因此对系统时钟的要求较低。异步传输由于每次只传输一个字符，且每个字符只有 5~8 位有效数据位，而有 3 位附加信息位，所以这种通信方式效率低，最大仅为 8/11，较适于数据传输率要求低的场合。

同步通信：是指收发端的时钟是一致（同步）的，即接收端是靠提取所收到的数据比特来获得同步时钟信号，从而使接收到的每一位数据都与发送端保持同步，中间没有时间间断。

在数字通信中，实现数据帧传输时所使用的同步称为**帧同步**，一般是以 n 比特作为帧同步信号的，它指明帧数据的开始位置，同时也是以位同步为基础的。帧同步的特点是，采用帧传输比采用异步传输有较高的传输效率，也就是说帧同步信号占用的比特数要远远小于有效数据所占用的比特数，传输的速率也很高。

11.1.2　串行通信标准

由于不同计算机硬件体系结构使用的逻辑电平不同，例如 PC、MCS-51 单片机等使用的是 TTL 逻辑电平，5 V 代表逻辑“1”，使用 0V 代表逻辑“0”；而 32 位的 ARM 处理器使用的是 LVTTL（Low Voltage TTL）逻辑电平，3.3 V 代表逻辑“1”，使用 0V 代表逻辑“0”，还有许多其他的逻辑电平等。这样如果不同的逻辑电平需要连接相互通信时就存在着逻辑电平不匹配的问题，另外即使具有相同逻辑电平的计算机通过串口相连时，通信距离也只有几米，难以满足实际需要。于是出现了串行通信标准。

1. RS-232C 串行通信标准

RS-232C 是美国电子工业协会（Electronic Industries Association，EIA）制定的一种串行通信接口标准。线路上采用负逻辑系统，传输距离约为 15 m，正常使用只能一对一连接，双方实现全双工的通信。

（1）RS-232C 接口电气特性

EIA 所制定的传送电气规格见表 11-1。RS-232C 通常以±3 V~±15 V 电压来作为线路的信号电平，因此无论是 TTL 标准电平还是 LVTTL 标准电平等都需要转换为 EIA 的逻辑电平，采用集成电路芯片 MAX232 等实现电平 TTL⟷EIA 的转换。

表 11-1　EIA 传送电气规格

线路状态	L（低电平）	H（高电平）
电压范围	−15 V~−3 V	+3 V~+15 V
TTL 逻辑	逻辑“1”	逻辑“0”
EIA 名称	SPACE（空号）	MARK（传号）

（2）RS-232C 接口信号

EIA 制定的 RS-232C 接口与外界的相连采用 25 芯（DB-25）和 9 芯（DB-9）D 型插接件，实际应用中，并不是所有引脚信号都要用到，目前的计算机基本都配置的是 9 芯 D 型插接件，引脚的定义与信号之间的对应关系如图 11-2 所示。

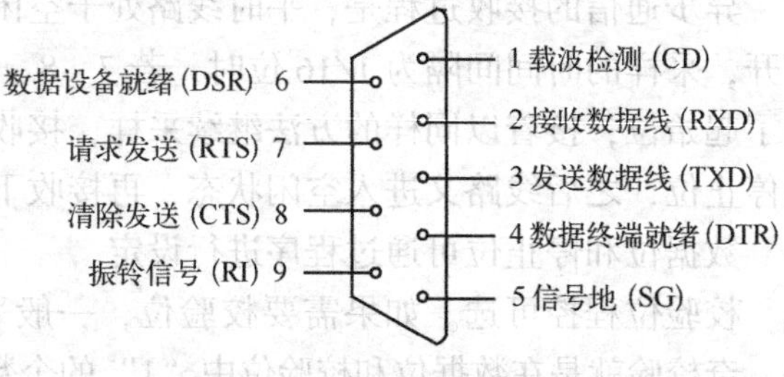

图 11-2　DB-9 引脚定义与信号对应关系图

RS-232C DB-9 的引脚功能如下。

- 载波检测（Carrier Detect，CD）：主要用于 Modem 通知计算机通信双方的线路已连接好，即 Modem 检测到拨号音。
- 接收数据线（Receive Data，RXD）：用于接收外部设备送来的数据。
- 发送数据线（Transmit Data，TXD）：用于计算机发送数据给外部设备。
- 数据终端就绪（Data Terminal Ready，DTR）：为高电平时，通知 Modem 计算机已经准备好，可以进行数据传输。
- 信号地（Signal Ground，SG）：是信号地线，而不是保护地线。
- 数据设备就绪（Data Set Ready，DSR）：为高电平时，通知计算机 Modem 已经准备好，可以进行数据通信。
- 请求发送（Request To Send，RTS）：由计算机来控制，通知 Modem 准备接收计算机发出的数据。
- 清除发送（Clear To Send，CTS）：由 Modem 控制，通知计算机允许发送数据到 Modem。
- 振铃提示（Ring Indicator，RI）：Modem 通知计算机通信线路已经连接好，可以发送数据。

（3）RS-232 的基本使用连接方式

计算机利用 RS-232C 接口进行串口通信，有简单连接和完全连接两种方式。简单连接又称三线连接，即只连接发送数据线、接收数据线和信号地，如图 11-3a 所示。如果应用中还需要使用 RS-232C 的控制信号进行硬握手，则采用完全连接方式，如图 11-3b 所示。在波特率不高于 9600 bit/s 的情况下进行串口通信时，通信线路的长度通常要求小于 15 m，否则可能出现数据丢失现象。

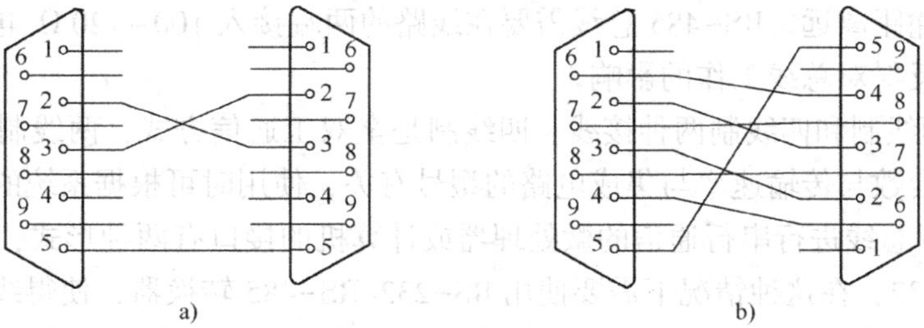

图 11-3　RS-232C 接口之间的基本连接方式

a）三线连接方式　b）硬握手连接方式

注意：传输的波特率与通信距离成反比，对任何传输介质都适用。

(4) TTL 电平到 EIA 电平转换电路图

MAX3232 集成电路芯片可以使用单一的 3.3V 电源供电，它既具有将 LVTTL 电平转换成 EIA 电平的功能，也具有将 EIA 电平转换成 LVTTL 电平的功能，而且内部使用双电荷泵在 3~5.5V 电源供电时能够实现真正的 RS-232 性能。使用该芯片进行电平转换，使得实际系统的供电电源简单化，而且减少了使用集成电路芯片的种类和数量，大大简化了电路设计，提高了系统的工作可靠性。图 11-4 所示为使用 MAX3232 设计的应用电路图。

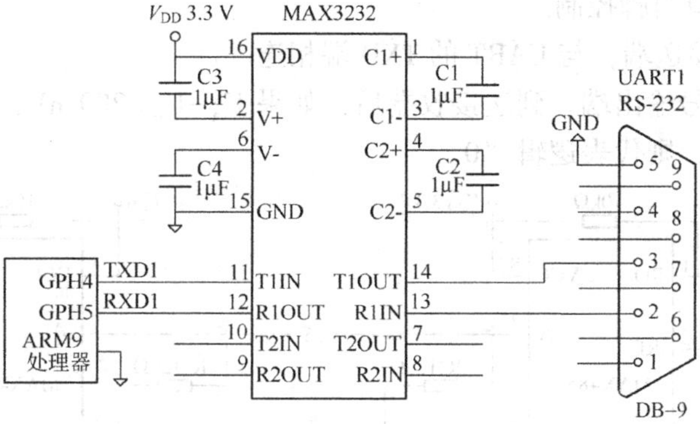

图 11-4　LVTTL 电平与 EIA 电平转换电路图

每个 MAX3232 芯片具有 4 路 LVTTL 与 RS-232 的电平转换电路，图 11-4 只画出使用 RS-232 接口三线制的电平转换电路，当使用硬握手方式进行串行通信时，则需要 2 片 MAX3232 集成电路芯片，构造方法与图 11-4 类似。

2. RS-485 串行通信标准

为减少通信线路使用的线路数，实现更远距离的传输和连接更多的设备台数，且相互之间均可通信，EIA 制定了 RS-485 标准。RS-485 标准采用二线制，线路距离 1200 m，具有驱动能力的 RS-485 接口传输距离大约为 20 km，最多可以连接的设备台数是 128，线路上的任何一台设备既可以作为主设备（Master），也可以作为从设备（Slave）。

当然在使用时，由于通信线路（总线）属于广播信道，在任何时候只能一发多收，所以对通信线路必须采用“受控访问”的方式使用，即由它组成的计算机网络中必须规定其中一台作为服务器（或称主设备或称上位机）控制着总线的占用和从机（或称从设备）的操作。这种主-从计算机网络结构在工业网络控制与测量中有着重要的作用。

RS-485 收发器采用平衡发送和差分接收，即在发送端，驱动器将 TTL 电平信号转换成差分信号输出；在接收端，接收器将差分信号变成 TTL 电平，因此具有抑制共模干扰的能力。当接收器收到 A-B>200 mV 则表示为逻辑“1”；若 B-A>200 mV 则表示为逻辑“0”，故具有高的灵敏度，传输距离远。RS-485 总线需要在线路的两端接入 100~120 Ω 电阻，以实现阻抗匹配，防止信号反射对总线工作的影响。

RS-485 有两线制和四线制两种接线，四线制是全双工通信方式，两线制是半双工通信方式。连接的设备台数与传输速率与集成电路的型号有关，使用时可根据系统的需要进行选取。

使用 RS-485 总线进行串行通信的微处理器或计算机的接口有两种形式，一种是计算机的接口已经是 RS-232，在这种情况下需要使用 RS-232/RS-485 转换器，使得线路传输的信号符合 RS-485 特性，例如 PC；另一种是处理器具有串行接口，输出的信号电平是 TTL 或 LVTTL 等，这时可通过合适的 RS-485 集成电路芯片将它们转换为 RS-485 总线信号标准。以下介绍 S3C2410A UART 与 RS-485 的接口电路的设计。

在图 11-5 中，左侧是 S3C2410A 的 UART 信号电平与 RS-485 信号电平的转换电路。

- RO 是串口接收端，与 UART 的 RXD 端相连，接 10 kΩ 的上拉电阻，是为了防止环境干扰使 ARM 串口接收误动。
- RE是接收数据使能端，当为有效电平 0 V 时 MAX3485 芯片处于接收状态，它受 ARM 的 I/O 端口引脚控制。
- DE 是发送数据使能端，当为有效电平 3.3 V 时 MAX3485 芯片处于发送状态，它也受 ARM 的 I/O 端口引脚控制。
- DI 是串口数据发送端，与 UART 的 TXD 端相连。
- A、B 是差分信号输出端。到达接收端后，如果 $U_A-U_B>200\,mV$，则代表逻辑“1”；若 $U_B-U_A>200\,mV$，则代表逻辑“0”。

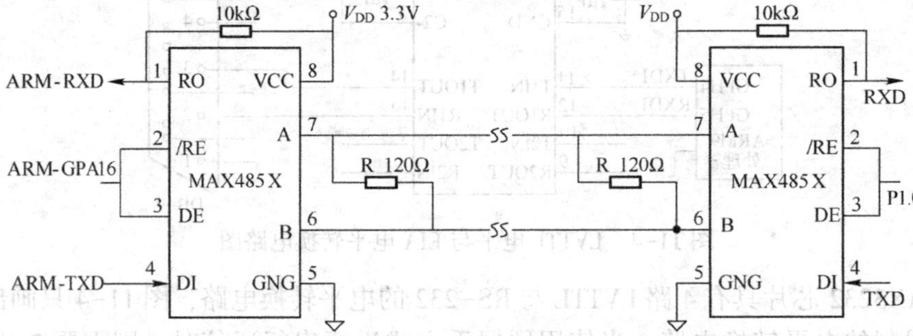

图 11-5　LVTTL 与 RS-485 电平转换及 RS-485 总线图

图 11-5 的中间部分属于 RS-485 总线部分，可以使用双绞线作为传输介质，所有的智能设备均以图中相同的方式并接到总线上，每个连接接口处并联一个 120 Ω 的匹配电阻，不管它们是什么样的计算机或微处理器串行通信接口，或者使用何种 RS-485 转换芯片，只要与总线的接口满足 RS-485 的特性要求即可。图 11-5 的右端是接入其中一个具有 RS-485 串行接口的智能设备。

需要说明的是，虽然智能设备的串行口是全双工的，但是由于 RS-485 总线上的所有智能设备共享 2 根通信线路，在任何时候只能一发多收，它们只有分时地向线路发送数据，所以 RS-485 总线系统的工作是半双工的。

11.1.3　S3C2410A 的 UART 简介与结构

1. S3C2410A 的 UART 简介

通用异步收发器（Universal Asynchronous Receiver and Transmitter，UART）主要由数据线

接口、控制逻辑、配置寄存器、波特率发生器、发送部分和接收部分组成，采用异步串行通信方式，LVTTL 电平输出，是广泛使用的串行数据传输方式。

UART 以字符为单位进行数据传输，每个字符的传输格式如图 11-1 所示，包括线路空闲状态（高电平）、起始位（低电平）、5~8 位数据位、校验位（可选）和停止位（位数可以是 1、1.5 或 2 位）。这种格式通过起始位和停止位来实现字符的同步。UART 内部具有配置寄存器，通过该寄存器可以配置数据位数、是否有校验位和校验的类型以及停止位的位数等。

S3C2410A 异步串行通信接口 UART 的特性如下。

- RxD0、TxD0、RxD1、TxD1、RxD2 以及 TxD2 可通过 DMA 或中断方式完成操作。
- UART0、UART1 支持红外 IrDA 1.0 的发送与接收功能并具有 16 字节的 FIFO。
- UART0、UART1 具有 nRTS0、nCTS0、nRTS1 和 nCTS1 硬握手控制信号。
- 支持硬件握手的发送与接收。

2. S3C2410A 的 UART 内部结构

S3C2410A 的 UART 提供 3 个独立的异步串行 I/O 接口（SIO），它们都可以运行于中断模式或 DMA 模式。UART 可以产生中断请求或 DMA 请求，以便在 CPU 和 UART 之间传输数据。在使用系统时钟的情况下，UART 可以支持最高 230.4 kbit/s 的传输速率。如果外部设备通过 UEXTCLK（GPH8 引脚）为 UART 提供时钟，那么 UART 的传输速率可以更高。每个 UART 通道包含两个用于接收和发送数据的 16 字节的 FIFO 缓冲寄存器。

如图 11-6 所示，S3C2410A 的 UART 由波特率发生器、发送器、接收器以及控制单元组成。波特率发生器的时钟可以由 PCLK 或 UEXTCLK 提供。发送器和接收器包含 16 字节的 FIFO 缓冲寄存器和数据移位器。发送时，数据被写入 FIFO，然后复制到发送移位寄存器中，接下来数据通过发送数据引脚（TxDn）被发送。接收时，接收到的数据从接收数据引脚（RxDn）移入，然后从接收移位寄存器复制到 FIFO 中。

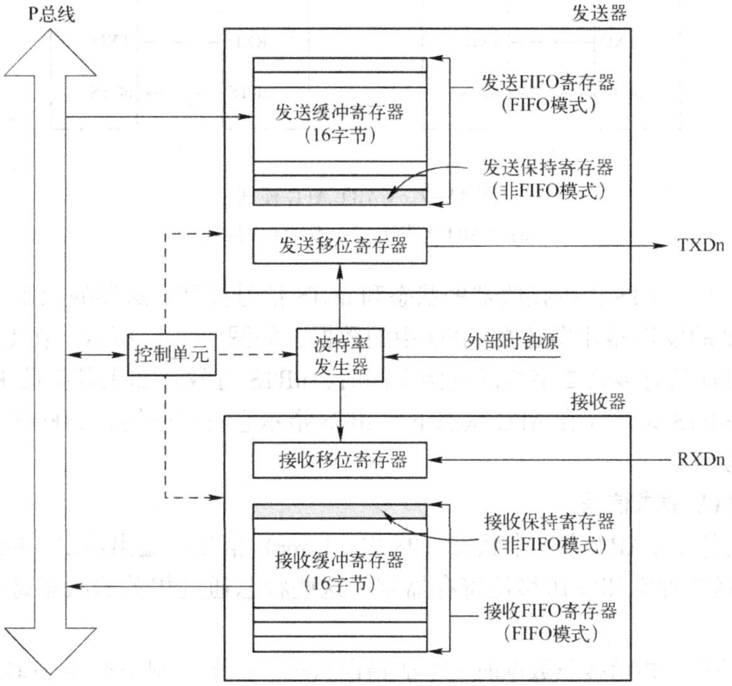

图 11-6　S3C2410A 的 UART 内部结构图

11.1.4 S3C2410A 的 UART 操作

S3C2410A 的 UART 操作包括发送数据、接收数据、中断产生、波特率发生、回送模式、红外模式和自动流控制等。

1. 发送数据（Transmission Data）

发送数据帧是可编程的，包括 1 位起始位、5~8 位数据位、1 位可选的奇偶校验位和1~2 位停止位，具体设置由行控制寄存器 ULCONn 确定。发送器还可以产生暂停状态，在一帧发送期间连续输出“0”。在当前发送的字发送完成之后发出暂停信号。在暂停信号发出后，继续发送数据到 Tx FIFO（在非 FIFO 模式发送到发送保持寄存器）。

2. 接收数据（Reception Data）

与发送数据相类似，接收数据帧也是可编程的，包括 1 位起始位、5~8 位数据位、1 位可选的奇偶校验位和 1~2 位停止位，具体设置由行控制寄存器 ULCONn 确定。接收器可以检测溢出错误和帧错误。溢出错误指新数据在旧数据还没有被读出之前就将其覆盖了。帧错误指接收的数据没有有效的停止位。

当在 3 个字时间段没有接收任何数据和在 FIFO 模式 RxFIFO 不为空时，产生接收暂停状态。

3. 自动流控制 AFC

S3C2410A 支持串口的自动流控制（Auto Flow Control，AFC）模式，如图 11-7 所示，UART0 和 UART1 使用控制信号 nRTS 和 nCTS 就可实现自动流控制。在这种情况下，它可以连接到外部的 UART。如果用户希望将 UART 连接到 Modem，则需要通过软件来禁止 UMCONn 寄存器中的自动流控制位并控制 nRTS 信号。

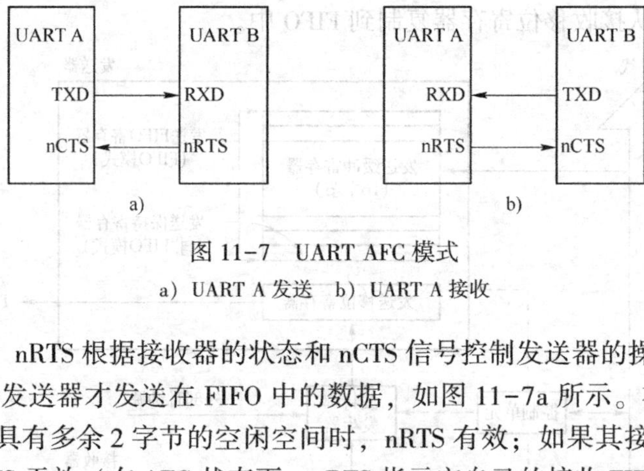

图 11-7 UART AFC 模式

a）UART A 发送 b）UART A 接收

在 AFC 状态下，nRTS 根据接收器的状态和 nCTS 信号控制发送器的操作。只有当 nCTS 信号有效时，UART 的发送器才发送在 FIFO 中的数据，如图 11-7a 所示。在 UART 接收数据之前，当其接收 FIFO 具有多余 2 字节的空闲空间时，nRTS 有效；如果其接收 FIFO 的空闲空间少于 1 字节，则 nRTS 无效（在 AFC 状态下，nRTS 指示它自己的接收 FIFO 已经准备好接收数据），如图 11-7b 所示。

4. 中断、DMA 请求信号

S3C2410A 的每个 UART 有 5 个状态（Tx/Rx/Error）信号：溢出错误、帧错误、接收缓冲数据准备好、发送缓冲空和发送移位寄存器空。这些状态通过相关的状态寄存器 UTRSTATn/UERSTATn 指示。

溢出错误和帧错误指示接收数据时发生的错误状态。如果控制寄存器 UCONn 中的接收错误状态中断使能位置“1”，那么溢出错误和帧错误的任何一个都可以产生接收错误状态中断请求。

当检测到接收错误状态中断请求时，可以通过读 UERSTATn 的值来确定引起请求的信号。

如果控制寄存器 UCONn 中的接收模式置为“1”（中断请求模式或查询模式），那么在 FIFO 模式时，当接收器将接收移位寄存器中的数据传送到接收 FIFO 寄存器中，并且接收的数据量达到 RxFIFO 的触发水平时，则产生 Rx 中断；在非 FIFO 模式时，如果采用中断请求和查询模式，当把接收移位寄存器中的数据传送到接收保持寄存器中时，将产生 Rx 中断。

如果控制寄存器 UCONn 中的发送模式置为“1”（中断请求模式或查询模式），那么在 FIFO 模式时，当发送器将发送 FIFO 寄存器中的数据传送到发送移位寄存器中，并且发送 FIFO 中剩余的发送数据量达到 TxFIFO 的触发水平时，则产生 Tx 中断。在非 FIFO 模式，如果采用中断请求和查询模式，当把发送保持寄存器中的数据传送到发送移位寄存器时，将产生 Tx 中断。

如果在控制寄存器中的接收模式和发送模式选择了 DMAn 请求模式，那么在上面提到的情况下将产生 DMAn 请求，而不是 Rx 或 Tx 中断。

5. 波特率的产生（Baud-Rate Generation）

每个 UART 的波特率发生器为发送器和接收器提供连续的时钟。波特率发生器的时钟源可以选择使用 S3C2410A 的内部系统时钟 PCLK 或外部时钟 UEXTCLK（GPH8 引脚）。波特率时钟可以通过对源时钟（PCLK 或者 UEXTCLK）16 分频和对在 UART 波特率系数寄存器 UBRDIVn 中的 16 位分频数设置得到。

6. 回送模式（Loopback Mode）

S3C2410A 的 UART 提供一种测试模式，即回送模式，用于发现通信连接中的孤立错误。这种模式在结构上使 UART 的 RXD 与 TXD 通过设置进行内部连接。因此，在这个模式下，发送的数据通过 TXD 发送，通过 RXD 接收。这一特性使得处理器能够验证每个 SIO 通道内部发送和接收数据的正确性。该模式通过设置 UART 控制寄存器 UCONn 的回送位来进行选择。

7. 红外 IR 模式

S3C2410A 的 UART 模块支持红外（Infra-Red，IR）模式的发送和接收，该模式可以通过设置 UART 行控制寄存器 ULCONn 中的红外模式位来选择。

11.1.5 S3C2410A 的 UART 功能寄存器

S3C2410A 中的 3 个异步串行通信接口 UART0、UART1 和 UART2 一般情况下都有独立的功能控制寄存器，UART 的这些功能寄存器包括 UART 行控制寄存器、UART 控制寄存器、UART FIFO 控制寄存器、UART Modem 控制寄存器、UART Tx/Rx 状态寄存器、UART 错误状态寄存器、UART FIFO 状态寄存器、UART 发送缓冲寄存器、UART 接收缓冲寄存器和 UART 波特率因子寄存器。以下分别予以介绍。

1. UART 的行控制寄存器（ULCONn）

UART 行控制寄存器（UART Line Control n Register，ULCONn）是 UART0、UART1 和 UART2 的行控制寄存器，主要用于设置其端口串行通信时的字符格式以及是否使用红外模式，它们的属性见表 11-2，初值为 0，推荐使用 0x03。它们具有相同的位功能，见表 11-3 。

表 11-2　UART 行控制寄存器属性表

寄存器名	使用地址	读写属性	功能描述	初　值
ULCON0	0x50000000	可读/可写	配置串口 0 字符格式	0x00
ULCON1	0x50004000	可读/可写	配置串口 1 字符格式	0x00
ULCON2	0x50008000	可读/可写	配置串口 2 字符格式	0x00

表 11-3　行控制寄存器（ULCONn）位功能表

比特位	描　述	初值
[7]	保留（Reserved）	0
[6]	确定是否使用红外模式（Infra-Red Mode）：0=正常模式；1=红外模式	0
[5:3]	确定校验方式（Parity Mode）：0xx=无奇偶校验；100=奇校验；101=偶校验	000
[2]	确定停止位数（Stop Bit）：0=1 位停止位；1=2 位停止位	0
[1:0]	确定数据位数（Word Length）：00=5 位；01=6 位；10=7 位；11=8 位	00

2. UART 的控制寄存器（UCONn）

UART 控制寄存器（UART Control n Register，UCONn）共有 3 个，主要用于确定其 UART 中断的触发电平等，它们的属性见表 11-4，而且具有相同的位功能，见表 11-5。

表 11-4　UART 控制寄存器属性表

寄存器名	使用地址	读写属性	功能描述	初　值
ULCON0	0x50000004	可读/可写	URAT0 控制寄存器	0x00
ULCON1	0x50004004	可读/可写	URAT1 控制寄存器	0x00
ULCON2	0x50008004	可读/可写	URAT2 控制寄存器	0x00

表 11-5　控制寄存器（UCONn）位功能表

比特位	描　述	初值
[10]	波特率时钟选择（Clock Selection）： 0=PCLK,UBRDIVn=(int)(PCLK/(bps×16))-1 1=UEXTCLK,UBRDIVn=(int)(UEXTCLK/(bps×16))-1	0
[9]	确定发送中断请求信号的触发方式：0=边沿触发；　1=电平触发 触发条件：在使用 FIFO 时是 FIFO 内容小于设置的门限值 在非 FIFO 时是发送保持寄存器空，即图 11-6 中的上阴影区	0
[8]	确定接收中断请求信号的触发方式：0=边沿触发；　1=电平触发 触发条件：在使用 FIFO 时是 FIFO 内容大于等于设置的门限值 在非 FIFO 时是接收保持寄存器满，即图 11-6 中的下阴影区	0
[7]	确定接收超时中断使能：　0=禁止；　1=允许	0
[6]	确定接收错误状态中断使能：0=禁止；　1=允许	0
[5]	确定是否使用回送模式（Loopback Mode）：0=正常模式；1=回送模式	0
[4]	保留（Reserved）	0
[3:2]	确定发送模式（Transmit Mode）：将发送数据写入 UART 发送缓冲寄存器模式 00=禁止写入；　01=中断请求或查询模式； 10=DMA0 请求（只对 UART0）或 DMA3 请求（只对 UART2） 11=DMA1 请求（只对 UART1）	00
[1:0]	确定接收模式（Receive Mode）：从 UART 接收缓冲寄存器读数据的模式 00=禁止读入；　01=中断请求或查询模式； 10=DMA0 请求（只对 UART0）或 DMA3 请求（只对 UART2） 11=DMA1 请求（只对 UART1）	00

3. UART FIFO 控制寄存器（UFCONn）

UART FIFO 控制寄存器（UART FIFO Control n Register，UFCONn）有 UFCON0、UFCON1 和 UFCON2 共 3 个，主要用于设置 UART 发送缓冲区 FIFO 的发送门限和接收缓冲区的接收门限等，它们的属性见表 11-6。它们各自具有相同的位功能，见表 11-7。

表 11-6　UART FIFO 控制寄存器属性表

寄存器名	使用地址	读写属性	功能描述	初　值
UFCON0	0x50000008	可读/可写	设置 UART0 FIFO 发送和接收触发门限	0x00
UFCON1	0x50004008	可读/可写	设置 UART1 FIFO 发送和接收触发门限	0x00
UFCON2	0x50008008	可读/可写	设置 UART2 FIFO 发送和接收触发门限	0x00

表 11-7　FIFO 控制寄存器（UFCONn）位功能表

比特位	描　述	初值
[7:6]	确定发送 FIFO 缓冲区的触发门限： 00=空；01=4 字节；10=8 字节；11=12 字节	00
[5:4]	确定接收 FIFO 缓冲区的触发门限： 00=4 字节；01=8 字节；10=12 字节；11=16 字节	00
[3]	保留（Reserved）	0
[2]	确定发送 FIFO 复位：该位在 FIFO 复位后自动清除 0=正常模式；　1=发送 FIFO 复位	0
[1]	确定接收 FIFO 复位：该位在 FIFO 复位后自动清除 0=正常模式；　1=接收 FIFO 复位	0
[0]	确定 FIFO 的使能位：　0=禁止使用；　1=允许使用	0

4. UART Modem 控制寄存器（UMCONn）

UART Modem 控制寄存器（UART Modem Control n Register，UMCONn）有 UMCON0 和 UMCON1，主要用于 UART 与调制解调器 Modem 连接时自动流控制（AFC）模式的设置等，它们的属性见表 11-8。它们具有相同的位功能，见表 11-9。

表 11-8　UART Modem 控制寄存器属性表

寄存器名	使用地址	读写属性	功能描述	初　值
UMCON0	0x5000000C	可读/可写	配置 UART0 与 Modem 的 AFC	0x00
UMCON1	0x5000400C	可读/可写	配置 UART1 与 Modem 的 AFC	0x00
保留	0x5000800C			

表 11-9　Modem 控制寄存器（UMCONn）位功能表

比特位	描　述	初值
[7:5]	保留（Reserved），要求使用默认值 000	000
[4]	确定是否使用自动回流控制 AFC：0=禁止；1=允许	0
[3:1]	保留（Reserved），要求使用默认值 000	000
[0]	请求发送方式选择：如果 AFC=1，本位无效，S3C2410A 将自动控制 nRTS；如果 AFC=0，nRTS 必须由软件控制：0=高电平，nRTS 无效；1=低电平，nRTS 有效	0

5. UART 发送/接收状态寄存器（UTRSTATn）

UART 发送/接收状态寄存器（UART Transmit/Receive Status n Register，UTRSTATn）有 UTRSTAT0、UTRSTAT1 和 UTRSTAT2 共 3 个，主要用于反映发送和接收缓冲区的状态信息等，它们的属性见表 11-10。它们各自具有相同的位功能，见表 11-11。

表 11-10　UART 发送/接收状态寄存器属性表

寄存器名	使用地址	读写属性	功能描述	初　值
UTRSTAT0	0x50000010	只读	反映 UART0 的缓冲区状态	0x06
UTRSTAT1	0x50004010	只读	反映 UART1 的缓冲区状态	0x06
UTRSTAT2	0x50008010	只读	反映 UART2 的缓冲区状态	0x06

表 11-11 发送/接收状态寄存器（UTRSTATn）位功能表

比特位	描述	初值
[2]	发送器空标志位：0=非空；1=发送器为空 当发送缓冲寄存器无有效数据并且发送移位寄存器为空时自动置“1”	1
[1]	发送缓冲区空标志位：0=发送缓冲区非空；1=发送缓冲区空 当发送缓冲区为空时自动置“1”	1
[0]	接收缓冲区数据准备好： 0=还未收到有效数据；1=接收缓冲区收到一个有效数据 当接收缓冲区接收到一个有效数据时自动置“1”	0

6. UART 错误状态寄存器（UERSTATn）

UART 错误状态寄存器（UART Error Status n Register，UERSTATn）有 UERSTAT0、UERSTAT1 和 UERSTAT2 共 3 个，主要用于反映接收器接收了错误帧（字符）的状态信息等，它们的属性见表 11-12。它们各自具有相同的位功能，见表 11-13。

表 11-12 UART 错误状态寄存器属性表

寄存器名	使用地址	读写属性	功能描述	初值
UERSTAT0	0x50000014	只读	反映 UART0 接收帧错误状态	0x0
UERSTAT1	0x50004014	只读	反映 UART1 接收帧错误状态	0x0
UERSTAT2	0x50008014	只读	反映 UART2 接收帧错误状态	0x0

表 11-13 错误状态寄存器（UERSTATn）位功能表

比特位	描述	初值
[3]	位定义保留：0=接收数据过程中没有帧错误；1=接收数据过程中有帧错误	0
[2]	字符帧错误标志位：0=接收过程无帧错误；1=接收过程发现帧错误 当接收过程中出现字符帧错误时，该位自动置“1”	0
[1]	位定义保留：0=接收数据过程中没有帧错误；1=接收数据过程中有帧错误	0
[0]	字符帧超时错误标志位：0=接收过程无帧超时错误；1=接收过程有帧超时错误 当接收过程中出现字符帧超时错误时，该位自动置“1”	0

注意：当 UERSTAT[2]/UERSTAT[0]=1 时，又设置了 UART 的控制寄存器 UCON[6]/UCON[7]=1，则可产生接收错误/超时中断；UERSTATn[3:0]在读取 UART 错误状态寄存器之后自动清零。

7. UART FIFO 状态寄存器（UFSTATn）

UART FIFO 状态寄存器（UART FIFO Status n Register，UFSTATn）有 UFSTAT0、UFSTAT1 和 UFSTAT2 共 3 个，主要用于反映发送和接收 FIFO 缓冲区的数据状态及字节数信息等，它们的属性见表 11-14。它们各自具有相同的位功能，见表 11-15。

表 11-14 UART FIFO 状态寄存器属性表

寄存器名	使用地址	读写属性	功能描述	初值
UFSTAT0	0x50000018	只读	反映 UART0 FIFO 的状态信息	0x0
UFSTAT1	0x50004018	只读	反映 UART1 FIFO 的状态信息	0x0
UFSTAT2	0x50008018	只读	反映 UART2 FIFO 的状态信息	0x0

表 11-15　FIFO 状态寄存器（UFSTATn）位功能表

比特位	描　述	初值
[9]	发送 FIFO 缓冲区满标志位：0=发送 FIFO 不满；1=发送 FIFO 满 在发送数据期间，如果发送 FIFO 满则自动置“1”	0
[8]	接收 FIFO 缓冲区满标志位：0=接收 FIFO 不满；1=接收 FIFO 满 在接收数据期间，如果接收 FIFO 满则自动置“1”	0
[7:4]	发送 FIFO 缓冲区中的字节数：范围为 0~15 字节	0000
[3:0]	接收 FIFO 缓冲区中的字节数：范围为 0~15 字节	0000

8. UART 发送缓冲寄存器（UTXHn）

UART 发送缓冲寄存器（UART Transmit Buffer Register includes its Holding Register & FIFO Register，UTXHn）有 UTXH0、UTXH1 和 UTXH2 共 3 个，用于存放发送的 8 位数据。当把发送的数据写入该寄存器 UTXHn 时，UART 的 UTRSTATn[2:1]位均清零。它们的属性见表 11-16。它们各自具有相同的位功能，见表 11-17。

表 11-16　UART 发送缓冲寄存器属性表

寄存器名	使用地址	读写属性	功能描述	初　值
UTXH0	0x50000020（小端方式） 0x50000023（大端方式）	只写 （按字节）	UART0 发送数据寄存器	—
UTXH1	0x50004020（小端方式） 0x50004023（大端方式）	只写 （按字节）	UART1 发送数据寄存器	—
UTXH2	0x50008020（小端方式） 0x50008023（大端方式）	只写 （按字节）	UART2 发送数据寄存器	—

表 11-17　发送缓冲寄存器 UTXHn 位功能表

比特位	描　述	初值
[7:0]	发送字节数据 TXDATA：8 位发送的数据	—

9. UART 接收缓冲寄存器（URXHn）

UART 接收缓冲寄存器（UART Receive Buffer Register includes its Holding Register & FIFO Register，URXHn）有 URXH0、URXH1 和 URXH2 共 3 个，用于存放从线路上接收到的 8 位数据，此时 UART 的发送/接收状态寄存器 UTRSTATn[0]位被置“1”，表示收到了数据，CPU 检测该位就可以读取该字节数据。它们的属性见表 11-18。它们各自具有相同的位功能，见表 11-19。

表 11-18　UART 接收缓冲寄存器属性表

寄存器名	使用地址	读写属性	功能描述	初　值
URXH0	0x50000024（小端方式） 0x50000027（大端方式）	只读 （按字节）	UART0 接收数据寄存器	—
URXH1	0x50004024（小端方式） 0x50004027（大端方式）	只读 （按字节）	UART1 接收数据寄存器	—
URXH2	0x50008024（小端方式） 0x50008027（大端方式）	只读 （按字节）	UART2 接收数据寄存器	—

表 11-19　接收缓冲寄存器（URXHn）位功能表

比特位	描　述	初值
[7:0]	接收字节数据 RXDATA：8 位接收到的数据	—

当 CPU 从该寄存器中读取数据后，UTRSTATn[0]位就自动清零。当出现接收超时错误时，必须读取接收缓冲寄存器，否则接收下一个字节数据时仍然会有接收超时错误。

10. UART 波特率因子寄存器（UBRDIVn）

UART 波特率因子寄存器（UART Baud Rate Divisor Registers，UBRDIVn）有 UBRDIV0、UBRDIV1 和 UBRDIV2 共 3 个，用于设置 UARTn 串行口发送与接收数据的波特率。它们的属性见表 11-20。它们各自具有相同的位功能，见表 11-21。

表 11-20　UART 波特率因子寄存器属性表

寄存器名	使用地址	读写属性	功能描述	初　值
UBRDIV0	0x50000028	可读/可写	设置 UART0 发送/接收数据的波特率	—
UBRDIV1	0x50004028	可读/可写	设置 UART1 发送/接收数据的波特率	—
UBRDIV2	0x50008028	可读/可写	设置 UART2 发送/接收数据的波特率	—

表 11-21　波特率因子寄存器（UBRDIVn）位功能表

比特位	描　述	初值
[15:0]	波特率因子 UBRDIV：16 位数据，给定值必须大于 0	—

波特率的计算：

S3C2410A 的 UART 使用的时钟源有 2 个，系统的 PCLK 和外部从 GPH8 引脚接入的 UEXTCLK 时钟。UARTn 使用的波特率就是通过波特率因子寄存器的值对它们进行分频而获得的。实际上就是根据波特率（bps）的要求计算波特率因子寄存器应赋的数值。UBRDIVn 的值可以利用下面的表达式确定。

$$UBRDIVn=(int)[PCLK/(bps\times16)]-1 \quad (式中分频因子值为 1\sim2^{16}-1)$$

对于 UART 的操作，S3C2410A 也支持对 UEXTCLK 进行分频。这时 UBRDIVn 的值可以通过下面的表达式确定。

$$UBRDIVn=(int)[UEXTCLK/(bps\times16)]-1 \quad (式中分频因子数值为 1\sim2^{16}-1)$$

例如，如果波特率是 115200 bit/s，PCLK 或者 UEXTCLK 是 40 MHz，UBRDIVn 的值为

$$UBRDIVn=(int)[40000000/(115200\times16)]-1=(int)(21.7)-1=21-1=20$$

11.1.6　S3C2410A 的 UART 编程示例

S3C2410A 的 UART 编程的主要内容如下。

- 设置 GPH 的 I/O 端口为 3 个 UART 所使用。
- 配置 UART 的主要功能寄存器 ULCONn 设置字符格式。
- 配置波特率寄存器（UBRDIVn）确定 UART 接收/发送的波特率。
- 根据发送/接收状态寄存器的状态位编写发送函数、接收函数等。
- 如果通过中断函数完成串行接口数据的发送与接收，需要初始化相关的中断寄存器，包括 ARM 中断寄存器、ARM 子中断寄存器、UART 的控制寄存器（UCONn）中断控制位以及 FIFO 控制寄存器（UFCONn）等，并编写中断服务函数。

程序设计示例的主要代码如下。

1. 与 UART 有关的寄存器地址定义

有关 UART0~UART2 的功能访问地址可参考文件 2410addr.h，以下列出一些特殊的端口访问地址定义，主要是在大端存储方式或小端存储方式下各功能寄存器的定义。

注意：由于 UART 的寄存器采用单字节访问，而 S3C2410A 表示字节地址访问时使用的是字（4 字节）地址操作，即单字节数据占用了 4 字节的地址空间。根据 1.3.4 节的介绍，大端方式存储时该有效字节数据处于字地址的最高字节处，而小端方式存储时该有效字节数据处于字地址的最低字节处。

```
#ifdef __BIG_ENDIAN  // 数据采用大端存储方式时
#define rUTXH0   (*(volatile unsigned char *)0x50000023)    // UART0 发送保持寄存器
#define rURXH0   (*(volatile unsigned char *)0x50000027)    // UART0 接收缓存寄存器
#define rUTXH1   (*(volatile unsigned char *)0x50004023)    // UART1 发送保持寄存器
#define rURXH1   (*(volatile unsigned char *)0x50004027)    // UART1 接收缓存寄存器
#define rUTXH2   (*(volatile unsigned char *)0x50008023)    // UART2 发送保持寄存器
#define rURXH2   (*(volatile unsigned char *)0x50008027)    // UART2 接收缓存寄存器
/****************需要仔细阅读大端存储方式下的宏函数定义*************/
#define WrUTXH0(ch)(*(volatile unsigned char *)0x50000023)=(unsigned char)(ch)
                                                             // 定义 UART0 写函数
#define RdURXH0()   (*(volatile unsigned char *)0x50000027)  // 定义 UART0 读函数
#define WrUTXH1(ch)(*(volatile unsigned char *)0x50004023)=(unsigned char)(ch)
                                                             // 定义 UART1 写函数
#define RdURXH1()   (*(volatile unsigned char *)0x50004027)  // 定义 UART1 读函数
#define WrUTXH2(ch)(*(volatile unsigned char *)0x50008023)=(unsigned char)(ch)
                                                             // 定义 UART2 写函数
#define RdURXH2()   (*(volatile unsigned char *)0x50008027)  // 定义 UART2 读函数
#else// LittleEndian        // 数据采用了小端存储方式
#define rUTXH0(*(volatile unsigned char *)0x50000020)    // UART0 发送保持寄存器
#define rURXH0(*(volatile unsigned char *)0x50000024)    // UART0 接收缓存寄存器
#define rUTXH1(*(volatile unsigned char *)0x50004020)    // UART1 发送保持寄存器
#define rURXH1(*(volatile unsigned char *)0x50004024)    // UART1 接收缓存寄存器
#define rUTXH2(*(volatile unsigned char *)0x50008020)    // UART2 发送保持寄存器
#define rURXH2(*(volatile unsigned char *)0x50008024)    // UART2 接收缓存寄存器
/*****************需要仔细阅读小端存储方式下的宏函数定义************/
#define WrUTXH0(ch)(*(volatile unsigned char *)0x50000020)=(unsigned char)(ch)
                                                             // 定义 UART0 写函数
#define RdURXH0()   (*(volatile unsigned char *)0x50000024)  // 定义 UART0 读函数
#define WrUTXH1(ch)(*(volatile unsigned char *)0x50004020)=(unsigned char)(ch)
                                                             // 定义 UART1 写函数
#define RdURXH1()   (*(volatile unsigned char *)0x50004024)  // 定义 UART1 读函数
#define WrUTXH2(ch)(*(volatile unsigned char *)0x50008020)=(unsigned char)(ch)
                                                             // 定义 UART2 写函数
#define RdURXH2()   (*(volatile unsigned char *)0x50008024)  // 定义 UART2 读函数
#endif
/****************全局变量定义**********************************/
static intwhichUart=0;                        // 用于选择 S3C2410A 的 UART 是哪个串口
volatile static char *Uart0_RxStr;            // 用于保存 UART0 接收的字符串
```

2. 有关 UART 的初始化函数

```
/**********************************************************************
与 UART 有关的 GPIO 端口初始化函数
功能:对 GPH 接口的相应位进行设置,为 UART 所使用,没有配置 UART2 串行口
**********************************************************************/
```

```
void Port_Uart_Init(void)
{ // 引脚:GPH10   GPH9   GPH8   GPH7   GPH6   GPH5   GPH4   GPH3   GPH2   GPH1   GPH0
  // 信号: CLKOUT1 CLKOUT0 UCLK nCTS1 nRTS1 RXD1   TXD1   RXD0   TXD0 nRTS0   nCTS0
  // 比特值:  10 ,  10,  10 ,  11,   11 ,  10,  10,   10,   10,   10    10
  rGPHCON=0x2afaaa;
  rGPHUP  0x7ff;    // 禁止端口上拉电阻
}
/**************************************************************
UART 功能寄存器初始化函数,输入参数为使用的时钟和波特率
功能:设置 UARTn 的字符格式,配置控制寄存器和波特率寄存器
**************************************************************/
void Uart_Init(int pclk,int baud)
{
    int i;
    if(pclk==0)   pclk=PCLK;
    rUFCON0=0x0;            // 禁止使用 UART0 的 16 字节 FIFO 缓冲区
    rUFCON1=0x0;            // 禁止使用 UART1 的 16 字节 FIFO 缓冲区
    rUFCON2=0x0;            // 禁止使用 UART2 的 16 字节 FIFO 缓冲区
    rUMCON0=0x0;            // 关闭 UART0 AFC
    rUMCON1=0x0;            // 关闭 UART1 AFC
  // 设置 UART0 的字符格式,控制寄存器以及波特率
    rULCON0=0x3;            // 行控制寄存器设置:正常模式;无校验位;1 位停止位;8 位数据位
    rUCON0=0x245;
    rUBRDIV0=((int)(pclk/16.0/baud+0.5)-1);      // 设置波特率因子寄存器
  // 与 UART0 相同的方式配置 UART1 的字符格式,控制寄存器和波特率
    rULCON1=0x3;
    rUCON1=0x245;
    rUBRDIV1=((int)(pclk/16./baud+0.5)-1);
  // 与 UART0 相同的方式配置 UART2 的字符格式,控制寄存器和波特率
    rULCON2=0x3;
    rUCON2=0x245;
    rUBRDIV2=((int)(pclk/16./baud+0.5)-1);
    for(i=0;i<100;i++);     // 延时
}
```

控制寄存器 UCONn 配置说明：[10]=0 时钟选择为 PCLK；[9]=1 发送中断触发为电平触发；[8]=0 接收中断触发为边沿触发；[7]=0 接收超时中断禁止；[6]=1 接收错误状态中断允许；[5]=0 正常操作；[4]=0 正常操作；[3:2]=01 发送模式为中断请求和程序查询；[1:0]=01 接收模式为中断请求和程序查询。

```
/**************************************************************
UART 中断初始化函数
功能:允许 ARM 中的 INT_UARTn 中断,允许 ARM 子中断 INT_RXD0、INT_RXD1
需要其他 UART 中断可以使用同样的方法进行
**************************************************************/
void Uart_Int_Init()
{
    rINTMSK=rINTMSK &(~(BIT_UART0))&(~(BIT_UART1));               // 允许 ARM 中断
    rINTSUBMSK=rINTSUBMSK &(~(BIT_SUB_RXD0))&(~(BIT_SUB_RXD1));
                                                                   // 允许 ARM 子中断
    pISR_UART0=(unsigned)Uart_Int_Rxd0;  // 将中断服务函数名(常量地址)赋予内存中断向量
    pISR_UART1=(unsigned)Uart_Int_Rxd1;
}
```

3. 字节发送与接收函数

```
/******* UART 通道号选择函数。功能:给全局变量 whichUart 赋值***********/
void Uart_Select(int ch) {  whichUart=ch; }
/**************************************************************
检测 UARTn 发送器空函数
功能:检查 UART0、UART1、UART2 的发送器(包括发送保持寄存器和发送移位寄存器)
**************************************************************/
void Uart_TxEmpty(int ch)                       // 形参 ch 是串行口号
{
    if(ch==0)
        while(!(rUTRSTAT0 & 0x4));              // 等待 UART0 发送器空
    else if(ch==1)
        while(!(rUTRSTAT1 & 0x4));              // 等待 UART1 发送器空
    else if(ch==2)
        while(!(rUTRSTAT2 & 0x4));              // 等待 UART2 发送器空
}
/**************************************************************
UARTn 发送字符函数; 功能:将字符数据 data 从形参 ch 指定的串行口发送
**************************************************************/
void Send_Char(U8 ch,U8 data)
{
    if(ch==0)
    {
        while((rUTRSTAT0 & 0x4)!=04);           // 等待 UART0 发送器空
        rUTXH0=data;                            // 或者使用宏定义 WrUTXD0(data)
    }
    else if(ch==1)
    {
        while((rUTRSTAT1 & 0x4)!=0x4);          // 等待 UART1 发送器空
        rUTXH1=data;
    }
    else if(ch==2)
    {
        while((rUTRSTAT2 & 0x4)!=0x4);          // 等待 UART2 发送器空
        rUTXH2=data;
    } }
/**************************************************************
UARTn 接收字符函数;  功能:从形参 ch 指定的串行口读字符数据
**************************************************************/
U8 Receive_Char(int ch)
{
    if(ch==0)
    {
        while((rUTRSTAT0 & 0x1)!=01);           // 检查接收缓冲寄存器有接收字节数据
        return RdURXH0();                       // 通过宏定义 rRdURXH0()读字节数据并返回
    }
    else if(ch==1)
    {
        while((rUTRSTAT1 & 0x1)!=01);           // 检查接收缓冲寄存器有接收字节数据
        return RdURXH1();                       // 也可以使用 rURXD1
    }
    else if(ch==2)
    {
        while((rUTRSTAT2 & 0x1)!=01);           // 检查接收缓冲寄存器有接收字节数据
        return RdURXH2();                       // 通过宏定义 rURXH2()读字节数据并返回
    } }
```

4. UART 中断函数

```
/ ****************************** xxxx *******************************
UART0 中断接收函数,其他 2 个串口与此编写类似。接收字符串保存在指针变量 * Uart_RxStr 中
功能:在函数中要判断是 INT_RXD 子中断还是 INT_ERR0 子中断
****************************** xx ******************************/
void__irq Uart_Int_Rxd0(void)
{  // 屏蔽 UART0 的 3 个子中断源
    rINTSUBMSK=rINTSUBMSK|(BIT_SUB_TXD)|(BIT_SUB_RXD)|(BIT_SUB_ERR);
    if(rSUBSRCPND & BIT_SUB_RXD0) // 如果是接收数据子中断 INT_RXD0,则以下是接收数据
    {
        if(RdURXH0())!='\r'
            * Uart_RxStr++=(char)RdURXH0();
        else
            * Uart_RxStr++='\0';        // 字符串接收完毕
    }
    Else                                // 否则就是接收错误子中断
    {
        switch(rUERSTAT0)
        {
            case'1': Uart_Printf("Overrun Error! \n");
                break;
            case'2': Uart_Printf("Parity Error! \n");
                break;
            case'4': Uart_Printf("Frame Error! \n");
                break;
            case'8': Uart_Printf("Break Detect! \n");
                break;
            default:Uart_Printf("Not knew Error! \n");
                break;
        }
    }
    rSRCPND=BIT_UART0;              // 清除中断源悬挂寄存器 INT_UART 位
    rINTPND=rINTPND;                // 清除中断悬挂寄存器 INT_UART 位
    rSUBSRCPND=(BIT_SUB_RXD0|BIT_SUB_ERR0); // 清除子中断源悬挂寄存器对应位
    rINTSUBMSK=~(BIT_SUB_RXD0|BIT_SUB_ERR0);    // 允许子中断 INT_RXD0、INT_ERR0 中断
}
/ ****************** 关闭 UARTn 中断函数 *************************/
void Uart_Int_Close(int ch)
{
    if(whichUart==0)   rINTMSK=rINTMSK|(BIT_UART0);
    if(whichUart==1)   rINTMSK=rINTMSK|(BIT_UART1);
    if(whichUart==2)   rINTMSK=rINTMSK|(BIT_UART2);
}
```

5. 与超级终端通信函数

```
/ ****************************************************************
UART 从超级终端获取字符函数
功能:根据 UART 的串行口选择函数决定从哪个串口获取字符,默认是 UART0
****************************************************************/
char Uart_Getchar(void)
{
    if(whichUart==0)                    // whichUart 是定义的全局变量
    {
        while(!(rUTRSTAT0 & 0x1));      // 等待 UART0 字符数据准备好
        return RdURXH0();
    }
```

```
    else if(whichUart==1)
    {
        while(!(rUTRSTAT1 & 0x1));                    // 等待 UART1 字符数据准备好
        return RdURXH1();
    }
    else if(whichUart==2)
    {
        while(!(rUTRSTAT2 & 0x1));                    // 等待 UART2 字符数据准备好
        return RdURXH2();
    }}
/****************************************************************
UART 从超级终端获取键值函数
功能:根据 UART 的串行口选择函数决定从哪个串口获取键值,默认是 UART0
****************************************************************/
char Uart_GetKey(void)
{
    if(whichUart==0)
    {
        if(rUTRSTAT0 & 0x1)    return RdURXH0();       // 如果 UART0 字符数据准备好
        else return 0;
    }
    else if(whichUart==1)
    {
        if(rUTRSTAT1 & 0x1)    return RdURXH1();       // 如果 UART1 字符数据准备好
        else return 0;
    }
    else if(whichUart==2)
    {
        if(rUTRSTAT2 & 0x1)    return RdURXH2();       // 如果 UART0 字符数据准备好
        else return 0;
    }}
/****************************************************************
UART 向超级终端发送字节数据函数
功能:根据 UART 的串行口选择函数决定从哪个串口获取键值,默认是 UART0
****************************************************************/
void Uart_SendByte(int data){
  if(whichUart==0){
    if(data=='\n'){                                    // 需要将\n 转换为\r 发送
      while(!(rUTRSTAT0 & 0x2));                       // 等待发送移位寄存器空
      Delay(10);                                       // 延时,因超级终端的响应速度较慢
      WrUTXH0('\r');
    }
    while(!(rUTRSTAT0 & 0x2));                         // 等待发送移位寄存器空
    Delay(10);
    WrUTXH0(data);
  }
  else if(whichUart==1){
    if(data=='\n')    {
      while(!(rUTRSTAT1 & 0x2));
      Delay(10);
      rUTXH1='\r';
    }
    while(!(rUTRSTAT1 & 0x2));
    Delay(10);
    rUTXH1=data;
  }
  else if(whichUart==2){
```

```
        if(data=='\n'){
            while(!(rUTRSTAT2 & 0x2));
            Delay(10);
            rUTXH2='\r';
        }
        while(!(rUTRSTAT2 & 0x2));
        Delay(10);
        rUTXH2=data;
    } }
/*************************************************************
UART 向超级终端发送字符串函数
功能:用字符数组或字符指针定义数组,直接使用数组名或指针名作为形参即可
*************************************************************/
void Uart_SendString(char *pt){
  int len=strlen(pt)-1;
  int i;
  for(i=0;i<len;i++)  {
    Uart_SendByte(*(pt+i));
    Pt++;} }
/*************************************************************
UARTn 格式化打印字符串函数
功能:在超级终端上显示格式化字符串,与 C 语言中的 printf()函数作用相同
*************************************************************/
void Uart_Printf(char *fmt,...)
/*... 表示可变参数(多个可变参数组成一个列表,后面有专门的指针指向它),不限定个数和类型*/
{
  va_list ap;            // 初始化指向可变参数列表的指针。va_list 为 C 语言定义的特殊数据类型
  char string[256];
  va_start(ap,fmt);  // 将第一个可变参数的地址赋给 ap,即 ap 指向可变参数列表的开始
  vsprintf(string,fmt,ap);
  /*将参数 fmt、ap 指向的可变参数一起转换成格式化字符串,放入 string 数组,其作用同 sprintf(),
    只是参数类型不同*/
  Uart_SendString(string);        // 把格式化字符串从开发板串口送出去
  va_end(ap);             // 保证堆栈指针的正确恢复
}
```

6. S3C2410A 的 UART0 与 PC 超级终端串行通信示例

将 MACRO-2440 开发板 UART0 串行口的 RS-232 标准接口与 PC 的串口相连，超级终端的字符格式和波特率的设置与 ARM 一致。UART0 通过程序查询的方式接收超级终端发来的字符串，使用“二战”时简单的加密算法，即将英文的大写字母或小写字母循环右移 N 位。这里循环右移 4 位，即 a→e，b→f，c→g，…，w→a，x→b，y→c，z→d，对于大写的字母也是如此。这使得正常的英文文件就没有办法阅读了。

这里就是对英文字母的 ASCII 码值+4 后再返回给超级终端进行显示。以下是主函数代码，其中使用的函数如在此之前有定义就直接使用。

```
    int main(void)
    {
        char  ch_x ;
        volatile char *Uart0_TxStr; // 用于保存加密后的发送字符串
        int len,i=0;
        Port_Uart_Init();
        Uart_Init(0,19200);         // 1 位起始位;8 位数据位;无校验;1 位终止位;波特率 19200 bit/s
        Uart_Select(0);             // 选择使用 UART0 串行口
        while(1)                    // 程序周而复始运行
```

```
{
    while(1)              // 这个循环用于等待接收超级终端发来的字符串,以'\r'为结束符
    {
        ch_x=Uart_GetChar();
        if(c=='\r')break; // 超级终端以回车'\r'作为它的结束符,退出里面的while(1)循环
        else *(Uart0_RxStr+i)=ch_x;            // 字符指针变量 Uart0_RxStr 已定义为全局变量
        Uart0_RxStr++;
        i++;
    }
 *(Uart0_RxStr+i)='\0';                         // 增加字符串结束符'\0'
len=strlen(Uart0_RxStr)-1 ;
for(i=0 ;i<strlen ;i++)                          // 此循环用于对接收的字符串进行加密
{
    ch_x= *(UART0_RxStr+i);
    if(ch_x>=0x41 && ch_x<=0x5a)                // 大写字符 ASCII 码
    {
        ch_x=ch_x+4;
        if(ch_x>0x5a)ch_x=ch_x-0x1a;             // 超出大写字母范围时需要调整
    }
    if(ch_x>=0x61 && ch_x<=0x7a)
    {
        ch_x=ch_x+4;
        if(ch_x>0x7a)ch_x=ch_x-0x1a;
    }
     *(Uart0_TxStr+i)=ch_x;
}
 *(Uart0_TxStr+i)='\r';
 *(Uart0_TxStr+(++i))='\0';
Uart_SendString(Uart0_TxStr);                    // 发送加密后的字符串到超级终端
}}
```

11.2 I²C 接口原理与编程

集成电路内部总线（Inter Integrated Circuit BUS，I²C BUS）是由 Philips 公司推出的一种简单、双向、二线制、同步串行扩展总线，也称 IIC 总线，用于连接微控制器及其外围设备。I²C 总线是具备总线仲裁和高低速设备同步等功能的高性能多主机总线，直接用导线连接设备，通信时无需片选信号。

IIC 总线共有 2 条信号线和一条地线，2 条信号线分别是数据线 SDA（Serial Data）和时钟线 SCL（Serial Clock），并且都是双向传输的，数据的传输速率可以达到 3.4 Mbit/s。

S3C2410A 具有支持多主机的 I²C 总线接口，在多主模式下，多个 S3C2410A 处理器可以传送数据到其他 IC 器件，或者从其他 IC 器件获取数据。作为主机的 S3C2410A 可以控制 I²C 总线的传输开始与结束。

11.2.1 I²C 总线接口原理

I²C 总线的接口电路如图 11-8 所示。各部分的功能描述如下。

串行数据线 SDA：用于数据的发送与接收。

时钟线 SCL：控制数据的发送与接收，即数据同步信号。

上拉电阻 *R*p：由于 I²C 标准中没有规定逻辑 0 和 1 所使用的电压值，无论是双极性的 TTL

电路还是单极性的 MOS 电路都能够连接到总线上。所有的 TTL 器件使用集电极开路 OC 门或 MOS 器件使用漏极开路电路都可以与总线相连，通过选择适当的上拉电阻使信号的默认状态保持为高电平。当传输逻辑 0 时，总线上的某个器件输入信号使得它控制的晶体管或场效应管导通，起到下拉该信号电平的作用。晶体管的集电极开路或场效应管的漏极开路允许一些器件同时写总线而不引起电路烧坏的故障。

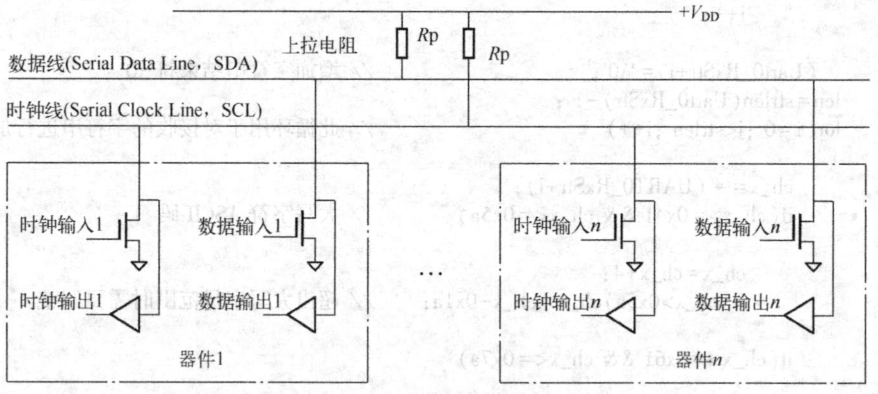

图 11-8　I²C 总线接口电路结构

I²C 属于多主控制器总线结构，不同节点中的任何一个可以在不同的时刻起主控制器作用。因此总线上不存在一个全局主控制器在 SCL 线上产生时钟信号。当输出数据时，主控制器就同时驱动 SDA 信号和 SCL 信号。当总线空闲时，SDA 和 SCL 都保持为高电平。当总线上有两个或两个以上的器件需要同时作为主控器件占用总线时，由于每个器件都采用一边发送一边接收的方式，当其他器件发送的逻辑电平与自己互不相同时是可以发现的。所以要求每个器件在占用总线时必须监听总线状态，以确保发送数据时尽量互不干扰，但是互相的干扰是必然存在的，在之后的总线竞争内容中将介绍它们是如何工作的。

11.2.2　I²C 的总线协议

1. I²C 总线协议格式

I²C 总线上的器件是依靠它的地址进行访问的，地址有 7 位地址和 10 位地址，器件之间的相互操作分为写数据与读数据，这样总线的协议格式有 4 种组合，如图 11-9 所示。

在 SDA 线上每次传输的数据是 1 个字节，Start 属于开始位占 1 位；第 1 个字节是由 7 位的从属地址和 1 位读/写（R/W）传输方向控制位组成的，当 R/W=0 时表示主控器件向从属器件写入数据，当 R/W=1 时表示主控器件要从从属器件读数据；1 位的应答信号 ACK 是由数据的接收方发送的。但对于 7 位地址或 10 位地址的第 1 或含第 2 个 ACK 信号必须由从机应答；之后就是传输 N 个单字节数据和 ACK 应答信号组合；当数据传输结束后，由主控器件发送 1 位终止信号 Stop，整个数据传输完成。协议组成结构如图 11-9a、图 11-9c 所示。

对于 10 位地址的器件来说，要发送 2 个字节的地址信息，注意首字节中的 11110 是特征字段，用于区分是 7 位地址还是 10 位地址，如图 11-9b、图 11-9d 所示。

注意：数据或地址的 MSB（最高位）总是最先传输的。

2. I²C 总线的协同工作

当主机（主器件）要和一台从机（从器件）交换数据时，首先发出一个开始信号（Start），主机将占用总线，这个信号被所有的从机接收，从机将准备接收主机的信息。然后主机

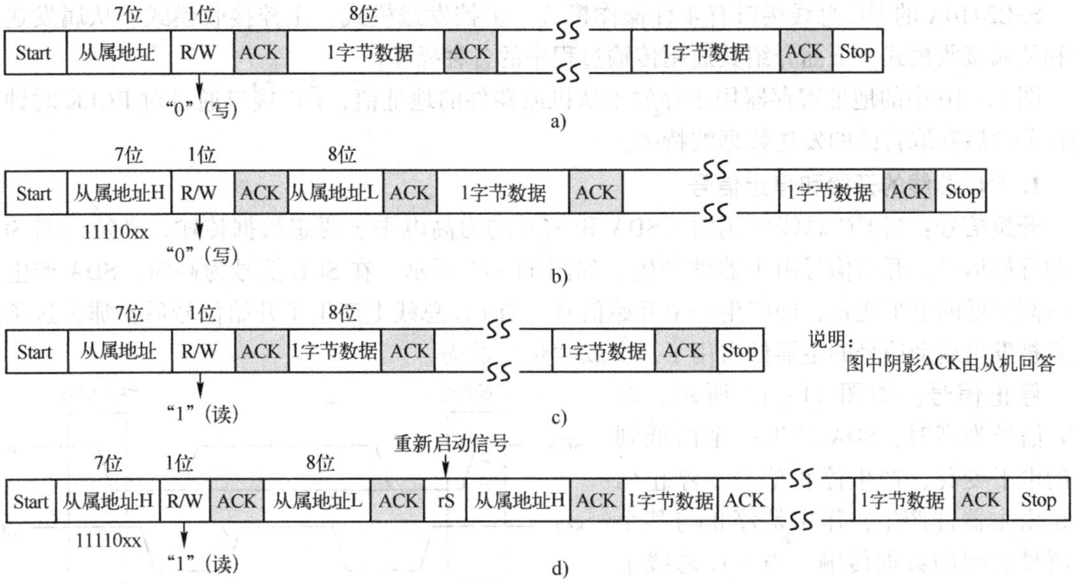

图 11-9　I^2C 总线协议格式

a）7 位地址写模式　b）10 位地址写模式　c）7 位地址读模式　d）10 位地址读模式

再发出它要通信的从机地址以及数据的传输方向，这一过程需要 8 个时钟周期。最后所有的从机将这个地址与它们各自的地址进行比较，不相符者什么都不做，只有耐心地等待主机发出的终止信号（Stop）；相符者就发出一个应答信号 ACK（Acknowledge）给主机，当主机收到 ACK 信号后，就开始向从机发送数据或从从机接收数据，之后的 ACK 信号将由接收数据方回答。当数据传输完后，主机发出一个终止信号（Stop），通信结束，释放 I^2C 总线。然后所有的从机都等待下一次开始信号（Start）的到来。

注意：I^2C 总线上的所有器件都可以作为主控器件。

11.2.3　S3C2410A 的 I^2C 接口

S3C2410A 支持 I^2C 总线序列接口，其端口 GPE15 可用作数据线（SDA），GPE14 用作时钟线（SCL），SDA 和 SCL 均是双向的。图 11-10 是处理器内部的 I^2C 总线接口图。

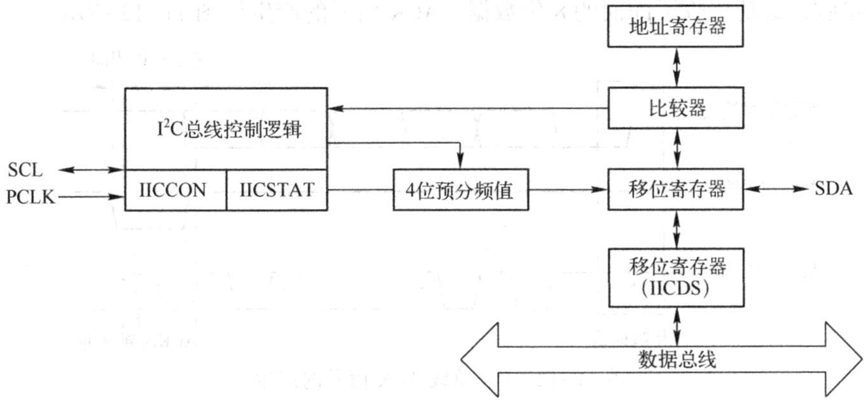

图 11-10　S3C2410A 处理器 I^2C 总线接口

S3C2410A 的 I^2C 总线接口有 4 种操作模式：主控发送模式、主控接收模式、从属发送模式和从属接收模式。下面介绍其通用传输过程中的各种操作。

图 11-10 中的地址寄存器用于存放本从机或器件的地址值，I^2C 接口通过对 PCLK 时钟源进行分频后获取自己的发送数据波特率。

1. I^2C 总线的开始和停止信号

开始信号：当 I^2C 总线空闲时，SDA 和 SCL 均为高电平。要想数据传输，必须检测 SDA 上的开始信号，开始信号由主器件产生，如图 11-11 所示。在 SCL 信号为高时，SDA 产生一个由高到低的电平变化，即产生一个开始信号。当 I^2C 总线上产生了开始信号后，那么这条总线就被发出启动信号的主器件占用了，变成“忙”状态。

停止信号：如图 11-11 所示，在 SCL 信号为高时，SDA 产生一个由低到高的电平变化，产生停止信号。停止信号也由主器件产生，作用是停止与某个从器件之间的数据传输。当 I^2C 总线上产生了一个停止信号后，在几个时钟周期之后总线就被释放，变成“闲”状态。

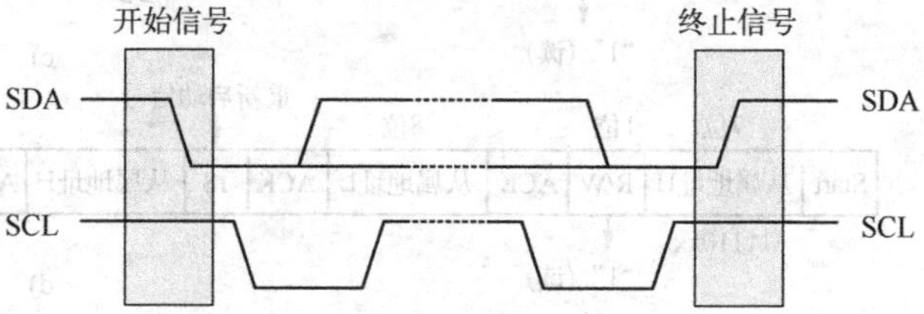

图 11-11 开始信号和终止信号的产生

主器件产生一个启动信号后，它还会立即送出一个从地址，用来通知将与它进行数据通信的从器件。1 个字节的地址包括 7 位的地址信息和 1 位的传输方向指示位，如果第 7 位为“0”，表示马上要进行一个写操作；如果为“1”，表示马上要进行一个读操作。

2. 数据传输格式

SDA 上传输的每个字节长度都是 8 位，每次传输中字节的数量是没有限制的。在开始条件后面的第一个字节是地址域，每个传输的字节后面都有一个应答（ACK）位。传输中串行数据的 MSB（字节的高位）首先发送。4 种具体的数据传输格式见图 11-9。

3. 应答信号 ACK

为了完成 1 个字节的传输操作，接收器应该在接收完 1 个字节之后发送 ACK 到发送器，告诉发送器已经收到了这个字节。ACK 脉冲信号在 SCL 上第 9 个时钟处发出，前面 8 个时钟完成 1 个字节的数据传输，时钟 SCL 都是由主器件产生的。当发送器要接收 ACK 脉冲时，应该释放 SDA，即将 SDA 置高。接收器在接收完前面 8 位数据后，将 SDA 拉低。发送器探测到 SDA 为低，就认为接收器成功接收了前面的 8 位数据。ACK 信号的产生如图 11-12 所示。

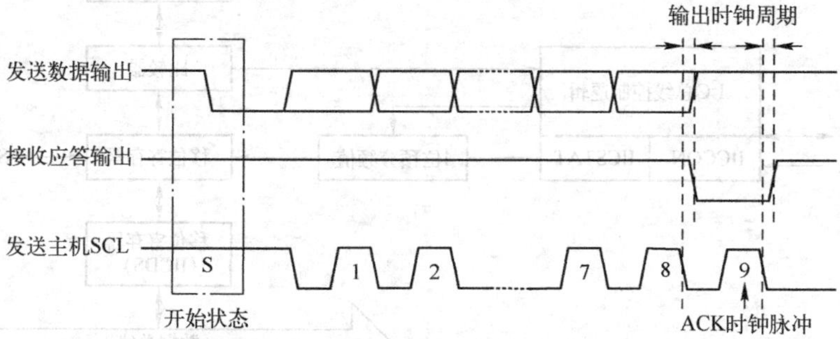

图 11-12 I^2C 总线 ACK 信号的产生

4. 总线的数据传输时序与读/写操作

总线的数据传输时序：如图 11-13 所示，从图中可以看出，当 SCL 保持高电平时，若

SDA 出现由高电平到低电平的信号变化，则总线传输开始，随后 SCL 上出现的是时钟信号，SDA 上出现的是数据。8 位的数据传输完后，在 SCL 上出现第 9 个脉冲时，这时发送数据方将 SDA 线释放，即置位高电平，等待接收数据方发送 ACK 确认信号。在进行下一个接收或发送字节数据之前，SCL 将维持低电平。

总线的写操作：在发送模式下，当发送完一个字节数据后，总线接口会等待数据移位寄存器接收下一字节数据，在下一字节数据写到数据移位寄存器之前，SCL 保持低电平，寄存器中写入数据后，SCL 被释放，可以进行新字节数据的发送，这时的 SCL 信号将是时钟信号。S3C2410A 对传送数据可以采用中断的方式进行，当 S3C2410A 收到中断请求时，再发送新的数据到数据移位寄存器 IICDS，准备数据的发送。

总线的读操作：在接收模式下，当收到一个字节数据以后，I^2C 总线接口将等待 IICDS 中的数据被读出，在此之前，SCL 将保持低电平。S3C2410A 将保持中断以识别当前的数据接收完成，当 CPU 接收到此中断请求后，将会从 IICDS 读取一个数据。

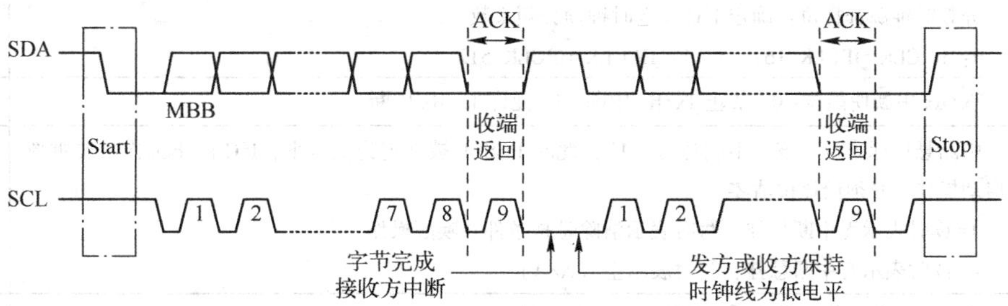

图 11-13　I^2C 总线传输数据时序图

5. 总线竞争的仲裁

I^2C 总线上可以挂接多个器件，有时会发生两个或多个主器件同时想占用总线的情况。I^2C 总线具有多主控能力，可对发生在 SDA 上的总线竞争进行仲裁，其仲裁原则是：当多个主器件同时想占用总线时，如果某个主器件发送高电平，而另一个主器件发送低电平，则发送高电平的那个器件将自动关闭其输出级，发低电平为胜利者。这是由 I^2C 总线的结构决定的，因为总线高电平可以通过接地下拉为低电平，而低电平却无法上拉为高电平。

总线竞争的仲裁是在两个层次上进行的。首先是地址位的比较，如果多个主器件寻址同一个从器件，则进入数据位的比较，从而确保了竞争仲裁的可靠性。

6. I^2C 总线的数据传输过程

- **开始**：主设备产生启动信号，表明数据传输开始。
- **地址**：主设备发送地址信息，包含 7 位的从设备地址和 1 位的数据方向指示位。
- **数据**：根据指示位，数据在主设备和从设备之间进行传输。数据一般以 8 位传输，最高位在前；具体能传输多少数据并没有限制。接收器产生 1 位的 ACK（应答信号）表明收到了字节数据。传输过程可以被主设备终止和重新开始。
- **停止**：主设备产生停止信号，结束数据传输。

11.2.4　I^2C 总线专用寄存器

S3C2410A 内部具有 I^2C 总线控制器，使用时需对它们进行初始化设置，可以与不同控制器的 I^2C 进行接口，以下介绍这些寄存器的属性和功能，见表 11-22。

表 11-22 I^2C 控制寄存器属性表

寄存器名	使用地址	读写属性	功能描述	初值
IICCON	0x54000000	可读/可写	I^2C 总线控制寄存器	0x0X
IICSTAT	0x54000004	可读/可写	I^2C 总线状态寄存器	0x00
IICADD	0x54000008	可读/可写	I^2C 总线地址寄存器	0xXX
IICDS	0x5400000C	可读/可写	I^2C 总线发送/接收移位寄存器	0xXX

1. 多主机 I^2C 总线控制寄存器（IICCON）

I^2C 总线控制寄存器（Multi-Master IIC-BUS Control Register，IICCON）可以配置总线的工作时钟、控制 ACK 信号的产生以及中断的使能等，其功能见表 11-23。

表 11-23 IICCON 位功能表

比特位	描述	初值
[7]	ACK 应答使能位：控制 ACK 应答信号的产生。0=禁止；1=允许	0
[6]	分频时钟源选择位：确定 I^2C 发送时钟预分频系数 0：IICCLK=fPCLK/16；　1：IICCLK=fPCLK/512	0
[5]	Tx/Rx 中断使能位：0=禁止 Tx/Rx 中断；1=允许 Tx/Rx 中断	0
[4]	中断悬挂标志位：该位不能写为“1”，此时 IICSCL 被绑定为低电平，I^2C 停止工作。要重新启动操作，必须给该位清零 0=读时表示无中断悬挂，写时表示清除悬挂条件并唤醒操作 1=读时表示有中断悬挂，写时表示空（N/A）	0
[3:0]	发送时钟分频值：设置 I^2C 总线发送时钟前置分频器 Tx 时钟=IICCLK/(IICCON[3:0]+1)	—

2. 多主机 I^2C 总线控制/状态寄存器（IICSTAT）

I^2C 总线控制/状态寄存器（Multi-Master IIC-BUS Control/Status Register，IICSTAT）可以配置总线的工作模式、控制开始信号和终止信号的产生以及总线的许多标志位等信息，其功能见表 11-24。

表 11-24 IICSTAT 位功能表

比特位	描述	初值
[7:6]	总线工作模式选择位：00=从模式接收；01=从模式发送； 10=主接收模式；11=主发送模式	00
[5]	总线忙/开始和终止信号的产生位： 读取位数据时，0=总线忙；1=总线空闲 写入位数据时，0=产生终止信号；1=产生开始信号	0
[4]	Tx/Rx 数据传输使能位：0=禁止 Tx/Rx 传输；1=允许 Tx/Rx 传输	0
[3]	总线仲裁状态标志位：0=总线仲裁成功；1=总线仲裁失败	0
[2]	从地址状态标志位：0=当检测到启动或停止信号时清零； 1=接收到的从地址与在 IICADD 中的匹配	0
[1]	零地址状态标志位：0=当检测到启动或停止信号时清零； 1=接收到从地址为 00000000b（广播地址）	0
[0]	接收到的最后数据位状态标志： 0=接收到最后数据位后，接收到 ACK 应答信号； 1=接收到最后数据位后，没有接收到 ACK 应答信号	0

3. 多主机 I^2C 总线地址寄存器（IICADD）

I^2C 总线地址寄存器（Multi-Master IIC-BUS Address Register，IICADD）用于存储本从机地址信息。挂接在 I^2C 总线上的任何器件，既可以作为主机也可以作为从机。IICADD 位功能见表 11-25。

表 11-25　IICADD 位功能表

比特位	描　述	初值
[7:0]	用于存储本从机的 7 位地址。当 IICSTAT 寄存器中的 Tx/Rx 数据传输使能位 IICSTAT[4]=0 时，IICADD 是可写的。IICADD 中的值是随时可以读取的，与 IICSTAT[4]的值无关。[7:1]=从机地址，[0]=匹配失败位	0xXX

4. 多主机 I^2C 总线发送/接收移位寄存器（IICDS）

I^2C 总线发送/接收移位寄存器（Multi-Master IIC-BUS Transmit/Receive Data Shift Register，IICDS）用于暂存发送/接收的字节数据，其位功能见表 11-26。

表 11-26　IICDS 位功能表

比特位	描　述	初值
[7:0]	用于暂存发送/接收的数据内容。当 IICSTAT 寄存器中的 Tx/Rx 数据传输使能位 IICSTAT[4]=1 时，IICDS 是可写的。IICDS 中的值是随时可以读取的，与 IICSTAT[4]的值无关	0xXX

11.2.5　S3C2410A 处理器 I^2C 总线与 E^2PROM 芯片 AT24C02 应用编程示例

I^2C 的总线编程除了需要对 I^2C 总线功能寄存器进行初始化外，还要根据器件的 I^2C 总线时序要求编写发送程序和接收程序。本例只需要 S3C2410A 处理器对 AT24C02 存储器器件进行写入与读出操作，处理器作为主控器件，只需编写主发送函数与主接收函数。S3C2410A 的 I^2C 总线与使用 I^2C 总线的 E^2PROM AT24C02 连接电路如图 11-14 所示。

AT24C02 芯片是由 ATMEL 公司生产的 2 Kbit（256 B）E^2PROM 芯片，该芯片采用 I^2C 总线设计，使用 AT24C02 最多可级联 8 个，每个器件的从地址可由高 4 位的 1010 和低 3 位的 A2A1A0 构成。如果只有一个器件，A2、A1、A0 可以悬空或接地（VSS）。

对于 AT24CXX 系列的其他存储容量芯片，例如 AT24C04/08/16，它们的容量分别是 4 Kbit、8 Kbit、16 Kbit，其器件地址结构如图 11-15 所示。A2、A1、A0 分别是硬件地址连线，P1、P0 由软件设置。

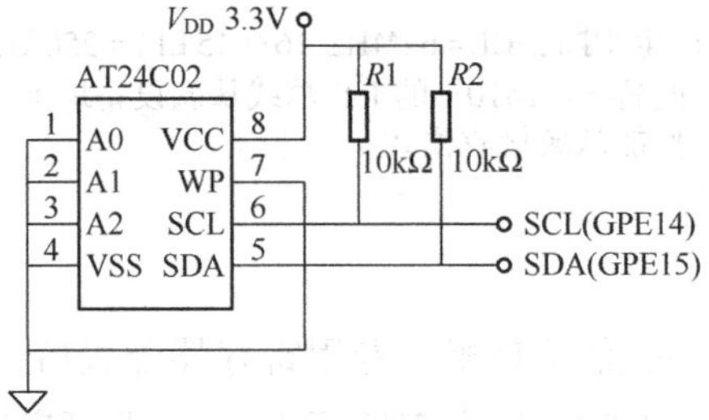

图 11-14　S3C2410A I^2C 总线与 AT24C02 接口电路

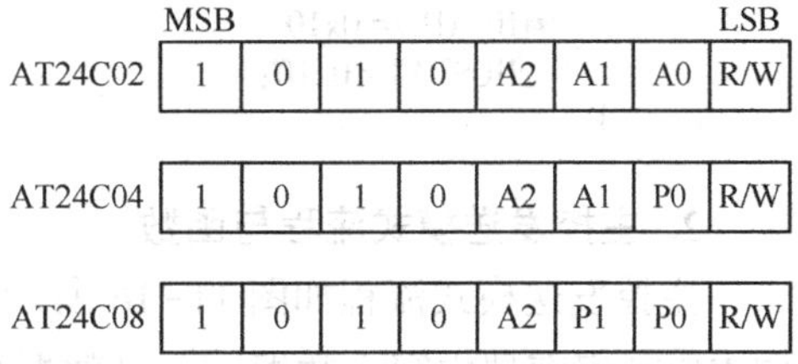

图 11-15　AT24CXX 系列存储器器件地址

例如，对于 AT24C08 芯片，A2、A1 是硬件连线，根据所接的是高电平还是低电平决定它的地址值；软件设置的 P0 用于确定访问存储器的哪个页（每页 256 B）。当 P0=0 时访问的是第 0 页 0~255 B，当 P0=1 时访问的是第 1 页 256~511 B。特别需要说明的是，这里的器件地址是页地址。WP 是写保护且高电平有效，当接地时可以对该芯片进行读/写操作。

1. 初始化编程

任何 I^2C 总线进行发送或接收操作之前，必须执行初始化程序。I^2C 总线的初始化主要包括以下内容。

- 配置 S3C2410A 处理器相关的 GPIO 引脚为 I^2C 总线所需的功能引脚。
- 如果有必要，在 IICADD 寄存器中写入本芯片的从属地址。
- 设置 IICCON 寄存器，用来使能中断、设定 SCL 周期等。
- 设置 IICSTAT 为使能传输模式等，并控制数据的发送与接收。

```
/ * * * * * * * * * * * * * * * * * 声明系统定义的函数、常量、指针、数组等 * * * * * * * * * * * * * * * /
#include "2440addr. h"
#include "def. h"
#define WRDATA          (1)                         // 定义写数据状态标记
#define POLLACK         (2)                         // 定义查询 ACK 信号状态标记
#define RDDATA          (3)                         // 定义读数据状态标记
#define SETRDADDR       (4)                         // 定义设置器件当前读取字节数据的指针标记
#define IICBUFSIZE 0x20                             // 定义主发送函数使用的数组大小
static U8IICData[IICBUFSIZE];                       // 声明全局主发送数组
static volatile int iicDataCount;                   // 声明全局级计数指针
static volatile int iicStatus;                      // 声明全局级状态变量
static volatile int iicMode;                        // 声明全局级模式变量
static int iicPt;                                   // 声明全局级操作指针
extern void Uart_Printf( char * fmt,... );          // 声明外部定义,在超级终端上的打印函数
void Wr24C02( U32 slvAddr,U32 addr,U8 data);
U8 Rd24C02( U32 slvAddr,U32 addr);
void Run_iicPoll( void);
void iicPoll( void);
/ * * * * * * * * * * * * * * * * S3C2410A 的 I2C 控制器初始化函数 * * * * * * * * * * * * * * * * * * *
功能:
1. 配置 S3C2410A 的端口 GPE15→SDA, GPE14→SCL
2. 中断处理程序入口,打开 I2C 总线中断屏蔽等
* * * * * * * * * * * * * * * * * * * * * * * * * * * * * * * * * * * * * * * * * * * * * * * * * * * * * * * * * /
void IIC_Init( void)
{   rGPECON=( Rgpecon & 0x0fff) | 0xa000;          // GPE15→SDA 数据线, GPE14→SCL 时钟线
    rGPEUP=rGPEUP | 0xc0;                           // 禁止 I2C 总线引脚内部的上拉电阻
    pISR_IIC=( unsigned) IICInt;                    // 中断处理程序入口
    rINTMSK=rINTMSK &( ~( BIT_IIC));                // 允许 I2C 中断申请
    rIICCON=(1<<7) | (0<<6) | (1<<5) | (0xf);
// 允许 ACK 应答;IICCLK=fPCLK/16;允许 Tx/Rx 产生中断;SCL=64MHz/16/(15+1)=250 kHz
    rIICADD=0x10;                                   // 配置 S3C2410A 的 I2C 总线从属设备地址
    rIICSTAT=0x10;                                  // 使能从属接收模式
}
```

2. 主控发送模式流程与函数

主控发送模式流程如图 11-16 所示，主控发送函数完成对相关专用寄存器配置后，即可向 IICDS 寄存器中写入数据，一旦数据写入 IICDS，向 IICSTAT 寄存器写入 0xF0 即可启动 I^2C 总线主控发送。传送完一个字节后，判断 ACK 信号或产生 Tx 中断。之后若还有数据要发送，则循环写入数据到 IICDS 寄存器中。若没有新数据要传送时，则向 IICSTAT 寄存器中写入 0xD0，发出结束信号，从而结束 I^2C 总线主控发送操作。

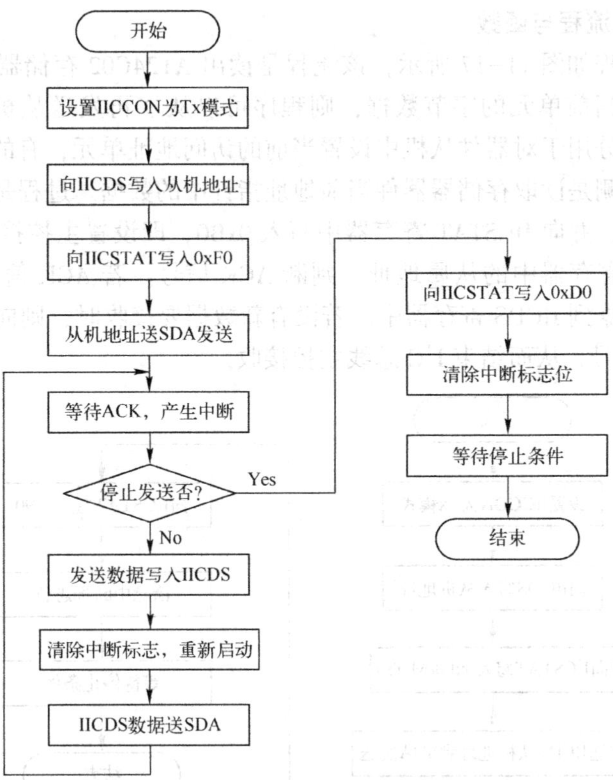

图 11-16　S3C2410A 主控发送模式流程图

```
/ ****************** S3C2410A 的 I²C 控制器主发送函数 *****************
功能:向 AT24C02 存储器的给定地址中写入一个字节的数据
参数:从器件地址:slvAddr;写入字节单元地址:addr;写入字节数据:data
*************************************************************/
void Wr24C02(U32 slvAddr,U32 addr,U8 data)
{
    iicMode=WRDATA;             // 设置进入中断程序的标记
    iicPt=0;
    iicData[0]=(U8)addr;        // 暂存器件写入单元地址,在中断函数中使用
    iicData[1]=data;            // 暂存器件写入单元数据,在中断函数中使用
    iicDataCount=2;             // 发送:地址+数据=2
    rIICDS=slvAddr;             // 将发送从机地址
    rIICSTAT=0xf0;              // 主发送模式(Tx);产生开始信号;I²C 总线输出使能从机地址
    while(iicDataCount!=-1);    // 等待进入中断,发送字节地址与数据之后,计数器指针为-1
    iicMODE=POLLACK;            // 再发送从机地址,等待 ACK 信号
    while(1)                    // 发送后在进入中断函数中改变 iicStatus 的内容
    {
    rIICDS=slvAddr;             // 准备再发送从器件地址
    iicStatus=0x100;            // 给定一个假值,进入中断函数时可以改变
    rIICSTAT=0xf0;              // 主控发送模式(Tx);产生开始信号;I²C 总线输出使能从机地址
    rIICCON=0xaf;          // I²C 总线 ACK 使能;fpclk/16;Tx/Rx 允许中断;清除中断,重新开始操作
    while(iicStatus==0x100);  // 等待中断程序,将 slvAddr 发送出去,改变 iicStatus 值,返回 ACK
    if(!(iicStatus & 0x1))break;  // 收到 ACK 时 iicStatus[0]=0,跳出 while(1)死循环
}                               // 发送 1 个字节的数据结束,以下是恢复原位
rIICSTAT=0xd0;                  // 主控发送;产生停止信号;I²C 总线输出使能
rIICCON=0xaf;                   // 恢复 I²C 操作
Delay(1);                       // 等待可靠完成停止操作
}
```

3. 主控接收模式流程与函数

主控接收模式流程如图 11-17 所示，该流程是读出 AT24C02 存储器中指定单元的字节数据。若要读出存储器当前单元的字节数据，则程序可以从“再发送从机地址到 IICDS”处开始。流程图的左侧部分用于对器件从机中设置当前的访问地址单元，有的过程是在中断函数中完成的。流程图的右侧是读取存储器器件当前地址指针中的数据。过程是，首先应向 IICDS 寄存器中写入从机地址，并向 IICSTAT 寄存器中写入 0xB0，即设置主控接收模式并发出启动信号，随后发送 IICDS 寄存器中的从属地址，判断 ACK 信号。若 ACK 信号之后还有数据要接收，则循环接收新数据到 IICDS 寄存器中。若没有新数据要接收时，则向 IICSTAT 寄存器中写入 0x90，发出结束信号，从而结束 I^2C 总线主控接收。

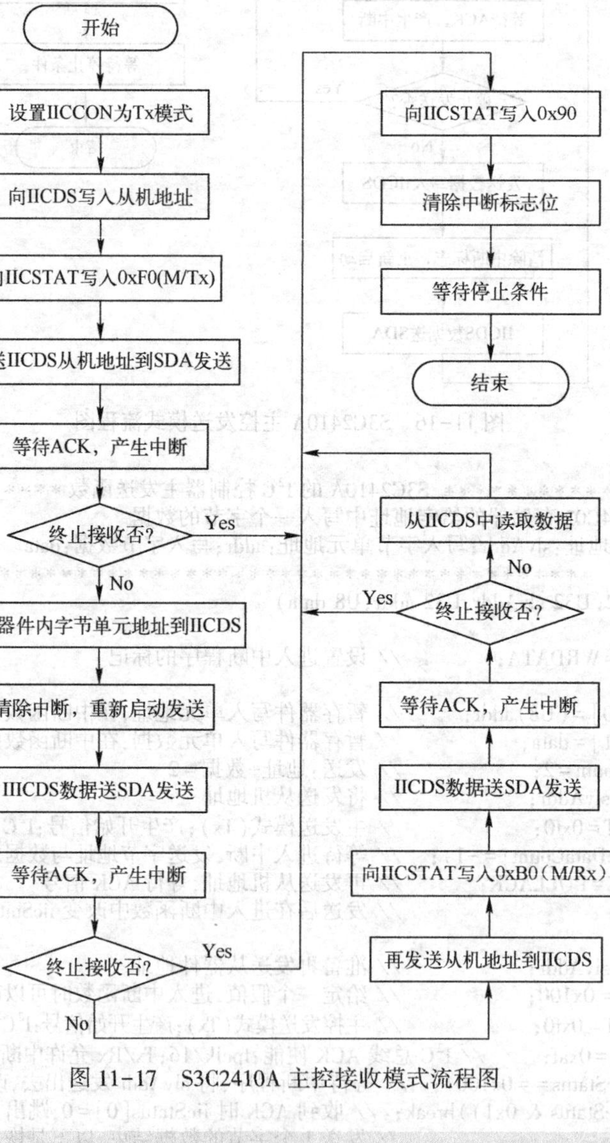

图 11-17　S3C2410A 主控接收模式流程图

```
/****************S3C2410A 的 I²C 控制器主控接收模式函数****************
功能:从 AT24C02 存储器器件的指定地址单元中读出一个字节的数据
参数:从器件地址:slvAddr;读出字节单元地址:addr
*********************************************************************/
```

```
U8 Rd24C02(U32 slvAddr,U32 addr)
{
    iicMode = SETRDADDR;                       // 设置读器件的当前地址单元的标记
    iicPt = 0;  iicData[0] = (U8)addr;         // 单元地址送 iicData[0],在中断函数中发送
    iicDataCount = 1;                          // 发送 1 个字节数据
    rIICDS = slvAddr;
    rIICSTAT = 0xf0;          // 主控发送模式(Tx);产生开始信号;I2C 总线输出使能从机地址
    while(iicDataCount! = -1);  // 等待中断函数设置好从器件当前地址单元指针
    iicMode = RDDATA;         // 设置读数据标记
    iicPt = 0;
    iicDataCount = 1;         // 读一个字节数据
    rIICDS = slvAddr;
    rIICSTAT = 0xb0;          // 主控接收模式(Rx);产生开始信号;I2C 总线输出使能从机地址
    rIICCON = 0xaf;   // I2C 总线 ACK 使能;fPCLK/16;Tx/Rx 允许中断;清除中断标志,重新开始操作
    while(iicDataCount! = -1);  // 进入中断读取当前地址指针单元的内容
    return iicData[1];
}
```

4. I^2C 中断函数

```
/ ***************************** 中断函数处理程序 ******************* /
void __irq iicInt(void)
{
    U32 iicSt,i;
    rSRCPND | = BIT_IIC;                       // 清除中断源悬挂寄存器 IIC 位
    rINTPND = rINTPND;                         // 清除中断悬挂寄存器 IIC 位
    iicSt = rIICSTAT;
    if(iicSt & 0x8) { ; }                      // 总线仲裁失败
    if(iicSt & 0x4) { ; }                      // 从机地址与 IICADD 地址匹配
    if(iicSt & 0x2) { ; }                      // 收到的从机地址是 0000000b
    if(iicSt & 0x1) { ; }                      // 没有接收到 ACK 信号
    switch(iicMode)                            // 根据进入中断时 I2C 所处的模式分别给予处理
    {
        case POLLACK:                          // 进入到查询 ACK 模式
            iicStatus = iicSt;
            break;
        case RDDATA:                           // 进入到读器件数据模式
            if((iicDataCount--) = = 0)
            {
                iicData[iicPt++] = rIICDS;     // 保存读取的字节数据
                rIICSTAT = 0x90;               // 主控接收模式,产生停止信号,使能总线输出
                rIICCON = 0xaf;
                        // ACK 使能;fPCLK/16;Tx/Rx 允许中断;清除中断,重新开始操作
                Delay(1);                      // 等待停止信号有效
                break;
            }
            iicData[iicPt++] = rIICDS;  // 必须在没有 ACK 时读一次数据
            if((iicDataCount) = = 0)
                rIICCON = 0x2f;
                        // ACK 禁止;fPCLK/16;Tx/Rx 允许中断;清除中断标志,重新开始操作
            else
                rIICCON = 0xaf;
                        // ACK 使能;fPCLK/16;Tx/Rx 允许中断;清除中断标志,重新开始操作
                break;
        case WRDATA:                           // 发送数据模式
            if((iicDataCount--) = = 0)
            {
```

```
                rIICSTAT=0xd0;              // 产生主发送停止信号
                rIICCON=0xaf;               // 恢复正常操作,具体同上
                Delay(1);                   // 延时等待停止条件有效
                break;
            }
            rIICDS=iicData[_iicPt++];       // iicData[0]是器件的字节单元地址值
            for(i=0;i<10;i++);              // 延迟等待时钟 CSCL 上升沿
            rIICCON=0xaf;                   // 恢复正常操作,具体同上
            break;
        case SETRDADDR:                     // 发送读字节数据地址模式
            if((iicDataCount--)= =0)
                break;                      // 因 IICCON[4] 总线操作停止
            rIICDS=iicData[_iicPt++];       // 发送器件字节单元地址
            for(i=0;i<10;i++);              // 延迟等待时钟 CSCL 上升沿
            rIICCON=0xaf;                   // 恢复正常操作,具体同上
            break;
        default:
            break;
    } }
```

5. I^2C 总线使用的程序查询函数

使用程序查询方法编写 I^2C 应用程序时，需要将上面介绍的写 AT24C02 函数：void Wr24C02(U32 slvAddr,U32 addr,U8 data)，以及读取 AT24C02 单字节函数：U8 Rd24C02(U32 slvAddr,U32 addr)中的函数语句进行简单的修改就可以了。例如，语句 “while(iicDataCount!= -1);” 是一条等待条件的死循环语句，将其改写为 “while(iicDataCount!=-1) Run_iicPoll();” 即可。Run_iicPoll()函数的定义如下，函数中的 iicPoll()函数定义与中断函数结构基本相同，这里不再赘述。

```
void Run_iicPoll(void)
{
    if(rIICCON & 0x10)   // 检测是否有中断信号,有就执行其后的语句
    iicPoll();           // 它同中断函数有相同的函数实现体,可以改变 while 语句中的条件
}
```

6. 实验测试程序

之前声明、定义的常量、函数等内容在测试程序中将直接引用。根据硬件接口电路的接法，该器件的地址是 1010000b，即 0xA0[7:1]。

```
voidMain(void)
{
    unsigned int i;
    U8 data[256];
    iic_Init();                          // 初始化 GPIO 口,允许 I²C 中断,配置 I²C 控制寄存器等
    for(i=0;i<256;i++)                   // 向 AT24C02 的 0~255 单元分别写入数字 0~255
      Wr24C02(0xA0,(U8)i,i);             // 0xA0 是从机地址,第 2 参数是地址,第 3 参数是写入的数据
    for(i=0;i<256;i++)                   // 读 AT24C02 中的 256 个数据到 data 数组中保存
      data[i]=Rd24C02(0xa0,(U8)i);
}
```

11.2.6 仿真 I^2C 总线的 MCS-51 单片机实现程序

如果使用的处理器没有专门的 I^2C 总线控制器，这时就需要使用其 I/O 接口的两个端子来模拟 I^2C 总线的 SDA 和 SCL，根据 I^2C 总线的工作时序来编写应用程序。下面是使用 MCS-51

系列单片机的仿真程序。

P1.0 模拟 IICSCL 时钟信号，P1.1 模拟 IICSDA 信号线；主控发送子程序设计，数据区的首地址在 R0 中；发送数据存储在累加器 A 中。

```
SData: SETB P1.0
       SETB P1.1
       NOP
       NOP
       CLR P1.1            ;SDA 拉低,启动信号
       MOV A,#SLAVEADDR
       CLR ACC.0           ;ACC.0=0 是写数据到外设
       LCALL SdByte
       MOV R3,#DataLen     ;数据长度
DLOP:  MOV A,@R0
       LCALL SdByte
       INC R0
       DJNZ R3,DLOP
STOP:  SETB P1.1           ;拉高 SCL
       SETB P1.0           ;拉高 SDA
       RET
SdByte: MOV R2,#08H
SdBit:  CLR P1.0           ;拉低 SCL
        RLC A              ;带进位循环左移
        MOV P1.1,C         ;CY 送 P1.1
        NOP
        NOP
        SETB P1.0          ;拉高 SCL
        DJNZ R2,SdBit
        SETB P1.1          ;拉高 SDA
        JB P1.1, $         ;等待 ACK 信号
        RET
```

11.3 SPI 接口原理与编程

串行外围设备接口（Serial Peripheral Interface，SPI）是由 Motorola 公司开发的一个低成本、易使用的四线接口，主要用在微控制器和外围设备芯片之间进行连接。SPI 接口可以用来连接存储器、A-D 转换器、D-A 转换器、实时时钟日历、LCD 驱动器以及其他处理器等。

11.3.1 SPI 接口原理

1. SPI 的接口信号

SPI 是一个 4 线接口，主要使用 4 个信号：主机输出/从机输入（Master Output/Slave Input，MOSI）、主机输入/从机输出（Master Input/Slave Output，MISO）、串行时钟（Serial Clock，SCLK 或 SCK）、外设芯片（Chip Select，CS）。有些处理器有 SPI 接口专用的芯片选择，称为从机选择（Slave Select，SS）。

MOSI 信号由主机产生，从机接收。在有些芯片上，MOSI 只被简单地标为串行输入（SI），或者串行数据输入（SDI）。MISO 信号由从机产生，但还是在主机的控制下产生的。在一些芯片上，MISO 有时被称为串行输出（SO）或串行数据输出（SDO）。外设片选信号通常由主机备用的 I/O 引脚产生。

2. SPI 通信协议标准

与标准的串行接口不同，SPI 是一个同步协议接口，所有传输都参照一个共同时钟，这个同步时钟信号由主机产生，接收数据的外设使用时钟对串行比特流进行同步化接收。可以将多个具有 SPI 接口的芯片连到主机的同一个 SPI 接口上，主机通过控制从设备的片选输入引脚来选择接收数据的从设备。

3. SPI 接口与外设的连接

如图 11-18 所示，微处理器通过 SPI 接口与外设进行连接，主机和外设都包含一个串行移位寄存器，主机写入一个字节到它的 SPI 串行寄存器，SPI 寄存器通过 MOSI 信号线将字节传送给外设。外设也可以将自己移位寄存器中的内容通过 MISO 信号线传送给主机。写操作和读

操作是同步完成的，主机和外设的两个移位寄存器内容被互相交换。

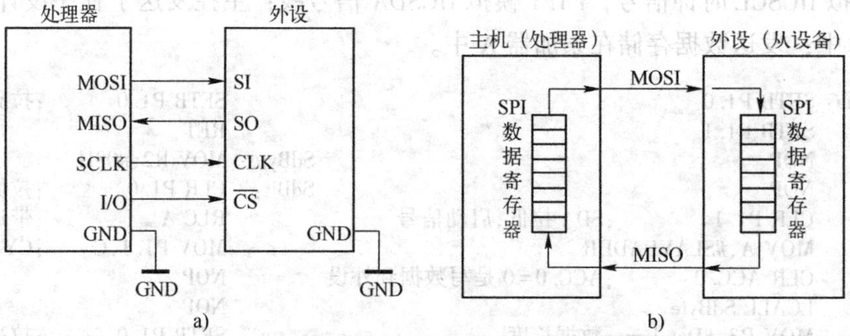

图 11-18　S3C2410A 的 SPI 与外设连接图
a）基本 SPI 接口连接电路　b）SPI 接口的数据传输

如果只是进行写操作，主机只需忽略收到的字节；反过来，如果主机要读取外设的一个字节，就必须发送一个空字节来触发从机的数据传输。

当主机发送一个连续的数据流时，有些外设能够进行多字节传输。例如，多数具有 SPI 接口的存储器芯片都以这种方式工作。在这种传输方式下，SPI 外设的芯片选择端必须在整个传输过程中保持低电平。例如，存储器芯片会希望在一个“写”命令之后紧接着收到的是 4 个地址字节（起始地址），这样后面接收到的数据就可以存储到该地址。一次传输可能会涉及上千字节的移位或更多的信息。

其他外设只需要一个单字节（如一个发给 A-D 转换器的命令），有些甚至还支持菊花链连接，如图 11-19 所示。

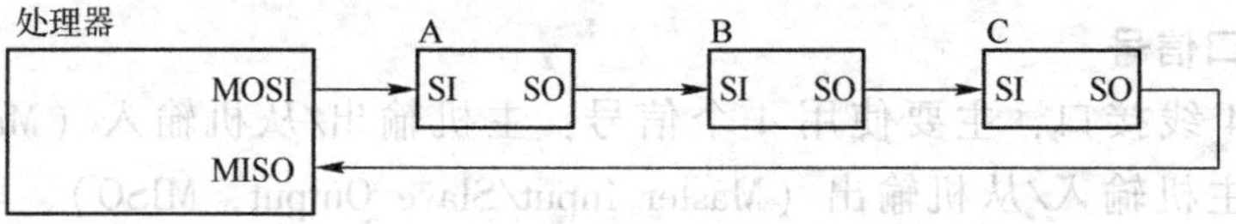

图 11-19　菊花链连接 3 台 SPI 设备

在图 11-19 的例子中，主机处理器从其 SPI 接口发送 3 个字节的数据。第 1 个字节发送给外设 A，当第 2 个字节发送给外设 A 的时候，第 1 个字节已传送给了 B。同样，主机想要从外设 A 读取一个结果，它必须再发送一个 3 字节（空字节）的序列，这样就可以把 A 中的数据移到 B 中，然后再移到 C 中，最后送回主机。在这个过程中，主机还依次从 B 和 C 接收到字节。

注意：菊花链连接不一定适用于所有的 SPI 设备，特别是要求多字节传输的（如存储器芯片）设备。另外，要对外设芯片的数据表进行仔细分析，确定能对它做什么而不能做什么。如果芯片的数据表中没有明确提到菊花链连接，那么该芯片不支持这种连接的概率为 50%。

4. SPI 的 4 种工作模式

SPI 有 4 种工作模式，它是根据时钟极性和时钟相位的不同取值组合确定的，它们的工作波形如图 11-21 所示。

时钟极性（Clock Polarity Select，CPOL）：当 CPOL=0 时，时钟 SCK 平时处于空闲状态时 SCK=0；当 CPOL=1 时，时钟 SCK 平时处于空闲状态时 SCK=1。

时钟相位（Clock Phase Select，CPHA）：包括时钟相位 0 和时钟相位 1，它能够配置用于选择两种不同的传输协议之一进行数据传输，以适应于各种 SPI 接口形式。如果 CPHA=0，则在串行同步时钟 SCK 的第 1 个跳沿（上升沿或下降沿）采样数据；如果 CPHA=1，则在串行同步时钟 SCK 的第 2 个跳沿（上升沿或下降沿）采样数据。

11.3.2 S3C2410A 的 SPI 接口电路

1. SPI 接口的内部结构

S3C2410A 有两个串行外围设备接口（SPI），内部结构如图 11-20 所示。S3C2410A 的 SPI 接口兼容 SPI 接口协议 v2.11，具有 8 位预分频逻辑，并且与外设交互的模式有查询、中断和 DMA 模式。每个 SPI 接口都有两个分别用于发送和接收的 8 位移位寄存器，在一次 SPI 通信中，数据被同步发送（串行移出）和接收（串行移入）。8 位串行数据的速率由相关控制寄存器的设置决定。

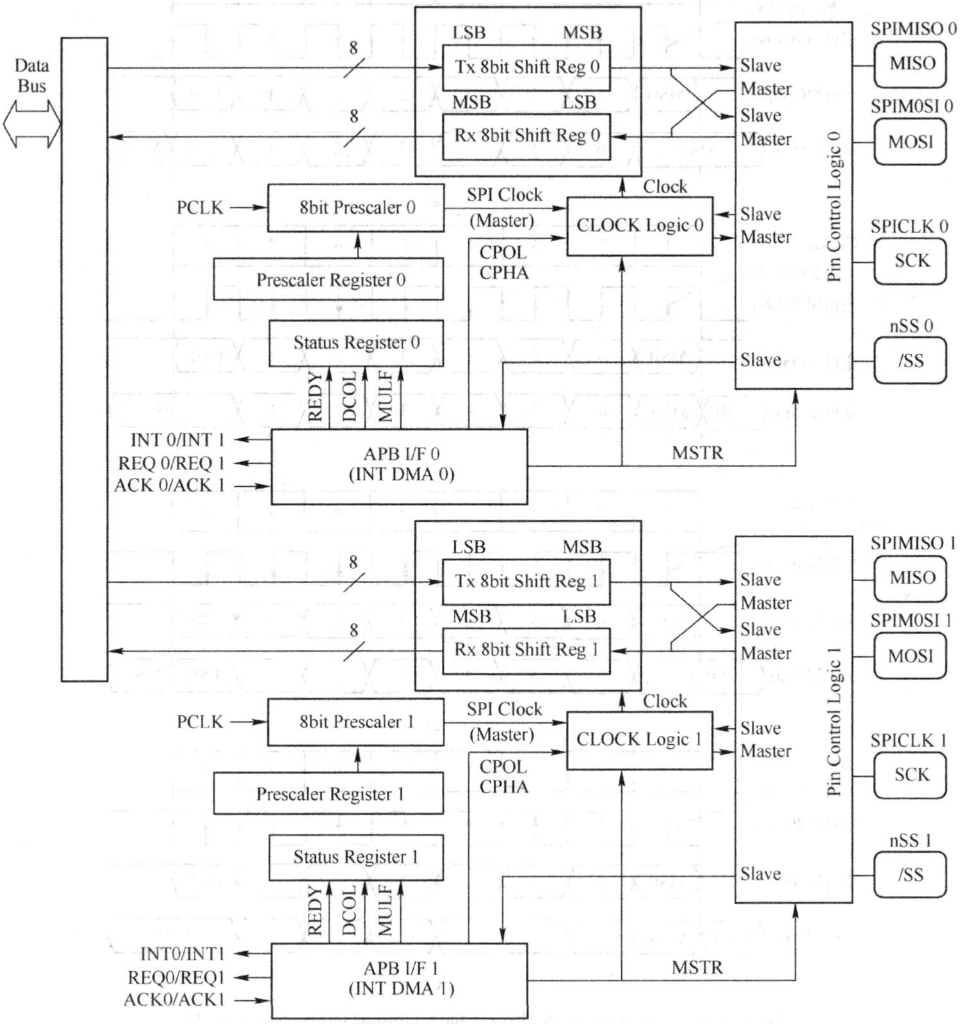

图 11-20 S3C2410A 的 SPI 接口内部结构框图

如果只想发送，接收到的是一些虚拟的数据；如果只想接收，发送的数据也可以是虚拟数字（全 1）。

SPI0 的 SPIMISO0、SPIMOSI0 和 SPICLK0 分别由 GPE 端口的 GPE11、GPE12 和 GPE13 输

出或输入，nSS0 可以由 GPG2 输入或输出；SPI1 的 SPIMISO1、SPIMOSI1 和 SPICLK1 分别由 GPG 端口的 GPG5、GPG6 和 GPG7 输出或输入，nSS1 可以由 GPG3 输入或输出。

2. SPI 接口的操作

通过 SPI 接口，S3C2410A 可以与外设同时发送/接收 8 位数据。串行时钟线与两条数据线同步，用于移位和数据采样。如果 SPI 是主设备，数据传输速率由 SPIPREn 寄存器进行控制。如果 SPI 是从设备，则由主设备提供时钟，向 SPDATn 寄存器中写入字节数据 SPI 发送/接收操作就同时启动。在某些情况下 nSS 要在向 SPDATn 寄存器中写入字节数据之前被激活。

3. SPI 接口的传输格式

S3C2410A 支持 4 种不同的数据传输格式，具体的波形如图 11-21 所示。要注意 DMA 模式不能用于从设备 Format B 形式。

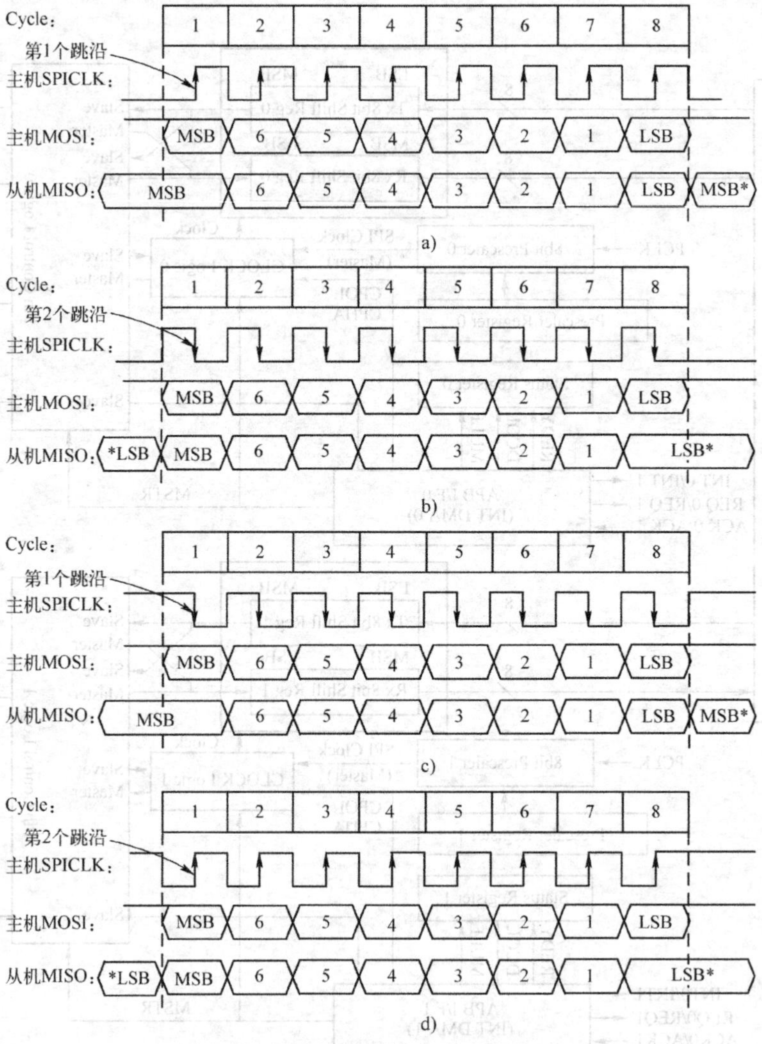

图 11-21　S3C2410A 支持的 4 种不同数据传输格式波形图

a）时钟特性 CPOL=0，时钟相位 CPHA=0（Format A）　b）时钟特性 CPOL=0，时钟相位 CPHA=1（Format B）

c）时钟特性 CPOL=1，时钟相位 CPHA=0（Format A）　d）时钟特性 CPOL=1，时钟相位 CPHA=1（Format B）

在图 11-21a、图 11-21c 中，时钟相位 CPHA=0，而且时钟极性 CPOL 在由平时空闲状态进入首个周期时没有发生改变，而在时钟中间的上升沿或下降沿将线路数据锁存到它的移位寄存器中，对于时钟相位来讲,它是第1个时钟沿。在这个沿的前一个下降沿或上升沿线路数据发生变化。对于其后的时钟沿其前一个时钟沿非常明显,但第1个时钟沿需要主机用片选信号CS进行配合。

在图11-21b、图11-21d中,时钟相位CPHA=1,而且一旦进入时钟周期,平时空闲的电平状态马上发生变化,跳到高电平或低电平,这是第1个跳变沿,此时线路上的数据可以变化,在本周期的第2个跳变发生时,将数据锁存到各自的移位寄存器中。

11.3.3 SPI功能寄存器

S3C2410A处理器内共有12个SPI功能寄存器,其中SPI控制寄存器2个、SPI状态寄存器2个、SPI引脚控制寄存器2个、SPI波特率预分频寄存器2个、SPI发送数据寄存器2个、SPI接收数据寄存器2个。下面介绍它们各自的功能。

1. SPI控制寄存器(SPCONn)

SPI控制寄存器(SPI Control Register n,SPCONn)(n=0~1)主要用于决定2个SPI的数据传输模式等,它们的属性见表11-27,其比特位功能见表11-28。

表11-27 SPI控制寄存器属性表

寄存器名	使用地址	读写属性	功能描述	初值
SPCON0	0x59000000	可读/可写	SPI通道0控制寄存器	0x00
SPCON1	0x59000020	可读/可写	SPI通道1控制寄存器	0x00

表11-28 SPICONn位功能表

比特位	描述	初值
[6:5]	SPI模式读写选择(SPI Mode Select,SMOD): 00=程序查询模式;01=中断模式;10=DMA模式;11=保留	00
[4]	SCK使能位(SCK Enable,ENSCL):0=禁止SCK; 1=允许SCK	0
[3]	主/从发送/接收模式选择位(Master/Slave Select,MSTR): 0=从模式;1=主模式 **注意**:在从模式下,为主设备初始化Tx/Rx需要建立时间	0
[2]	时钟极性选择位(Clock Polarity Select,CPOL): 0=时钟高电平有效;1=时钟低电平有效	0
[1]	时钟相位选择位(Clock Phase Select,CPHA): 0=Format A;1=Format B	0
[0]	自动发送虚拟数据使能位(Tx Auto Garbage Data Mode Enable,TAGD): 0=正常模式; 1=自动发送虚拟数据 **注意**:在正常模式下,如果只要接收数据,需要发送无效数据0xFF	0

2. SPI状态寄存器(SPSTAn)

SPI状态寄存器(SPI Status Register n,SPSTAn)(n=0~1)主要用于反映SPI数据传输过程中的各种状态信息等,它们的属性见表11-29,其比特位功能见表11-30。

表11-29 SPI状态寄存器属性表

寄存器名	使用地址	读写属性	功能描述	初值
SPSTA0	0x59000004	只读	SPI通道0状态寄存器	0x01
SPSTA1	0x59000024	只读	SPI通道1状态寄存器	0x01

表 11-30 SPSTAn 位功能表

比特位	描述	初值
[7:3]	系统保留	00
[2]	数据冲突错误标志位(Data Collision Error Flag,DCOL): 0=未检测到冲突错误; 1=检测到冲突错误 **说明**:如果在数据的传输过程中对 SPTDATn 进行写操作或对 SPRDATn 进行读操作,该位置"1"。当读 SPSTAn 时该位清零	0
[1]	多主设备错误标志位(Multi Master Error Flag,MULF): 0=未检测到该错误;1=检测到多主错误 **说明**:当 SPI 设置为主控模式并且 SPPINn 寄存器的 ENMUL 位置"1",即为检测多主错误模式,如果这时 nSS 信号为有效低电平,则该位置"1",说明发生了多主机冲突 在从模式下,为主设备初始化 Tx/Rx 需要建立时间	0
[0]	数据传输准备就绪标志位(Transfer Ready Flag,REDY): 0=未准备就绪; 1=发送/接收数据准备就绪 **说明**:该位指示数据发送寄存器 SPTDATn 或接收数据寄存器 SPRDATn 准备就绪。当写数据到 SPTDATn 时,该位自动清零	1

3. SPI 引脚控制寄存器(SPPINn)

SPI 引脚控制寄存器(SPI Pin Control Register n,SPPINn)(n=0~1)主要用于控制主机的多主控错误检测功能和主机的输出是否保持，它们的属性见表 11-31，其比特位功能见表 11-32。

表 11-31 SPI 引脚控制寄存器属性表

寄存器名	使用地址	读写属性	功能描述	初值
SPPIN0	0x59000008	可读/可写	SPI 通道 0 引脚控制寄存器	0x02
SPPIN1	0x59000028	可读/可写	SPI 通道 1 引脚控制寄存器	0x02

表 11-32 SPPINn 位功能表

比特位	描述	初值
[7:3]	系统保留	0x0
[2]	多主错误检测使能位（Multi Master Error Detect Enable，ENMUL）: 0=禁止；1=允许 **说明**：当 SPI 作为主机时，nSS 作为输入用来检测多主错误	0
[1]	系统保留。使用时该位置“1”	1

当 ARM 的 SPI 被激活使用时，SPI 引脚的传输方向由 SPI 控制寄存器（SPCONn）中的多主错误检测使能位 ENMUL 来控制，nSS 引脚的方向总是作为输入信号引脚。

当 SPI 处于主控模式时，nSS 引脚被用来检测多主错误状态和激活 SPI 引脚寄存器（SPPINn）的 ENMUL 使能，另外一个 GPIO 用来选择从设备。

当 SPI 被配置为从设备时，nSS 被主机用来选择 SPI 从设备。

SPIMISO 和 SPIMOSI 引脚分别用于接收和发送串行数据。当 SPI 配置为主机时，SPIMISO 是主机的数据输入线，SPIMOSI 是主机的数据输出线，SPICLK 是时钟输出线。在从机模式下，这些引脚起着相反的作用。在一个多主设备的系统中，SPICLK 引脚、SPIMISO 引脚和 SPIMOSI 引脚都是一组一组地单独配置。

当其他 SPI 设备作为主机工作并选择 S3C2410A 的 SPI 作为从机时，SPI 主机将会发生多主错误。当检测到这个错误，会立即采取以下所述操作，但是想要检测这个错误，必须先设置 SPPINn 的 ENMUL 位为“1”。

将 SPCONn 中的 MSTR 位强行清零，SPI 会工作在从机模式；SPSTAn 的 MULF 标志位置位，将产生 SPI 中断。

4. SPI 波特率预分频寄存器（SPPREn）

SPI 波特率预分频寄存器（SPI Baud Rate Prescaler Register n，SPPREn）（n=0~1）用于确定 2 个 SPI 的数据传输速率（波特率），它们的属性见表 11-33，其比特位功能见表 11-34。

表 11-33　SPI 波特率与分频寄存器属性表

寄存器名	使用地址	读写属性	功能描述	初　值
SPPRE0	0x5900000C	可读/可写	SPI 通道 0 波特率预分频寄存器	0x00
SPPRE1	0x5900002C	可读/可写	SPI 通道 1 波特率预分频寄存器	0x00

表 11-34　SPPREn 位功能表

比特位	描　述	初值
[7:0]	预分频值：确定 SPI 的时钟速率。波特率=fPCLK/2/（预分频值+1）	00

注意：SPI 的波特率设置值必须小于 25 MHz。

5. SPI 发送数据（Tx）寄存器（SPTDATn）

SPI 发送数据寄存器（SPI Transmit Data Register n，SPTDATn）（n=0~1）用于暂存 2 个 SPI 的发送数据，它们的属性见表 11-35，其比特位功能见表 11-36。

表 11-35　SPI 发送数据寄存器属性表

寄存器名	使用地址	读写属性	功能描述	初　值
SPTDAT0	0x59000010	可读/可写	SPI 通道 0 发送数据寄存器	0x00
SPTDAT1	0x59000030	可读/可写	SPI 通道 1 发送数据寄存器	0x00

表 11-36　SPTDATn 位功能表

比特位	描　述	初值
[7:0]	发送数据：保存将要发送的 SPI 数据。取值范围为 0~255	00

6. SPI 接收数据（Rx）寄存器（SPRDATn）

SPI 接收数据寄存器（SPI Receive Data Register n，SPRDATn）（n=0~1）用于暂存 2 个 SPI 的接收数据，它们的属性见表 11-37，其比特位功能见表 11-38。

表 11-37　SPI 接收数据寄存器属性表

寄存器名	使用地址	读写属性	功能描述	初　值
SPRDAT0	0x59000014	可读/可写	SPI 通道 0 接收数据寄存器	0x00
SPRDAT1	0x59000034	可读/可写	SPI 通道 1 接收数据寄存器	0x00

表 11-38　SPRDATn 位功能表

比特位	描　述	初值
[7:0]	接收数据：保存已接收的线路 SPI 数据。取值范围为 0~255	00

11.3.4 SPI总线接口编程流程

SPI 总线接口编程就是根据与之相连接的 SPI 设备在传输数据时需要的时序工作波形（图 11-21 所示的 4 种模式之一），先按硬件的要求连接电路，然后根据时序要求和相关的控制传送过程配置好 S3C2410A 的 SPI 功能寄存器，根据传输控制过程编写发送/接收程序。具体的程序设计过程如下。

如果 ENSCK 和 SPCONn 中的 MSTR 位都被置位，向 SPTDATn 寄存器写一个字节数据，就启动一次发送。也可以使用典型的编程步骤来读取 SPI 从设备或器件中的数据。

1）设置波特率预分频寄存器（SPPREn）。

2）设置 SPCONn，用来配置 SPI 控制器，还有 SPI 引脚控制寄存器（SPPINn）。

3）主机将一个 GPIO 引脚作为从机的片选信号 nSS，使用低电平激活 SPI 的从机端。

4）作为主机端发送数据。

首先检查发送准备好标志 REDY = 1，向 SPI 发送数据寄存器（SPTDATn）写数据，用来启动 SPI 总线上的时钟信号，每次发送前核查发送准备好标志 REDY = 1，之后写数据到 SPTDATn 就可启动发送。

5）作为主机端接收数据。

• 如果禁止 SPI 控制寄存器 SPCONn 中的 TAGD 位，则以正常模式工作。

检查 REDY = 1 标志位已经准备好，向 SPTDAT 中写 0xFF，之后读取 REDY 标志位接收数据准备好，再从读数据寄存器中读出数据。

• 如果使能 SPCONn 的 TAGD 位，即自动发送虚拟数据（0xFF）模式。

确定 REDY 准备好后，从读数据寄存器中读出数据，之后自动开始传输下一个数据，再读下一个数据。

11.3.5 S3C2410A 的 SPI 与内置 E^2PROM 的看门狗芯片 X5045 应用编程示例

本示例是使用 S3C2410A 微处理器的 SPI 接口与具有看门狗功能和内部集成了 4 KB 的 E^2PROM 的集成电路芯片 X5045 相连接，连接电路如图 11-22 所示，实现对集成电路内部 E^2PROM 存储器数据的读写功能。

在图 11-22 中，GPE0 设置为输出，用作 X5045 的片选信号，低电平有效。$\overline{WP}$是 X5045 的写保护控制信号，高电平时 S3C2410A 可以向 X5045 写入或读出数据。其他引脚按功能对位相接。

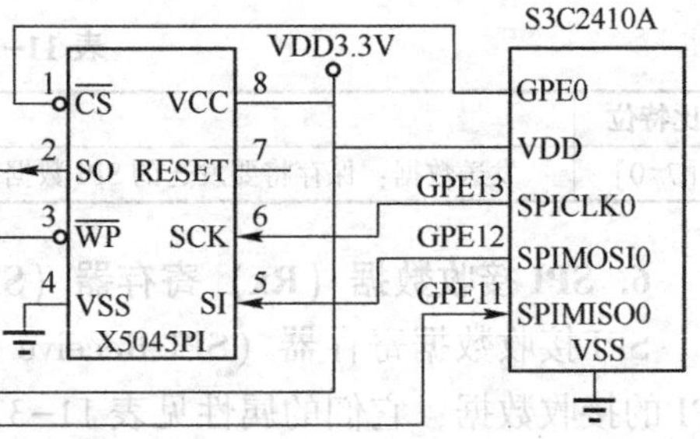

图 11-22　S3C2410A 的 SPI 与 X5045 接口电路

1. X5045PI-2.7 的技术特性和功能操作

（1）技术特性

• 可控的看门狗定时特性，1.4 s、600 ms、200 ms 定时和禁止看门狗；复位门限可编程控制。

• 内含 2×256 字节的 E^2PROM，即 2×256×8 bit = 4 KB 存储容量。

• 配置 SPI 接口，设置看门狗参数和读写内部 E^2PROM 存储器中的数据。

• 时钟频率最高为 3.3 MHz；电源电压：2.7~5.5 V。

（2）状态寄存器

状态寄存器由 4 个断电不会丢失的控制位和 2 个断电即消失的状态位组成。控制位用于设置看门狗定时器的溢出时间和存储器块保护区。状态寄存器的格式见表 11-39。状态寄存器的默认值是 30H。

表 11-39　状态寄存器位功能表

比特位	7	6	5	4	3	2	1	0
功能	0	0	WD1	WD0	BL1	BL0	WEL	WIP

WD1、WD0：用于设置看门狗定时时间。00 = 1.4 s、01 = 600 ms、10 = 200 ms、11 = 禁止看门狗。

BL1、BL0：用于设置内部 E^2PROM 的保护区：00 = 所有的区域均不保护、01 = 保护 0x180 ~ 0x1ff 区域、10 = 保护 0x100 ~ 0x1ff 区域、11 = 保护 0x000 ~ 0x1ff 区域。

WEL（Write Enable Latch）：写使能状态位。WEL = 1 表示可以写 X5045 内部存储器，WEL = 0 时禁止写入内部存储器。它可以通过写入 WREN 命令字使其置“1”。

WIP（Write-In-Progress）：正在进行写操作位。为“1”时表示正在进行写操作；为“0”时表示已完成上一字节数据的写操作，可继续写入新的数据。

（3）操作命令和读写时序图

1）操作命令的命令字和功能见表 11-40。

表 11-40　X5045PI-2.7 操作命令表

命令名	命　令　字	描　　述
WREN	00000110(0x06)	允许写操作命令
WRDI	00000100(0x04)	禁止写操作命令
RDSR	00000101(0x05)	读状态寄存器命令
WRSR	00000001(0x01)	写状态寄存器命令
READ	$0000A_8011$	从 E^2PROM 的指定地址开始读数据命令
WRITE	$0000A_8010$	向 E^2PROM 的指定地址开始写入数据命令，每次最多 16 字节

注意：READ 命令和 WRITE 命令中的 A_8 代表着片内 E^2PROM 存储器的页号。当 A_8 为 0 时，访问的是 0~255 字节的存储器空间；当 A_8 取值为 1 时，访问的是 256~511 字节的存储器空间。

2）X5045 片内存储器写入数据时序图。

S3C2410A 给 X5045 片内 E^2PROM 写入数据的时序如图 11-23 所示。

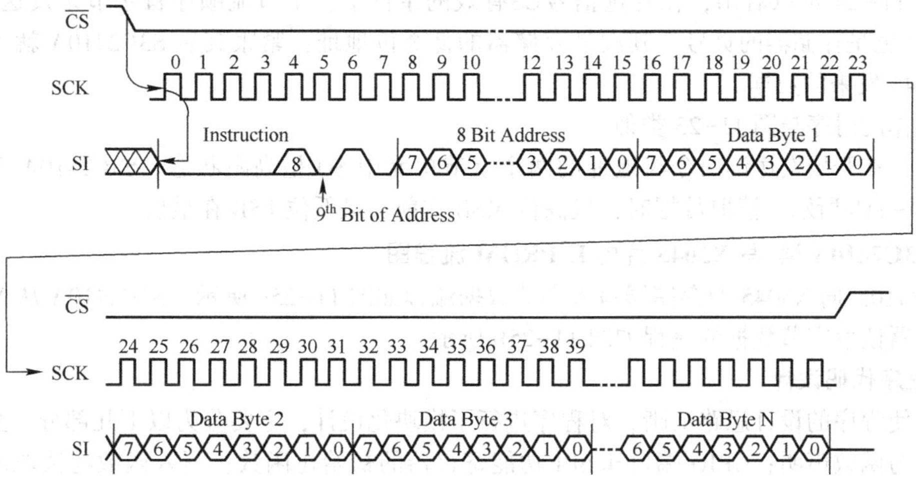

图 11-23　X5045 的 E^2PROM 写入数据时序图

从图 11-23 可以看出，在片选信号$\overline{CS}$有效的条件下，写入的字节流顺序首字节是写入写命令，其中的 b3 是写入存储器的上半区 0~255 还是下半区 256~511 字节空间。其次是存储器的低 8 位地址；紧跟其后的是写入的数据，一次操作最多 16 字节数据，即在片选信号每次有效期间。且必须在同一页中，每页的大小为 16 字节，即字节地址的高 5 位保持不变，低 4 位从 0b0000~0b1111。当低 4 位为全“1”时，则下一个数据存入的低 4 位地址是全“0”。

注意：在向 X5045 写入数据之前，必须向其发送允许写操作指令。每发送完一个字节或最多 1 页数据后必须读状态寄存器检测其 b0 值，b0=0 时内部操作完成，可以写入新的数据。

从图 11-23 可以看出，对比特位的操作时，时钟信号 SCK 为低电平；在 SCK 跳变为高电平时，SI 线上的数据发生了变化，即此时可以发送数据，在 SCK 的下降沿将数据锁存在 X5045 的接收数据寄存器中。

因此可以得出，S3C2410A 要使用的传输数据协议格式应该选择 Format B 中的时钟极性 CPOL=0、时钟相位 CPHA=1，即图 11-21b 所示时序。

注意：传输数据时，最高位 MSB 在前、最低位 LSB 在最后。

3）X5045 片内存储器读取数据时序图。

S3C2410A 从 X5045 片内 E^2PROM 读取字节数据的时序如图 11-24 所示。

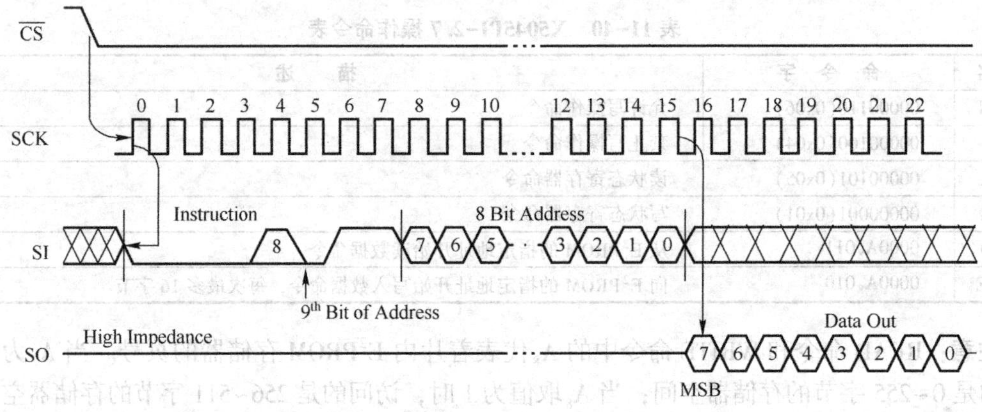

图 11-24　X5045 的 E^2PROM 读取数据时序图

从图 11-24 可以看出，在片选信号$\overline{CS}$有效的条件下，字节流顺序首字节是发送读命令，其中的 b3 也是存储器的页号。其次是存储器的低 8 位地址；紧跟其后 S3C2410A 就可以等待读取 X5045 发来的数据。

位操作的时序与图 11-23 类似。

注意：在开始发送读命令与地址的两个字节单元中 SO 呈高阻状态。S3C2410A 工作的时序如图 11-21b 所示。读取数据时，最高位 MSB 在前、最低位 LSB 在最后。

2. S3C2410A 读/写 X5045 片内 E^2PROM 流程图

S3C2410A 向 X5045 的存储器写入字节数据流程如图 11-25a 所示，S3C2410A 从 X5045 的内部存储器读取字节数据的流程如图 11-25b 所示。

3. 程序代码设计

为了使程序的设计思路清晰，对程序进行了模块化设计，主要分为以下几部分：全局级变量的定义与函数声明；GPIO 端口和 SPI 功能寄存器的初始化函数；写入函数与读取函数；使用中断方式写入与读取 X5045 片内存储器函数。

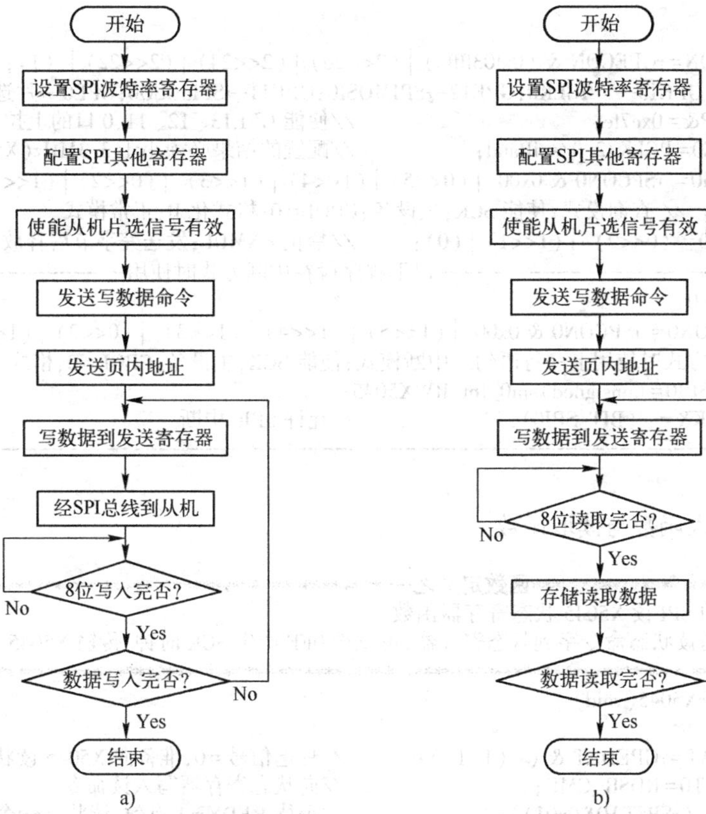

图 11-25　S3C2410A 与 X5045 写入/读取数据流程

a）写入数据流程图　b）读取数据流程图

（1）定义外部变量与函数

```
#include "2410addr.h"
#include "def.h"
#define WREN_CMD        (0x06)         //定义写使能命令字
#define WRDI_CMD        (0x04)         //定义禁止写使能命令字
#define RDSR_CMD        (0x05)         //定义读状态寄存器命令字
#difine WRSR_CMD        (0x01)         //定义写状态寄存器命令字
#define READ_CMD        (0x03)         //定义读上半区命令字
#define WRITE_CMD       (0x02)         //定义写上半区命令字
#define MAX_POLL        (0x07)         //检查命令执行结束的最大次数
unsigned int spiBaud=20000;
unsigned char *cTxData="WRITE STRING!";
unsigned char cRxData[256],cRxNo,cTxEnd;
void spi0_Init();                      //S3C2410A GPIO 与 SPI 功能寄存器初始化函数
void spi0_Write_CMD(U8 cmd);           //写命令函数,有 WREN 命令、WRDI 命令和 WRSR 命令
U8 spi0_RdsrX5045(void);               //读状态寄存器函数
U8 spi0_Poll_WIP(void);                //查询 WIP 状态函数
void spi0_WriteX5045(U8 PageNo,U8 Addr,U8 *wString);
void spi0_ReadX5045(U8 PageNo,U8 Addr,U8 sLength);
void __irq spi0_Int_RWX5045();         //可以在中断程序中判断是写入中断还是接收中断
```

（2）GPIO 端口与 SPI 功能寄存器初始化函数

```
void spi0_Init()
```

```
{
    rGPECON=rGPECON & (0xf03ffffc) | (2<<26) | (2<<24) | (2<<22) | (1);
    //配置 GPE13→SPICLK0;GPE12→SPIMOSI0;GPE11→SPIMISO0;GPE0→片选信号
    rGPEUP&=0xc7fe;                          //使能 GPE13、12、11、0 口的上拉电阻
    rSPPRE0=PCLK/2.0/spiBaud;                //配置的结果必须小于 3.3MHz(X5045 要求)
    rSPCON0= rSPCON0 & 0x00  | (0<<5) | (1<<4) | (1<<3)  | (0<<2) | (1<<1) | (0);
            // 查询模式;使能 SCK;主设备;CPOL=0;格式化 B;正常模式。
    rSPPIN0= (0<<2)  | (1<<1) | (0);         //禁止 ENMUL;发送完字节后释放
    /*------------------------以下程序段在中断方式时使用-----------------------
    cRxNo=0;
    //rSPCON0= rSPCON0 & 0x00  | (1<<5) | (1<<4) | (1<<3)  | (0<<2) | (1<<1) | (0);
    //中断方式时使用上一行语句。中断模式;使能 SCK;主设备;CPOL=0;格式化 B;正常模式
    pISR1_SPI0=(unsigned)spi0_Int_RWX5045;
    rINTMSK&=~(BIT_SPI0);                    //允许 SPI0 中断
    ---------------------------------------------------------------------------*/
}
```

（3）字符串写入函数与读取函数

```
/******************************函数定义之一*********************************************
S3C2410A 的 SPI 读 X5045 状态寄存器函数
功能:先发送读状态命令字到状态寄存器,再发送 0FF 产生 SCK 时钟,传输 X5045 各状态位
******************************************************************************************/
U8 spi0_RdsrX5045(void)
{
    rGPEDAT=rGPEDAT & (~(1<1));          //片选信号=0,准备向 X5045 读状态寄存器命令字
    rSPTDAT0=RDSR_CMD;                    //向状态寄存器写入读命令
    while(! (rSPSTA0&0x01));              //等待 REDY=1 有效,读状态命令完成
    rSPTDAT0=0xFF;                        //产生 SCK 时钟
    while(! (rSPSTA0&0x01));              //等待 X5045 状态寄存器数据输出
    return rSPRDAT0;
    rGPEDAT= rGPEDAT  | (1<1);            //片选信号=0,读 X5045 状态寄存器结束
}
/*******************函数定义之二**************************************************
S3C2410A 的 SPI 向 X5045 发送写命令字函数
功能:发送写命令字到 X5045 状态寄存器,然后检测设置是否完成
命令字包括:WREN_CMD 命令字、WRDI_CMD 命令字和 WRSR_CMD 命令字
******************************************************************************************/
void spi0_Write_CMD(U8 cmd)               //cmd 亚元是上述三者之一
{
    rGPEDAT=rGPEDAT & (~(1<1));          //片选信号=0,X5045 准备发送命令字
    rSPTDAT0=cmd;
    rGPEDAT=rGPEDAT  | (1<1);             //片选信号=1,命令字发送结束
}
/*******************函数定义之三**************************************************
S3C2410A 的 SPI 查询 X5045 执行操作是否完成:完成返回值为 1,否则为 0
功能:读状态寄存器,判断 WIP 位,检测命令执行是否完成
******************************************************************************************/
U8 spi0_Poll_WIP(void)
{
    U8 ch,poll_times;
    poll_times=0;
    while(1)
    {
        ch=spi0_RdsrX5045();
```

```
        if((ch&0x01!=0)&&(poll_times>MAX_POLL))//等待命令执行完毕,此时 WIP=0
        {  ch=0;  break;}                              //在规定的次数内未成功执行,返回 0
        if(ch&0x01==0)
        {  ch=1;  break;}                              //在规定的次数内成功执行,返回 1
        poll_times++;
    }
    return ch;
}
```

/ ************************** **函数定义之四** **

S3C2410A 的 SPI 向 X5045 芯片写入字符串函数,最大长度小于等于 16 字节(1 页)

功能:将数据串写入到半区号 AreaNo,地址为以 Addr 为首地址的连续空间,确保在本页内进行写入地址最低 4 位从 0000~1111,字符串最后的'\0'写在小于等于 1111 单元中

***/

```
void spi0_WriteX5045(U8 AreaNo,U8 Addr,U8 * wString)
{
  U8i=0,ch;
  spi0_Write_CMD(WREN_CMD);                   //向 X5045 发送写使能命令
  rGPEDAT= rGPEDAT & (~(1<1));                //片选信号=0,X5045 开始工作
  while(! (rSPSTA0&0x01));                     //等待 REDY 有效
  rSPTDAT0=WRITE_CMD | (AreaNo<<3);           //发送指定页号的写入写命令
  while(! (rSPSTA0&0x01));                     //等待 REDY 有效,写命令结束
  rSPTDAT0=Addr;                               //写指定页号的低 8 位地址
  while(! (rSPSTA0&0x01));                     //等待 REDY 有效,写地址结束
  i=0;
  while( * (wString+i)!='\0')                  //判断字符串是否写入结束
  {
    rSPTDAT0= * (wString+i);
    while(! (rSPSTA0&0x01));
    i++;
  }
  rSPTDAT0='\0';
  while(! (rSPSTA0&0x01));                     //等待数据发送完毕
    rGPEDAT |=(1<<0);                          //片选信号置"1",字符串写入结束
    spi0_Poll_WIP();                           //等待 X5045 写入操作完成
}
```

/ ****************************** **函数定义之五** **

S3C2410A 从 X5045 芯片读取字符串函数,保存在全局数组变量 cRxData[]中

功能:从页号为 AreaNo,地址为 Addr 开始的连续空间读字节数据,确保数据尾地址小于 0x1ff

***/

```
void spi0_ReadX5045(U8 AreaNo,U8 Addr,U8 sLength)
{
    int i=0,j;
    rGPEDAT=rGPEDAT & (~(1<1));              //片选信号=0,X5045 开始工作
    while(! (rSPSTA0&0x01));                  //等待 REDY 有效
    rSPTDAT0=READ_CMD | (AreaNo<<3);         //向指定的页号写入读命令
    while(!(rSPSTA0&0x01));                   //等待 REDY 有效,读命令写入结束
    rSPTDAT0=Addr;                            //向指定的页号写低 8 位地址
    while(!(rSPSTA0&0x01));                   //等待 REDY 有效,写地址结束
    nSPTDAT0=0xFF;                            //发送空数据,产生 SCK 时钟信号
    //--------- 使用中断接收程序时以下程序段不要---------------------------
    i=0;
    cRxNo=0;
    for(i=0;i<sLength;i++)                    //判断字符串是否写入结束
    {
        while(!(rSPSTA0&0x01));               //等待接收数据准备好
        cRxData[i]=rSPRDAT0;                  //读取数据赋给全局数组变量
```

```
        nSPTDAT0 = 0xFF;                                 //发送空数据,产生 SCK 时钟信号
    }
    cRxNo = i-1;
    //--------------上述说明到此-----------------------------------------------
    rGPEDAT | = (1<<0);                                  //片选信号置"1",读字符串结束
}
```

(4) X5045 读字符串中断函数

```
/ *****************************************************************************
S3C2410A 使用中断从 X5045 芯片读取字节数据函数
功能:字符串长度和字符串分别保存在全局变量 cRxNo 和 cRxData 数组中,确保数据串在本页内
*******************************************************************************/
void __irq spi0_Int_ReadX5045( )
{
    rINTMSK | = BIT_SPI1;                        //屏蔽 SPI1 中断
    cRxData[ cRxNo] = rSPRDAT0;
    if( cRxData[ cRxNo] ! = '\0')                //读字节数据未结束
    {
        nSPTDAT0 = 0xFF;                         //发送空数据,产生 SCK 时钟信号
        cRxNo ++;
        rINTSRC | = ( BIT_SPI1);                 //清除中断源悬挂寄存器 SPI0 位
        rINTPND= rINTPND;                        //清除中断悬挂寄存器 SPI0 位
        rINTMSK & = ~ BIT_SPI0;                  //允许 SPI0 读中断,继续从 X5045 读字节数据
    }
}
```

(5) S3C2410A 的 SPI 与 X5045 测试程序

在之前声明与定义过的常量与变量在这里直接应用即可。

```
extern void Port_Uart_Init( void);
extern void Uart_Init( int pclk, int baud);
extern void Uart_Select( int ch);
extern void Uart_Printf( char * fmt, . . . );          //声明外部定义,在超级终端上的打印函数
void Main( )
{
    Port_Uart_Init( );                                //初始化串口使用的 GPIO 口
    Uart_Select(0);                                   //选择 UART0
    Uart_Init(0, 115200);                             //设置字符格式、波特率等

    Uart_Printf( "Initializing S3C2410A SPI Control Register!" );
    spi0_Init( );                                     //使用程序查询的初始化函数段
    spi0_Write_CMD( WREN_CMD);                        //X5045 写使能
    spi0_WriteX5045(0, 0x020, cTxData); //向 X5045 存储器上半区 0x20 开始单元写入字符串
    spi0_ReadX5045(0, 0x020, 10);   //从 X5045 上半区 0x20 地址单元开始读取长度为 5 的字符串
    Uart_Printf( Reading String is: %s\n, cRxData);            //结果是 WRITE
}
```

习题

11-1 简述串行通信和异步通信的特点。

11-2 简述 UART 的字符格式。

11-3 简述 RS-232C 接口的规格、信号、引脚功能和基本连接方式。

11-4　简述 LVTTL、EIA 逻辑系统。它们之间是如何转换的。

11-5　简述 RS-232 和 RS-485 的特点。

11-6　通信协议的作用是什么？

11-7　分析图 11-6 所示 S3C2410A 的 UART 内部结构与功能。

11-8　简述 S3C2410A 的 UART 的操作模式与功能。

11-9　与 S3C2410A UART 相关的专用寄存器有哪些？各有什么功能？

11-10　简述 UART 行控制寄存器的位功能。

11-11　简述 UART 控制寄存器（UCONn）的位功能。

11-12　简述 UART 发送/接收状态寄存器（UTRSTATn）的位功能。

11-13　简述当微处理器在大端或小端模式时，如何操纵发送/接收缓冲器中的字节数据。

11-14　UART 的波特率寄存器是如何计算配置的？

11-15　简述 UART 的程序设计流程。

11-16　简述 I^2C 总线的工作模式、传输过程、信号及数据格式。

11-17　分析图 11-10 所示 S3C2410A 的 I^2C 总线内部结构和功能。

11-18　与 S3C2410A I^2C 总线操作有关的寄存器有哪些？各有什么功能？

11-19　简述 I^2C 总线控制寄存器 IICCON 的位定义。

11-20　简述 I^2C 总线控制/状态寄存器 IICSTAT 的位定义。

11-21　简述 I^2C 总线地址寄存器 IICADD 的位定义。

11-22　简述 I^2C 总线移位数据寄存器 IICDS 的位定义。

11-23　简述 SPI 接口基本原理与结构。

11-24　分析图 11-18 所示 S3C2410A 的串行外围设备接口内部结构和功能。

11-25　简述 SPI 模块的编程步骤。

11-26　与 S3C2410A SPI 接口有关的特殊寄存器有哪些？各自的功能是什么？

第 12 章　嵌入式应用程序设计举例

嵌入式处理器的应用主要有两种方式：一种是进行裸机开发，要求开发者既要设计微处理器硬件系统的启动引导程序，又要编写低层接口硬件的初始化程序，还要编写高层的应用程序。因此开发人员需要花费大量的时间熟悉微处理器的硬件系统，编写启动程序和低层接口硬件程序，难度大，开发周期长，但是系统的运行效率极高。另一种是基于嵌入式操作系统之上的开发，一般是在成功地移植了系统的 Bootloader、嵌入式操作系统之后的平台上进行开发，涉及的低层硬件少，开发周期短，系统的运行效率较低。

本设计实例是在 FL2440 开发板上进行的裸机开发，完成的主要功能就是实时监测环境温度。涉及的开发内容有：系统启动程序的设计，实时时钟（RTC）、触摸屏、LCD 显示器的初始化程序和应用程序设计，数字温度传感器 DS18B20 采集环境温度的程序设计，系统主程序的设计。实例系统的组成（包括 PC）、运行显示界面和系统时间校准界面如图 12-1 所示。

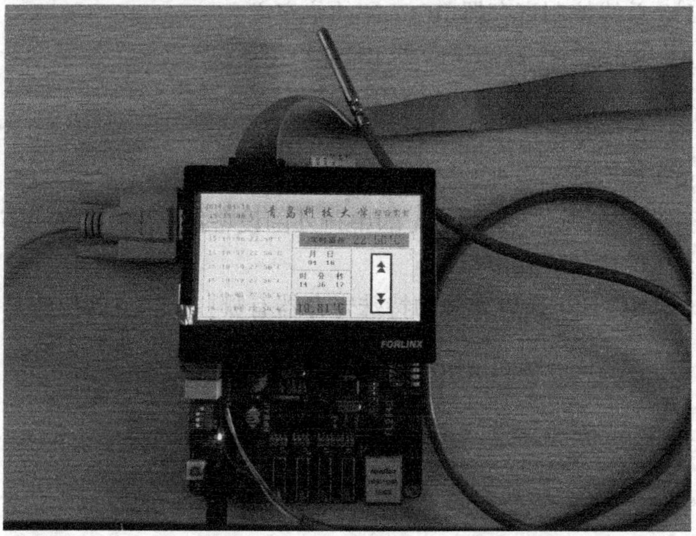

图 12-1　实例系统的组成、运行显示界面和时间校准界面

12.1　嵌入式系统启动引导程序

嵌入式系统的启动引导程序是和处理器的体系结构紧密联系在一起的，它的开发是嵌入式系统开发的难点之一，既要求开发者对微处理器的硬件体系结构熟悉，又要求开发者熟练掌握微处理器的汇编语言与编程、C 语言编程以及它们之间的相互调用等。程序代码是微处理器运行时必要的基本条件，没有与硬件紧密联系的程序代码，多么精悍的微处理器也发挥不了它极其强大的作用。

12.1.1　启动引导程序的作用

启动引导程序是系统上电运行的首段代码。在 x86 的 PC 体系结构中，启动引导程序由主板上的基本输入/输出系统（Basic Input/Output System，BIOS）和位于磁盘主引导记录（Master Booting Record，MBR）区的启动代码组成。MBR 位于磁盘介质的 0 柱面 0 扇区 0 磁道。系统上电后，首先执行主板上的 BIOS，完成系统基本硬件设置、检测和资源分配后，转入系统硬盘 MBR 中读取引导程序到系统的内存 RAM 中，然后将控制权交给引导程序。引导程序再将内核映像从硬盘读到内存 RAM 中，然后跳到内核的入口点运行，即开始启动操作系统。

在嵌入式系统中，由于微处理器的种类繁多，它们各有自己的汇编语言，通常没有像 PC 那样的固件程序，因此整个系统的加载启动引导程序需要开发人员来设计。对于嵌入式系统来讲，有的需要在操作系统之上开发，有的需要进行裸机开发，但是系统启动时都需要引导程序为它们建立一个良好的硬件系统环境。

12.1.2 启动引导程序的任务

启动引导程序是依赖于硬件而实现的，特别是嵌入式系统，为它们设计一个通用的启动引导程序几乎是不可能的，因为这段代码需要使用各自的汇编语言来编写。但是归纳一些通用的程序任务还是可行的。嵌入式系统的启动引导程序主要有以下任务。

1）设置异常向量入口程序。当 CPU 发生异常时，进入其程序的入口地址处，执行完具体任务后返回。

2）关闭看门狗定时器和屏蔽中断。防止在初始化过程中，中断和看门狗定时中断对其初始化过程的影响。

3）设置 CPU 的工作频率、USB 的工作频率、HCLK 和 PCLK 的工作频率。

4）RAM 芯片的配置。由于 ARM 可以外接不同数据长度、不同访问速度的 RAM 存储器，为了能使 CPU 正确地访问 RAM，必须根据 RAM 的数据线宽度、访问时延配置 RAM 芯片。

5）设置各种异常堆栈指针。用于进入异常时的现场数据保护，包括以后使用的 C 语言程序。

6）设置中断指针的传递。由于 ARM 没有为它的 32 个中断源配置固定的中断向量地址，而且中断服务函数的入口地址是在内存 RAM 中，所以中断函数的入口地址要通过指针传递到固定的异常（中断）向量地址处 0x00000018（普通中断，即 IRQ）或 0x0000001C（快速中断，即 FIQ）。

7）将烧写在 BANK0 区中的 Nand Flash 或 Nor Flash 存储器的代码段搬移到内存 RAM 中。

8）跳到 C 语言入口处，开始执行由 C 语言编写的硬件初始化程序、应用程序等，或进入操作系统中。

12.1.3 引导程序的启动流程

启动流程分为 stage1 和 stage2 两个阶段。

一般依赖于 CPU 体系结构的代码，如设备初始化代码等，都放在 stage1 中，而且通常都用汇编语言来实现，以达到短小精悍且启动迅速的目的；而 stage2 则通常用 C 语言来实现，这样可以实现各种复杂的操作功能（如对串口、以太网接口的支持等）。

1. stage1 的主要工作

1）硬件设备初始化。包括屏蔽所有中断，关闭看门狗，设置 CPU 的速度与时钟，RAM 初始化，关闭 CPU 内部指令/数据 Cache 等。

2）为加载 stage2 的代码准备 RAM 空间，复制 stage2 的代码到 RAM 空间中。

3）设置好堆栈。

4）跳转到 stage2 的 C 语言入口点 Main( )函数处。

2. stage2 的主要工作

1）使用 C 语言编程初始化本阶段要使用到的硬件设备。

2）检测系统内存映射（Memory Map）。

3）从 Flash 存储器复制文件到内存 RAM 中。如不移植操作系统则流程结束，否则继续做以下两项工作。

4）将 kernel 映像和根文件系统映像从 Flash 上复制到 RAM 空间中。

5）为内核设置启动参数，调用内核。

12.2 系统启动引导程序的设计

在开发 ARM 应用系统时，在启动引导程序的 stage1 阶段必须使用汇编语言编写的程序，本节仍以 S3C2410A 微处理器作为设计对象，S3C2440 微处理器与 S3C2410A 微处理器的启动代码基本相同。启动引导汇编代码的文件名为 2410init. s。

12.2.1 外部文件的引用

2410init. s 首先引用了 3 个外部定义的文件，可以到 Samsung 公司的网站下载。在 option. a 中定义了堆栈基地址，MMU 页表基地址和中断向量表基地址，分别如下。

```
_RAM_STARTADDRESS      EQU    0x30000000   ;定义内存起始地址
_STACK_BASEADDRESS     EQU    0x33ff8000   ;定义系统中使用的堆栈地址,类型是满栈递减
_MMUTT_STARTADDRESS    EQU    0x33ff8000   ;定义 MMU 页表基地址,向上生成
_ISR_STARTADDRESS      EQU    0x33ffff00   ;中断向量存储起始地址

GBLL PLL_ON_START                          ;使用伪指令定义锁相环变量
PLL_ON_STARTSETL {TRUE}                    ;赋值为真

GBLL      ENDIAN_CHANGE                    ;用伪指令定义全局逻辑变量:大、小端变化
ENDIAN_CHANGESETL{FALSE}                   ;将其逻辑值设置为 FALSE

GBLA   ENTRY_BUS_WIDTH                     ;定义入口总线宽度变量
ENTRY_BUS_WIDTHSETA16

GBLA      BUSWIDTH                         ;GPIO 总线宽度变量定义(取 16 位或 32 位)
BUSWIDTHSETA      32

GBLAFCLK                                   ;定义 FCLK 时钟频率变量
FCLKSETA50000000
```

根据 FCLK 的值，定义锁相环各分频值。S3C2410A 具有两个锁相环：一个为 MPLL 锁相环，在代码中用 M_代表，用于 CPU 的 FCLK、AHB 总线的 HCLK 和 APB 的 PCLK；另一个为 UPLL 锁相环，用于 USB 设备。通过 CLKDIV 寄存器的设置可以使 FCLK∶HCLK∶PCLK = 1∶1∶1 或 1∶1∶2 或 1∶2∶2 或 1∶2∶4。

```
[ FCLK = 20000000                     ;if( FCLK = 20 MHz) then
```

```
    M_MDIV      EQU 0x20          ;Fin=12.0MHz,Fout=30.0MHz 的常量值
    M_PDIV      EQU 0x4
    M_SDIV          EQU 0x2
  ];endif
  ……
```

2410addr. a 文件：使用伪指令 EQU 定义了各寄存器的地址，8 种异常组成的向量表和 32 个中断源组成的向量表，还有 32 个中断悬挂位常量。

memcfg. a 文件：定义了 Bank0～Bank7 的各存储器数据线宽度和访问时间参数。

```
    GET option. a         ;引用外部文件。汇编中的 GET 伪指令与 C 语言中的#include 宏指令意义相同
    GET 2410addr. a       ;引用外部文件
    GET memcfg. a         ;引用外部文件
```

12.2.2 常量的定义

常量的定义主要包括异常模式常量定义、各种异常堆栈栈顶指针常量，还有各种异常地址指针转移的宏定义等。以下介绍它们的具体实现。

```
    BIT_SELFREFRESH EQU(1<<22)          ;定义自刷新比特位
    ;;;;;;;;;;;;;;;;;;;;;;;;;;;;;;;;;;;;;;;;;;;;;;;;;; 处理器异常模式常量定义 ;;;;;;;;;;;;;;;;;;;;;;;;;;;;;;;;;;;;;;;;;;;;;;;;;;;;;;;;;;
    USERMODE        EQU       0x10        ;用户模式常量
    FIQMODE         EQU       0x11        ;FIQ 异常模式常量
    IRQMODE         EQU       0x12        ;IRQ 异常模式常量
    SVCMODE         EQU       0x13        ;管理异常模式常量
    ABORTMODE       EQU       0x17        ;终止异常模式常量
    UNDEFMODE       EQU       0x1b        ;未定义异常模式常量
    MODEMASK        EQU       0x1f        ;系统异常模式常量
    NOINT           EQU       0xc0        ;屏蔽中断模式常量
    ;;;;;;;;;;;;;;;;;;;;;;;;;;;;;;;;;;;; 定义各种异常堆栈栈顶指针,堆栈类型为满栈递减 ;;;;;;;;;;;;;;;;;;;;;;;;;;;;;;;;;;;;
    UserStack     EQU   (_STACK_BASEADDRESS-0x3800)     ;0x33ff4800 ~0x33ff37ff(4K)
    SVCStack      EQU   (_STACK_BASEADDRESS-0x2800)     ;0x33ff5800 ~0x33ff47ff(4K)
    UndefStack    EQU   (_STACK_BASEADDRESS-0x2400)     ;0x33ff5c00 ~0x33ff57ff(1K)
    AbortStack    EQU   (_STACK_BASEADDRESS-0x2000)     ;0x33ff6000 ~0x33ff5bff(1K)
    IRQStack      EQU   (_STACK_BASEADDRESS-0x1000)     ;0x33ff7000 ~0x33ff5fff(4K)
    FIQStack      EQU   (_STACK_BASEADDRESS-0x0)        ;0x33ff8000 ~ 0x33ff6fff(4K)

    GBLL      THUMBCODE                      ;定义一个全局逻辑变量 THUMBCODE
    [ {CONFIG} = 16                          ;if(CONFIG= =16)then    (CONFIG 为汇编器内置变量)
        THUMBCODE SETL   {TRUE}              ;thumb 代码为真,但启动时 16 位代码不执行
        CODE32                               ;这里强制执行 32 位代码
    | ;else
        THUMBCODE SETL   {FALSE}             ;如果要求 32 位指令,则直接设置 THUMBCODE 为 FALSE
                                             ;说明当前执行的是 32 位编译模式
    ] ;endif
    ;;;;;;;;;;;;;;;;;;;;;;;;;;;;;;;;;;;;;;;; 宏定义,普通跳转,用于子程序的返回 ;;;;;;;;;;;;;;;;;;;;;;;;;;;;;;;;;;;;;;;;;;;;;;;;;;
    MACRO                                    ;宏定义开始伪指令
        MOV_PC_LR                            ;宏名为 MOV_PC_LR
        [ THUMBCODE                          ;if
                bx lr                        ;跳转到链接寄存器 lr 处,程序返回
        |                                    ;else
                movpc,lr                     ;pc←lr,程序返回
        ]                                    ;endif
    MEND                                     ;宏定义结束伪指令
```

```
;;;;;;;;;;;;;;;;;;;;;;;;;;;;;;;;;;;;;;;;;宏定义,条件跳转,用于子程序的返回;;;;;;;;;;;;;;;;;;;;;;;;;;;;;;;;;;;;;;;;;;;
MACRO
    MOVEQ_PC_LR              ;宏名为 MOVEQ_PC_LR
    [ THUMBCODE
      bxeq lr                ;标志位 Z=1 时跳转返回主程序
    |
      moveq pc,lr            ;标志位 Z=1 时,pc←lr,返回主程序
    ]
MEND
```

- 以下的宏定义主要实现由异常向量入口处 HandlerXxx 向内存中的异常向量表地址 HandleXxx 处跳转。即从固定的异常向量入口跳转到内存中异常程序的入口地址处（HandlerXxx→HandleXxx）。
- $HandleLabel 位于内存以（_ISR_STARTADDRESS）为基址的地方，在文件的最后 RamData 数据段中定义。在这些内存地址中将保存 ARM 异常服务处理程序的入口地址或中断函数的入口地址。从（_ISR_STARTADDRESS）到（_ISR_STARTADDRESS+0x1c）共定义了 8 个异常服务程序的入口，即异常响应时，先进入异常入口处，再进入到此基址定义的各异常向量内存地址中，它的内容就是异常服务程序名[汇编使用标号或 C 语言使用常量地址(函数名)]，进而进入到服务程序中执行。
- 同时从（_ISR_STARTADDRESS+0x20）到（_ISR_STARTADDRESS+0xa0）共定义 32 个 ARM 中断源的中断向量表地址，它的内容是中断服务程序名。需要说明的是，执行 ARM 的 32 个中断其中之一时，执行过程指针的传递过程是：开始 PC 值=0x18→(_ISR_STARTADDRESS+0x18)→(_ISR_STARTADDRESS+0x20+中断序号×4)，中断序号从 0~31，EINT0=0，…，ADC=31。

```
MACRO                                          ;定义异常向量转移宏汇编
$HandlerLabel HANDLER  $HandleLabel
$HandlerLabel
    SUB      SP,    SP,   #4                   ;①修改堆栈指针,用于保存跳转地址
    STMFD    SP!,   {R0}                       ;②压栈保护 R0 寄存器内容
    LDR      R0,    =$HandleLabel              ;③将转移的地址存入 R0
    LDR      R0,    [R0]                       ;④将 $HandleLabel 的内容送 R0
    STR      R0,    [SP,#4]                    ;⑤将 R0 的内容压栈到①的单元中
    LDMFD    SP!,   {R0,PC}                    ;⑥弹栈恢复 R0,PC 指向 $HandleLabel
MEND
```

一个编译好的 ARM 代码段由 RO、RW、ZI 三个段组成。其中 RO 为代码段，RW 是已经初始化的全局变量，ZI 是未初始化的全局变量。

ARM 编译器经配置后，编译的程序返回的有：程序代码段区间、已赋值数据段全局变量区间、未赋值为 0 的变量区间。

注意：这些标号的值是通过编译器的设定来确定的，如 ADS1.2 编译软件中对 ro-base 和 rw-base 的设定。

```
IMPORT   |Image$$RO$$Base|    ;编译后代码段的开始地址,也是 ADS1.2 中配置的 RO 地址值
IMPORT   |Image$$RO$$Limit|   ;编译后代码段的结束地址+1,即数据段的开始地址
IMPORT   |Image$$RW$$Base|    ;ADS1.2 配置的数据段起始地址
IMPORT   |Image$$RW$$Limit|   ;ADS1.2 配置的数据段起始地址+RW 段长度
IMPORT   |Image$$ZI$$Base|
```

```
IMPORT    |Image $ $ZI $ $Limit|

IMPORT    Main   ;声明在其他文件中定义的 Main 函数。注意与 C 语言函数的中 main 函数的区别
```

12.2.3 S3C2410A 的异常处理

当系统运行时，异常会随时发生。为保证 ARM 处理器在异常发生时不至于处于未知状态，在应用程序中首先要进行异常处理。采用的方式是在异常向量入口向量表中的特定位置存放一条跳转指令，跳转到内存的异常处理向量表入口处。

ARM 要求异常向量入口表必须放置在从 0x00 地址开始的连续 8×4 个字节地址单元中。当异常发生时，ARM 处理器会强制将 PC 的指针置为异常向量表中对应的地址值。

当 S3C2410A 系统启动时，程序计数器指针 PC = 0x00000000，ARM 就从这里开始执行程序。

```
;;;;;;;;;;;;;;;;;;;;;;;;;;;;;;;;;;;;;;;;;;;;;;;;;;; 2410init.s 启动代码入口 ;;;;;;;;;;;;;;;;;;;;;;;;;;;;;;;;;;;;;;;;;;;;;;;;;;;;;;;;;;;;;
AREA     Init,CODE,READONLY                   ;表明下面的是一个名为 Init 的只读代码段
ENTRY                                         ;声明代码段入口
ASSERT:DEF:ENDIAN_CHANGE    ;判断大小端 ENDIAN_CHANGE=FALSE(在 option.a 中已定义)
[ ENDIAN_CHANGE                               ;if(条件)= FALSE,以下三对"["" ]"不被执行
    ASSERT   :DEF:ENTRY_BUS_WIDTH             ;判断总线宽度。在 option.a 中已被定义
    [ ENTRY_BUS_WIDTH=32                      ;if:总线宽度=32
        B   ChangeBigEndian                   ;本条指令的机器码是 DCD 0xea000007
    ] ;endif
    [ ENTRY_BUS_WIDTH=16                      ;if:总线宽度=16
        andeq r14,r7,r0,lsl #20               ;本条指令的机器码是 DCD 0x0007ea00
    ]                                         ;endif
    [ ENTRY_BUS_WIDTH=8                       ;if:总线宽度=8
        streq r0,[r0,-r10,ror #1]             ;本条指令的机器码是 DCD 0x070000ea
    ] ;endif
    |                                         ;else(如果以上情况都没有发生)
        b      ResetHandler                   ;由于 ENDIAN_CHANGE 定义为 FALSE,
                                              ;所以上面三个"["" ]"语句中的指令不被执行,
                                  ;直接跳转到 pc=0x00000000 处执行初始化程序,即向量地址 0x00
    ];endif
```

1. 异常向量入口

以下是 7 个异常向量空间程序的语句，上面的 b ResetHandler 必须是第一句。它们占用着 ARM 存储器的固定地址单元，从 0x00000000~0x0000001C。

在 ARM 系统发生异常时，由系统硬件强制将 PC 指针切换到该异常地址处，程序执行完后返回到主程序。

注意：点（.）代表当前指令，“b .” 就是当前指令跳转到当前指令，即死机。

```
;;;;;;;;;;;;;;;;;;;;;;;;;;;;;;;;;;;;;;;;;;;;;;;;;;;;; 异常向量入口代码段 ;;;;;;;;;;;;;;;;;;;;;;;;;;;;;;;;;;;;;;;;;;;;;;;;;;;;;;;;;;;;;;;;
b      HandlerUndef       ;跳到未定义异常处理程序执行。向量地址 0x04
b      HandlerSWI         ;跳到软中断异常处理程序执行。向量地址 0x08
b      HandlerPabort      ;跳到指令终止异常处理程序执行。向量地址 0x0C
b      HandlerDabort      ;跳到数据终止异常处理程序执行。向量地址 0x10
b      .                  ;保留,占用 1 个字的地址空间,保证了其后 2 个中断异常向量地址正确
b      HandlerIRQ         ;跳到普通中断异常处理程序执行。向量地址 0x18
b      HandlerFIQ         ;跳到快速中断异常处理程序执行。向量地址 0x1C
```

```
    b      EnterPWDN                    ;@ 0x20

ChangeBigEndian                         ;@ 0x24
        [ ENTRY_BUS_WIDTH = 32          ;总线宽度为 32 位
            DCD 0xee110f10              ;0xee110f10 是指令 mrc p15,0,r0,c1,c0,0 的机器码,直接使用
            DCD 0xe3800080              ;0xe3800080 是指令 orr r0,r0,#0x80 的机器码,设置为大端方式
            DCD 0xee010f10              ;0xee010f10 是指令 mcr p15,0,r0,c1,c0,0 的机器码
        ]
        [ ENTRY_BUS_WIDTH = 16          ;总线宽度为 16 位时使用以下代码
            DCD 0x0f10ee11
            DCD 0x0080e380              ;设置为大端方式
            DCD 0x0f10ee01
        ]
        [ ENTRY_BUS_WIDTH = 8           ;总线宽度为 8 位时使用以下代码
            DCD 0x100f11ee
            DCD 0x800080e3              ;设置为大端方式
            DCD 0x100f01ee
        ]
        DCD 0xffffffff  ;机器码 0xffffff 无论在大端方式还是小端方式都是空操作。这里主要是需要延时
        DCD 0xffffffff
        DCD 0xffffffff
        DCD 0xffffffff
        DCD 0xffffffff
        b ResetHandler
```

2. 异常的调用过程

以下的语句是宏调用，当从异常向量入口处跳到 HandlerXXX，经宏调用再跳到内存的 HandleXXX 处执行程序。具体的操作过程前面已经解释。

```
;;;;;;;;;;;;;;;;;;;;;;;;;;;;;;;;;; 宏调用代码段 ;;;;;;;;;;;;;;;;;;;;;;;;;;;;;;;;;;;;;;;;;;;;;;;;;;;;;;;;;;;
HandlerFIQ      HANDLER     HandleFIQ           ;将用宏定义代换、展开、执行,以下类似
HandlerIRQ      HANDLER     HandleIRQ
HandlerUndef    HANDLER     HandleUndef
HandlerSWI      HANDLER     HandleSWI
HandlerDabort   HANDLER     HandleDabort
HandlerPabort   HANDLER     HandlePabort
```

3. 中断服务程序的分发

使用中断偏移寄存器（INTOFFSET）可实现从总中断 IRQ 向 ARM 的 32 个中断源服务程序的转换分发，必须有一段程序代码将下述的 IsrIRQ 标号作为中断分发程序的入口地址存入到（_IRQ_STARTADDRESS+0x18）的地址单元中，以便于 PC 指针的转接。

程序代码如下，其中中断偏移寄存器 INTOFFSET 的值是从 0~31 中的某一个，分别代表着 32 个中断之一，0 是 INT_EINT0，1 是 INT_EINT1，…，31 是 INT_ADC。

```
;;;;;;;;;;;;;;;;;;;;;;;;;;;;;;;;;;;;;;;; 中断服务程序分发程序代码段 ;;;;;;;;;;;;;;;;;;;;;;;;;;;;;;;;;;;;;;;;;;;;
IsrIRQ
        sub  sp,sp,#4           ;为 PC 指针预留堆栈空间
        stmfd sp!,{r8-r9}       ;r8、r9 寄存器压栈
        ldr  r9,=INTOFFSET      ;中断偏移寄存器 INTOFFSET 的地址送 r9
        ldr  r9,[r9]            ;读 INTOFFSET 的内容送 r9
        ldr  r8,=HandleEINT0    ;内存中定义的 32 个中断服务程序基址值 HandleEINT0 送 r8
        add  r8,r8,r9,lsl #2    ;r8←r8+r9 * 4 得到相应的中断入口地址
        ldr  r8,[r8]            ;r8 的内容送入 r8 的地址单元中,装入中断服务程序的入口
        str  r8,[sp,#8]   ;中断服务地址压栈,即将中断入口地址送进 SP(首条语句留出的 4 字节空间)
        ldmfd  sp!,{r8-r9,pc};r8、r9 弹栈,同时将中断程序地址弹出赋给 PC 指针
```

```
LTORG
```

LTORG 是 ARM 伪指令，用于声明一个文字池，在使用 LDR 伪指令的时候，要在适当的地址处加入 LTORG 声明文字池，这样就会把要加载的数据保存在文字池内，再用 ARM 的加载指令读出数据。

4. RamData 数据段的定义

RamData 数据段根据中断分配的内存开始地址（_ISR_STARTADDRESS）使用 MAP 伪指令在内存中定义并分配 8 个异常向量表地址，32 个中断向量表地址，以便于中断指针的传递和中断函数的调用。

```
;;;;;;;;;;;;;;;;;;;;;;;;;;;;;;;;;;;;;;;;;;;;;;;;;;;; 数据段定义代码段 ;;;;;;;;;;;;;;;;;;;;;;;;;;;;;;;;;;;;;;;;;;;;;;;;;;;;
    AREA RamData,DATA,READWRITE         ;数据段定义
    ^   _ISR_STARTADDRESS   ;"^"代表 MAP 伪指令,从首地址_ISR_STARTADDRESS 开始
;;;;;;;;;;;;;;;;;;;;;;;;;;;;;;;;;;;;;;;;;;;;;;;;;;;; 定义 8 个异常向量表 ;;;;;;;;;;;;;;;;;;;;;;;;;;;;;;;;;;;;;;;;;;;;;;;;;;;;
HandleReset     #   4       ;"#"代表 FIELD 伪指令。地址(_ISR_STARTADDRESS+0x00)
HandleUndef     #   4       ;内存地址(_ISR_STARTADDRESS+0x04)
HandleSWI       #   4       ;内存地址(_ISR_STARTADDRESS+0x08)
HandlePabort    #   4       ;内存地址(_ISR_STARTADDRESS+0x0c)
HandleDabort    #   4       ;内存地址(_ISR_STARTADDRESS+0x10)
HandleReserved #    4       ;内存地址(_ISR_STARTADDRESS+0x14)
HandleIRQ       #   4       ;内存地址(_ISR_STARTADDRESS+0x18)
HandleFIQ       #   4       ;内存地址(_ISR_STARTADDRESS+0x1c)
;;;;;;;;;;;;;;;;;;;;;;;;;;;;;;;;;;;;;;;;;;;;;;;;;;; 定义 32 个中断向量表 ;;;;;;;;;;;;;;;;;;;;;;;;;;;;;;;;;;;;;;;;;;;;;;;;;;;;
HandleEINT0     #   4       ;内存地址(_ISR_STARTADDRESS+0x20)
HandleEINT1     #   4       ;内存地址(_ISR_STARTADDRESS+0x24)
;……28 个中断向量地址分布
HandleRTC       #   4       ;内存地址(_ISR_STARTADDRESS+0x98)
HandleADC       #   4       ;内存地址(_ISR_STARTADDRESS+0x9c)
```

当使用 C 语言中断函数时，还必须将中断函数名（地址常量）赋给相应的内存中断向量对应的地址中。为此，在 C 语言定义的头文件 2410addr. h 中有如下定义。在 C 语言中使用语句“pISR_xxx=(unsigned)函数名;”就可将中断函数的入口地址送到对应的内存单元，实现中断函数的调用。

```
/ ************************************8 个异常内存分配 ********************************************/
#define pISR_RESET        ( * (unsigned  * )(_ISR_STARTADDRESS+0x0))
#define pISR_UNDEF        ( * (unsigned  * )(_ISR_STARTADDRESS+0x4))
#define pISR_SWI          ( * (unsigned  * )(_ISR_STARTADDRESS+0x8))
#define pISR_PABORT       ( * (unsigned  * )(_ISR_STARTADDRESS+0xc))
#define pISR_DABORT       ( * (unsigned  * )(_ISR_STARTADDRESS+0x10))
#define pISR_RESERVED     ( * (unsigned  * )(_ISR_STARTADDRESS+0x14))
#define pISR_IRQ          ( * (unsigned  * )(_ISR_STARTADDRESS+0x18))
#define pISR_FIQ          ( * (unsigned  * )(_ISR_STARTADDRESS+0x1c))
/ ********************32 个中断向量内存分配 ****************************************************/
#define pISR_EINT0        ( * (unsigned  * )(_ISR_STARTADDRESS+0x20))
#define pISR_EINT1        ( * (unsigned  * )(_ISR_STARTADDRESS+0x24))
/ ***************……28 个中断向量内存分布项 ***********************/
#define pISR_RTC          ( * (unsigned  * )(_ISR_STARTADDRESS+0x98))
#define pISR_ADC          ( * (unsigned  * )(_ISR_STARTADDRESS+0x9c))
```

12.2.4 主体程序

主体程序就是 ARM 启动时 PC=0x00000000 执行的程序段，即 ResetHandler。这段程序主

要完成 ARM 基本硬件的初始化、时钟频率的设置、内部存储器的配置、各种异常堆栈指针的设置、将 Flash 中的程序代码复制到内存中等工作。

1. ARM 基本硬件的初始化

ARM 基本硬件初始化的主要工作有：关闭看门狗定时器和所有的中断源，配置 ARM 系统的工作频率等。

```
ResetHandler
    ldr r0, =WTCON              ;关闭看门狗定时器
    ldr r1, =0x0
    str r1,[r0]
    ldr r0, =INTMSK             ;禁止 ARM 的 32 个中断源
    ldr r1, =0xffffffff
    str r1,[r0]
    ldr r0, =INTSUBMSK          ;禁止 11 个子中断源
    ldr r1, =0x7ff
    str r1,[r0]
```

1）设置锁相环 PLL 的时间锁定寄存器 LOCKTIME。锁相环电路收到控制信息后，输出时钟的稳定需要一个过程，计算公式为 Tlock=(1/Fin)×N，S3C2410A 的 Tlock 的最小约束时间是 150 μs。

```
ldr r0, =LOCKTIME
ldr r1, =0xffffff
str r1,[r0]
```

2）设置 MPLL 时钟频率。如果条件为真，则执行语句中的代码，PLL_ON_START 已定义并赋值为 TRUE。MPLL 的输出，即 $FCLK=(M\_MDIV+8)*Fin/(M\_PDIV+2)*2^{M\_SDIV}$。

```
[ PLL_ON_START
    ldr r0, =MPLLCON                                    ;MPLLCON 在 2410addr. a 中定义
    ldr r1, =((M_MDIV<<12)+(M_PDIV<<4)+M_SDIV)          ;Fin=12MHz, Fout=50MHz
    str r1,[r0]
]
ldr r1, =GSTATUS2                                       ;检测是否从掉电模式唤醒
ldr r0,[r1]
tst r0,#0x2
bne WAKEUP_POWER_OFF
```

2. 内部存储器的配置

由于 ARM 可以连接不同总线宽度、不同访问速度的存储器芯片作为自己的内存，因此必须进行合适的配置方能使用。

因为 ARM 的存储器控制寄存器的地址是连续的，所以对其控制寄存器的设置值可以定义一个数据区，以便于连续写入，使程序简短精悍。

```
;;;;;;;;;;;;;;;;;;;;;;;;;;;;; 设置存储器控制寄存器 ;;;;;;;;;;;;;;;;;;;;;;;;;;;;;;;;;;;;;;;;;;;;;;;;;;;;;;;;
    ldr r0, =SMRDATA            ;在缓冲池中定义
    ldr r1, =BWSCON             ;特殊功能寄存器 BWSCON 地址
    add r2,r0,#52               ;内存控制寄存器个数 13×4=52
0   ldr r3,[r0],#4
    str r3,[r1],#4
    cmp r2,r0
    bne %B0                     ;r2 不等于 r0 返回到此指令之前标号 0 处
```

以下是在缓冲池中定义的总线宽度寄存器、Bank0～Bank7 控制寄存器等需要的设定参数，

具体值是根据各 Bank 的数据总线宽度和具体芯片的技术参数确定的，可参看 memcfg. a 文件。

```
;;;;;;;;;;;;;;;;;;;;;;;;;;;;;;;;;;;;;;;;;;;;设定内存控制寄存器参数;;;;;;;;;;;;;;;;;;;;;;;;;;;;;;;;;;;;;;;;;;;;
        LTORG
SMRDATA
        DCD (0+(B1_BWSCON<<4)+(B2_BWSCON<<8)+(B3_BWSCON<<12)+(B4_BWSCON<<16)
+(B5_BWSCON<<20)+(B6_BWSCON<<24)+(B7_BWSCON<<28))  ;总线宽度寄存器设置值
        DCD ((B0_Tacs<<13)+(B0_Tcos<<11)+(B0_Tacc<<8)+(B0_Tcoh<<6)+(B0_Tah<<4)
+(B0_Tacp<<2)+(B0_PMC))                             ;Bank0 控制寄存器设定值
        DCD ((B1_Tacs<<13)+(B1_Tcos<<11)+(B1_Tacc<<8)+(B1_Tcoh<<6)+(B1_Tah<<4)
+(B1_Tacp<<2)+(B1_PMC))                             ;Bank1 控制寄存器设定值
        DCD ((B2_Tacs<<13)+(B2_Tcos<<11)+(B2_Tacc<<8)+(B2_Tcoh<<6)+(B2_Tah<<4)
+(B2_Tacp<<2)+(B2_PMC))                             ;Bank2 控制寄存器设定值
        DCD ((B3_Tacs<<13)+(B3_Tcos<<11)+(B3_Tacc<<8)+(B3_Tcoh<<6)+(B3_Tah<<4)
+(B3_Tacp<<2)+(B3_PMC))                             ;Bank3 控制寄存器设定值
        DCD ((B4_Tacs<<13)+(B4_Tcos<<11)+(B4_Tacc<<8)+(B4_Tcoh<<6)+(B4_Tah<<4)
+(B4_Tacp<<2)+(B4_PMC))                             ;Bank4 控制寄存器设定值
        DCD ((B5_Tacs<<13)+(B5_Tcos<<11)+(B5_Tacc<<8)+(B5_Tcoh<<6)+(B5_Tah<<4)
+(B5_Tacp<<2)+(B5_PMC))                             ;Bank5 控制寄存器设定值
        DCD ((B6_MT<<15)+(B6_Trcd<<2)+(B6_SCAN))    ;Bank6 控制寄存器设定值
        DCD ((B7_MT<<15)+(B7_Trcd<<2)+(B7_SCAN))    ;Bank7 控制寄存器设定值
        DCD ((REFEN<<23)+(TREFMD<<22)+(Trp<<20)+(Trc<<18)+(Tchr<<16)+REFCNT)
                                                    ;刷新寄存器

DCD 0x32                        ;Bank6、Bank7 大小寄存器,省电模式,大小均为 128 MB
DCD 0x30                        ;Bank6 模式设置寄存器 MRSR6 CL=3clk
DCD 0x30                        ;Bank7 模式设置寄存器 MRSR7
```

3. 堆栈指针初始化程序

本段程序主要完成堆栈的初始化任务，将中断服务分发程序的入口地址 IsrIRQ（程序标号）保存在内存中定义的 HandleIRQ 异常向量的地址空间中，以实现中断地址的传递。

大多数的应用程序运行在用户模式下。当处理器运行在用户模式下时，一些被保护的系统资源是不能被访问的，此时应用程序不能直接进入异常模式进行处理器的模式改变。当需要进行处理器模式改变时，应用程序会产生异常（普通中断包括在内），这种体系可以使操作系统控制整个系统的资源。系统复位后处理器进入异常的管理模式中，这时可以进行处理器的模式改变，进而设置各种模式下的堆栈指针。

下面为堆栈指针初始化子程序中的模式常量（例如 UNDEFMODE 等），堆栈栈顶指针（例如 UndefStack 等）在前面已经定义。

```
        bl   InitStacks                     ;调用堆栈初始化子程序
;;;;;;;;;;;;;;;;;;;;;;;;;;;;;;;;;;;;;;;;;将标号地址 IsrIRQ→HandleIRQ;;;;;;;;;;;;;;;;;;;;;;;;;;;;;;;;;;;;;;;;;;;;
        ldr  r0,=HandleIRQ                  ;伪指令将 HandleIRQ 标号地址→r0
        ldr  r1,=IsrIRQ                     ;伪指令将 IsrIRQ 标号地址→r1
        str  r1,[r0]                        ;将 r1 的内容存储到 r0 的地址单元中
;;;;;;;;;;;;;;;;;;;;;;;;;;;;;;;;;;;;;;;;;;;;;;堆栈指针初始化子程序;;;;;;;;;;;;;;;;;;;;;;;;;;;;;;;;;;;;;;;;;;;;;;;;;;;;
InitStacks
    mrs   r0,cpsr                           ;当前程序状态寄存器内容→r0
    bic   r0,r0,#MODEMASK                   ;将 r0 的 b4~b0 清零→r0
    orr   r1,r0,#UNDEFMODE | NOINT          ;禁止 IRQ、FIQ 中断,设置未定义模式字
    msr   cpsr_cxsf,r1                      ;将上条指令的结果→当前状态寄存器,进入未定义异常模式
    ldr   sp,=UndefStack                    ;将未定义模式栈顶指针→其堆栈寄存器 sp(r13)
    orr   r1,r0,#ABORTMODE | NOINT          ;设置终止异常模式字
    msr   cpsr_cxsf,r1                      ;模式字→当前程序状态寄存器
    ldr sp,=AbortStack                      ;将终止异常模式栈顶指针→其堆栈寄存器 sp(r13)
```

```
    orr   r1,r0,#IRQMODE | NOINT                    ;设置普通中断模式字
    msr   cpsr_cxsf,r1                              ;模式字→当前程序状态寄存器
    ldr   sp,=IRQStack                              ;将普通中断模式栈顶指针→其堆栈寄存器 sp(r13)
    orr   r1,r0,#FIQMODE | NOINT                    ;设置快速中断模式字
    msr   cpsr_cxsf,r1                              ;模式字→当前程序状态寄存器
    ldr   sp,=FIQStack                              ;将快速中断模式栈顶指针→其堆栈寄存器 sp(r13)
    bic   r0,r0,#MODEMASK | NOINT
    orr   r1,r0,#SVCMODE                            ;设置管理异常模式字
    msr   cpsr_cxsf,r1                              ;模式字→当前程序状态寄存器
    ldr   sp,=SVCStack                              ;将管理异常模式栈顶指针→其堆栈寄存器 sp(r13)
    ;;;;;;;;;用户模式堆栈指针在这没有初始化。如果当前不在管理模式下,连接寄存器 lr 无效;;;;;;;;;;;;;
  mov   pc,lr                                       ;返回主程序
```

4. 代码数据复制

一个 ARM 程序经编译器编译后，由 RO、RW 和 ZI 三个段组成且空间连续，其中 RO 为代码段，RW 是已经初始化的全局变量，ZI 是未初始化的全局变量。编译器经过配置后有程序代码的只读存储器区开始地址 RO、可读可写的数据存储器区地址 RW，它们都分布在内存的某个区间中，编译器通过提供的一组变量对其进行记录。RO 所在存储器区与 RW、ZI 所在存储器区地址可以连续也可以不连续，但后两者都存储在数据存储器区且地址连续。

代码数据复制就是将编译器编译好的 RO、RW 和 ZI 三个段按照编译器配置复制到 RO 区和 RW 区。这段代码分析见前文 4.4 节，这里不再赘述。

```
    ;;;;;;;;;;;;;;;;;;;;;;;;;;;;;;;;;;;;;;;;;;;从编译器编译代码段复制到内存区程序代码;;;;;;;;;;;;;;;;;;;;;;;;;;;;;;;;;;;;;
      ldr   r0,=|Image$$RO$$Limit|    ;编译器编译的程序代码尾地址+1,指向程序的数据区首地址
      ldr   r1,=|Image$$RW$$Base|     ;ADS1.2 配置的数据区 RW 首地址
      ldr   r3,=|Image$$ZI$$Base|     ;编译器根据 ADS1.2 配置的 RW 和程序代码数据 RW 的长度计算值

      cmp   r0,r1                             ;编译后的数据区是否等于 ADS1.2 配置的 RW 值
      beq   %F2                               ;如果相等则向后跳转到标号 2 执行
1     cmp r1,r3                               ;否则将程序的 RW 数据区搬移到 ADS1.2 配置的 RW 区
      ldrcc r2,[r0],#4                        ;如果 r1<r3,则 r2←[r0],r0←r0+4
      strcc r2,[r1],#4                        ;如果 r1<r3,则[r1]←r2,r1←r1+4
2     ldr r1,=|Image$$ZI$$Limit|
      mov r2,#0
3     cmp r3,r1                               ;将 ZI 区域全部清 0
      strcc r2,[r3],#4
      bcc %B3
```

12.2.5 调用 C 语言程序

ARM 系统经过初始化后便可以进入正常的应用程序，即跳入到用 C 语言编写的应用程序中，它的入口地址就是函数名 Main，这是用 ARM 汇编语言调用 C 语言的方法，也可以使用其他的函数名。注意一般都是用 Main( ) 函数，但要注意它与常用的 C 语言中必须首先执行的 main( ) 函数只有首字母的大、小写之分，千万不要写错，以免编译时出错。

```
    ;;;;;;;;;;;;;;;;;;;;;;;;;;;;;;;;;;;;;;;;;;;;从汇编程序转入 C 程序代码段;;;;;;;;;;;;;;;;;;;;;;;;;;;;;;;;;;;;;;;;;;;;;;;;;
      [  :LNOT:THUMBCODE             ;前已定义 THUMBCODE=FALSE,取反为真,执行下列语句
      bl   Main                      ;不能使用 main
      b.
```

```
] ;endif
[ THUMBCODE                 ;条件为假,不执行 Thumb 方式的 16 位代码
    orr lr,pc,#1
    bx  lr
    CODE16
    bl   Main
    b.
    CODE32
] ;endif
```

12.3 应用程序 Main 函数的实现

在上一节对 ARM 系统的初始化程序进行的设计，为本节的实际应用配置好了硬件环境、配置了各种异常时的堆栈指针、中断时 PC 指针的传递等。

本节将分别介绍实时时钟 RTC、触摸屏、LCD 显示器的初始化程序和应用程序设计，数字温度传感器 DS18B20 采集环境温度的程序设计，最后是系统主程序的设计。

12.3.1 应用程序中的文件引用和变量定义

```
#include "2410addr.h"
#include "def.h"
#define DecToBcd(x)   ((x/10) * 16+x%10)       //定义宏,十进制数转换为 BCD 码,x<99
#define BcdToDec(x)   ((x/16) * 10+x%16)       //定义宏,BCD 码转换为十进制数
volatile struct DateTime_Display               //定义程序中使用的结构体
{
    U8 sYear,sMonth,sDate,sHour,sMinute,sSecond;
    float fDs18b20_value;
};
struct DateTime_Display xdt18b20[6];           //声明全局结构体数组变量
xdt18b20[0].sYear=DecToBcd(14);                //year
xdt18b20[0].sMonth=DecToBcd(5);                //month
xdt18b20[0].sDate= DecToBcd(16);               //date
xdt18b20[0].sHour= DecToBcd(15);               //hour
xdt18b20[0].sMinute= DecToBcd(35);             //minute
xdt18b20[0].sSecond= DecToBcd(0);              //second
xdt18b20[0].fDs18b20_value=0.0;                //DS18B20 温度
```

12.3.2 实时时钟 RTC 主要函数代码

S3C2410A 内置的 RTC 电路可以为系统提供较为精准的时钟源。本实例使用 RTC 的定时时间片中断 INT_TICK 可以完成毫秒级的采样间隔设计，使用 RTC 的报警中断可以完成任意时间周期的采样间隔设计。

1. RTC 初始化函数（包括开 RTC 中断，设置中断入口函数）

```
void Rtc_Init(void)
{ rRTCCON=rRTCCON | (0<<3) | (0<2) | (0<<1) | (1);
                        //不复位;合并 BCD;采用 XTAL 的 1/215 作为时钟;使能 RTC
 rTICNT | =0xff;        //设置节拍值,Period=(n+1)/128=1 s
 rRTCRST=0x00;          //关闭复位操作
```

```
    //rALMSEC=0x02;                  //间隔 2 s 报警中断 1 次
    //rRTCALM |=(1<0);               //允许秒报警
    pISR_TICK =(unsigned)Rtc_Int;//将 RTC 中断函数入口地址赋给其中断向量地址
    rINTMSK &=~(BIT_TICK);           //允许 RTC 的定时时间片中断
    //rINTMSK &=~(BIT_RTC);          //允许 RTC 的报警中断
    rTICNT |=(1<<7);                 //允许 RTC 节拍中断
}
```

2. RTC 时间写入函数

```
void Rtc_Write(void)
{   U8 xBcd;
    xBcd=xdt18b20[0].sYear/100;          //年
    rBCDYEAR=DecToBcd(xBcd);             //转换为合并的 BCD 码送入年数据寄存器
    xBcd=xdt18b20[0].sMonth/12;          //月
    rBCDMON=DecToBcd(xBcd);
    xBcd=xdt18b20[0].sDate/31;           //日
    rBCDDATA=DecToBcd(xBcd);
    xBcd=xdt18b20[0].sHour/24;           //小时
    rBCDHOUR=DecToBcd(xBcd);
    xBcd=xdt18b20[0].sMinute/60;         //分
    rBCDMIN=DecToBcd(xBcd);
    xBcd=xdt18b20[0].sSecond/60;         //秒
    rBCDSEC=DecToBcd(xBcd);
}
```

3. RTC 时间读出函数

```
void Rtc_Read(void)
{   xdt18b20[0].sYear =rBCDYEAR;          //读年数据 BCD 码
    xdt18b20[0].sMonth =rBCDMON;          //读月数据 BCD 码
    xdt18b20[0].sDate =rBCDDATA;          //读日数据 BCD 码
    xdt18b20[0].sHour =rBCDHOUR;          //读小时数据 BCD 码
    xdt18b20[0].sMinute=rBCDMIN;          //读分钟数据 BCD 码
    xdt18b20[0].sSecond =rBCDSEC;         //读秒数据 BCD 码
}
```

12.3.3 触摸屏主要函数代码

LCD 触摸屏使用 4.3 英寸 TFT-LCD，分辨率为 480×272 像素，型号是 WXCAT43-TG3#001。触摸屏一般使用中断方式来接收用户的触笔信息，触摸屏中断属于 INT_ADC 的两个子中断之一，程序中直接将触摸屏中断函数名赋给 ADC 内存中断向量，实现中断函数的调用。触摸屏的工作原理和编程方法在第 10 章已经做了较为详细的介绍，以下是有关的程序设计。

1. 触摸屏使用常量的定义

```
#define BIT_ADC          (0x1<<31)          //INT_ADC 中断位
#define BIT_SUB_ADC      (0x1<<10)          //INT_ADC 数-模转换使用子中断位
#define BIT_SUB_TC       (0x1<<9)           //INT_ADC 触摸屏使用子中断位
```

2. 触摸屏初始化函数

```
void Adc_Ts_Init(void)
{
    rADCDLY=50000;            //ADC 延时
    rGPGCON=rGPGCON |(3<<30)|(3<<28)|(3<<26)|(3<<24);
```

```
    //使 GPG15=nYPON;GPG14=YMON;GPG13=nXPON;GPG12=XMON;
    rADCCON=(1<<14) | (39<<6) | (0<<3) | (0<<2) | (0<<1) | (0);
    //使能与分频;预分频赋值;通道号送 0;正常模式;禁止读操作启动;禁止启动 ADC
    rADCTSC=(0<<8) | (1<<7) | (1<<6) | (0<<5) | (1<<4) | (0<<3) | (0<<2) | (3);
    //按下;YM 接地;YP 接 A[5];XM 高阻;XP 接 A[7];XP 上拉电阻;正常 ADC 模式;处于等待中断模式
    pISR_ADC      =(unsigned)Adc_Ts_Isr;
    rINTMSK&=~(BIT_ADC);                    //允许 ADC 中断
    rINTSUBMSK&=~(BIT_SUB_TC);              //允许触摸屏子中断
    Uart_Printf("\nNow touchpanel controler is initial! \n");
}
```

3. 关闭触摸屏中断函数

```
void Touch_Screen_Off(void)
{
    rINTMSK |=(BIT_ADC);                //关闭 ADC 中断
    rINTSUBMSK |=(BIT_SUB_TC);          //关闭触摸屏子中断
    rADCCON |= (1<<2);                  //ADC 待机模式
    rADCCON |= (1);                     //ADC 无操作
}
```

4. 触摸屏中断函数

```
void __irq Adc_Isr(void)
{
    U16 x_Position,y_Position;
    rINTMSK |=(BIT_TICK);               //关闭 RTC 时间片中断
    rINTMSK |=(BIT_ADC);                //关闭 ADC 中断
    rINTSUBMSK |=(BIT_SUB_TC);          //关闭触摸屏子中断
    rADCTSC=(1<<3) |(1<<2);             //禁止上拉电阻,自动顺序测量 X、Y 轴坐标值
    rADCCON |=0x1;                      //启动 ADC
    while(rADCCON & 0x1);               //等待启动结束
    while(!(rADCCON & 0x8000));         //等待转换结束
    x_Position=(0x3ff&rADCDAT0);        //读 X 轴坐标
    y_Position= (0x3ff&rADCDAT1);       //读 Y 轴坐标
    if((x_Position >=150 )&&(x_Position <=285)&&(y_Position >=450)&&(y_Position <=600))
    {/*判断触摸的是 UP 键,完成相应的代码操作段*/}
    if((x_Position <=280)&&(x_Position >=150)&&(y_Position >=150)&&(y_Position <=310))
    {/*判断触摸的是 DWON 键,完成相应的代码操作段*/}
    rADCTSC =0xd3;                      // 重新初始化触摸屏控制寄存器
    rADCTSC=rADCTSC |(1<<8);            //触碰笔中断信号
    rADCTSC=rADCTSC&~(1<<8);            //触碰笔中断信号
    Delay(10);
    rSRCPND=(BIT_ADC);                  //清除中断源悬挂寄存器对应位
    rINTPND=(BIT_ADC);                  //清除中断悬挂寄存器对应位
    rSUBSRCPND=(BIT_SUB_TC);
    rINTMSK&=~(BIT_TICK);               //允许 RTC 时间片中断
    rINTMSK&=~(BIT_ADC);                //允许 ADC 中断
    rINTSUBMSK&=~(BIT_SUB_TC);          //允许触摸屏子中断
}
```

12.3.4 数字温度传感器 DS18B20 主要函数设计

DS18B20 温度传感器是美国 DALLAS 半导体公司最新推出的一种改进型智能温度传感器，与其他传统的测温元件相比，它能直接读出被测温度的数字量。这种温度传感器使用单总线

(1-Wire) 技术，既可传输时钟信号又可传输数据信号，而且传输方向是双向的，是连线最少的总线结构。在 S3C2410A 处理器中由于没有集成这种单总线的控制器，需要用一根 GPIO 端口线来模拟总线，本应用使用 FL2440 开发板上的 GPG0 进行仿真，在单总线上需要通过 4.7~10 kΩ 的上拉电阻连接电源 V_{CC}，使用防水不锈钢封装的 DS18B20，几乎可以适应任何环境的要求。DS18B20 主要特点如下。

- 采用单线技术，与处理器通信只需要一个引脚。
- 每个芯片都固化有唯一的产品序列号，从而实现在单线上可以挂接多个单总线器件。
- 实际应用中不需外接任何器件即可实现测温。数据线电压范围 3~5.5 V。
- 测温范围-55~125℃，在-10~85℃范围内的误差为±0.5℃。
- 分辨率为 9~12 位，用户可通过编程进行选择，12 位时的转换时间小于 750 ms。

1. DS18B20 的存储器结构与内容

DS18B20 的存储器结构如图 12-2 所示。存储器由一个暂存 RAM 和一个存储高低报警触发值 TH 和 TL 的非易失性电可擦除 E^2PROM 组成。**需要注意的是**，当报警功能不使用时，TH 和 TL 寄存器可以被当作普通寄存器使用。

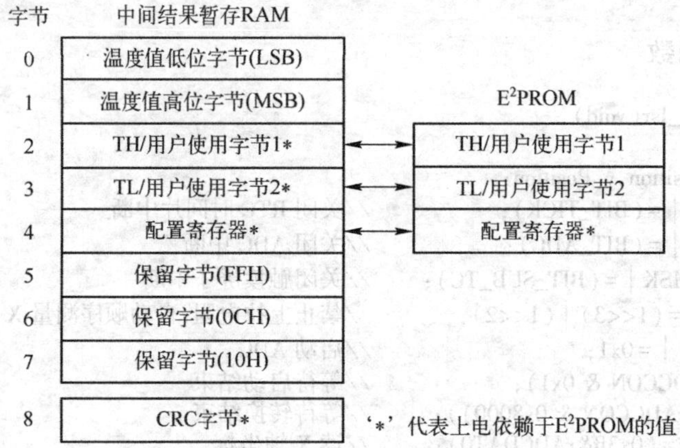

图 12-2 DS18B20 存储器结构图

字节 0 和字节 1 是测量温度信息的 LSB 和 MSB，这两个字节是只读的。第 2 和第 3 字节是复制 TH 和 TL 的值。字节 4 包含配置寄存器数据，字节 5，6 和 7 被器件保留，禁止写入；这些数据在读回时全部表现为逻辑 1。

暂存器的字节 8 是只读的，包含以上 8 个字节的冗余循环校验码（Cyclic Redundancy Check，CRC)，它使用的 CRC 多项式是：$CRC=X^8+X^5+X^4+1$。

温度数据存储在字节 1 和字节 0 中，是用补码表示的，格式如图 12-3 所示。当使用 12 位默认分辨率时，高 5 位均代表符号位，其余 11 位是数据有效位，此时分辨率 $1LSB=2^{-4}=0.0625$。当配置为 11、10、9 位分辨率时，分别是最低 1、2、3 位无效，分辨率将依次为 0.125、0.25 和 0.5。

温度值高位字节1								温度值低位字节0							
S	S	S	S	S	2^6	2^5	2^4	2^3	2^2	2^1	2^0	2^{-1}	2^{-2}	2^{-3}	2^{-4}
MSB							LSB	MSB							LSB

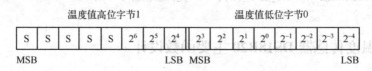

图 12-3 DS18B20 温度值存储格式

字节 4 为 DS18B20 的配置寄存器，其中的 b6b5（第 5 位和第 6 位）用来配置 DS18B20 的分辨率，其他各位保留。b6b5 = 00 时为 9 位，b6b5 = 01 时为 10 位，b6b5 = 10 时为 11 位，b6b5 = 11 时为 12 位，完成转换的时间也在成倍地增加，从 9 位到 12 位分别是 93.75 ms、187.5 ms、375 ms 和 750 ms。

2. DS18B20 的编程流程和命令

（1）DS18B20 的初始化

单总线上的所有操作均从初始化开始。初始化的过程是：主机通过拉低单线 480 μs 以上，产生复位脉冲，然后释放单总线，进入 Rx 接收模式。主机释放单总线时会产生一个上升沿，DS18B20 检测到该上升沿后，延时 15~60 μs，通过拉低总线 60~240 μs 来产生应答脉冲。主机检测到应答信号后，说明总线上有 DS18B20 器件。

（2）ROM 操作命令和 DS18B20 功能命令

一旦主机检测到总线上有应答脉冲，便可发送 ROM 命令。ROM 命令共有 5 条，对于单挂接总线只需使用其中的 1 条，其他 4 条请参见其芯片说明书。

Skip ROM 命令：它是跳过或忽略 ROM 操作指令的命令字（CCH）。

这条指令允许总线控制器不用提供 64 位 ROM 编码就使用功能命令。例如，总线控制器可以先发出一条忽略 ROM 命令，然后发出温度转换命令字（44H），从而完成温度转换操作。

只有在执行了 ROM 操作命令之后，才可以使用 DS18B20 的功能命令。使用的功能命令有 6 条，主机常使用的只有 3 条。

Write Scratchpad 命令：它是写暂存器命令，命令字为 4EH。

这条命令向 DS18B20 的暂存器写入数据，开始位置在 TH 寄存器（暂存器的第 2 个字节），接下来写入 TL 寄存器（暂存器的第 3 个字节），最后写入配置寄存器（暂存器的第 4 个字节）。数据以最低有效位开始传送。上述 3 个字节的写入必须发生在总线控制器发出复位命令前。

Convert T 命令：它是温度转换命令，命令字为 44H。

这条命令用以启动一次温度转换。温度转换指令被执行，产生的温度转换结果数据以两个字节的形式被存储在高速暂存器中，而后 DS18B20 保持等待状态。如果器件在转换期间，则输出到总线的电平为 0，转换完成后输出到总线的电平为 1。

Read Scratchpad 命令：它是读暂存器命令，命令字为 BEH。

这条命令读取暂存器的内容。读取将从字节 0 开始，一直到第 8 字节 CRC。如果不想读完所有字节，控制器可以在任意时间发出复位命令来中止读取。

（3）数据位的发送与接收

DS18B20 要求有严格的时序来保证数据的完整性。在单线 DQ 上，有复位脉冲、应答脉冲、写“0”、写“1”、读“0”和读“1”几种信号。其中，除了应答脉冲外，都由主机产生，复位脉冲和应答脉冲在初始化过程时已经介绍。数据位的读和写则是通过使用读、写时隙来完成的。

写时隙：当主机将数据线从高电平拉至低电平并且持续 15 μs，产生写时隙，DS18B20 在下降沿 15 μs 以后开始采样单总线 DQ 数据。有两种类型的写时隙，写“1”和写“0”时隙。

写“1”时隙在低电平持续 15 μs 之后将单总线拉到高电平，持续时间大于 45 μs；写“0”时隙在低电平持续 15 μs 之后将单总线仍然保持低电平，持续时间大于 45 μs。

DS18B20 在 DQ 线由高电平转变为低电平后的 15~60 μs 对 DQ 线进行采样，如果结果为高电平就认为是写“1”；如果为低电平就认为是写“0”。

独立的写时隙之间必须保证最短的 1 μs 时间间隔作为恢复时间。主要反映在当连续发送“0”信号时，必须先将 DQ 的电平拉高持续最少 1 μs，之后再开始下一个写时隙。当前一个时隙是写“1”时隙时，仅仅是持续时间略长一些而已。

读时隙：当主机将数据线 DQ 从高电平拉至低电平时，产生读时隙。低电平的持续时间最少 1 μs，DS18B20 的输出数据在此下降沿后的 15 μs 内有效，之后 DS18B20 输出高阻，DQ 线通过上拉电阻变为高电平。因此主机的低电平持续约 1 μs 后必须释放 DQ 线，必须在 14 μs 之内接收 DS18B20 返回的数据。

每个独立的读时隙最短持续时间为 60 μs，中间必须有 1 μs 的恢复时间。

(4) S3C2410A 从 DS18B20 读取采样温度值流程图

流程图如图 12-4 所示。这仅为从 DS18B20 采集一个温度值的流程，而且没有体现 DS18B20 的位读/写时序。读写时序在函数的实现中体现。

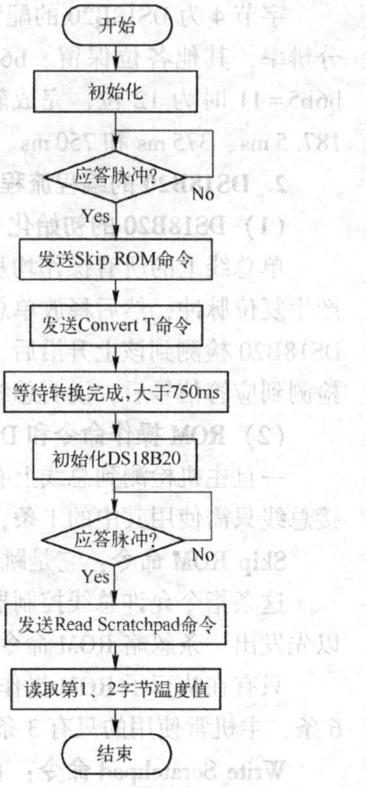

图 12-4 S3C2410A 从 DS18B20 读取采样温度值流程图

3. DS18B20 的程序设计

为了更好地操作 DS18B20 器件，首先需要设计较为精准的延时函数，然后才是其他函数的设计。

```
/ ******************精确延时函数,级别为微秒级。注意它与微处理器的工作频率相关 **************/
    void Delay_usecond (U32 u)                      //精确延时函数
    {  int i;
       for(i=0;i<u;i++);
    }
/ ********DS18B20 初始化函数。函数中没有考虑无应答信号,如果没有,函数将无法退出 ***********/
    void Ds18b20_init(void)
    {    rGPGCON=rGPGCON & 0xfffffffc | 0x01; //将 GPG0 配置为输出功能,向 DQ 总线输出
         rGPGDAT  |= 0x01;                     //拉高单总线 DQ 线
         Delay_usecond (100);                  //持续 100 μs
         rGPGDAT &= ~(1<<1);                   //DQ 输出低电平
         Delay_usecond (500);                  //持续 500 μs>480 μs,可进行适当调整
         rGPGDAT  |= 0x01;                     //拉高 DQ 线
         rGPGCON &= 0xfffffffc;                //将 GPG0 配置为输入功能,读 DS18B20 的应答信号
         while(rGPGDAT&0x01!=0);               //等待 DS18B20 应答信号变为低电平
         while(rGPGDAT&0x01==0);               //等待 DS18B20 应答信号结束,即变为高电平
    }
/ ************************写字节数据到 DS18B20 函数 ***************************************/
    void WriteByteToDs18b20 (U8 dat)           //写一个字节函数
    {U8   i;
     rGPGCON=rGPGCON & 0xfffffffc | 0x01;      //配置 GPG0 为输出端口
    for (i=1;i<=8;i++)
       {
         rGPGDAT  |= (1<<0);                   //GPG0 输出高电平
         Delay_usecond (1);                    //产生写时隙间隔 1 μs
```

```
        rGPGDAT &= ~(1<<0);                        //拉低 DQ 线,产生写时隙
        Delay_usecond (1);                         //写时隙 1 μs 信号
        rGPGDAT |= (dat & 0x01);                   //写位信号
        Delay_usecond (47);
        dat=dat >> 1;                              //右移一位
        } }
/ ************************从 DS18B20 读取一个字节函数 ******************************/
U8 ReadByteFromDs18b20 (void)                      //读一个字节函数
        {U8  i,j;
         U8  result=0;
        for (i=1;i<=8;i++)
        {
            rGPGCON=rGPGCON & 0xfffffffc | (1<<0);//GPG0 设为输出
            rGPGDAT |= (1<<0);                     //GPG0 输出高电平
            Delay_usecond (1);                     //产生读时隙间隔 1 μs
            rGPGDAT &= ~(1<<0);                    //拉低 DQ 线,产生读时隙
            Delay_usecond (1);                     //读时隙 1 μs 信号
            rGPGDAT |=(1<<0);                      //释放 DQ 线,准备接收 DS18B20 返回的数据

        result >>= 1;
        rGPGCON &= 0xfffffffc;                     //GPG0 设为输入口
        Delay_usecond (5);                         //延迟最大不能超过 15 μs
        j=rGPGDAT;                                 //读 GPG0 端口数据
        if (j & 0x01)result |= 0x80;               //如果接收到"1",存结果最高位置位
        Delay_usecond (46);
    }
    return (result);
  }
/ ************************从 DS18B20 采样一次温度值过程实现函数 ******************************/
float SampleDs18b20(void)
    {   U8 a,b;
        U16 temp_value;
        Ds18b20_init();                            //DS18B20 初始化
        Delay_usecond(100);                        //延时
        WriteByteToDs18b20(0xcc);                  //发送 Skip ROM 命令(CCH)
        WriteByteToDs18b20 (0x44);                 //发送 Convert T 转换命令 44H
        Delay_usecond(755000);                     //等待 DS18B20 转换结束(大于 750 ms)
        Ds18b20_init();                            //DS18B20 初始化
        Delay_usecond (100);                       //延时
        WriteByteToDs18b20 (0xcc);                 //发送跳过 ROM 命令
        WriteByteToDs18b20 (0xbe);                 //发送读取命令
        a=ReadByteFromDs18b20 ();                  //读取低位温度
        b=ReadByteFromDs18b20 ();                  //读取高位温度
        temp_value=(b<<8)+ a;                      //接收具有 DS18B20 数据格式的温度值
        if(temp_value & (1<<15)= =0)   return temp_value * 0.0625;      //温度值大于 0
        else                                       //温度值小于 0
        {
            temp_value=temp_value^0xffff+1;        //求负数的原码
            return (-1 * temp_value * 0.0625);
        }}
```

12.3.5 LCD 主要函数设计

关于 LCD 显示器的工作原理和程序设计在 10.3 节已有较详细的介绍。在本节仅根据使用的参数为 4.3 英寸 TFT-LCD，分辨率 480×272 像素，型号是 WXCAT43-TG3#001 的 LCD 屏进行一些常量的设定以及初始化程序的设计等。其他的函数在这里将直接调用。

1. LCD 程序中常量与使用变量的定义

```
#define LCD_XSIZE  (480)         //物理屏水平像素值
#define LCD_YSIZE  (272)         //物理屏垂直像素值
#define SCR_XSIZE  (480)         //虚拟屏水平像素值
#define SCR_YSIZE  (272)         //虚拟屏垂直像素值
#define M5D(n)((n)& 0x1fffff)
volatile static unsigned short LCD_BUFFER[SCR_YSIZE][SCR_XSIZE];  //在内存中定义显存
/ ***************************LCD 控制寄存器 1 的设定常量 ****************************************/
#define CLKVAL       (10)        //确定 VCLK 的频率
#define MMODE        (0)         //0=每帧触发一次
#define PNRMODE      (3)         //屏幕类型为 TFT-LCD
#define BPPMODE      (12)        //彩色显示 BPP 模式为 16bpp TFT
#define ENVID        (0)         //视频输出和逻辑的使能/禁止
/ ***************************LCD 控制寄存器 2 的设定常量 ****************************************/
#define VBPD         (12)        //帧同步信号后沿
#define LINEVAL(LCD_YSIZE-1)     //Y 轴分辨率
#define VFPD         (6)         //本帧最后一行结束到下一帧同步信号前沿
#define VSPW         (10)        //帧同步信号有效脉冲宽度
/ ***************************LCD 控制寄存器 3 的设定常量 ****************************************/
#define HBPD         (42)        //水平同步信号后沿到有效数据开始之间的 VCLK 脉冲数
#define HOZVAL(LCD_XSIZE-1)      //水平分辨率
#define HFPD         (2)         //水平有效数据结束到水平同步信号的上升沿的 VCLK 脉冲数
/ ***************************LCD 控制寄存器 4 的设定常量 ****************************************/
#define MVAL         (13)        //VM 信号的速率
#define HSPW         (41)        //水平有效同步信号的脉冲宽度,用 VCLK 脉冲个数表示
/ ***************************LCD 控制寄存器 5 的设定常量 ****************************************/
#define IBPP24BL     (1)         // 1=视频数据线 VD 高 24 位有效
#define INVVCLK      (0)         // 0=在 VCLK 的下降沿读取视频数据
#define INVVLINE     (0)         // 0=HSYNC 脉冲极性为正常模式
#define INVVFRAME    (0)         // VSYNC 脉冲的极性为正常模式
#define INVVDEN      (1)         // 1=VDEN 的极性倒相
#define BSWP         (0)         // 0=禁止字节交换
#define HWSWP        (1)         // 1=允许半字节交换
```

2. 4.3 英寸 TFT-LCD 显示屏的初始化

该类型显示屏的初始化包括 LCD 使用的 GPIO 端口初始化和 LCD 显示屏本身初始化，函数代码如下。

1）LCD 端口初始化函数

设置 GPC、GPD 寄存器的某些端口由 TFT-LCD 显示屏使用。

```
void Lcd_Port_Init(void)
{
    rGPCUP=0xffffffff;          //禁止上拉电阻,主要根据 LCD 的视频数据线情况而定
    rGPCCON=0xaaaa56a9;         //GPC 中只有 GPC5~GPC7 没有被 LCD 使用
    rGPDUP=0xffffffff;
    rGPDCON=0xaaaaaaaa;         //GPD 口的 16 个引脚全部被 LCD 使用
}
```

2）LCD 控制器初始化函数

设置 S3C2410A 的 LCD 控制寄存器和地址寄存器等。

```
void Lcd_Init(void)
{   rLCDCON1=(CLKVAL<<8) | (MMODE<<7) | (PNRMODE<<5) | (BPPMODE<<1) | ENVID;
```

```
    rLCDCON2=(VBPD<<24) | (LINEVAL<<14) | (VFPD<<6) | (VSPW);
    rLCDCON3=(HBPD<<19) | (HOZVAL<<8) | (HFPD);
    rLCDCON4=(MVAL<<8) | (HSPW);
    rLCDCON5=(IBPP24BL<<11) | (INVVLINE<<9) | (INVVFRAME<<8) | (INVVDEN<<6)
                | (1<<3) | (BSWP<<1) | (HWSWP);
    rLCDSADDR1=(((U32)LCD_BUFFER>>22)<<21) | M5D((U32)LCD_BUFFER>>1);
    rLCDSADDR2=M5D(((U32)LCD_BUFFER+(SCR_XSIZE * LCD_YSIZE * 2))>>1);
    rLCDSADDR3=(((SCR_XSIZE-LCD_XSIZE)/1)<<11) | (LCD_XSIZE/1);
    rLCDINTMSK |=(3);                          //屏蔽 LCD 子中断
    rTPAL=0;                                   //禁用调色板
}
```

3. 4.3 英寸 TFT-LCD 显示屏其他函数的设计

其他函数主要有：绘制像素点函数、画直线函数、画矩形函数、矩形填充函数、绘图函数和汉字显示函数等。以下只给出绘制像素点函数，其他函数都是调用该函数完成的。

```
/****************绘制像素点函数定义。根据(X,Y)的坐标绘制彩色为 C 的像素值*************/
void Pixel(U32 x,U32 y,U32 c )
{
    if ((x < SCR_XSIZE)&& (y < SCR_YSIZE))
    LCD_BUFFER[y][x]=c;
}
```

12.3.6　应用系统测试函数的设计

鉴于该函数程序代码较多，这里只介绍其设计思想。程序一开始先调用 RTC、触摸屏、LCD 的初始化程序。RTC 初始化为定时中断，触摸屏初始化为中断自动顺序读取 X、Y 轴的坐标，LCD 初始化为正常显示模式。

程序的工作流程是，当 RTC 定时中断时，读取 RTC 的时钟数据和 DS18B20 的温度值，在 LCD 显示屏上进行实时显示。触摸屏主要用于调整 RTC 时钟，当触摸屏中断时通过坐标值的获取判断是需要调整 RTC 的哪一个区域的时钟数值，然后根据 UP 键或 DWON 键修改数值，确认之后输入到 RTC 的相关寄存器中。

习题

12-1　为什么嵌入式微处理器没有统一的引导启动程序？
12-2　启动引导程序的作用是什么？
12-3　简述启动引导程序的主要任务。
12-4　简述嵌入式引导程序的启动流程。
12-5　简述 DS18B20 的存储器结构与内容。
12-6　简述 DS18B20 的测量精度与数据存储格式。
12-7　ARM 微处理器是如何发现单总线挂接着 DS18B20 芯片？
12-8　简述从 DS18B20 获取温度测量值的编程流程。
12-9　简述 DS18B20 的写时隙与读时隙。

第 13 章　ARM9 实验项目及内容

实验课的目的是为了加深学生对基本理论、基本概念的理解，提高学生对知识的实际应用能力。本章的主要内容包括 4 部分：汇编语言实验、C 语言实验、汇编-C 语言混合编程实验和开发板实验。实验需要教材中讲述的内容，特别是 6.2 节的内容。读者如果需要更多的实验内容，包括实验程序可参见教材附带文件（可从 www.cmpedu.com 下载）。读者只要按照实验项目中的要求，在寄存器窗口、存储器区域窗口或 C 语言变量窗口观察程序的调试结果，便可判断编写程序的正确性。

13.1　汇编语言实验项目及内容

通过汇编语言实验，能够很好地掌握汇编语言指令的语法和用法，学会 ARM 伪指令的使用，提高编程能力和技巧，加深对汇编指令的理解。

13.1.1　熟悉开发环境与汇编编程

1. 实验目的

- 熟悉 ADS1.2 软件开发环境。
- 掌握 ARM920T 汇编指令的用法，并能编写简单的汇编程序。
- 掌握指令的条件执行和使用 LDR/STR 指令完成存储器的访问。

2. 实验内容

1）使用 LDR 指令读取 0x30003100 上的数据，将数据加 1。若结果小于 10，则使用 STR 指令把结果写回原地址，若结果大于等于 10，则把 0 写回原地址。

2）使用 ADS1.2 软件仿真，单步、全速运行程序，设置断点，打开寄存器窗口（Processor Registers）监视 R0、R1 值，打开存储器观察窗口（Memory）监视 0x30003100 中的值。

3. 预备知识

ARM 指令系统内容；ADS1.2 工程编辑、编译器和 AXD 调试器的内容。

4. 实验设备

硬件：PC 一台。软件：Windows98/XP/2000 系统，ADS1.2 集成开发环境。

5. 实验步骤

1）启动 ADS1.2，使用 ARM Executable Image 工程模板建立一个工程 arm1.mcp。输入工程名称，选择存放路径后，单击“确定”按钮。

2）新建工程源文件，输入文件名如 arm1.s，选择“添加到工程中”选项，在 Targets 中选择 DebugRel 选项→确定，进入代码编写窗口编写实验程序，最后保存。

3）进行 DebugRel Settings 设置。在“Language Settings”中，将 ARM 汇编编译器、C 语言编译器、C++语言编译器、Thumb 汇编编译器、Thumb C 语言编译器的 Target 选项 Processor 全部选择 ARM920T 处理器。

4）设置工程连接 Linker 地址 RO Base 为 0x30000000，RW Base 为 0x30003000，设置调试口地址 Image entry point 为 0x30000000。

5）编译连接工程正确后，选择“Project”→“Debug”命令，启动 AXD 进入调试环境，选择“Options”→“Configure Target”命令，进入 Choose Target，选择“ARMulate. dll”后，单击“Configure”按钮，选择 ARM920 微处理器，单击“OK”按钮退出。这时就为软件仿真做好了准备工作。

6）打开寄存器窗口（Processor Registers），选择 Current 项监视 R0、R1 的值。打开存储器观察窗口（Memory），设置观察地址为 0x30003100，显示方式（Size）为 32 Bit，监视 0x30003100 地址上的值。

7）按〈F10〉键单步运行程序，可以设置/取消断点，或者全速运行程序、停止程序运行。这时观察寄存器和 0x30003100 地址上的值。

6. 实验报告内容

1）叙述 ADS1. 2 集成开发环境的组成。

2）叙述主要调试窗口和作用。

13. 1. 2　ARM 乘法指令实验

1. 实验目的

- 掌握 ARM 乘法指令的使用方法。
- 了解子程序编写及调用。

2. 实验内容

1）使用 STMFD/LDMFD、MUL 指令编写一个整数乘方的子程序，然后使用 BL 指令调用子程序计算 Xn 的值。

2）使用 ADS1. 2 软件仿真，单步、全速运行程序，设置断点，打开寄存器窗口（Processor Registers）监视 R0、R1 值，打开存储器观察窗口（Memory）监视 0x30003000 中的值。

3. 预备知识

ARM 乘法指令；ADS1. 2 工程编辑、编译器和 AXD 调试器的相关内容。

4. 实验设备（同前述汇编实验）

5. 实验步骤

1）启动 ADS1. 2，使用 ARM Executable Image 工程模板建立一个工程 arm2. mcp。

2）建立汇编源文件 arm2. s，编写实验程序，然后添加到工程中。

3）设置工程链接地址 RO Base 为 0x30000000，RW Base 为 0x30003000。

4）编译连接工程，选择“Project”→“Debug”命令，启动 AXD 进行软件仿真调试。

5）打开寄存器窗口（Processor Registers），选择“Current”，监视寄存器 R0、R1、R13（SP）和 R14（LR）的值。

6）打开存储器观察窗口（Memory），设置观察地址为 0x30003EA0，显示方式（Size）为 8 bit，监视从 0x30003F00 起始的满减堆栈区。

7）单步运行程序，跟踪程序执行的流程，观察寄存器值的变化和堆栈区的数据变化，判断执行结果是否正确。

8）调试程序时，更改参数 X 和 n 来测试程序，观察是否得到正确的结果。例如，先复位程序，接着单步执行到“BL　POW”指令，在寄存器窗口中将 R0、R1 的值进行修改，然后继续运行程序。

说明：双击寄存器窗口的寄存器，可修改寄存器的值在程序中使用。输入数据可以是十进制数（如 136），也可以是十六进制数（如 0x123），输入数据后按〈Enter〉键确定。

6. 实验报告内容

1）分析汇编程序各行的功能或作用。

2）叙述 ARM 中乘法指令的特点。

3）叙述 ARM 中的 B 指令与 BL 指令的区别。

13.1.3　寄存器装载及存储汇编指令实验

1. 实验目的

- 熟悉 ADS1.2 软件开发环境。
- 掌握寄存器装载指令的条件执行和使用各种形式的寄存器装载指令完成存储器访问。

2. 实验内容

（1）主要内容

1）单一指令加载/存储指令（LDR/STR）的基本格式如下。

```
LDR/STR{条件码}{类型码} Rd,[Rn]
LDR/STR{条件码}{类型码} Rd,[Rn,Flexoffset]{!}
LDR/STR{条件码}{类型码} Rd,label
LDR/STR{条件码}{类型码} Rd,[Rn],Flexoffset
```

条件码：可选，默认是无条件执行。内容见表 3-1。

类型码：可选，默认是字（32 位），也可以是字节 B、带符号字节 SB、无符号半字 H、有符号半字 SH 和双字 D。

Rd：加载/存储操作的目的/源寄存器。

Rn：ARM9 加载/存储的源/目的寄存器。

Flexoffset：表示地址偏移量。与 Rn 寄存器值相加后得到有效的操作数地址，有以下 2 种形式。

- 立即数，范围-4095~4095，书写格式为“#常数”或“#常数表达式”。
- 内含偏移量的寄存器 Rm，m≠15。书写格式为：Rm{,shift}。shift 代表 Rm 的可选移位方法，分别如下。

```
ASR n        ;算术右移 n                LSL n     ;逻辑左移 n
LSR n        ;逻辑右移 n                ROR n     ;循环右移 n
RRX          ;带扩展循环右移 1 位
```

label：表示一个偏移表达式。该偏移量加上 PC 值后，得到操作数的有效地址。**注意**偏移量在当前指令的上下 4 KB 范围内。

!：表示写回地址的符号，可选。若带有后缀!，表示加载/存储完成后，将包含偏移量的新地址写回 Rn。

2）多数据加载/存储指令（LDM/STM）的基本格式如下。

```
LDM/STM{条件码}类型码 Rn{!},寄存器列表{^}                          ;条件码同上
```

类型码：取下列情况之一：

IA、IB、DA、DB，FD、ED、FA、EA。它们的含义见3.3.2节。

Rn：内部寄存器，但不允许是R15，用作存储器地址指针。

寄存器列表：在格式中使用大括号括起来的内部寄存器，一般用逗号分开，排列寄存器的序号从小到大。当使用连续号的寄存器时，使用符号“-”连接，如下面的程序段。

恢复CPSR寄存器的值使用符号“^”：在把PC值存储到内存中时，同时也将CPSR的值存入到了内存中。在重新装载PC值时，若要同时恢复CPSR寄存器的值，则使用符号“^”，举例如下。

```
STMFD R13!,{R0-R12,R14}
……
LDMFD R13!,{R0-R12,PC}^
```

（2）主要任务

1）使用ADS1.2软件仿真，单步执行，观察通用寄存器、状态寄存器和存储器窗口内容的变化。

2）编制在各种基本指令下的实验程序，上机调试，使用各种窗口观察实验结果。

3）编制无符号字节块、无符号半字块和字块的传送指令，使用汇编伪指令DCB定义字节数据、DCW定义半字数据、DCD定义字数据。使用ARM伪指令ADR、LDR设置块的首地址，完成各数据块的传送与复制工作。

3. 预备知识

ARM指令系统的寄存器装载及存储指令，ADS1.2工程编辑和AXD调试。

4. 实验设备（同前述实验）

5. 实验步骤

1）启动ADS1.2，使用ARM Executable Image工程模板建立一个工程arm3.mcp。

2）建立汇编源文件Exp3_arm.s，使用寄存器装载及存储指令编写实验程序，然后添加到工程中。

3）设置工程链接地址RO Base为0x30000000，RW Base为0x30003000，设置调试口地址Image entry point为0x30000000。

4）编译连接工程，选择“Project”→“Debug”命令，启动AXD进行软件仿真调试。

5）打开寄存器窗口（Processor Registers），选择“Current”，监视其中寄存器的值。打开存储器观察窗口（Memory），设置观察存储器操作的地址内容。

6）单步运行程序或设置断点进行观察。

6. 实验报告内容

1）寄存器装载及存储指令可以完成哪些任务？

2）进行数据块传送编程时，块的首地址怎样设置？如何完成传送任务？

3）简要总结实验的内容和收获。

13.1.4 算术加/减法汇编指令实验

1. 实验目的

- 掌握算术逻辑指令对状态寄存器标志位的影响、条件执行和功能等。
- 使用算术指令编写简单的汇编程序并进行调试。

2. 实验内容

（1）主要内容

1）不带进位 ADD、带进位 ADC 加法指令，其基本格式如下。

```
ADD/ADC{条件码}{S} Dest,Op1,Op2
```

条件码：可选，默认是无条件执行。ARM 条件码内容见表 3-1。

S：可选，默认是不影响状态寄存器 CPSR 的标志位。当写 S 时，则影响 CPSR 的标志位。

Dest：目的寄存器 Rd。

Op1、Op2：两个操作数，Op2 也可以是寄存器移位操作的结果。

不带进位 ADD 指令完成的功能是：Dest=Op1+Op2，主要形式如下。

```
ADD Rd,Rm,Rn                  ;Rd=Rm+Rn
ADD Rd,Rm,#立即数              ;Rd=Rm+立即数
ADD Rd,Rm,Rn,shift            ;Rd=Rm+Rn shift
```

带进位 ADC 指令完成的功能是：Dest=Op1+Op2+进位位，主要形式如下。

```
ADC Rd,Rm,Rn                  ;Rd=Rm+Rn+进位位
ADC Rd,Rm,#立即数              ;Rd=Rm+立即数+进位位
ADC Rd,Rm,Rn,shift            ;Rd=Rm+Rn shift+进位位
```

shift 代表 Rm 的可选移位方法，内容同上。

2）不带借位 SUB 指令、带借位 SBC 指令的基本格式如下。

```
SUB/SBC{条件码}{S} Dest,Op1,Op2              ;条件码、S、Dest、Op1、Op2：同上
```

- 不带借位 SUB 指令完成的功能是：Dest=Op1-Op2，主要形式如下。

```
SUB Rd,Rm,Rn                       ;Rd=Rm - Rn
SUB Rd,Rm,#立即数                   ;Rd=Rm-立即数
SUB Rd,Rm,Rn,shift                 ;Rd=Rm - Rn shift
```

- 带借位 SBC 指令完成的功能是：Dest=Op1-Op2-!Carry，主要形式如下。

```
SBC Rd,Rm,Rn                       ;Rd=Rm - Rn - !Carry
SBC Rd,Rm,#立即数                   ;Rd=Rm - 立即数 - !Carry
SBC Rd,Rm,Rn,shift                 ;Rd=Rm - Rn shift - !Carry ,Shift 同上
```

3）反向减法指令 RSB、带借位反向减法指令 RSC 的基本格式如下。

```
RSB/RSC{条件码}{S} Dest,Op1,Op2              ;条件码、S、Dest、Op1、Op2：同上
```

- 反向减法指令 RSB 完成的功能是：Dest=Op2-Op1，其主要形式如下。

```
RSB Rd,Rm,Rn                       ;Rd=Rn - Rm
RSB Rd,Rm,#立即数                   ;Rd=立即数 - Rm
RSB Rd,Rm,Rn,shift                 ;Rd=Rn shift - Rm
```

- 带借位反向减法指令 RSC 完成的功能是：Dest=Op2-Op1-!Carry，主要形式如下。

```
RSC Rd,Rm,Rn                       ;Rd=Rn - Rm - !Carry
RSC Rd,Rm,#立即数                   ;Rd= 立即数 - Rm - !Carry
RSC Rd,Rm,Rn,shift                 ;Rd= Rn shift - Rm -!Carry
```

4）位逻辑“与”AND、“或”ORR、“异或”EOR 和位清除 BIC 指令，其指令格式如下。

```
操作码{条件码}{S} Dest,Op1,Op2
```

功能如下：

```
AND 功能:Dest=Op1 AND Op2          ;位与
ORR 功能:Dest=Op1 ORR Op2          ;位或
EOR 功能:Dest=Op1 EOR Op2          ;位异或
BIC 功能:Dest=Op1 AND!Op2          ;将 OP2 中为 1 位的对应位清 0
```

(2) 主要任务

1）编写汇编程序，通过寄存器窗口观察每一指令的运行结果和 CPSR 的状态标志位。

2）编写代码实现无符号数(R1)(R0)+(R3)(R2)→(R1)(R0)，若有溢出，则将 R4 的低 8 位通过 BIC 指令或 AND、ORR 指令设置为 Oxaa，否则设置为 0x55。

3）编写代码实现无符号数(R1)(R0)-(R3)(R2)→(R1)(R0)，若有借位，则将 R4 的低 8 位通过 BIC 指令或 AND、ORR 指令设置为 Oxaa，否则设置为 0x55。

4）编写程序计算 1+2+22+23+…+220 的值。

3. 预备知识

1）ARM 指令系统的算术加/减法指令。

2）ADS1.2 工程编辑和 AXD 调试。

4. 实验设备（同前述实验）

5. 实验步骤

1）启动 ADS1.2，使用 ARM Executable Image 工程模板建立一个工程 arm4.mcp。

2）建立汇编源文件 Exp4_arm.s，使用算术类指令（主要是加减法）编写实验程序，然后添加到工程中。

步骤 3）4）、5）、6）同上一个实验。

6. 实验报告内容

1）简述 ARM 加/减法指令的种类，各指令完成的功能。

2）简述 ARM 逻辑指令与位清 0 指令完成的功能。

13.1.5 ARM 微处理器工作模式与堆栈指针设置实验

1. 实验目的

通过实验掌握使用 MSR 和 MRS 指令实现 ARM 工作模式的切换，观察不同模式下的寄存器，尤其是状态寄存器，加深对 CPU 运行方式的理解。

掌握 ARM 堆栈指针 SP 的设置方法和意义，在设置好的堆栈中压入适当的数据，并使用寄存器窗口、存储器窗口观察。

2. 实验内容

(1) 主要内容

1）ARM9 微处理器支持 7 种工作运行模式（见表 2-2）。

特权模式：又称非用户模式。是指除用户模式之外的 6 种模式。在这些模式下程序可以访问所有的系统资源，也可以任意地进行处理器模式切换。用户模式下是不允许模式切换的。

异常模式：是指除用户模式和系统模式以外的 5 种模式，常用于处理中断。异常模式有：快速中断（FIQ）、普通中断（IRQ）、管理 svc(Supervisor)、中止 abt(Abort)、未定义 und(Undefined)模式。

当特定的异常出现时，进入相应的异常模式。每种模式都有附加的寄存器，以避免出现异常时用户模式的状态不可靠的情况。

在软件的控制下可以改变模式，外部中断和异常也可以引起模式改变。

大多数应用程序在用户模式下执行。当处理器工作在用户模式时，正在执行的程序不能访问某些被保护的处理器资源，也不能改变模式，除非异常（Exception）发生。这允许适当编写操作系统来控制系统资源的使用。

ARM9 体系结构的异常类型和异常处理模式见表 2-2。

2）状态寄存器 CPSR/SPSR 以及对其进行的访问。

- **状态寄存器 CPSR 和 SPSR**：包含了条件码标志、中断禁止位、当前处理器模式以及其他状态和控制信息。每种异常都有一个程序状态保存寄存器（SPSR），当异常出现时 SPSR 用于保存 CPSR 的状态值。CPSR 和 SPSR 的格式如图 13-1 所示。

N	Z	C	V	Q	预留	I	F	T	M4	M3	M2	M1	M0

图 13-1　CPSR/SPSR 格式

状态位：位 31 至位 28 依次为 N、Z、C、V，分别表示符号位 Negative、零位 Zero、进位 Carry 和溢出位 Overflow。

控制位：包括中断控制位 I（b7）、快速中断控制位 F（b6）和 ARM/Thumb（b5）控制位，M4、M3、M2、M1、M0（M[4:0]）是模式控制位，反映和决定 ARM 微处理器的工作模式。

- **CPSR/SPSR 寄存器的访问指令**：程序状态寄存器到通用寄存器的传送指令格式如下。

```
MRS{条件码} Op1,CPSR/SPSR                    ;Op1←CPSR/SPSR
```

其中，Op1 是通用寄存器；CPSR/SPSR 是当前/保存程序状态寄存器。

通用寄存器到程序状态寄存器的传送指令格式为

```
MSR{条件码} CPSR/SPSR,p2_Domain              ;CPSR/SPSR ←Op2
```

其中，Op2 是通用寄存器；CPSR/SPSR 是当前/保存程序状态寄存器。

域 Domain 用于设置 CPSR/SPSR 中需要操作的位，32 位的程序状态寄存器被分为 4 个域，它们的含义见 3.3.4 节。

（2）主要任务

1）编写汇编程序，程序的入口地址为 0x00000000，即进入到系统的启动入口 Reset，此时系统进入管理模式，这时就可以进行模式的切换，设置各模式下的 SP 指针，并写入数据，在相应的模式状态下观察 SP 指针值和相应的存储单元内容。

也可以通过访问 ARM9 中不存在的地址程序，使程序发生取址中断异常，进入此模式后，改变其专有的 R13、R14 的值，并进行观察。之后可以改变 M[4:0]的取值而进入相应的模式，对其专有的寄存器赋值并观察，最后回到用户模式。

2）编写各堆栈区初始化汇编程序。利用汇编伪指令 EQU 定义模式字、所有栈顶的基址，然后根据各个栈区的大小连续设置各个栈区的 SP 指针。

3. 预备知识

1）ARM9 的工作模式、特权模式、异常模式以及模式之间的转换。

2）ARM9 的堆栈及堆栈指针寄存器。

4. 实验设备（同上）

5. 实验步骤

1）启动 ADS1.2，使用 ARM Executable Image 工程模板建立一个工程 exp8.mcp。

2）建立汇编源文件 Exp8_arm.s，主要使用 MRS/MSR 等指令编写汇编程序，然后添加到工程中。

步骤 3）、4）、5）、6）同上一实验。

6. 实验报告内容

（1）简述 ARM 系统的工作模式、特权模式和异常模式。

（2）为什么每一模式下都要设置相应的堆栈 SP 指针？指针的设置方法如何？

13.2 C 语言实验项目及内容

不管是开发裸机程序还是在嵌入式操作系统的环境下进行程序的开发，主要还是使用 C/C++语言，因此对于 C 语言的上机练习，熟悉它的语法结构和编程方式是很重要的，尤其是通过上机可以积累实际经验和编程技巧，为将来开发较大规模应用程序打下良好的基础。

13.2.1 ARM C/C++语言实验 1

1. 实验目的

通过实验了解使用 ADS1.2 编写 C 语言程序的方法，并进行调试。

2. 实验内容

1）编写汇编程序文件和 C 程序文件。汇编程序的功能是初始化堆栈指针和初始化 C 程序的运行环境，然后跳转到 C 程序运行，这就是一个简单的启动程序。C 程序使用加法运算来计算 1+2+3+…+(N-1)+N 的值（N>0）。

2）使用 ADS1.2 软件仿真，单步、全速运行程序，设置断点，打开寄存器窗口（Processor Registers）监视 R0、R1 值，打开存储器观察窗口（Memory）监视 0x30003000 中的值。

3. 预备知识

ARM 指令系统内容；APCS（ARM Procedure Call Standard）过程调用内容。

4. 实验设备（同上）

5. 实验步骤

1）启动 ADS1.2，使用 ARM Executable Image 工程模板建立一个工程 c1.mcp。

2）建立汇编源文件 Startup.s 和 c1.c，编写实验程序，然后添加到工程中。

3）设置工程链接地址 RO Base 为 0x30000000，RW Base 为 0x30003000，设置调试口地址 Image entry point 为 0x30000000。

4）设置位于开始位置的起始代码段。方法是在 ARM Linker 中的“Object/Symbol”栏中填写 Startup.o，即 Startup.s 文件的目标代码；在“Section”栏中填写启动段名 Start。

5）编译连接工程，选择“Project”→“Debug”命令，启动 AXD 进行软件仿真调试。

6）在 Startup.S 的“B Main”处设置断点，然后全速运行程序。

7）程序在断点处停止，单步运行程序，判断程序是否跳转到 C 程序中运行。

8）选择“Processor Views”→“Variables”命令打开变量观察窗口，观察全局变量的值，单步/全速运行程序，判断程序的运算结果是否正确。

6. 实验报告内容

1）在ADS1.2中能直接编写C语言程序进行运行吗？为什么？

2）在汇编语言中调用C语言的格式是什么？

3）汇编语言如何向C程序语言函数传递参数？

13.2.2 ARM C/C++语言实验2

1. 实验目的

掌握在C语言程序中调用汇编程序的方法，了解ATPCS的基本规则。

2. 实验内容

1）在C程序中调用汇编子程序，实现两个整数的加法运算。声明汇编子程序的原型如下。

```
unit32    Add(unit32 x,unit32 y)                    ;unit32 已定义为 unsigned int
```

2）使用ADS1.2软件仿真，单步、全速运行程序。设置断点，打开寄存器窗口（Processor Registers）监视R0、R1值，打开存储器观察窗口（Memory）监视0x30003000中的值。

3. 预备知识

ARM指令系统内容；ARM的ATPCS的相关内容。

4. 实验设备（同上）

5. 实验步骤

1）启动ADS1.2，使用ARM Executable Image工程模板建立一个工程c2.mcp。

2）建立汇编源文件Startup.S、Add.S和c2.c，编写实验程序，然后添加到工程中。

3）设置工程链接地址RO Base为0x30000000，RW Base为0x30003000，设置调试口地址Image entry point为0x30000000。

4）在ARM Linker的“Object/Symbol”栏中填写Startup.o；在“Section”栏中填写启动段名Start。

5）编译连接工程，选择“Project”→“Debug”命令，启动AXD进行软件仿真调试。

6）在c1.c文件中调用Add()的代码处设置断点，然后全速运行程序。

7）程序在断点处停止，使用Step In单步运行程序，观察程序是否跳转到汇编程序Add.s中运行。

8）选择“Processor Views”→“Variables”命令打开变量观察窗口，观察全局变量的值，单步/全速运行程序，判断程序的运算结果是否正确。

6. 实验报告内容

1）简述ATPCS含义和内容。

2）简述在C语言程序中如何调用汇编语言。

13.3 混合编程实验项目及内容

混合编程的目的，一是掌握ATPCS在汇编语言与C语言的相互调用过程中的参数传递规则，二是熟悉在使用汇编语言初始化 ARM 系统的硬件使用环境后，如何从系统初始化的汇编语言程序跳转到 C 语言程序去执行。

13.3.1 汇编-C 语言数据块复制编程实验

1. 实验目的

- 通过实验掌握使用汇编语言调用 C 语言程序的方法以及参数传递的方法。
- 学会使用 C 语言编写 ARM 中字符数据块、半字数据块和字数据块的复制方法。

2. 实验内容

1）编写一个汇编程序，为 C 语言的编译与运行建立环境。同时编写数据段，为数据块的复制建立储存区域，并在汇编语言中给数据源数据区赋值。

2）编写 C 语言字符块复制函数，在汇编语言中调用。使用指针或函数 strcpy( )进行编写。

3）编写 C 语言半字块复制函数，在汇编语言中调用。使用 16 位的 short 型指针编写。

4）编写 C 语言字块复制函数，在汇编语言中调用。使用 32 位的 int 型指针编写。

3. 预备知识

1）汇编语言调用 C 语言的参数传递方法。

2）C 语言中的相关函数和指针的应用。

4. 实验设备（同前）

5. 实验步骤

1）启动 ADS1.2，使用 ARM Executable Image 工程模板建立一个工程 exp10. mcp。

2）建立汇编源文件 Startup. s，包括对数据区的赋值、参数传递地址的获取、参数的传递和 C 语言函数的调用。将其添加到工程中。

3）建立 C 语言文件 exp_c10. c，实现各种数据块的复制。

4）设置工程链接地址 RO Base 为 0x30000000，RW Base 为 0x30003000，设置调试口地址 Image entry point 为 0x30000000。

5）在 ARM Linker 的“Object/Symbol”栏中填写 Startup. o；在“Section”栏中填写启动段名 Start。

6）编译连接工程，选择“Project”→“Debug”命令，启动 AXD 进行软件仿真调试。

7）打开寄存器窗口（Processor Registers），选择 Current 项监视其中寄存器的值。打开存储器观察窗口（Memory），设置观察存储器操作的地址内容。

8）单步运行程序或设置断点进行观察。

6. 实验报告内容

1）怎样实现汇编语言到 C 语言函数参数的传递？

2）观察存储器窗口，在复制各种数据块时，指针本身的字节长度与指针中内容的字节长度有什么区别？

13.3.2 C-汇编语言整型 4 参数加法编程实验

1. 实验目的

- 通过实验掌握使用 C 语言程序调用汇编语言程序的方法。
- 掌握 ARM C 语言程序使用汇编语言程序的方法。

2. 实验内容

1）编写一个汇编程序，建立 C 语言的运行环境并进入到 C 语言程序。

2）用汇编语言编写具有 4 参数的字节数据、半字数据和字数据相加的程序，使用 C 语言调用。

3. 预备知识

ARM 系统的 ATPCS 规则标准；ARM C 语言调用汇编语言的规则。

4. 实验设备（同前）

5. 实验步骤

1）启动 ADS1.2，使用 ARM Executable Image 工程模板建立一个工程 exp14.mcp。

2）建立汇编源文件 exp14_arm.s、exp14_c.c 和三个汇编加法程序并命名，之后进行编写并添加到工程中。

3）设置工程链接地址 RO Base 为 0x30000000，RW Base 为 0x30003000，设置调试口地址 Image entry point 为 0x30000000，设置工程的开始文件。

4）在 ARM Linker 的 Object/Symbol 栏中填写 Startup.o；在 Section 栏中填写启动段名 Start。

5）编译连接工程，选择"Project"→"Debug"命令，启动 AXD 进行软件仿真调试。

6）打开寄存器窗口（Processor Registers），选择 Current 项监视其中寄存器的值。打开存储器观察窗口（Memory），设置观察存储器操作的地址内容。

7）单步运行程序或设置断点进行观察。

6. 实验报告内容

总结 C 语言调用汇编语言的方法。

13.3.3 汇编-C 语言 BCD 码编程实验

1. 实验目的

- 通过实验掌握在 C 语言中 BCD 码的实现算法及其编程。
- 掌握在 ARM 汇编中使用 C 语言定义的全局变量。

2. 实验内容

1）编写 C 语言程序，实现保留 4 位 BCD 码的输出，并分别存放在 4 个全局变量中。

2）编写 ARM 汇编语言程序，使用 C 语言中定义的全局变量传递参数，并将结果存放在 R0 寄存器中。

3. 预备知识

ARM 汇编语言中调用 C 语言全局变量的方法。

4. 实验设备（同上）

5. 实验步骤

1）启动 ADS1.2，使用 ARM Executable Image 工程模板建立一个工程 exp13.mcp。

2）建立汇编源文件 Startup.s，建立 C 语言的运行环境，并完成对 C 语言函数和全局变量的调用，然后添加到工程中；编写 C 语言程序文件 exp13_c.c，完成 BCD 码的转换，并将 4 位 BCD 码分别存放在 4 个全局变量中，然后添加到工程中。

3）设置工程链接地址 RO Base 为 0x30000000，RW Base 为 0x30003000，设置调试口地址 Image entry point 为 0x30000000。

4）在 ARM Linker 的“Object/Symbol”栏中填写 Startup. o；在“Section”栏中填写启动段名 Start。

5）编译连接工程，选择“Project”→“Debug”命令，启动 AXD 进行软件仿真调试。

6）打开寄存器窗口（Processor Registers），选择 Current 项监视其中寄存器的值。打开存储器观察窗口（Memory），设置观察存储器操作的地址内容。

7）单步运行程序或设置断点进行观察。

6. 实验报告内容

1）在 AXD 中怎样观察全局变量?

2）加入用汇编语言实现 BCD 码的转换，情况如何?

13.4 FL2440 开发板实验

以上实验是在 ADS1.2 集成开发环境中，通过 CodeWarrior 编辑、编译器和 AXD 调试器的模拟环境下进行的，没有作用到具体的硬件电路上。本节提到的实验内容是真正的实战练习，是摸得到看得见的，可真实地观察实验结果。例如，LCD 实验、中断实验、触摸屏实验等。实验环境的配置可参考 6.2.5 节，实验项目和内容可参考 FL2440 实验内容，详见本教材附带文件（可从 www. cmpedu. com 下载）。

参 考 文 献

[1] 周维虎，石良臣，何嘉扬．ARM 嵌入式系统设计与开发指南［M］．北京：中国电力出版社，2009.

[2] 范书瑞，赵燕飞，高铁成．ARM 处理器与 C 语言开发应用［M］．北京：北京航空航天大学出版社，2009.

[3] 黄智伟，邓月明，王彦．ARM9 嵌入式系统设计基础教程［M］．北京：北京航空航天大学出版社，2008.

[4] 符意德，陆阳．嵌入式系统原理及接口技术［M］．北京：清华大学出版社，2007.

[5] 陈赜，汪成义．ARM 嵌入式系统技术原理与应用［M］．北京：北京航空航天大学出版社，2011.

[6] 赖于树，梁丁，等．ARM 微处理器与应用开发［M］．北京：电子工业出版社，2007.

[7] USER'S MANUAL S3C2410A－200 MHz&266MHz 32－Bit RISC Microprocessor Revision 1.0 15－1～15－42［OL］.

[8] S3C2440A 32-Bit CMOS MICROCONTROLLER USER'S MANUAL Revision 1 7-1~7-25［OL］.

[9] FL2440 使用手册［OL］. 4.0 版．

[10] Micro2440 用户手册［OL］．2010.